北京大学预防医学核心教材
普通高等教育本科规划教材

供公共卫生与预防医学类及相关专业用

环境健康学教程

主　　编　郭新彪

编　　委　（按姓名汉语拼音排序）
　　　　　邓芙蓉　郭新彪　黄　婧
　　　　　李国星　潘小川　宋晓明
　　　　　吴少伟　周　辉

编写秘书　金晓滨

北京大学医学出版社

HUANJING JIANKANGXUE JIAOCHENG

图书在版编目（CIP）数据

环境健康学教程 / 郭新彪主编． —北京：北京大学医学出版社，2021.3
ISBN 978-7-5659-2373-9

Ⅰ．①环… Ⅱ．①郭… Ⅲ．①环境影响 - 健康 - 高等学校 - 教材 Ⅳ．① X503.1

中国版本图书馆 CIP 数据核字（2021）第 039515 号

环境健康学教程

主　　编：郭新彪
出版发行：北京大学医学出版社
地　　址：（100191）北京市海淀区学院路 38 号　北京大学医学部院内
电　　话：发行部 010-82802230；图书邮购 010-82802495
网　　址：http://www.pumpress.com.cn
E-mail：booksale@bjmu.edu.cn
印　　刷：北京瑞达方舟印务有限公司
经　　销：新华书店
责任编辑：王孟通　　责任校对：靳新强　　责任印制：李　啸
开　　本：850 mm×1168 mm　1/16　印张：16.5　字数：467 千字
版　　次：2021 年 3 月第 1 版　2021 年 3 月第 1 次印刷
书　　号：ISBN 978-7-5659-2373-9
定　　价：40.00 元

版权所有，违者必究

（凡属质量问题请与本社发行部联系退换）

北京大学医学教材预防医学系列教材编审委员会

主 任 委 员：孟庆跃

副主任委员：王志锋　郝卫东

委　　　员：（按姓名汉语拼音排序）

　　　　　　崔富强　郭新彪　贾　光　刘建蒙　马冠生

　　　　　　马　军　王海俊　王培玉　吴　明　许雅君

　　　　　　詹思延　郑志杰　周晓华

秘　　　书：魏雪涛

前言

《环境健康学教程》是高等学校本科生教材。目前，环境卫生学、环境科学的专业教材很多，介绍与环境健康相关知识的教材层出不穷。然而，简明扼要又系统阐述环境与健康关系的教材还不多见，《环境健康学教程》就是为了满足高等学校广大师生的这一需求而编写的。

环境与健康问题是全球瞩目的焦点问题。"健康中国"建设需要更加重视保护生态环境，促进健康。本书在兼顾环境健康学基础理论和知识的同时，深入浅出地阐述环境与健康的关系，在内容的编排上有如下特色：①将环境健康学的基本理论和基础知识与实际的环境与健康问题有机结合；②在阐述地区和区域环境与健康问题的同时，关注全球性的环境与健康问题；③强化公众关注的、与日常生活密切相关的环境健康学内容。书的每一章都附有案例，以便加深读者对某一方面环境与健康问题的理解。

本书不仅可作为高等学校本科生，特别是医学院校学生的教材，同时还可以作为公众保护生态环境、关注健康和提升环境健康素养的入门书。

本教材为北京大学医学出版基金资助项目；本书编写过程中，全体编者付出了辛勤的劳动；编写秘书金晓滨老师为本书的编写做了大量细致的工作；北京大学医学出版社王孟通编辑对整本书的内容进行了仔细的审阅和编辑。在此一并表示衷心的感谢。

因编者经验、水平所限，书中难免出现不完善和错误之处，敬请广大读者对本书提出宝贵意见和建议，以便将来不断改进。

郭新彪

目录

第一章　绪论 … 1
第一节　环境健康学概述 … 1
一、环境健康学的形成 … 1
二、环境健康学的研究对象和内容 … 2
三、我国现代环境与健康事业的发展及其成就 … 2
第二节　环境与人 … 4
一、环境的分类 … 4
二、生态系统 … 5
三、环境的自净作用 … 6
四、环境与人的相互作用 … 7
第三节　原生环境的健康问题 … 8
一、气象因素与健康 … 8
二、生物地球化学性疾病 … 8
第四节　环境污染与健康 … 9
一、环境污染物的健康危害特点和类型 … 9
二、环境污染相关危害 … 10
第五节　环境健康学的基本研究方法 … 11
一、环境流行病学研究方法 … 12
二、环境毒理学研究方法 … 16
第六节　我国环境与健康的挑战 … 18

第二章　气候变化与健康 … 20
第一节　概述 … 20
一、全球气候变化概况 … 20
二、人类活动与全球气候变化 … 21
三、气候变化的影响 … 22
第二节　气候变化与健康 … 22
一、气候变化对非传染性疾病的影响 … 22
二、气候变化对传染性疾病的影响 … 26
三、气候变化对世界不同地区人群健康影响的差异 … 29
第三节　应对全球气候变化的措施 … 31
一、控制气候变化措施 … 31
二、预防气候变化健康危害措施 … 32

第三章　大气与健康 … 34
第一节　大气的卫生特征及其卫生学意义 … 34
一、大气的结构 … 34
二、大气的组成 … 35
三、大气的物理性状 … 35
第二节　大气污染及大气污染物的转归 … 37
一、大气污染的来源 … 37
二、大气污染物的种类 … 38
三、影响大气中污染物浓度的因素 … 40
四、大气污染物的转归 … 43
第三节　大气污染对人体健康的影响 … 43
一、大气污染对健康的直接危害 … 43
二、大气污染对健康的间接危害 … 48
第四节　大气中主要污染物对人体健康的影响 … 49

目录

一、颗粒物 …………………… 49
二、多环芳烃 ………………… 52
三、二氧化硫 ………………… 53
四、氮氧化物 ………………… 54
五、一氧化碳 ………………… 54
六、臭氧 ……………………… 55

第五节 大气污染对健康影响的调查
和监测 ……………………… 56
一、污染源的调查 …………… 56
二、大气污染水平和特征的监测 … 56
三、健康影响调查 …………… 57
四、大气污染事故的调查和应急
措施 ……………………… 60

第六节 大气环境质量标准 ……… 60
一、基本概念 ………………… 60
二、我国现行《环境空气质量标准》
（GB 3095-2012）的制定依据
……………………………… 61

第七节 大气污染的健康防护 …… 63
一、群体水平的大气污染健康防护
……………………………… 63
二、个体水平的大气污染健康防护
……………………………… 65

第四章 水体与健康 ………… 67

第一节 水资源概述 ……………… 67
一、水资源及其分布 ………… 67
二、水资源的种类及其卫生学特征
……………………………… 67

第二节 水质的性状和评价指标 … 69
一、物理性状指标 …………… 69
二、化学性状指标 …………… 70
三、微生物学性状指标 ……… 71

第三节 水体污染及其危害 ……… 72
一、物理性污染及其危害 …… 72
二、化学性污染及其危害 …… 73
三、生物性污染及其危害 …… 76

第四节 水环境标准 ……………… 78
一、地表水环境质量标准 …… 78
二、水污染物排放标准 ……… 79

第五节 水体卫生防护 …………… 81

一、推行"清洁生产"，从污染源头
开始控制 ………………… 81
二、废水处理 ………………… 81
三、中水回用 ………………… 82

第六节 水体污染的卫生监测和监督
……………………………… 83
一、江河水系的监测 ………… 83
二、湖泊、水库的监测 ……… 83
三、地下水的监测 …………… 84
四、水污染防治行动 ………… 84

第五章 饮用水与健康 ……… 85

第一节 饮用水污染与疾病 ……… 85
一、硝酸盐 …………………… 85
二、药物及个人护理品 ……… 85

第二节 生物地球化学性疾病 …… 86
一、碘缺乏病 ………………… 86
二、地方性氟中毒 …………… 87
三、地方性砷中毒 …………… 88
四、与硒相关的生物地球化学性
疾病 ……………………… 89

第三节 饮用水的其他健康问题 … 90
一、氯化消毒副产物 ………… 90
二、饮水硬度与健康 ………… 91
三、高层建筑二次供水污染与健康
……………………………… 91

第四节 集中式给水 ……………… 91
一、水源选择的原则 ………… 91
二、取水点的卫生要求 ……… 92
三、水质处理 ………………… 93
四、配水管网的健康学要求 … 96
五、供管水人员的健康学要求 … 97

第五节 其他与饮用水相关的健康学
问题 ……………………… 97
一、包装饮用水的健康学问题 … 97
二、涉水产品的健康学问题 … 97

第六节 生活饮用水水质标准及监管
体系 ……………………… 99
一、饮用水标准的制定原则 … 99
二、我国生活饮用水卫生标准 … 99
三、我国饮用水水质的监管体系 … 101

四、饮用水污染时的个人防护措施
　　…………………………………… 102

第六章　土壤与健康………… 103
第一节　土壤的卫生学特征 ……… 103
一、土壤的组成 ………………… 103
二、土壤的理化特征 …………… 104
三、土壤的生物学特征 ………… 105
四、土壤的卫生学特点及意义 … 106
第二节　土壤的污染、自净及污染物
　　　　的转归 …………………… 107
一、土壤的污染 ………………… 107
二、土壤的自净 ………………… 109
三、土壤污染物的转归 ………… 109
第三节　土壤污染对健康的影响 …… 111
一、重金属污染的危害 ………… 111
二、农药污染的危害 …………… 114
三、持久性有机污染物的危害 … 115
四、生物性污染的危害 ………… 116
第四节　土壤的卫生防护 …………… 117
一、粪便的无害化处理和利用 … 117
二、垃圾的无害化处理和利用 … 118
三、有害工业废渣的处理和利用 … 120
四、污水灌溉的卫生防护措施 … 120
五、生态农业 …………………… 121
第五节　土壤环境质量标准及卫生监督
　　　　与监测 …………………… 122
一、土壤环境质量标准 ………… 122
二、土壤卫生监督 ……………… 123
三、土壤卫生监测 ……………… 123
四、土壤污染防治法 …………… 125

第七章　住宅与健康………… 127
第一节　室内环境与住宅 …………… 127
一、概述 ………………………… 127
二、创造健康室内环境的基本原则
　　…………………………………… 127
三、室内环境对健康影响的基本
　　特点 ………………………… 127
四、住宅的健康学意义 ………… 128

五、住宅的基本健康要求 ……… 129
第二节　住宅设计与健康 …………… 129
一、住宅的平面配置 …………… 129
二、住宅的卫生规模 …………… 130
第三节　住宅小气候与健康 ………… 132
一、小气候概述 ………………… 132
二、小气候与机体的热平衡 …… 133
三、不良小气候的健康危害 …… 136
四、室内小气候的健康要求 …… 137
第四节　室内空气污染与健康 ……… 137
一、室内空气污染的来源和特点 … 138
二、室内空气污染的主要种类、来源
　　及健康影响 ………………… 139
三、室内空气污染引起的疾病 … 143
四、居室空气清洁度评价指标及相应
　　的卫生措施 ………………… 144

第八章　公共场所与健康…… 147
第一节　概述 ………………………… 147
一、公共场所的分类和范畴 …… 147
二、公共场所的健康学特点 …… 147
三、公共场所卫生研究的内容 … 148
第二节　公共场所环境污染及对人体
　　　　健康的影响 ……………… 148
一、公共场所空气污染 ………… 148
二、公共场所水污染 …………… 149
三、集中式空气调节系统污染 … 149
四、公共用品用具污染 ………… 150
第三节　公共场所的健康学要求 …… 150
一、公共场所的基本健康学要求
　　…………………………………… 150
二、各类公共场所的具体健康学
　　要求 ………………………… 151
第四节　公共场所的卫生管理与
　　　　监督 ……………………… 154
一、公共场所的卫生管理 ……… 154
二、公共场所的卫生监督 ……… 155

第九章　城乡规划与健康…… 158
第一节　城市规划与健康 …………… 158

目录

一、城市发展中凸显的问题与健康城市 ……………………………… 159
二、城市规划的影响因素 ……… 160
三、城市功能分区的健康学要求 … 162
四、居住区规划的健康学要求 … 164
五、城市绿化的健康学要求 …… 166
六、城市环境噪声和光污染与人群健康 ……………………………… 168
七、城市道路和交通与人群健康 … 170
八、城市规划的其他健康学问题 … 172

第二节 村镇规划与健康 ………… 173
一、村镇规划的原则 …………… 173
二、村镇规划的功能分区及健康学要求 ……………………………… 174
三、村镇规划的其他卫生学问题 … 175

第三节 城乡规划的卫生监督 …… 175
一、与城乡规划有关的法律法规 … 175
二、城乡规划的卫生监督 ……… 176

第十章 物理因素与健康 …… 178

第一节 概述 ……………………… 178
一、主要物理因素 ……………… 178
二、物理因素的作用及危害 …… 179

第二节 噪声 ……………………… 180
一、噪声的来源 ………………… 180
二、噪声对健康的影响 ………… 181
三、噪声对日常工作和生活的影响 … 182
四、噪声的卫生防护措施 ……… 182

第三节 电离辐射 ………………… 183
一、电离辐射的概念与分类 …… 183
二、电离辐射对健康的影响 …… 185
三、电离辐射的卫生防护原则 … 186
四、电离辐射的卫生防护措施 … 187

第四节 非电离辐射 ……………… 188
一、非电离辐射的概念与分类 … 188
二、非电离辐射对健康的影响 … 189
三、非电离辐射的卫生防护措施 … 190

第十一章 家用化学品与健康 …… 192

第一节 常见家用化学品与环境健康 ……………………………… 192
一、家用化学品暴露特点与健康危害 ……………………………… 192
二、常用家用化学品的健康危害 … 197

第二节 家用化学品健康危害的防控 ……………………………… 204
一、化妆品的卫生监督与管理 …… 204
二、其他家用化学品的监督与管理 ……………………………… 205
三、家用化学品健康危害的防治原则 ……………………………… 206

第十二章 环境质量评价 …… 209

第一节 环境质量评价的基本内容 … 209
一、环境质量评价的基本概念 …… 209
二、环境质量评价的目的和作用 … 209
三、环境质量评价的种类 ……… 209
四、环境质量评价的内容和方法 … 210
五、环境质量评价的程序 ……… 210

第二节 污染源调查与评价 ……… 212
一、污染源和污染物的调查 …… 212
二、污染源和污染物的评价 …… 212

第三节 环境质量评价 …………… 214
一、环境质量评价因子的选择 …… 215
二、环境质量评价方法 ………… 215
三、环境质量评价方法的应用 …… 217
四、环境质量健康效应评价 …… 223

第四节 环境影响评价 …………… 223
一、环境影响评价的目的和作用 … 223
二、环境影响评价的内容 ……… 224
三、环境影响评价的应用 ……… 224
四、环境健康影响评价 ………… 229
五、环境影响评价中的全球性环境问题 ……………………………… 232

第十三章 环境健康风险评价 …… 234

第一节 环境健康风险概述 ……… 234

一、风险的概念 …………………… 234
二、风险的类型 …………………… 234
三、风险的认知 …………………… 235
四、环境健康风险评价 …………… 235
第二节 环境健康风险评价基本方法 ………………………………… 236
一、环境健康风险评价方法的基本构成 ……………………………… 236
二、环境健康风险评价方法基本内容 ………………………………… 237

中英文专业词汇索引 ………… 247

主要参考文献 ………………… 250

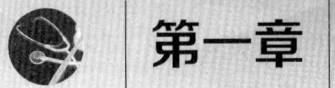

第一章 绪 论

第一节 环境健康学概述

一、环境健康学的形成

早在两千多年前，人们就已认识到环境与人体健康的关系。古希腊医学家希波克拉底（Hippocrates，前460—前377年）在其论著《空气、水、土地》中，从季节、气候、城市的位置以及水质等方面阐述了环境与人体健康的关系。他还指出，居民的饮食习惯、生活方式以及是否参加体力劳动等都与健康有密切的关系。我国的《黄帝内经》中曾提出人与天地相应的观念，认为自然是人类生命的源泉，人与自然之间有着不可分割的联系，因此强调"顺四时而适寒暑""服天气而通神明""节阴阳而调刚柔"。祖国医学将自然环境中的风、寒、暑、湿、燥、火称为六气，六气太过为六淫，认为机体受六淫侵袭可引起多种疾病，同时也认识到人体本身内在的喜、怒、忧、思、悲、恐、惊等情志变化也是重要的致病原因。

两千多年前的《吕氏春秋》中对水质成分与健康的关系作了阐述："轻水所，多秃与瘿人；重水所，多尰与躄人；甘水所，多好与美人；辛水所，多疽与痤人；苦水所，多尪与伛人。"中医学上的瘿病主要指甲状腺肿。现代医学证明，饮水和食物中缺碘可引起单纯性甲状腺肿。所谓尰，是脚肿的疾患，躄是腿瘸，在长期饮用含有某种过量的化学物质或不正常的水后，引发身体畸形或病变，这种病情与当今的大骨节病非常相似。

我国古代人民也非常重视住宅与健康的关系。《左传》曾说，"土薄水浅，其恶易觏……土厚水深，居之不疫。"西晋《博物志》说，"居无近绝溪、群冢、狐蛊之所，近此则死气阴匿之处也"。公元2世纪嵇康认为，"居必爽垲（地势高而土质干燥），所以远气毒之患"。可见当时已考虑到了修建住宅的选址问题及居室对人体健康的影响。在河南安阳发掘的商代遗址上，除了发现富丽堂皇的宫殿和规模宏大的城郭外，在奴隶主和平民住房附近已有地下排水管道，说明商代人民已注意到排除积水、污水。河北易县曾发掘到战国时代燕国下都的陶质圆形下水道。这种下水道的结构和设计已相当合理，不但沟管管径粗，而且两端还有牙槽，连接后可防止污水渗漏。秦、汉后的各代王朝在城市建设中都很重视城市规划和卫生设施建设及城市绿化。汉代时就已创制了洒水车，并在都市中设置公共厕所。公共厕所对改善城市卫生、方便群众生活、防止传染病的传播都起了很重要的作用。

综上可见，我国古代劳动人民对环境与健康的关系有着较深刻的认识，积累了一定的环境与健康关系的经验。

近代的环境卫生学（environmental hygiene）始于19世纪。德国医学家马克思·约瑟夫·冯·皮腾科菲尔（Max Joseph von Penttenkofer，1818—1901）首次提出传染病的流行与空

气、水以及食物等生活环境有关，并于1865年在德国的慕尼黑大学开设卫生学（hygiene）讲座，以空气、水、食物、住宅、土壤等为研究对象。例如：他提出简便的方法，测定室内空气中的二氧化碳浓度，用于评价医院换气和人工通风问题。在他的推动下，卫生学研究引入了许多理化实验手段，因此当时卫生学又称为实验卫生学（experimental hygiene），构成了环境卫生学的基础。之后，卫生学的发展进入了一个新的阶段，实现了专业分化，形成了环境卫生学等多种专门学科。

近几十年来，环境科学（environmental science）的蓬勃发展，使其各分支逐渐形成和成熟、分工日益明确，形成了诸如环境工程学、环境化学、环境生物学、环境管理学等与传统的环境卫生学在研究内容上相互交叉的学科。在此背景下，环境卫生学的研究内容从强调"hygiene"逐渐转变为以健康（health）为核心，环境健康学（environmental health science）也应运而生。因此，环境健康学是在环境卫生学的基础上逐渐发展起来的，从环境卫生学的发展过程中可以看出孕育环境健康学的时代条件逐渐成熟。

环境健康学是环境科学的重要分支之一，也是公共卫生和预防医学的重要组成部分。环境健康学研究环境中的物理、化学、生物、社会以及心理社会因素与人体健康，包括生活质量的关系，揭示环境因素对健康影响的发生、发展规律，为充分利用对人群健康有利的环境因素，消除和改善不利的环境因素提出卫生要求和预防措施，并配合有关部门做好环境立法、卫生监督以及环境保护工作。

二、环境健康学的研究对象和内容

环境健康学的主要研究对象是人类及其周围的环境。环境（environment）指围绕人类的空间以及各种因素、介质，从我们身边的生活环境到宇宙环境。人与环境之间存在着相互作用，环境因素可对人体健康产生影响，同时人体也可对环境因素的作用做出反应。作为生态系统的一部分，人类与环境之间不断进行着物质、能量和信息的交换，二者之间保持着动态平衡。

环境健康学的研究内容很多，范围也很广，并且随着时代的不同其研究的侧重点也有所不同，概括起来有以下几个方面：①大气、水体、土壤与健康；②饮水卫生与健康；③住宅及室内环境与健康；④公共场所卫生；⑤人居环境与健康；⑥家用化学物品、个人用品与健康；⑦环境质量评价和健康危险度评价；⑧环境卫生监督与卫生管理；⑨灾害卫生；⑩全球环境变化与健康。

三、我国现代环境与健康事业的发展及其成就

从1879年建设第一座自来水厂到1949年新中国成立，70年间我国仅有72个大城市建有自来水厂，日供水量240万吨，管网总长6589 km，仅供给外国租界和大的工商业区约962万人饮用。新中国成立前，全国只有少数医学院校开设有公共卫生课程，而环境卫生只是其中的一小部分。由于得不到政府的重视和支持，加上连年战乱，除个别地区开展了一些环境与健康的研究和实际工作外，全国性的环境卫生工作没有得到应有的发展。

20世纪50年代初期，我国翻译出版了苏联学者有关环境卫生学的著作，6所医学院校率先设立了卫生学专业，内设环境卫生学教研室（组），环境卫生学科开始建立并成为预防医学的一门独立学科，"环境卫生学"也成为卫生专业学生的一门必修课程。我国的环境卫生工作从此获得蓬勃发展，环境卫生学的理论、内容和研究方法不断充实、深化和完善。结合全国范围内开展的群众性爱国卫生运动，这一时期环境卫生学的研究重点是生物性环境因素对健康的影响，以及消除生物性污染的措施。进入20世纪50年代中期，环境卫生工作者配合大规模的工业建设和城市建设，开展了预防性卫生监督，并对日益明显的大气污染和水污染进行了卫生

学监测和调查。从新中国成立初期起，在引进和运用国外环境卫生标准的同时，我国在大量实验研究的基础上开始研究制订各类环境卫生标准。20世纪50年代，我国颁布了《工业企业设计暂行卫生标准》《自来水水质暂行标准》《生活饮用水卫生规程》《污水灌溉农田暂行卫生管理办法》等；60年代正式颁布《工业企业设计卫生标准》，其中涉及居住区大气卫生标准、与水源有关的地面水卫生标准。

进入20世纪70年代，我国的环境健康工作进入了新的阶段。1971年12月，我国卫生部在上海召开了全国"三废"调查汇报会，全国各省（市）防疫站及有关高等医学院校均有代表出席。这是我国最早举办的有关环境污染调研的全国性专业工作会议。1972年6月，我国参加联合国第一次人类环境会议；同年10月，联合国大会通过决议，确定每年的6月5日为"世界环境日"；1973年8月，国务院召开第一次全国环境保护会议，审议通过了"全面规划、合理布局、综合利用、化害为利、依靠群众、大家动手、保护环境、造福人民"的环境保护工作32字方针和我国第一个环境保护文件《关于保护和改善环境的若干规定》；同年，我国颁布第一个环境标准——《工业"三废"排放试行标准》；1974年10月，国务院环境保护领导小组正式成立。1979年颁布《中华人民共和国环境保护法（试行）》；我国还参加联合国环境规划署和世界卫生组织主办的全球监测系统大气监测和水质监测。开展了全国范围大规模的水系污染状况调查；在农村开展"两管、五改"活动，即管粪便和饮用水源，改良厕所、畜圈、水井、环境、炉灶；1979年，召开了第一次全国环境卫生学学术会议，修订了《工业企业设计卫生标准》。

1982年8月，全国人大常委会审议通过了《中华人民共和国海洋环境保护法》；1984年5月和1987年9月，又分别通过了《中华人民共和国水污染防治法》和《中华人民共和国大气污染防治法》。

20世纪80年代起，随着全球环境污染的迅速加剧，国内外环境监测技术有了很大的发展，促使环境卫生学的监测检验技术进一步提高，并为人体生物材料的监测和深入研究环境因素对人体健康的影响创造了条件。传统的环境卫生学教学和科学研究的重点逐渐转向更广义的环境与健康关系的调查研究。在第二松花江甲基汞污染与人群健康关系的研究、全国25城市大气污染与健康关系的调查、云南宣威肺癌病因的调查研究、贵州等地燃煤型氟中毒的研究等工作中，我国的环境健康学体系也逐渐完善。1980年，卫生部颁发了《全国环境卫生监测站暂行工作条例》，在全国19个省、市防疫站环境卫生科或职业病防治院（所）的基础上建立起环境卫生监测站，专门从事环境监测工作。这期间，我国召开了第一次全国生活饮用水水质和水性疾病调查；成立"全国卫生标准技术委员会"，颁布和修订了一系列环境卫生标准，如《生活饮用水卫生标准》《公共场所卫生管理条例》《公共场所卫生标准》《化妆品卫生标准》《饮用矿泉水卫生标准》《环境电磁辐射卫生标准》等；1982年，在城乡建设环境保护部设立环境保护局；1984年，成立国务院环境保护委员会；1988年，设立国家环境保护局；1989年12月，正式颁布《中华人民共和国环境保护法》。

20世纪90年代以来，我国广泛开展室内空气污染研究，制定室内空气污染物系列卫生标准；饮水卫生工作进一步深入，制定涉水产品卫生标准；1992年，我国代表团出席了里约热内卢环境与发展大会，签署了《里约宣言》《21世纪议程》等文件。

进入21世纪后，随着生命科学与环境科学的发展，环境健康学研究方法和手段进一步提高，从分子水平探讨环境与健康的关系成为可能。此外，环境与健康领域国际交流合作的广泛开展、公民环保意识和热情的空前高涨等都推动了环境健康学的向前发展。

党的十八大以来，以习近平同志为核心的党中央高度重视生态文明建设和生态环境保护工作，将生态文明建设纳入"五位一体"总体布局，把坚持人与自然和谐共生作为新时代坚持和发展中国特色社会主义基本方略之一，把绿色发展作为一大新发展理念，坚决向污染宣战，出

台实施了环境保护大气、水、土壤"三个十条"。

2015年，党中央、国务院印发了《关于加快推进生态文明建设的意见》。这是40多年来生态环境保护经验的总结和政策制度的集成创新，把生态环境保护放在政治、经济、社会、文化、生态文明"五位一体"的总体布局中进行统筹，而国际上通行的可持续发展理念主要考虑的是经济、社会和环境三个维度的可持续性。

2017年10月，党的十九大胜利召开，会议提出中国特色社会主义进入新时代，我国社会主要矛盾已经转化为人民日益增长的美好生活需要和不平衡不充分的发展之间的矛盾。

《"健康中国2030"规划纲要》中指出，到2030年，努力把我国农村建设成为人居环境干净整洁、适合居民生活养老的美丽家园，实现人与自然和谐发展。力争全国农村居民基本都能用上无害化卫生厕所。国家卫生城市数量提高到全国城市总数的50%，有条件的省（自治区、直辖市）实现全覆盖。把健康城市和健康村镇建设作为推进健康中国建设的重要抓手，保障与健康相关的公共设施用地需求，完善相关公共设施体系、布局和标准，把健康融入城乡规划、建设、治理的全过程，促进城市与人民健康协调发展。到2030年，建成一批健康城市、健康村镇建设的示范市和示范村镇。以提高环境质量为核心，推进联防联控和流域共治，实行环境质量目标考核，实施最严格的环境保护制度，切实解决影响广大人民群众健康的突出环境问题。逐步建立健全环境与健康管理制度。开展重点区域、流域、行业环境与健康调查，建立覆盖污染源监测、环境质量监测、人群暴露监测和健康效应监测的环境与健康综合监测网络及风险评估体系。实施环境与健康风险管理。划定环境健康高风险区域，开展环境污染对人群健康影响的评价，探索建立高风险区域重点项目健康风险评估制度。建立环境健康风险沟通机制。

第二节 环境与人

一、环境的分类

在环境健康学领域，人们以前主要关注一般的生活环境、工作环境、居住环境以及娱乐环境与人体健康的关系。近年来，人们逐渐从生态学的角度认识环境，从致病因子、环境以及人体本身之间的相互关系认识人类的健康与疾病的发生、发展规律。从这种意义上，环境可分为自然环境和社会环境两大类，其中自然环境包括物理、化学以及生物的因素，社会环境包括教育、社会学、经济、文化以及医疗保健等因素。人们的生活环境、工作环境、居住环境以及娱乐环境与上述自然环境、社会环境中的诸多因素相互关联，对人群的健康产生直接或间接的影响。目前，环境健康学的研究重点是上述自然环境中的各种因素。

环境物理因素主要包括温度、湿度、气流、热辐射、气压、非电离辐射、电离辐射、噪声、振动等。温度、湿度、气流和热辐射决定人类生活环境的小气候。非电离辐射是波长大于100 nm的电磁波，由于其能量低于12 eV，不能引起水和组织电离，故称为非电离辐射。非电离辐射包括光和电磁辐射两大类。自然光中除可见光外，还含有紫外线和红外线。电磁辐射可分为长波、中波、短波、超短波和微波。电离辐射包括属于电磁辐射波谱的X线和γ线，属于粒子辐射的电子（包括β粒子）、质子、中子、α粒子，以及具有不同质量和电荷的亚原子粒子。从环境与健康的角度来说，噪声是指一切人们不需要的声音。振动普遍存在于自然界，与人们的工作和生活关系密切。

环境化学因素的种类繁多，既包括许多人类生存和健康必需的有机和无机物质，又含有人类生活和生产活动中排出的大量有害化学物质。目前使用的一些化学物质被证实对人有致癌、致畸作用，还有一些对人和动物的内分泌功能有干扰作用。环境中的化学污染物可通过多种途径在环境中迁移、转化。一些污染物在环境中由于物理、化学、生物学的作用，形成与原来污染物的理化性质和毒性不同的新型污染物，称为二次污染物或次生污染物（secondary pollutant）。例如，无机汞可在水中微生物的作用下转化为甲基汞。无机汞离子不易通过血脑屏障，对脑组织的危害较小，而甲基汞则容易侵入脑组织，属于高神经毒性物质。随汽车尾气排出的氮氧化物和挥发性有机物在太阳紫外线的作用下，发生光化学反应形成刺激性很强的浅蓝色混合烟雾，其主要成分是臭氧、醛类和各种过氧酰基硝酸酯等光化学氧化剂。

环境生物因素主要指环境中的细菌、真菌、病毒和寄生虫等。在正常情况下，大气、水以及土壤中均存在有大量的微生物，对维持生态系统的平衡有重要作用。生活污水、医院污水、垃圾粪便、工业废水等污染食物和饮用水后可引起消化道传染病的流行。室内空气中病原微生物的污染会引起呼吸道传染病的流行。

社会环境包含着诸多的因素，如不同层次的教育、人口的结构和动态变化、各类产业的构造、医疗保险制度、各类文化艺术以及经济体制和状况等。这些因素构成人类环境的社会条件，对于保障人们的身心健康有重要的作用。

按照是否受到人类活动的影响，自然环境又可分为原生环境（primary environment）和次生环境（secondary environment），二者的比较见表1-1。

表1-1 原生环境和次生环境的比较

	原生环境	次生环境
定义	天然形成的基本上未受人为活动影响的环境	受到人为活动影响的环境
与健康的关系	存在对健康有利的许多因素，如清洁的水、空气、土壤和微小气候，但也会给健康带来不良影响，如引起生物地球化学性疾病，即地方病	改造后的环境有更加适合于人类生存的一面，如房屋、风景区、疗养院等。另一方面，人为活动以及对环境的改造严重破坏了生态平衡，带来许多环境污染问题

二、生态系统

（一）生态系统的定义和组成

包括人在内的生物群体与其周围的非生物环境相互作用形成的综合系统称为生态系统（ecosystem）。生物群体指地球有机界的整体，包括所有的动物、植物和微生物。非生物环境包括了空气、水、无机盐类、氨基酸等。生物群体又可分为生产者、消费者、分解者。典型的生态系统由这三部分和非生物环境组成。

（二）生态平衡

生态系统是一个开放的综合体，在其内部各组分之间，依次进行着能量流动、物质循环和信息传递。当这三种活动处于流通顺畅、自动调控、运转自如的状态时，则该生态系统处于动态平衡，称为生态平衡（ecological balance）。生态平衡的破坏将会给包括人类在内的生物带来一系列危害。过度砍伐森林、破坏植被、对有限能源的过度开发以及对野生生物的滥捕和滥杀都会导致生物种群减少和失调、自然生物结构改变等。人类的工农业生产、生活活动带来的环境污染不仅对人类健康带来严重危害，而且对生物种群的繁衍也带来影响。

为了维系生物种群间物质和能量的正常流动，生态系统中的一种生物被另一种生物作为食物，后者又被第三种生物作为食物，彼此形成一个以食物关系连接起来的连锁关系，称为食物链（food chain）。各种食物链在生态系统中相互交错，形成食物网（food web）。能量

的流动、物质的迁移和转化，都通过食物链或食物网进行。食物链对环境中物质的转移和蓄积有重要影响。一些在环境中不易降解、蓄积性强的化学性污染物经食物链逐级放大，使其在高位营养级生物体内的浓度逐级高于低位营养级生物体内的浓度，这个过程称为生物放大（biomagnification）。例如，DDT通过食物链在各级生物体内的浓度可逐级放大，在食肉鱼脂肪中的浓度可比湖水高出十多万倍。

三、环境的自净作用

自然界依靠自身的能力，而不是依靠人为的力量，将一些有害因子消除到无害程度，这种作用称为环境的自净作用（self-purification）。自净作用的类型很多，主要有以下几类。

（一）物理作用

1．稀释与扩散 通过风力或水流的作用，可将污染物扩散而使浓度降低。

2．沉降 依靠污染物本身的重力而下降至地面或水底，从而脱离原来的环境介质，使其在原环境中的浓度下降。例如，污染物也可被水中的胶状物、悬浮固体颗粒、浮游生物等吸附而随之沉降。沉降于水底的污染物可积存于淤泥中，参与底泥的组成。但有可能造成潜在危害，即当降雨时流量增大或其他原因搅动河底污泥，已经沉淀的污染物又可进入水层，造成水体的二次污染（secondary pollution）。

3．挥发逸散 具有挥发性的污染物可以从水或土壤中挥发到大气中去，并进一步扩散。

4．日光紫外线照射 日光中的紫外线有很强的杀菌作用，特别是对空气中的病原微生物的杀灭能力很强。

（二）化学作用

1．中和 自然环境中存在着一些酸性或碱性物质，可分别与相应的污染物发生中和作用。例如，天然水中常含有长石、黏土等硅酸盐矿物和石灰石微粒，以及溶解的二氧化碳和混悬的二氧化硅，使得少量的酸性废水或碱性废水排入水体时得以中和。

2．氧化还原作用 这个作用不是很普遍。例如，水中的二价铁遇空气后能氧化成三价铁，生成红棕色沉淀，这样可以从水中除去铁。

（三）生物学作用

1．生物氧化作用 又称为生物化学作用，是地表水和土壤的主要自净作用方式。有机污染物在有氧条件下，经过某些有益微生物的需氧分解作用，可形成无害的稳定无机物，使病原体失去合适的生存环境而消灭。有毒的有机物本身经生物化学作用后，分解成低毒或无毒的化合物。例如，在河流、湖泊、水库等水体中生活着的细菌、真菌、藻类、水草、原生动物、贝类、昆虫幼虫、鱼类等生物，通过它们的代谢作用可使水体中污染物数量减少，直至消失。在需氧条件下，有机物含有硫、磷、氮和碳等的有机化合物分解为硫酸盐、磷酸盐、硝酸盐和二氧化碳等无机物。

2．生物拮抗作用 水中病原体受到紫外线的照射、水生生物间的拮抗作用、噬菌体的噬菌作用以及不适宜的生活环境等因素的影响等而死灭。

3．光合作用 高等动物新陈代谢过程中呼出的大量二氧化碳，由绿色植物吸收后进行光合作用吐出氧气，使环境中含有充足的氧气。

4．植物的吸附作用 绿色植物除了吸收二氧化碳外，还能吸收许多有毒气体，净化空气。

四、环境与人的相互作用

(一) 剂量反应关系和剂量效应关系

环境因素的剂量不同，会使机体产生不同的效应，可以从轻微的生理或生化改变到严重的疾病甚至死亡。剂量越大，效应越严重，环境因素的剂量与机体所呈现出的生物效应强度间的关系，称为剂量效应关系（dose effect relationship）。

在某一群体中，相同剂量的环境因素对不同的个体有不同的效应，从无健康损害、代偿性损伤、亚临床状态、疾病到死亡。各种效应在人群中所占的比例不同。环境因素的剂量不同时，各种效应的比例也就相应地改变。这种随剂量不同在人群中某种效应发生率不同的关系称为剂量反应关系（dose response relationship）。

剂量效应关系和剂量反应关系是制定环境质量和环境健康标准的理论基础。剂量效应关系用于决定哪种效应应该被预防以及此效应可接受的发生水平。剂量反应关系则用于决定某种效应处于可接受的发生水平时的最大暴露量。

(二) 健康效应谱

环境因素对机体的效应是一个连续的、多阶段的过程。以环境污染物为例，当进入的污染物量较少时，机体可不出现生理功能和生化代谢的改变。随着体内污染物量的增加，对暴露个体产生的影响逐渐明显，与体内负荷相一致，出现如下渐进改变：可逆的、轻微的生理或生化改变→明显的生理、生化改变→病理改变，出现明显的临床症状→严重中毒→死亡。在人群中，由于个体实际的暴露水平和暴露时间存在着差异，以及易感人群的存在，同样的外环境暴露水平下，人群中的不同个体可出现不同的反应，结果表现为不同效应在人群中有不同的发生频率。这种不同水平的效应在人群中的分布称之为健康效应谱。环境健康学应了解整个人群反应的分布，这样才能对环境有害因素的健康危害做出客观的评价，为制定卫生政策和采取预防措施提供有力的科学依据。

(三) 易感人群

如上所述，根据作用剂量或强度的不同，环境有害因素对机体的效应可表现为轻微的生理和生化改变、组织器官的生理和病理改变、临床症状，中毒甚至死亡等。当某一强度的环境因素作用于人群时，大多数人可能呈现出轻度的生理负荷增加和代偿功能状态。然而，由于易感性（年龄、性别、生理状况、健康状况、遗传因素等）的差异，有少数人可能出现病理改变甚至死亡，这类易受环境损伤的人群称为敏感人群或易感人群（susceptible population）。因此，在环境健康学实践以及提出预防措施时，应注意保护易感人群。近年来的研究表明，环境因素作用下人群出现的某些个体差异是由遗传因素的多态性决定的，称为基因多态性（genetic polymorphism）。因此，研究人群中的基因多态性与环境暴露相关性疾病的发生关系，寻找易感基因，对于发现和保护易感人群是十分重要的。另一方面，我们也应认识到，许多与多基因遗传有关的疾病发生时，基因与环境的相互影响起着重要的作用，有时环境的变化会起决定性的作用。

第三节　原生环境的健康问题

一、气象因素与健康

气象因素（meteorological factor）是由气温、气湿、气流、气压等多种要素组成。在一定地区、一定时间内多种气象要素的综合状态称为天气（weather）。某地区长期天气变化情况的总和则称作气候（climate）。

从时间上来讲，从几秒钟到一天时间的某些气象和天气，如雷电、冰雹、狂风、骤雨等可对人体产生不良影响或伤害，或使人体原有的疾病恶化。数日的恶劣天气，如严寒、闷热和天气剧变等，可诱发心肌梗死、脑出血和哮喘发作等疾患。此外，恶劣天气还可削弱人体的免疫力，使某些传染病的发病率升高。受短时间内气象变化影响的疾病，如哮喘、风湿性关节炎等可称作"气象病"，而受季节性气候变化影响的疾患，如花粉症、流行性感冒等也叫作"季节病"。

气象因素中对健康影响最大的是气温。寒冷刺激可使周围血管收缩、动脉压升高、心肌需氧量增多，高血压、脑出血死亡等多发生在寒冷季节和气象多变的时候。严寒还可造成冻疮或冻僵等损伤。环境高温可引起中暑（heat stroke）的发生。

人在某种气候条件下生活和工作一段时间后，产生对这种气候的适应能力或适应性反应，包括生理、行为等的适应性表现，称为气候适应，又名为水土适应或气候习服。气候适应受到年龄、性别、体型等个体因素的影响。这种能力可以通过身体锻炼而加强。对气候的适应性依年龄而不同，1岁以下的婴儿以及老年人的适应性较差，从10岁开始适应性增强，40岁以后适应性逐渐下降。此外，人类在长期的进化中还可对居住地气候条件产生形态以及遗传方面的适应性改变。例如，热带地区人们皮肤中较多的黑色素有利于防御强紫外线照射，头发呈卷曲状有利于汗液从头部的蒸发；相反，寒冷地区人们皮肤中黑色素量较少是为了适应在较弱日照的情况下合成维生素D的需要，而高高的鼻梁也是为了适应在吸气过程中对干冷空气进行加温和加湿的需要。

二、生物地球化学性疾病

（一）微量元素的概念

环境中存在的化学元素，根据它们在人体内的含量可分为宏量元素和微量元素（trace elements）。宏量元素占人体总重量的99.95%，其中人体必需的有氧、碳、氢、氮、钙、磷、钾、硫、钠、氯和镁11种。含量小于人体体重0.01%的化学元素统称为微量元素，而含量小于0.0001%的又可称为超微量元素。

微量元素在体内的含量虽然很少，但它们通过各种机制在机体中发挥着重要的作用。目前认为，铁、锌、铜、碘、锰、硒、钴、钼、铬、锡、钒、氟、硅和镍共14种元素对于生物体维持正常的生理和生化功能、生长发育以及生殖繁衍是必不可少的，称为必需微量元素（essential trace elements）。其他尚未发现有益生物效应的微量元素被称为非必需微量元素（non-essential trace elements）。

（二）生物地球化学性疾病

人体必需的微量元素不能在体内合成，必须通过新陈代谢同所在的环境进行物质交换从外界获取。某些地方由于地质的原因，环境中某些必需微量元素过低，影响到该地生活人群对元素的摄入量，造成体内微量元素缺乏，严重时出现临床症状，导致疾病的发生。例如，缺碘地区可出现以地方性甲状腺肿和克汀病为典型表现的碘缺乏病；缺硒地区可发生克山病和大骨节病。相反，由于环境中浓度过高，导致人群中必需微量元素或非必需微量元素摄入过多时，也会对健康带来危害。例如，含氟量过多的地区常出现以氟斑牙和氟骨症为主要表现的氟中毒；饮水中砷过高可导致慢性砷中毒。环境健康学上将这类由于某些地区的水土中某些微量元素过多或过少而引起的疾病称为生物地球化学性疾病（biogeochemical disease）。由于生物地球化学性疾病往往明显局限于一定地区，因此也归为地方病（endemic disease）。生物地球化学性疾病的特点主要有：①分布呈明显的区域性。例如，我国的饮水型高氟区主要集中在黄河以北；碘缺乏病主要发生在海拔高的内陆地区。②疾病的发生与微量元素有密切的关系。③疾病的发生取决于某种元素的总摄入量。

第四节　环境污染与健康

污染物进入环境后，对人群的机体和精神状态产生了直接的、间接的或者潜在的有害影响；或者在很大范围内妨碍了各种生物的生活，使环境条件恶化，影响了生态平衡，称为环境污染（environmental pollution）。环境污染物可来源于自然污染（火山爆发、风暴、火灾等）和人为污染，而以后者最为重要。环境污染物一般可根据其物质属性分为化学性污染物、物理性污染物和生物性污染物。

一、环境污染物的健康危害特点和类型

环境污染物可通过大气、土壤、水和食物等多种介质进入人体产生危害，其作用对象是整个人群，包括老、弱、病、幼，甚至胎儿。一般生活环境中的环境污染物的水平很低，但人群长期生活在这样的环境中，累积暴露量大，会出现慢性中毒。环境中的污染物种类很多，可同时进入人体，产生联合作用。环境污染物的联合作用可表现为相加作用、增强作用、拮抗作用或无关作用。此外，污染物在环境中可通过生物学或理化作用发生转化、增毒、降解或富集，从而改变原有的性状、浓度和毒性，产生不同的危害作用。

环境污染物对人群作用可引起急性中毒、慢性中毒、癌症、生殖发育毒性等。

（一）环境污染物的急性危害

环境污染物于短时间内大量进入环境，使暴露人群在较短时间内出现不良反应、急性中毒甚至死亡。环境污染物引起的急性危害以大气污染事件比较多见，它们一般有以下特点：①影响的范围随污染源和气象条件等因素而变化；②常常是事故性排放；③不良的气候条件、特殊的地形是促成大气污染事件发生的重要因素；④易感人群的发病率高；⑤常常是多种污染物的联合作用。

（二）环境污染物的慢性危害

环境污染物低浓度、长期、反复对机体作用所产生的危害称为慢性危害。慢性危害是由于毒物对机体微小损害的积累（机能蓄积）或毒物本身在体内的蓄积（物质蓄积）所致。环境污染物的慢性危害有如下特征：

1．环境污染物的长期小剂量作用下，机体的免疫功能受到损害而导致抵抗力下降，对生物性感染的敏感性增加，一般健康状况下降，表现为人群的患病率、死亡率增加，儿童生长发育受到影响。

2．环境污染物的长期小剂量作用可增加一些慢性疾患的风险。例如，由于大气污染物的

长期作用，使呼吸道炎症反复发作，呼吸道黏膜表面黏液分泌增加，内膜增厚，最终导致气道狭窄、气道阻力增加，增加慢性阻塞性肺疾病（chronic obstructive pulmonary disease，COPD）的风险。

3. 某些在环境中不易降解的环境污染物，如重金属（甲基汞、镉等）、有机氯农药可在人体中不断蓄积对机体产生慢性危害。

（三）环境污染物的致癌作用

目前认为，癌症的发生是宿主与环境之间相互作用的结果。重要的宿主因素包括遗传因素和健康状况，而主要的环境因素包括环境污染物、食物、职业和生活方式等。据估计，80%～90%的肿瘤与环境因素有关，其中由病毒引起的占5%、由电离辐射引起的占5%、而由化学性因素引起的占90%。

（四）环境污染物的生殖发育毒性和内分泌干扰作用

随工农业生产进入环境的各类污染物中，有许多对生殖细胞、胚胎发育有直接损伤作用。历史上的许多环境污染事件中都观察到由于孕期摄入有毒化学物质而引发胎儿畸形发生率的明显增加。环境有害因素作用于胚胎发育的不同阶段可引起流产、胎儿发育迟缓、胎儿畸形以及各类生理或心理性出生缺陷。如果环境有害因素作用于生殖细胞，则可在细胞分裂中把遗传损伤特征传递给子代细胞，造成可遗传性损害。

半个世纪前人们就注意到一些人工合成的环境物质，如有机氯农药 DDT 有雌激素样活性。1962年，著名的科普著作 *The Silent Spring*（中译名《寂静的春天》）出版，指出农药可引起内分泌紊乱，引起公众的广泛关注。以后的研究表明，许多环境化学污染物对生物体的内分泌功能有干扰作用，称为环境内分泌干扰物（environmental endocrine disruptors，EEDs）。1996年3月，由美国人科尔波恩等撰写的 *Our Stolen Future*（中译名《我们被偷走的未来》）出版后，各国政府、工业界、学术界和公众对环境内分泌干扰物的关注进一步高涨。1998年3月，IPCS/OECD专家委员会将环境内分泌干扰物定义为：改变健康生物及其子孙或者其群体的内分泌功能，对它们的健康产生不良影响的外源性物质或混合物。2001年联合国环境规划署提出首批控制的12种持久性有机污染物（persistent organic pollutants，POPs）都属于环境内分泌干扰物。

二、环境污染相关危害

环境污染对环境和人群的危害最早称为公害（public nuisance）。13世纪，英国伦敦逐渐出现由于工业燃煤而引发的大气污染。16世纪以后，伦敦的居民家庭中普遍使用煤炭，大气污染日益严重。1661年，英国的历史学家 John Evelyn 就伦敦的煤烟污染问题向当时的查尔斯二世提交了一份陈述书，在报告中首次使用 public nuisance 一词。公害是相对于私害（private nuisance）而言的，各国对其定义不尽相同。欧美国家将凡影响3人以上的大气污染、水体污染、噪声、振动、恶臭等以及妨碍公路上行人的行为等均视为公害。日本在《环境基本法》中将公害定义为：由于事业活动和人类的其他活动产生的相当范围内的大气污染、水质污染、土壤污染、噪声、振动、地面沉降以及恶臭，对人体健康和生活环境带来损害。目前，除日本以外，世界各国对环境污染相关危害没有明确的法律学定义。

与自然灾害不同，环境污染相关危害是由人为活动引起的，而且在许多情况下是由连续性污染造成，其影响往往涉及一定的范围以及一定数目的受害人数。除人以外，多数情况下动植物也会受到影响。环境污染相关危害的因果关系确认一般比较困难。

环境污染相关危害是随着世界范围燃料动力的变迁、工农业生产的发展以及新技术的应用而产生的，大体上可分为以下 5 个阶段。

1. 发生期（18世纪末—20世纪初） 这个时期正值产业革命，从纺织工业开始，煤炭、钢铁、化工等重工业逐渐建立，随之而来的是各种工业所造成的不同类型大气污染和水污染。

2. 发展期（20世纪20年代—40年代） 这个时期煤的消耗量逐步上升。大型火电站的建设、炼焦工业的发展、城市煤气业的增长等都需要大量的煤炭作为燃料和原料。石油在燃料构成中的比重大幅度上升，有机化学工业有了很大的发展。因此，有机化学污染物对环境的污染问题也变得日益突出。

3. 泛滥期（20世纪50年代—70年代） 这一时期，石油等燃料的生产和消费量急剧增长。50年代初期爆发了由燃煤造成的伦敦烟雾事件。地区性环境污染造成的疾病，如日本的痛痛病、水俣病、四日市哮喘等相继被认识，标志着环境污染相关危害进入了一个新的阶段。

这一时期还出现了两种新的污染源。一是由核能利用带来的放射性污染。二是由农药等有机合成化学物质的大量生产和使用带来的污染。除大气污染、水污染问题非常突出外，噪声、振动、垃圾、恶臭、地面沉降等其他危害也纷纷出现。

4. 转移和扩散期（20世纪80年代—21世纪初） 发达国家相继制定了较高的环境标准，一些对环境污染较严重的行业以及危险废物等纷纷向发展中国家转移。国际社会对世界范围的环境污染相关危害转移和扩散问题十分重视，联合国环境规划署于1989年主持制定并于1995年修改的《关于危险废物越境转移和处置的巴塞尔公约》中强调，禁止向发展中国家转移废物，并且列出了禁止出口的废物清单。1982年的《内罗毕宣言》、1992年的《里约环境与发展宣言》和《21世纪议程》中对控制污染行业的转移问题也做出了原则性规定。

5. 全球影响期（21世纪初至现在） 尽管发达国家的环境污染状况有了明显的改善，但全球环境污染问题，如臭氧层破坏、酸雨、气候变暖以及生物种群减少等逐渐开始引起人们的关注。这些问题统称为全球环境问题（global environment issues），它们对健康的影响是多方面的（参见第三章大气与健康）。伴随着全球人口的爆发性增长以及全球化经济活动量的增加，我们周围的生态环境受到了前所未有的压力。事实上，早在20世纪60年代末，科学家们就提出警告，如果不及时对工业化、城市化进程可能对环境产生的影响采取措施，我们将面临严峻的全球环境问题。

第五节　环境健康学的基本研究方法

为阐明环境因素对人群健康的影响，在运用现代科学技术了解环境因素的物理、化学和生物学性质和特征的同时，还需要认识环境因素作用于机体时引发的各种生理、生化和病理学反应。在环境健康学领域，主要采用环境流行病学和环境毒理学的研究方法来探讨环境与健康的关系。

环境流行病学是应用流行病学方法，结合环境与人群健康关系的特点，研究环境因素与人群健康的关系。环境流行病学是研究某个或某几个环境因素对人群健康产生的影响，因而首先要对该环境因素是否具有产生该疾病或健康效应的可能性进行探讨。环境因素对人群健康的影响不仅反映为疾病，而是一个健康效应谱。因此，环境流行病学不仅研究疾病的分布规律，而且更经常地研究疾病前的状态，包括生理和生化功能的改变、疾病的前期等各种健康状况。环境流行病学的最终目的是改善环境，保护人群健康。环境流行病学特别注意发现、控制和消除病因，研究暴露效应关系和暴露反应关系，这是制定环境健康标准和环境质量标准的依据，也是制定公共卫生和环境保护政策、法规的重要依据。

环境流行病学与流行病学的其他分支，特别是职业流行病学、营养流行病学以及传染病流行病学有密切的联系。同时，它们之间在多个方面还存在一定的差异。职业流行病学的研究对

象是成年人群。因入职体检等措施，职业人群至少最初时比同龄的一般人群更健康，产生所谓的健康人群效应。此外，与生活环境相比，职业环境的污染因素水平一般较高，还常常存在与生产环节有关的某些特殊污染因素。营养流行病学的主要关注点是营养素，其研究对象与环境流行病学完全相同，覆盖全人群。食物摄入是环境污染物进入人体的主要途径之一。因此，营养流行病学研究的食物摄入评价法也常常在环境流行病学研究中被用于环境污染物的暴露评价。由于流行病学分支的细化，目前环境流行病学的研究因素一般局限于非传染性的生物因素。传染病流行病学作为流行病学在公共卫生的最早实践，从研究传染环节到提出应急控制措施等，都离不开环境与健康的基本理论和技能。

环境毒理学是研究环境污染物，特别是化学污染物对生物有机体，尤其是对人体的影响及其作用机制的科学。在探讨环境与健康的关系时，人们常常需要了解环境污染物在人体内的吸收、分布、转化和排泄特征，污染物的毒作用的大小，阈剂量，剂量效应关系，污染物的靶器官和靶组织，污染物毒作用的基本特征和机制，污染物的特殊毒作用，如致突变、致癌和致畸性，环境污染物对健康影响的早期指标和生物标记，环境化学物质的安全性评价方法等。为了上述研究目的，环境毒理学常常使用模式生物，如大鼠、小鼠及其组织和细胞作为人的替代品进行研究，将结果外推到人，从而阐明环境污染物对人体的影响及其作用机制。

与环境毒理学密切相关的另一毒理学分支是生态毒理学。它是研究有毒有害因子对生态环境中非人类生物的损害作用及其机制的科学，主要目的和任务是揭示有毒有害因素包括潜在的有毒有害因素对生态系统损害作用的规律并为保护生态系统提供策略和措施。生态毒理学主要是研究生态系统中有毒有害因素对动物、植物及微生物在分子、细胞、器官、个体、种群及群落等不同生命层次的损害作用，进而揭示这些因素对生态系统的影响。随着对人与环境关系认识的进一步加深以及现代研究技术手段的发展，环境毒理学与生态毒理学的界限日益模糊。

环境流行病学与环境毒理学研究方法在环境与健康研究中相辅相成，互为补充。环境流行病学研究有许多优势，如研究结果不需要种属间的外推，研究对象可以包括所有的易感人群，可以研究实际环境暴露情况下的健康效应而不需要由高剂量向低剂量的外推，通过日常测定或常规工作就可以获得较为准确的暴露水平和健康效应资料等。此外，环境流行病学可研究不同的暴露模式和健康效应，尤其是当没有系统的动物模型或暴露条件在实验室难以模拟时更为有用。然而，由于人在遗传、社会、职业或心理上存在有很大的差异，在环境流行病学调查研究中很难找到只是暴露条件不同而其他情况完全相同的两个人群，也难以控制暴露条件或将研究对象维持在某一特定的环境。

环境流行病学研究的上述不足都可以在严格控制的条件下，采用环境毒理学的方法来完善和补充。特别是，对于新型环境污染物以及即将实际应用的新化学物质，由于缺乏或者尚没有人群暴露资料，采用环境毒理学方法的安全性评价就尤为重要。近年来，随着生命科学的飞速发展，环境毒理学中使用的一些技术手段在环境流行病学研究中的应用越来越多。另一方面，在动物实验和体外试验的基础上，以人体生物标志和机制通路为基础的实验流行病学研究近年来也有了很大的发展。总之，环境流行病学与环境毒理学在内容和方法上也不断在相互交叉和融合。

一、环境流行病学研究方法

环境流行病学研究方法一般按研究设计可分为描述流行病学方法、分析流行病学方法和实验流行病学方法三大类。

（一）描述流行病学方法

描述流行病学（descriptive epidemiology）又称为描述性研究（descriptive study），是指利用常规监测记录或通过专门调查获得的数据资料，按照不同地区、不同时间以及不同人群特征分组，描述人群中疾病或健康状态或暴露因素的分布情况。在此基础上分析获得疾病三间分布的特征，提出病因假说和线索。描述流行病学的研究特征主要是对疾病的分布和频率进行描述，特别是根据人群样本中所获数据来推断和评估总体的参数。在流行病学工作中对任何因果关系的确定都是始于描述性研究。描述流行病学主要包括历史常规资料的分析、现况研究、生态学研究和随访研究等。下面就其中的生态学研究进行简单介绍。

生态学研究（ecological study）又称为相关性研究（correlational study），是描述性研究的一种。它在收集疾病或健康状况及某些因素的资料时不是以个体为分析单位，而是以群体（如国家、城市、学校等）为分析单位，即描述某疾病或健康状态在各人群中所占的百分数或比数，以及某项特征者（如暴露于某种环境因素）在各人群中所占的百分数或比数。从上述两类群体数据可以分析某疾病的健康状态的分布与人群中某种暴露的相关关系。

1. 生态学研究的主要目的与种类 生态学研究的主要目的是提供病因线索，产生病因假设；评估人群干预措施的效果；估计监测疾病的发展趋势。其种类主要有生态比较研究（ecological comparison study）和生态趋势研究（ecological trend study）两种。

生态比较研究是生态学研究中应用较多的一种方法。它可通过观察不同人群或地区某种疾病的分布，根据其差异提出病因假设。生态比较研究也可以用来比较在不同人群中某因素的平均暴露水平与某疾病频率之间的关系，从而为病因探索提供线索。

生态趋势研究是连续观察人群中某因素平均暴露水平的改变与某种疾病的发病率、死亡率变化之间的关系，了解其变动的趋势；通过比较暴露水平变化前后疾病频率的变化情况，判断某因素与某疾病的联系。在环境流行病学研究中，应用较多的是时间序列分析。

时间序列分析（time series analysis）是用于分析有明显时间先后顺序的一系列观测值（如空气污染物的日污染水平、日发病数和日死亡数）的数理统计分析方法。由于环境监测数据多为非平稳时间序列，通过建立数学模型，提取时间序列数据所包含的长期趋势项、季节周期项、随机变动项，转化为平稳时间序列后，再对考察变量进行相关回归分析。该分析方法多用于研究环境因素的短期影响。时间序列分析可根据资料的特点和研究目的选择不同的数学模型，常用的有广义相加模型（generalized additive model，GAM）、广义相加混合效应模型（generalized additive mixed model，GAMM）、多水平模型（hierarchical model）和分布滞后非线性模型（distributed lag non-linear model，DLNM）等。

2. 生态学研究的优点与局限性 生态学研究可利用常规资料或现成资料来进行，可节省时间、人力和物力；对于不明原因的疾病，生态学研究可提供病因线索以便进行深入研究；当个体暴露量测定困难时，一般也只能选择生态学研究方法；当需要在人群水平评价某项干预措施的效果时，生态学研究往往更为合适。此外，在疾病监测工作中，应用生态趋势研究可估计某种疾病发展的趋势。

生态学研究也存在不少的局限性，其中最为突出的是会产生生态学谬误（ecological fallacy）。它是指由于在生态学研究中以各个不同情况的个体"集合"而成的群体为观察和分析的单位，以及没有将混杂因素分离出来所造成的研究结果与真实情况不符。生态学研究发现的某因素与某疾病分布上的一致性，可能是两者存在真正的因果关系，也可能两者毫无关系。因此，以生态学研究的结果做出结论性的判断时应慎重。

生态学研究中的混杂因素往往难以控制。人群中的某些变量，特别是与社会人口学和环境有关的，易于彼此相关，从而影响对暴露因素与疾病关系的正确分析。生态学研究是以群体作

为观察单位，在进行两变量的相关或回归分析时对暴露水平或疾病的测量准确性相对较低，且时序关系不易确定，因此其研究结果一般不能作为因果关系存在的有力证据。

（二）分析流行病学方法

与描述流行病学不同，分析流行病学（analytic epidemiology）最重要的特征是在研究开始前的设计中就设立了可供对比的 2 个或 n 个组（或时间段），用于检验危险因素的假设或用来筛选危险因素，分析流行病学主要包括病例对照研究、病例交叉研究、队列研究和定组研究等。下面简单介绍近年来在环境流行病学研究中广泛使用的病例交叉研究和定组研究。

1. 病例交叉研究　病例交叉研究（case-crossover study）是把病例在暴露危险时间段与病例在疾病发生前的另一时间段的暴露分布进行比较，以判断暴露危险因素与某疾病（或事件）有无联系。这种研究设计是把最接近疾病（或事件）发生的一个短时间段作为暴露危险时间阶段（risk period），把疾病发生前的一个或多个时间段作为与病例配比的"对照"时间段（control period），即把在此阶段中病例的暴露作为与病例配比的"对照"的暴露。与病例对照研究不同，病例交叉研究并不进行病例与对照间的比较，而是比较在不同时间，病例的暴露情况与某种健康结局的关系。

病例交叉研究的主要优点是：①特别适用于罕见的急性事件，如车祸、损伤、心血管意外、支气管哮喘发作等病因的研究；②不需另设对照组，从而避免了因选择对照而产生的偏倚，减少了病例和对照在许多特征（如年龄、智力、遗传、社会经济状态等）的不一致；③统计分析时效率较高，避免了一些复杂的数学模型，便于计算；④节约样本量，节省人力、物力、财力，便于组织实施。

病例交叉研究也存在一些局限性：①由于研究的是急性事件，并且要求无滞后效应，因此病例交叉研究不能用于评价干预措施所引起的累积效应或者慢性效应；②有时难以避免信息偏倚和暴露的时间趋势所带来的混杂偏倚等。

2. 定组研究　定组研究（panel study）是通过收集同一群个体在不同时间点的相关数据和资料，然后将获得的数据经时间序列方法进行分析的研究设计。与传统的流行病学研究设计相比，该方法特别适合于分析某些变量的变化过程，尤其是研究环境因素短期暴露与健康效应的关系。它还有利于预测横断面研究难以分析的长期或累积效应。在该设计中，每个研究对象都是自身的对照，因此可以降低影响研究结果的某些混杂因素。定组研究在设计上相当于短期的随访研究，因果时间链合理，观察期较短，在有限的研究资源下可以同时观察更多指标。与传统的队列研究一样，失访对研究的影响很大，直接影响研究效能。此外，由于研究对象在较短的期间内要经过多次的重复测定和调查，可能对测试和询问内容产生了适应，使信息偏倚增加。

（三）实验流行病学方法

以医院、社区、工厂、学校等为现场，将人群随机分成实验组与对照组，将研究者所控制的措施给予实验人群组之后，随访并比较两组人群的结果以判断干预措施效果的研究方法，称为实验流行病学或干预性研究。

与描述性研究相比，实验流行病学的明显优点是能够检验病因假设。与分析性研究相比，虽然两者都能用来检验病因假设，但实验性研究的检验能力要比分析性研究强的多，主要是因为它通过随机分组、双盲和使用安慰剂等方法，有效控制偏倚和混杂。

但是，在环境健康学实践中，采用实验流行病学方法进行研究，实施起来比较困难。因此，研究者们也常常采用准实验流行病学方法（methods of quasi-experimental epidemiology）来达到类似的研究目的。准实验流行病学研究与传统的实验研究或随机对照实验有相似之处，但无须随机分组，允许研究者按照一定的规则进行分组。尽管不能很有效地控制研究的条件，但该方法是在接近现实的条件下，尽可能地按照实验研究的原则和要求，最大限度地控制混杂因素和实施的。

（四）流行病学研究的实施

1．选题和制订研究方案　这是研究工作的第一步，从提出研究问题到形成一个完整的科研设计书是整个研究工作的核心。研究课题可来自于一些实际工作中需要解决的问题，也可来自于研究工作或制定政策的需要。提出研究课题后，应全面查阅文献资料，形成研究假设，确定研究目的，然后选择研究方法和手段（包括获取何种方法和如何检测等），最后写出完整的设计书。设计书主要包括研究意义、目的、方法、步骤、进度、条件和预期的结果。计划制订好后，还要选择和训练参与研究的有关人员并进行可行性的研究估计。

2．研究队伍的构成　一个流行病学研究项目组的构成主要取决于研究目的和规模。小的研究项目3～5人即可，但大型的研究项目则可能需要多学科的协作，参与研究的研究人员也比较多。除流行病学家外，还根据项目内容的要求邀请临床医学专家、暴露评价专家、实验室科学家、计算机处理专家和统计学家加入研究队伍。此外，还需要一些调查员和技术人员。

3．伦理审批与知情同意书　一项流行病学研究开展前需要得到有关伦理委员会的批准。目前，在各个医学研究机构、院校都有类似的部门，这个委员会的成员来自多个学科，包括医学、科学、法律和哲学等。

如果研究工作不涉及伦理问题，一般仅填写一份简单的伦理评估检测表即可。如果研究工作涉及伦理学问题，申请伦理批准时一般需要填写详细的申请书，需具体说明研究目的、研究设计、研究所涉及的伦理学问题（如个人的隐私权等），在流行病学研究中，有时会涉及被研究对象的姓名、年龄、家庭住址等隐私问题，如何保密成为一个重要的伦理学问题。

在进行流行病学调查时，征得被研究对象的同意，即知情同意（informed consent）也是非常重要的，应该向被研究对象仔细说明研究过程及可能的风险（如果有的话），并获得他们的书面同意，即填写知情同意书。

4．研究的实施　在研究工作开展前的准备阶段，除了组织好研究队伍外，还应与将要进行流行病学研究调查的地方部门和研究人员联系，取得他们的支持。此外，需要训练调查员，确认调查方式，建立实验检测设备、手段及程序，进行可行性评估并进行预调查。在正式调查阶段，调查和实验步骤应严格按研究和设计规定进行。在资料分析和整理阶段亦是如此。

在整个实施过程中，除了人员的组织管理工作外，还要进行现场和实验检测及资料处理的质量控制。应该有专人对此负责，他们应该在研究进行的不同阶段对现场实验室进行抽样检测，发现问题立即纠正。

5．资料的收集、整理、分析和解释　现场和实验室完成资料收集后，首先应对原始资料进行复核，然后按设计好的程序和编码说明输入计算机存储。

数据如何分组整理，这应是在研究设计阶段已经拟定好的。近年来统计方法发展很快，有许多统计软件包可供使用，但各个统计方法及软件都各有特点和适用范围。目前在流行病学资料分析中常见的统计分析软件有 S-PLUS、EPIINFO、SPSS、SAS 等。资料分析后得到的结果并不是流行病学研究的最后结果，因为还需要将统计分析的结果结合医学生物学的知识，并运用逻辑推理的法则做进一步的讨论。

6．研究结果的报告　任何一项流行病学研究工作，都应以书面报告或论文的形式总结出来，它一般包括以下几个方面：

（1）题目：应简明扼要。

（2）作者：应包括作者单位和联系地址、电话、传真等。

(3) 前言：是研究背景的浓缩，说明选题的依据，研究工作的意义与价值。

(4) 材料与方法：主要包括所使用的材料，使用的研究方法及研究工作具体执行时的步骤。

(5) 结果：应包括主要的科研发现。

(6) 讨论：主要包括本研究结果与国内外类似的结果的比较；研讨与假设相一致的结果并进行深入分析；讨论与假设不一致的结果并给出解释；研究方法学的探讨；研究所引出的有待解决的问题。

(7) 结论：应简洁明了。

(8) 参考文献：引用文献的方式，各期刊有其规定，应详细参照期刊社的规定进行。

(9) 致谢：感谢对研究做出贡献的部门及个人及在研究经费上给予支持的部门。

二、环境毒理学研究方法

环境化学物的毒性作用可分为一般毒性作用与特殊毒性作用。一般毒性作用主要包括急性毒性、亚慢性和慢性毒性作用。特殊毒性作用则主要指致癌作用、致突变作用、生殖和发育毒性和内分泌干扰作用等。

环境毒理学的研究方法中，除了与一般毒理学研究相同的毒性机制研究方法和技术外，还包括观察和评价上述毒性作用的基本毒理学评价方法，又称为安全性评价方法。环境化学物的安全性评价目前是以动物实验为基础，与其他类型的毒理学安全性评价相比，它更重视对慢性毒性以及致癌性等特殊毒性的评价，急性毒性试验结果仅作为参考。此外，为了满足环境化学物质安全性和健康风险评价日益增长的需求，环境毒理学的研究和实际工作中还积极发展动物实验的体外替代评价方法。下面就环境毒理学常用的安全性评价方法做简单介绍。

（一）一般毒性评价方法

一般毒性试验多为以实验动物为模型的体内试验，可分为急性毒性试验、亚慢性试验和慢性毒性试验。

1. 急性毒性试验 急性毒性（acute toxicity）是机体一次或24 h内多次接触外源性化学物后所引起的中毒效应。急性毒作用评价常常是评价外源性化学物对机体毒效应的第一步。在急性毒性试验中观察到的毒效应类型、剂量反应关系的斜率对于评价外源性化学物的健康危害有重要价值。

除经典的急性毒性试验方法外，近年来在环境化学物质的安全性评价中，固定剂量法、急性毒性分级法以及上下移动法也开始应用。

2. 亚慢性毒性和慢性毒性试验 亚慢性毒性（subchronic toxicity）是指在较长期接触外源性化学物质所产生的毒效应。目前一般亚慢性毒作用评价的染毒期限为试验动物寿命的10%，对于大鼠为90天染毒，狗为52周染毒。短于此期限的称为短期重复染毒毒性试验，一般为14天和28天。亚慢性毒性试验的目的是了解受试物对机体毒性作用的靶点、可逆性以及获得未观察到有害效应的剂量水平（no observed adverse effect level，NOAEL）。

慢性毒性（chronic toxicity）是指长期反复接触外源性化学物所产生的毒效应。慢性毒性试验的主要目的是发现受试物的各种慢性毒性或蓄积毒性，确定其主要的慢性毒效应及其剂量反应关系。从科学和经济上考虑，慢性毒性试验倾向于同致癌试验合并进行。亚慢性毒性试验与慢性毒性试验在实验设计和方法上除染毒期限的不同外，其他方面基本相同。

（二）特殊毒性评价方法

外源性化学物的特殊毒性评价方法，包括致突变试验、致癌试验、生殖及发育毒性试验以及内分泌干扰作用筛查试验。

1．致突变试验 化学致突变物作用于生物体细胞的遗传物质后，可发生一系列生物、化学和形态学的变化，造成遗传物质 DNA 损伤。致突变作用与许多称为遗传毒性致癌物（genotoxic carcinogen）的致癌作用有密切关系。因此，可以利用致突变试验进行致癌物的筛查。常用的致突变物检测方法见表 1-2。各类试验就筛查价值而言，通常越接近于人的试验系统价值就越高，体内系统高于体外系统，真核微生物系统高于原核微生物系统，哺乳动物高于非哺乳动物。

2．致癌试验 对外源性化学物的致癌性评价方法主要有体外细胞转化试验、短期动物致癌试验以及动物长期致癌试验。

（1）哺乳动物细胞体外转化试验：正常细胞转变为具有癌细胞某些特性的现象称为细胞恶性转化。哺乳动物细胞体外转化试验是测试致癌物的一个重要试验方法，它可检出遗传毒性致癌物和非遗传毒性致癌物。此法终点反应更加接近体内肿瘤形成过程，是最近似地模拟致癌过程的试验。细胞被恶性转化呈现出与肿瘤形成有关的表型改变，包括细胞形态、细胞生长能力、生化表型等变化，以及移植于动物体内能形成肿瘤的能力。

（2）哺乳动物短期致癌试验：它是在有限的时间内完成的致癌试验，因此其观察的靶器官或组织也限定为一个而不是全部器官和组织。该试验可用于检出遗传毒性致癌物和非遗传毒性致癌物，常用的有小鼠肺肿瘤诱发试验、小鼠皮肤肿瘤诱发试验、大鼠乳腺瘤诱发试验等。

（3）哺乳动物长期致癌试验：是鉴定哺乳动物致癌物的标准试验。它不仅可以确定致癌性，而且可以确定致癌作用的靶器官。在缺乏流行病学资料的情况下，哺乳动物致癌试验是评价外源化合物致癌性的主要手段。试验一般选用对致癌物敏感性高，而自发肿瘤率低的动物品系。雌、雄动物都要有，二者的数量相近。染毒方式主要根据人类可能接触的途径确定。试验期限小鼠最少为 1.5 年，大鼠为 2 年。

3．生殖毒性和发育毒性试验 生殖毒性（reproductive toxicity）是指对雄性或雌性生殖功能或能力的损害和对后代的有害影响。生殖毒性可发生于妊前期、妊娠期和哺乳期。发育毒性（developmental toxicity）指有害因素干扰胚胎及胎儿的发育过程，影响其正常发育的作用。两者关系密切，但不同研究者对其研究的侧重面有所不同，多数主张对两者应有所区分。

（1）生殖毒性试验：也称为繁殖试验，它可以全面反映外源化合物对性腺功能、发情周期、交配行为、受孕、妊娠过程、分娩、授乳哺育以及幼仔断奶后生长发育可能发生的影响。评价的主要依据是交配后母体受孕情况（受孕率）、妊娠过程情况（正常妊娠率）、子代动物分娩出生情况（出生存活率）、授乳哺育情况（哺育成活率）以及断奶后发育情况等。

（2）发育毒性试验：外源化合物的发育毒性评定，主要是通过致畸试验。致畸试验是检查受试物能否通过妊娠母体引起胚胎畸形的动物试验。通过致畸试验可以确定一种受试物是否具有致畸作用，诱发何种畸形以及出现畸形的主要器官，确定最大无作用剂量和最小有作用剂量，即阈剂量。

4．内分泌干扰作用筛查试验 目前推荐的筛查方法很多，每种方法都有各自的优点及不足。美国环境保护局内分泌干扰物质甄别与测试委员会建议采用成组试验，分两个阶段评价外源性化学物的内分泌干扰活性。第一阶段试验的目的是检测受试化学物是否具有雌激素、雄激素以及甲状腺激素活性。第一阶段的试验结果结合构效关系等文献资料，决定受试物是否需要进行下一阶段的试验。第二阶段试验目的是确定是否具有与自然激素类似的生物学效应特征。下面简单介绍一下两阶段筛查的基本内容。

（1）第一阶段筛查：可分为体外试验和体内试验两类。

1）体外试验：雌激素受体试验；雄激素受体试验；类固醇激素合成抑制试验。

2）体内试验：啮齿类动物 3 天子宫肥大试验；啮齿类动物 20 天性成熟试验；啮齿类动物

5~7天Hershberger试验；蟾蜍变态试验；鱼类生殖恢复试验。

(2) 第二阶段筛查

1) 哺乳动物的试验：一般采用经口给予大鼠、小鼠受试物，观察染毒动物及其子代的行为活动、受孕率、子代动物的雌雄比例、有无雌性化或雄性化、生殖组织以及其他组织的改变等。

2) 其他动物的试验：①鸟类的生殖试验，一般使用两种鸟类，染毒后观察鸟类的排卵、卵壳厚度、孵化率以及幼鸟孵化后的存活天数；②鱼类的试验，给鱼的受精卵染毒后，连续300天以上观察受试物对鱼的发育、生长、生殖及其子代的影响；③甲壳动物的试验，染毒后观察受试物对甲壳动物发育、生长、有性生殖的影响；④两栖类的发育生殖试验，给予蟾蜍蝌蚪受试物，观察对其变态的影响。

(三) 评价方法的动向

近年来，环境毒理学安全性评价方法面临着几方面的挑战。首先，目前的安全性评价在试验中多采用显著高于实际暴露水平的剂量进行染毒。因此，获得的试验结果需要由高剂量向低剂量外推。由于高低剂量水平的生物效应不只是作用大小，在作用的特征等方面也可能出现差异，外推的不确定性很大，直接影响评价结果的应用。其次，实验动物作为人的替代，在环境化学物的安全性评价中发挥了很重要的作用。然而，动物试验的结果外推于人有很大的困难和不确定性。最后，全世界每年用于环境污染物等毒理学安全性评价的实验动物数目十分巨大且不断增长。保护动物和动物实验伦理要求等方面的社会压力日趋加大。鉴于以上挑战，采用体外实验方法或计算机模拟替代动物实验，采用人源细胞替代动物细胞或其他生物试验方法，就成为了环境毒理学方法学研究的重点和热点。

此外，人群常常暴露于混合的环境污染物，但目前的评价方法一般是针对单一物质设计的，混合物的评价面临困难。了解环境污染物的毒性通路特征，将同一特征的物质进行综合评价，也是环境毒理学安全性评价的重要课题。

第六节 我国环境与健康的挑战

近几十年来，世界环境污染问题已发生了很大的变化，突出体现在：①环境污染已从局限的点污染转变为面污染；②污染受害者同时也成为污染提供者；③自然开发与环境保护的矛盾日益突出，很难找到合适的平衡点；④区域与全球环境问题对策面临艰难的抉择。

我国人口众多且地域间的差异较大，在解决传统环境健康问题的同时，还必须面对一系列的新型环境健康问题。从近代的历史看，发达国家在经济发展的不同阶段，逐渐经历了以下三类环境与健康问题：第一类主要是饮用水的微生物污染以及粪便没能得到卫生处理而导致的肠道传染病流行；第二类主要是工业化带来的大气污染、水污染等公害问题；第三类主要是城市化带来的交通污染、城市热岛效应以及经济全球化带来的生态环境影响问题。与发达国家不同，我国不得不同时面临着上述三类环境与健康问题。另一方面，人口老龄化是我国面临的突出又紧迫的社会和健康问题。发达国家的人口老化是在各国社会经济有了明显的增长，一定程度富裕起来后逐渐形成的。与此不同，包括我国在内的许多发展中国家是在社会经济基础仍然薄弱的情况下步入老年社会的。

因此，如何脚踏实地践行健康中国战略，满足人民日益增长的美好生活需要，是摆在我们面前的紧迫课题。为此，需要在以下几个方面进一步加强和完善：

1. 环境政策制定和实施过程应强调以人为本，把保护人民健康放在更为突出的位置 目前，环境与健康问题受到日益广泛的关注，广大群众的环境与健康意识空前高涨，而许多环保纠纷都涉及环境污染引起的健康损害问题。因此，在制定环境保护和卫生健康相关的法律、法规时应进一步强化保护健康优先的原则，加快充实环境与健康的法律、法规内容，以适应可持续发展的需求。与此同时，应加强多部门的协调和合作，使各个部门的有关法律、法规相互渗透、相互补充、相辅相成，构筑具有中国特色的环境健康法律法规体系。

2. 大力开展有计划、系统的环境与健康基础调研工作 与发达国家相比，我国的环境与健康的一些基础数据缺乏。以往的一些调查研究多以分散、小型的为主，内容重复且效率低，所得的结果很难在宏观水平上进行客观的比较，难以对国家制定政策提供足够的信息支持。环境污染的健康影响可能涉及子孙后代的健康，如果没有长期的基础调研工作，很难阐明环境污染物对健康影响的特征，也就无法提出保障人民健康的有效措施。

3. 开展前瞻性的环境健康基础研究，建立公开与共享的环境健康信息体系，为预防性决策提供科学依据 各国的实践表明，加强环境健康基础研究起着防患于未然的重要作用。事实上，忽视基础研究的重要性，缺乏环境与健康共享信息系统的支持，会妨碍或削弱环境健康决策的正确性和有效性。应充分认识到基础研究的预见性作用，在现有环境质量评价体系的基础上，建立与之配套的环境健康危险度评价体系，预防和控制环境污染可能带来的健康危害。

案 例

某物流仓库火灾爆炸事故的应急健康影响调查

某日深夜，位于某市的一座物流仓库发生火灾爆炸事故。爆炸后产生的烟雾顺着风向弥漫在附近地带的上空。事故造成值班的多名工作人员伤亡。应急管理和生态环保部门在应急调查后发现，事故对事故中心区及周边局部区域大气环境、水环境和土壤环境造成不同程度的污染。由于该仓库物品种类很多，还不能确定此次事故所导致的主要环境污染物。附近的居民在事故发生后可闻到空气中明显的异味，有些人出现咳嗽、流泪、咽部不适等症状。为此，市政府要求疾病预防控制部门进行应急健康影响调查。请制订应急调查计划。

思考题
1. 需要收集哪些方面的资料？
2. 调查范围如何确定？
3. 需要采集哪些环境和生物样品进行暴露评价？
4. 如何获得事故对周围居民影响的健康数据？
5. 有无必要进行应急的毒理学监测？

（郭新彪）

第二章 气候变化与健康

第一节 概 述

气候（climate）是指特定地区大气及其所处的陆地或水系统在较长时期内所处的状态。气候变化是指经过相当一段时间的观察，由于自然原因和人类活动直接或间接地改变全球大气组成所导致的气候改变。由于气候变化属于超越单个主权国家管辖范围的环境问题，因此为国际环境问题。气候变化是人类社会面临的最严峻的挑战之一。

一、全球气候变化概况

气候变化包括全球变暖、臭氧层破坏和极端气候条件增多等现象，其中全球变暖是一个主要问题。由于自然现象和人类活动，大量温室气体向大气中排放，引起大气中温室气体浓度增加和组分改变，导致全球平均气温升高。大气中温室气体是指大气中能吸收长波辐射的物质，包括水蒸气、二氧化碳、氧化亚氮、甲烷、卤代烃类及臭氧等。我们通常把二氧化碳、氧化亚氮、甲烷、卤代烃类、臭氧和含氯氟烃等称为温室效应气体。1997年，《京都协议书》中将二氧化碳、氧化亚氮、甲烷、氢氟碳化合物、全氟碳化合物和六氟化硫作为需控制的6种温室气体。人类活动排放的温室气体中，二氧化碳对气候变化影响最大，占到了约63%。由于地球大气层中温室气体吸收太阳光辐射，同时对外以长波辐射形式释放能量，部分长波辐射被大气层的温室气体吸收并反射回地球，自然的温室效应产生，使地球出现了适合于人类和其他生物生存的环境，这种自然的温室效应使地球表面温度维持在目前的15 ℃，如果没有它，平均地表温度约为 -18 ℃。

由于气候变化对全人类健康的影响巨大，1988年11月由世界气象组织（World Meteorological Organization，WMO）和联合国环境规划署（United Nations Environment Programme，UNEP）共同成立政府间气候变化专门委员会（Inter-governmental Panel on Climate Change，IPCC），下设自然科学基础、影响适应和减缓气候变化3个工作组。该组织从科学的角度评估气候变化，及其产生的一系列影响。近30年来，IPCC组织数千名专家，已经完成了5次气候变化科学评估报告的撰写，为国际社会认识气候变化问题，推进气候变化治理制度建设提供了科学基础。

IPCC第五次评估报告（2014年）显示：充足的证据表明过去60年来气候变暖是由于人类活动造成的，主要是化石燃料燃烧排放的温室气体导致全球气候变暖。1880—2012年，全球地表平均温度大约升高了0.85 ℃。20世纪地球表面平均温度高于几个世纪以来历史气温自然波动的上限。预计21世纪末平均地面温度升高幅度在0.3～4.8 ℃。同时需要指出的是，地表平均气温的变化会掩盖很多重要信息，如高纬度地区气温增幅更大，与海洋地区相比陆地地区平均气温增幅更大，与日均最高气温相比日均最低气温的增幅更大。

气候监测结果表明，2019年7月平均温度较工业化前期高出约1.2℃。全球范围的极端天气气候事件增加，2017年北大西洋飓风，印度次大陆洪水，非洲严重干旱，这些极端天气事件的发生均对人类的可持续发展构成严重威胁。2016年11月4日，《巴黎协议》生效。2018年12月在波兰卡托维兹举行的《联合国气候变化框架公约》第24次缔约方大会最终通过了《巴黎协定》实施细则。2018年12月，WHO与气候变化与健康联盟、欧洲区域委员会在波兰举行的全球气候变化与健康峰会上，概述了十项优先级政策行动，以促进气候和健康效应取得实质性进展。这些都体现了国际社会对于气候变化的共识和关注。

二、人类活动与全球气候变化

全球气候变化的原因包括自然的气候波动和人类活动的影响。而人类活动已经成为导致全球气温升高的重要原因。人类活动对气候的影响如下：①人类活动使用的大量化石燃料所产生的温室气体和颗粒物可改变大气成分，影响地表辐射平衡，如从上一个冰期到工业纪元前，地表二氧化碳浓度上升了0.1%（从0.18%到0.28%）；②人类活动导致的地表土地利用类型的变化，如植被覆盖情况的改变引起地表反射系数和地表植被蒸腾作用的变化。一般情况下，地球表面大气层吸收进入其中的短波太阳辐射，同时释放出长波辐射，形成气候系统的能量平衡，而温室气体浓度升高可增加长波辐射的吸收，打破能量平衡，导致气温升高。

二氧化碳（carbon dioxide，CO_2）性质很稳定，是人类活动排放的最重要的温室气体，需经过复杂的转化暂时储存在土壤和海洋中，成百上千年后最终储存在矿物质中。目前，自然界仅能清除人类活动产生过多二氧化碳的一半。据世界气象组织（WMO）2019年发布的温室气体公报显示，2018年，全球大气中二氧化碳浓度为0.41%，是1750年二氧化碳水平的147%。在2009—2018年人类活动造成的总排放量中，约44%累积在大气中、23%累积在海洋中、29%累积在陆地上；无归属的收支失衡为4%。过去30年，排放入大气的人类来源二氧化碳主要来自化石燃料的燃烧，另外地球表面土地使用的变化，如土地的去森林化等也导致了大气二氧化碳浓度的升高。

甲烷（methane，CH_4）在大气中很稳定，可持续10年之久，导致气候变暖的作用约为二氧化碳的一半，其主要通过在平流层中与羟基离子形成二氧化碳和水进行清除。约40%甲烷来源于自然源（例如湿地和白蚁），约60%来自人为源（例如养牛、水稻种植、化石燃料利用、垃圾填埋和生物质燃烧）。2018年，全球平均甲烷浓度创下了新高，达到13.35 mg/m^3，甲烷的平均增幅高于2016—2017年观测到的增幅和过去10年的平均值。自2007年以来，大气甲烷浓度再次上升，原因可能是热带湿地以及北半球中纬度地区人为源的甲烷排放增加。

人类活动产生的温室气体还包括氧化亚氮（nitrous oxide，N_2O）和臭氧（ozone，O_3）。氧化亚氮在大气中较为稳定，半减期很长。自从工业革命以来，大气中氧化亚氮的浓度逐渐升高，2018年全球平均氧化亚氮浓度达到了0.65 mg/m^3，高于2016—2017年观测到的增幅以及过去10年的平均增长率。大气中氧化亚氮浓度上升可能与农业增加使用化肥，以及空气污染相关的大气氮沉降过量使土壤中的氧化亚氮释放增加有关。臭氧主要来源于光化学反应，化石燃料燃烧产生的氮氧化物（NO_x）和挥发性有机物（VOCs）在紫外线和热量的作用下产生臭氧，其在大气中可持续几周到几个月。研究表明臭氧所处的高度不同对地表温度影响不同：对流层（上部）的臭氧浓度升高使得地表温度升高；在平流层的臭氧浓度的升高使得地表温度降低。自从工业革命前以来，对流层臭氧浓度增加了35%，其一定程度上导致了地表气温的升高。

三、气候变化的影响

全球气候的变化影响到全球生态系统，诱发生态系统中大气圈、水圈、土壤岩石圈以及生物圈的多种效应，比如极地冰川消融、海平面升高、鸟类产卵提前、虫媒生存区改变等，具体如下：

1. 区域性降雨模式改变、天气的变化和水循环改变 可导致海洋降水的增多以及陆地降水的减少，如在诸多的低到中纬度地区、中部内陆地区以及目前已经很干燥的西北印第安地区、中东地区、北部非洲地区以及中部美洲地区，降水减少更为明显；极端气候事件（climate extremes）增多，如热浪、洪水、干旱、寒潮、飓风等灾害事件；极地、高原地区冰山、海洋冰层以及陆地冻土层大范围融化，海平面升高，淡水减少并影响大气水循环。自从20世纪60年代，全球陆地雪覆盖面积减少超过了10%。海平面升高主要是由于气候变暖导致海水体积膨胀和冰层的融化，导致了未来海水总量的增加。

2. 全球粮食作物种植带的改变和全球动植物的节律改变 从全球来看，全球粮食产量总量小幅下降，且这种下降趋势在全球的粮食保障薄弱地区，如南亚、部分非洲以及中部美洲降低幅度远大于平均水平。植物生长带发生变化/某些植物生长期发生改变；动物正常的生活规律发生变化，如北极圈内部温度升高影响了极地动物的繁殖和生育周期，扰乱了驯鹿每年的常规迁徙习性等。

3. 其他影响 加剧平流层臭氧的缺失、生物多样性的减少和世界范围内土地退化等，从多个方面导致生态系统的紊乱。气候变化可影响与人类健康密切相关的自然生态和社会系统，影响地球水循环，干扰农作物的生长，增加自然灾害的发生频数，从而破坏支持生命系统的生物圈持续稳定性，所以理解气候变化对人群健康的现状及未来影响，对于制定相应的气候变化应对措施和公共卫生政策都极为重要。气候变化对人类健康危害可从直接健康影响和间接健康影响两个方面描述。气候变化对人类健康直接影响是指由于气候变化使得人类暴露于极端气候（热浪、寒潮、洪水、干旱等）频率的增加等；间接影响包括气候变暖导致的大气污染物和变应原浓度及其毒性增加而对人体的健康造成危害的增加等。

第二节 气候变化与健康

全球气候变化对人体健康的影响是多方面的——少数是正面的（如冬季温度的升高将会减少冬季死亡人数，而热带地区进一步的气温的升高可能会减少疾病传播媒介繁殖数量从而减少虫媒疾病的传播等），大多数是负面的。气候变化对人体健康的影响是多途径、多方面的，包括直接影响和间接影响两方面。其最终效应同时受到人群易感性以及人群经济、社会发展水平的影响，较好的经济条件和完善的社会公共健康系统将极大地减少气候变化导致的各种健康影响。

一、气候变化对非传染性疾病的影响

（一）热浪和其他极端气候的影响

热浪（heat wave）是指高温持续时间较长，使人体感觉不舒适，并可能威胁公众健康和生命安全、增加能源消耗、影响社会生产活动的天气过程。有研究表明，经过长期的暴露，人类已经适应了其居住区域的气候条件。在发生极端气候事件时，该群体中的敏感群体风险较大。如未来气候变化情景下，热浪发生的频率和强度增加，老年人、有既往心肺疾病以及低收入人群相关疾病发病和死亡的危险性大大增加；若热浪事件同时伴有湿度和空气污染的增加，其所

造成的健康风险会进一步加大。

1. 热浪的健康危害 WHO 2018 年《气候变化和人类健康》报告（以下简称 WHO 报告）显示：超长高热的气温可直接造成心血管和呼吸道疾病患者的死亡，尤其是老年人群；花粉及其他气源性过敏原的水平升高，加重哮喘的疾病负担。有研究表明，平均每个夏天热浪导致美国城市多达上万人的超额死亡数；但是发展中国家由于相关研究资料的缺乏，气候变化导致的热应激相关健康损伤较难评估。

随着全球气候变化，全球热浪出现更为频繁，世界热区进一步扩大。其对人体健康的危害程度和范围逐渐增加，气候变暖导致的热浪可直接作用于人体，从而导致与暑热相关疾病（热应激、心血管疾病、呼吸系统疾病等）的发病率和死亡率增加，易感人群，如患有相关疾病的老年人群发病率升高更为明显。1980—1998 年间，印度热浪发生了 18 次，仅 1988 年那次就波及 10 个邦，导致了 1300 人死亡；2003 年发生在印度两个地区的热浪造成了 3000 多人的死亡；在 1999—2008 年的 10 年里，气候变化使欧洲发生极端夏季热事件的风险增加了至少两倍。2003 年欧洲热浪导致了欧洲多国共计约 35 000 人死亡，仅法国就有 15 000 多人死于此次热浪，其中 75 岁以上的老人占到 80% 以上。

高温对人体健康影响的机制：高温导致人体体温调节中枢的失调，体内蓄热增加；人体大量出汗造成机体大量体液流失，水盐代谢紊乱。继而出现不同程度的体温升高和一系列机体各系统的损伤，并导致一系列的疾病。心血管系统损伤，如心率增加、血压变化、心脏肥大、心律不齐等；消化系统的损伤，如消化道贫血、消化液分泌减少、胃动力降低、食欲减退和消化不良等；呼吸系统的影响，如呼吸频率和肺通气的增高等；泌尿系统损伤，如代谢性酸中毒、肾滤过率下降、肾功能损伤等。

最为典型的热致性疾病是中暑。它是高温环境下由于热平衡和（或）水盐代谢紊乱等而引起的一种以中枢神经系统或心血管系统障碍为主要表现的急性热致性疾病。诱发因素包括环境温度过高、湿度大、风速小、劳动强度过大以及过度疲劳，其中环境温度高为主要诱发因素。根据病因和发病机制可将中暑分为热射病、热痉挛和热衰竭：①热射病是人体在热环境下，由于散热途径受阻，体温调节机制失调所致。②热痉挛是由于机体大量出汗，体内钠、钾过量丢失所致。③热衰竭多发生在高温、高湿环境下，皮肤的血流增加而不伴有内脏血管的收缩或血容量相应增加，因此不能代偿，导致脑部暂时的供血减少而晕厥，多起病迅速。

2. 寒潮 随着全球气候的变化，寒潮在北部高纬度地区依旧较为严重，且发生频率有增高趋势。突然的寒潮暴露导致了许多温带和寒带低收入人群或易感人群的死亡率的升高。寒潮导致暴露人群出现冻疮和体温过低等一系列症状；即使人类适应了较低气温的地区或者是温带，寒潮依旧能引起健康的损伤（多出现在易感人群中）。

3. 其他极端气候的暴露 其他极端气候包括暴雨、洪水、干旱以及飓风，它们发生频率的增加，可通过各种途径危害人类健康，包括引起生命和健康的直接损失，以及可通过导致避难所的丢失、人群的迁徙、水源供给的污染、食物生产减少、健康服务系统基础设施的损坏等途径影响人类健康。极端气候暴露的危害受到人群易感性和社会环境等因素的影响，对于人口密集区及资源缺乏区的损害是最为严重的。如美国低收入人群更易受到飓风的影响，而低收入人群的学校受到洪水威胁的危险性是高收入人群学校的两倍；沿海高人口密度的城市受到气候事件影响危险性较大；环境退化地区受到热带气旋和海洋风暴的威胁更大等。

近 30 年出现极端气候事件的频率有所增加，如 2019 年爆发的澳大利亚超级山火。从 2019 年下半年开始，澳大利亚森林起火，并且很快蔓延。在这次火灾季节之前，在截至 2019 年 11 月 30 日的 6 个月里，澳大利亚东部新南威尔士州东北部的大部分地区出现了有记录以来的最低降雨量和高于平均水平的气温，经历了严重的干旱。近 10 亿只动物死于火灾，其中至少有 2.5 万只考拉。仅在新南威尔士州地区，就有 30% 的考拉死亡。大火导致堪培拉的空气

污染物达到了世界卫生组织标准水平的22倍以上；悉尼一些郊区的空气污染物已经超过限制量的10倍。这场森林大火，已经导致数十人死亡，2000多座房屋被毁，数百万英亩土地被烧毁，同时当地心肺系统疾病患者大幅增加。

极端气候导致的精神系统紊乱（焦虑和抑郁等）也是很重要的一方面。有研究表明，在2017年10月飓风玛丽亚使波多黎各因移民造成的失业、贫困和家庭离散，导致精神疾病增加，自杀率从16%增加到了26%。在风暴期间和之后遭受了巨大的人身和财产损失的波多黎各居民创伤后应激障碍综合征发生率高于波多黎各其他居民（OR, 2.94；95%CI, 1.67～5.26）。了解与气候变化相关的心理健康影响有助于治疗或预防这些不良影响。

（二）紫外线强度增加与健康

全球气候变暖使得平流层臭氧耗竭的速度逐渐加快。首先，一部分人类排放温室气体本身就是消耗臭氧的物质（如CFC_s和N_2O）；其次，气候变暖使得对流层中吸收大量的长波辐射，因而使得平流层变冷，而平流层变冷加剧了其中臭氧的破坏，从而形成恶性循环。平流层臭氧减少后，对短波紫外线的吸收减少，使得到达地表的紫外线强度增强；同时气温的升高会使人们进行更多的室外活动以及穿着更薄的衣服，这样暴露紫外线的时间和体表面积增加，即人体紫外线暴露量的增加。紫外线暴露量增加可导致多种健康疾患，如人体皮肤癌（皮肤黑色素瘤、非黑色素皮肤癌等）、皮肤灼伤、光照性皮肤病的发生；眼睛的损伤（"雪盲症""白内障"等）；有研究表明紫外线暴露的增加可抑制人体细胞免疫；紫外线增加可影响植物的光合作用而间接影响食物链，进而间接作用于人体健康。

美国一项研究表明，温度每增加1℃，皮肤鳞状细胞癌的发病率增加5.5%，基底细胞癌发病率增加2.9%。这就是说每增加1℃，可以使有效紫外线浓度增加2%，因此随着气候变化而来的温度升高，会放大紫外线辐射对人类非黑素瘤皮肤癌的诱发作用。但是值得注意的是紫外线强度的增加将有助于维生素D的合成，促进儿童的健康发育。因此，紫外线强度变化的优劣因地区、暴露强度、饮食等而不同，不能一概而论。在未来气候变化情景下，随着平流层臭氧的恢复，地球表面紫外线的水平将在21世纪中叶回到1980年前的水平，到2100年可能持续减少。

（三）未来不同情景模式下全球变暖对非传染性疾病的健康效应

近年来，有很多研究对IPCC提出的未来不同情景模式下，全球变暖对非传染性疾病的效应进行了预测，以期为相关政策的制定提供科学依据。基本研究过程如图2-1所示。

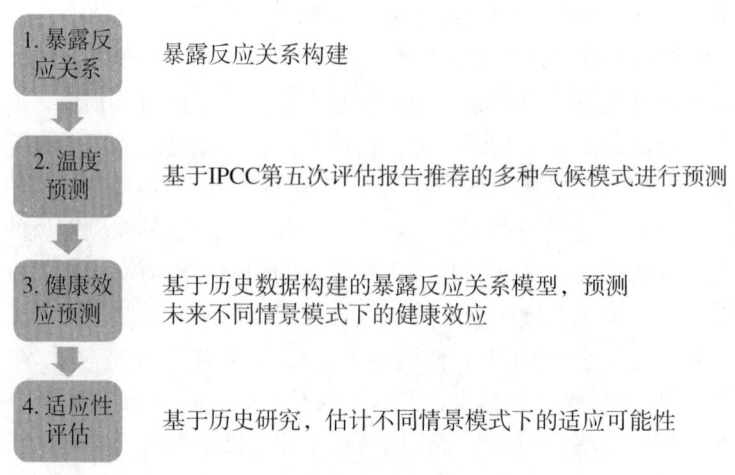

图 2-1　气候变化对非传染性疾病效应分析图

气候因素对人体健康可造成各种不同程度的损害，从功能性的改变到结构性、器质性的病变，直到死亡。目前在健康效应终点的选择中，由于数据的可靠性、可得性和可接受性，多基于相关疾病或死亡进行。利用每日疾病或死亡数据，构建气象因素和健康结局之间的暴露反应关系模型。暴露反应关系是指人群的环境暴露水平与相应人群中发生某种健康效应的人数比例之间的定量关系。既往研究显示，两者之间往往呈现 U 型或 J 型曲线（图 2-2）。其中对健康风险最小的温度值称为最适温度（optimal temperature，OT），高于该值的温度称为高温，低于该值的温度称为低温。图 2-2 中显示，低温对健康的影响明显强于高温。

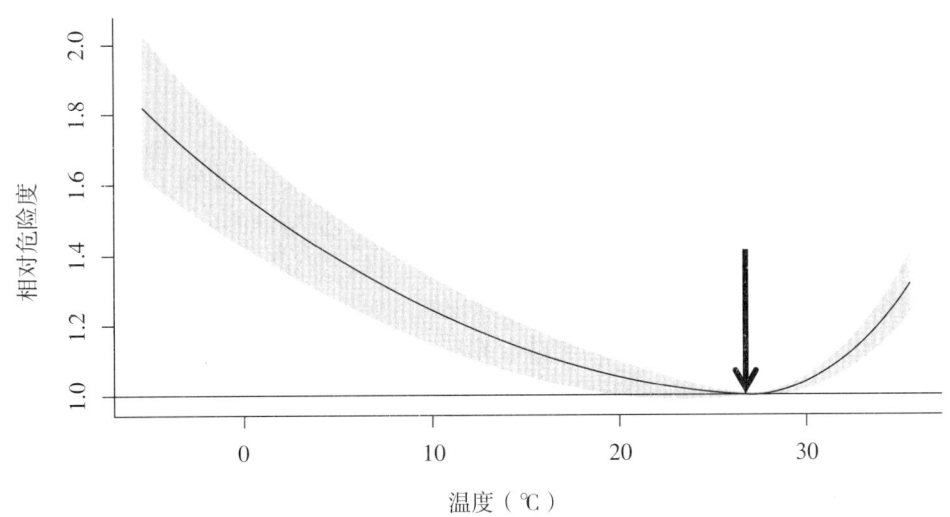

图 2-2　温度与死亡之间的暴露反应关系图（箭头所指位置对应的温度为最适温度）

其后，可将未来的气温变化趋势和历史暴露反应关系相结合，以获得未来全球变暖的健康影响。2018 年 10 月，为加强应对气候变化威胁能力，在努力实现可持续发展和消除贫困的背景下，IPCC 提出了 1.5 ℃情景。该情景综合了全球地表和海洋温度水平，相当于本世纪全球平均气温水平比 1850—1900 年间的平均水平升高 1.5 ℃。

已有的研究中，往往对人类的适应性评估不足。随着对气候变化认识的加深，国家社会对适应的重视程度也在不断增加。2018 年 10 月 16 日，全球适应委员会在荷兰海牙成立，包括 17 个召集国家（阿根廷、孟加拉国、加拿大、中国、哥斯达黎加、丹麦、埃塞俄比亚、德国、格林纳达、印度、印度尼西亚、马绍尔群岛、墨西哥、荷兰、塞内加尔、南非、英国）。其目的是为了加强对气候适应的了解，以制定相应的解决方案。利用相似城市比较法，对美国多城市的研究显示，未来对于热的适应性可达到 20%～25%。但我国一项基于 32 年区县历史数据的研究发现人类对于热适应性无明显改变，但冷适应性明显增强。因此，仍需开展关于人类对气候适应性的研究，以更好地预测未来不同气候变化情景的健康效应，为制定相应的政策和合理有效的公共卫生策略提供科学依据。

（四）大气污染及空气过敏原的改变

气候变化导致的气温和降水的变化可以影响大气污染物、花粉产物浓度，影响多种燃料燃烧来源的大气污染物的产生、传播、分解和沉降；并且较为温暖的环境可增加大气污染物对人体的健康损伤。

1. 臭氧　IPCC 第五次报告显示：地表对流层臭氧是主要的城市污染物组成成分之一，其来源于自然界以及空气中氮氧化合物和碳氢化合物在较高温度和紫外线照射下的光化学反应。

臭氧前体物质以及其本身的产生受多种气象因素的影响（温度、风速、太阳辐射、湿度）。研究表明：地表臭氧浓度在全球大多数地区正在逐渐增加。由于暴露臭氧浓度升高导致的一系列疾病，如肺炎、慢性阻塞性肺疾病、哮喘、变应性鼻炎及其他呼吸系统疾病的入院率也在不同程度的增加。

2. 空气过敏原　温室气体二氧化碳浓度增加将会促进植物生长，使空气中的一些变应原浓度增加，而干旱和大风将使携带变应原的尘土增多并输送到更远的地区，从而导致过敏性疾病发病率的增加和范围扩大。气候变暖可导致生物性过敏原，如尘螨、真菌孢子、花粉等浓度增高，从而导致人群中过敏性疾患，如支气管哮喘、过敏性支气管炎、结膜炎和皮炎发病率增加。儿童是主要的易感人群。气候变化已经导致了北半球春季花粉期的提前出现。实验研究表明如果二氧化碳浓度从 300 ppm 升高到 600 ppm 会导致豚草花粉产生量增加 4 倍。

（五）粮食生产和供给系统

WHO 报告指出：气候变化对全球粮食供给系统影响很复杂。气候变化导致世界粮食种植带变迁，影响正常的粮食生产；气候变化带来的全球极端气候事件的频发、全球水循环和能量循环的改变都会影响粮食生产。总体来讲，随着全球气候的变化，全球粮食总产量会有不同幅度的减少，在粮食供应较为紧张的发展中国家出现的可能性较大。全球食物不足人口虽然仍低于 2000 年的约 9 亿，但已从 2015 年的 7.77 亿增至 2016 年的 8.15 亿。

气候变化可引起全球粮食供给减少，人群营养水平和健康水平下降，免疫力降低，从而引起一系列相关疾病的发生，如营养不良性疾病、各种感染性疾病等。处于生长发育期的儿童比较敏感，尤其在发展中国家和贫穷地区更为严重。营养不良疾病，即蛋白质-能量营养不足（protein-energy malnutrition，PEM）包括两种，即 Kwashiorker 和 Marasmus。Kwashiorker 来自加纳语，是指能量摄入基本满足而蛋白质严重不足，主要临床表现为腹、腿部水肿、虚弱、表情冷淡、头发变脆、免疫力低下等症状。Marasmus，原意为"消瘦"，是指蛋白质和能量摄入均严重不足，主要临床表现为消瘦、免疫力低下等。蛋白质和能量摄入不足，可引起儿童营养不良、体质下降、水肿和免疫力降低等。

同时，气候变化导致的粮食作物种植带的改变和粮食产量的下降会引起人口的迁徙：从农村向城市转移。人口的迁徙可导致传染病传播及由于过度拥挤，食物、安全饮用水、庇护场所的减少等引起人群对疾病易感性的增高。

二、气候变化对传染性疾病的影响

一般来讲，根据传播模式，传染性疾病（infectious disease）可分为两类：直接的人与人的传播（直接接触或者空气传播）和间接人与人传播（通过生物媒介，如蚊子、蜱等或者非生物的媒介，如水或食物等）。根据病原体自然宿主也可分为人类传染病（anthroponoses）和人畜共患病（zoonoses），其中人类传染病是指病原体的自然宿主是人；人畜共患病是指病原体的自然宿主是动物，但偶尔也能感染人类。传染性疾病的流行和传播受多种因素影响，如气候因素、社会经济发展、人群免疫力以及病原体的抗药性等。

传染性疾病的病原体及相关媒介生物（蚊子、蜱等）的体温和体液水平易受到外界气候的影响，从而影响其生存和繁殖。其中病原体在媒介生物体内的孵育期对外界温度更为敏感。直接传播传染病流行过程主要包括病原体和人体宿主两个因素。麻疹、结核、性传播疾病（艾滋病、疱疹和梅毒）等较多受到人类行为变化的影响。直接传播疾病中的人畜共患病对气候的变化较为敏感。此类病原体主要包括汉坦病毒、狂犬病毒等。间接传播疾病也可分为人类传染病和人畜共患病两种。其中的人类传染病的传播需要完整的传播链，即病原体、媒介（生物或物理因素）、人体宿主。该类疾病包括疟疾原虫、登革热病毒等以及霍乱弧菌、痢疾志贺菌等

（介水传染病病原体）。由于病原体存在水中，介水传染病更易受到气候变化的影响。如霍乱弧菌病原体的生存依赖于病原体营养的供应以及浮游生物。由于气候变暖，水温升高，浮游生物逐渐增加，有利于病原体的生存。间接传播疾病中的人畜共患病受外界生态和气候因素影响也较大。

很多传染病都呈现一定季节性，如北美地区流行性感冒主要发生在深秋、冬季和早春。该季节模式受到多种因素的影响，如温度、湿度、社会因素和人群行为因素。

部分肠道传染病的流行也表现出季节性波动。苏格兰的肠道弯曲菌感染高峰出现在春季。在昆虫媒介暴发繁殖的时期（暴雨和湿度高的季节），一些虫媒性传染病（如疟疾和登革热）会高发。

传染病的季节性波动表明其与气候变化紧密相连。但有关此方面的因果关系推论尚需更多的研究证据。

（1）虫媒传染病（arthropod-borne infectious diseases）：虫媒传染病是指由节肢动物传播的一组疾病，病原体主要有病毒、立克次体、细菌、螺旋体、原虫、蠕虫等，其传播媒介病媒昆虫因虫媒病而异。在我国，虫媒传染病主要有登革热、乙型脑炎、疟疾和丝虫病。多种气象因素（温度、降水、湿度、风速等）以及生物因素（植被、宿主、捕食者、竞争者、寄生虫以及人类）均可影响昆虫媒介的分布和数量。在合适的气候条件下，昆虫媒介、病原体以及中间宿主生存、繁殖。气候条件的变化可影响其生活周期，从而影响疾病的传播。与虫媒疾病关系密切的气候因素是海平面的升高、风、日照时间，其中温度和降水影响最大。

多项研究表明随着全球温度的升高，病原体和媒介生物的生命周期会相应延长，从而增加媒介生物和病原体的数量，导致许多虫媒病（疟疾、登革热、利什曼病等）流行的增加。

1）温度：温度对媒介生物和病原体的影响很大，气温的变化对疾病发生的影响是复杂的。以疟疾为例，世界卫生组织估计2010年全球发生2.16亿疟疾病例，其中大部分发生在非洲的5岁以下儿童。温度对疟疾的影响呈现非线性的特点。如果媒介生物和病原体所处的环境平均温度接近了其耐受温度极限，将会减少其传播；如果昆虫媒介所处的环境是一个较低的平均温度，其环境温度较小幅度的升高会导致传播增加；另一方面，温度也改变昆虫媒介的活动规律，并可能表现出一定的滞后性，如蚊虫的叮咬率、昆虫媒介的动态数量以及其与人类接触频率等；最后，温度带的改变可以影响虫媒病流行的区域和传播期。研究表明大多数蚊类发育和活动的温度范围为10～35℃，适宜温度为25～32℃；低于10℃时，蚊虫就要滞育而进入越冬状态。流行性乙型脑炎病毒可在蚊虫体内长期保存，受温度影响较大：在20℃以下时，其含量较少，25～32℃时，数量迅速增多，毒力也随之增强。随着全球变暖，冬天温度升高，使一些媒介生物越冬成功，并在春天提前活动形成密度高峰，滋生繁衍季节延长，导致虫媒病的发生和流行也随之延长，从而引起生物媒介传染病的分布改变，流行的程度和范围不断扩大，加重了对人群健康的危害。

全球变暖也可使昆虫媒介滋生地地理分布范围发生变化。比如寒冷地带疟疾的暴发可能与蚊虫媒介滋生地的改变有关。血吸虫病的流行分布也会受到气温影响，研究表明我国南方地区血吸虫病的增加与气候变暖趋势相关；气候的变暖导致了血吸虫的中间宿主（钉螺）滋生区域向北扩展导致了新增2070万人口受到血吸虫病的威胁。另外，昆虫媒介也在不断地进化以适应逐渐升高的气温，从而一定程度地影响了虫媒病的流行特征，如库蚊中的pitcher-plant蚊虫随着气温变化，其基因发生变化，生长期更长，并且可适应在更高纬度的生存。

2）降水和湿度：降水变化可以直接影响传染病流行模式。降水增加可扩大媒介昆虫的滋生地，增加其繁殖数量。从而提高疾病媒介的生存率，导致传染病暴发增加。另一方面，极端气候事件（洪水等）可破坏媒介昆虫原有滋生地，使得其在寻找新的滋生地的同时增加与人类的接触，从而导致疾病的传播扩散。

湿度可以通过影响昆虫媒介的生存，较大程度地影响虫媒性疾病的传播。如蚊虫和蜱类在干燥的环境较难生存等。

3）海平面：气候变化可导致未来海平面的升高，沿海咸水沼泽区消失，内陆区由于海水的淹没变成咸水沼泽区。咸水沼泽区是大量蚊虫和鸟类以及哺乳动物中间宿主的集聚区。这样，海平面的升高影响咸水区滋生蚊虫及其他动物中间宿主的生存模式的变化，从而导致相关传染病传播模式的改变。

基于 IPCC A1B 气候变化情景的研究表明，假定人均 GDP 保持在 2010 年水平不变，预测 2050 年有 52 亿人存在发生疟疾风险；如果假定气候不变，考虑到经济社会的发展，2050 年的风险人群为 17.4 亿人，大概是目前风险人群的一半。未来气候变化的大部分情境下，将使地球更适合于登革热的发生。如果考虑到社会经济的发展，其收益可以抵消气候变化带来的风险，暴露人群可降到 44.6 亿人。澳洲的一项研究利用生物物理学模型对气候变化与媒介生物栖息地关系进行了预测，结果发现澳洲大部分地区将变得适合于媒介生物栖息和繁殖。

但是不管哪种模型都不能完全解决社会经济因素以及控制措施对疾病流行的影响，因而最终的流行状况依旧比较复杂。

（2）介水传染病：介水传染病多分布在热带、亚热带地区，如痢疾、伤寒、霍乱和甲型肝炎等一系列通过水传播的细菌、病毒性疾病。这些疾病的病原体的生存依赖于适宜的温度和水。由于气候变暖使得某些地区温度升高、降雨增加，相关微生物生存时间的延长、繁殖力和活力增加，从而使相应的介水传染病在流行空间和强度上均扩大；而某些地区降水减少和干旱天气增加，影响清洁水源，导致水源污染，水中病原体的载荷率增加，相应的介水传染病的流行空间范围扩大、强度加大。有研究表明，较高的温度与儿童和成人腹泻型介水传染病发生率的增高有很强的正相关性。

1）温度：温度可以影响病原体的生存。温度升高可以延长疾病流行时间；较温暖的水环境可以导致藻类等浮游植物的大量繁殖，大量水生物的繁殖为水中病原微生物（如霍乱弧菌等）提供附着物和较多的养分，从而增加病原微生物的繁殖。

2）降水：降水模式的变化改变介水传染病的地理分布，影响病原体的传播。高强度的降水将陆生微生物转移到饮用水水源（地下水源、地表水源等）中，从而导致相关介水传染病病原体的传播，如隐孢子虫、蓝氏贾第鞭毛虫、阿米巴虫、伤寒沙门菌等。1991 年秘鲁和 1997、1998 年东非地区温度和降水的变化，引发内陆湖泊水温和水生态的变化，使得饮用水和日常生活清洁用水产生接触，导致了霍乱的暴发。人类健康与水源水量和水质、人群卫生状况的关系十分复杂，气候变化会导致水资源压力的增加，但如何准确定量评估介水传染病危险度，尚存在一定难度。

预计世界范围内约有 10 亿多人不能获得安全饮用水，平均每年由于不能获得安全的饮用水和安全卫生设施造成约 170 万人死亡。目前，全世界约有 20 亿的人生活在缺水地区，饱受着由于水源污染和水源缺乏导致的各种介水传染性疾病的危害；而其中部分原因就可归结于气候变暖。同时，降水减少导致的水源缺乏，由于可获得洁净水源的下降使得因没有足够的清洁用水而产生的皮肤感染、个体卫生条件下降现象频繁发生。而人群卫生状况下降导致人群易感性的升高，同样可以导致介水传染病的高发。WHO 估计仅腹泻一个病症就占全球疾病负担的 3.6%，且每年导致约 150 万人死亡。这一负担的 58% 或每年 84.2 万例死亡归因于不安全的饮用水、环境卫生差和个人卫生习惯不良，其中包括 36.1 万名 5 岁以下儿童死亡，主要是在低收入国家。有研究显示，基于 IPCC A1B 情景和 19 种气候模型，2039 年热带和亚热带区域腹泻的发生风险增加 8%～11%。

三、气候变化对世界不同地区人群健康影响的差异

全球气候变化导致人类面临各种健康威胁,对于不同地区和国家,由于气候变化的不同特点,其健康影响不同,需要针对性的预防。

(一)非洲

非洲地区多数属于低收入国家,其经济基础和社会公共健康系统水平较低,更易受到气候变化导致的各方面影响。其中气候变化导致的影响较大,包括疟疾和其他生物媒介传染病(脑膜炎、霍乱、鼠疫)的传播、营养不良等。

研究表明,过去15年有报道的与年气候变化有关的(比如厄尔尼诺发生期间)疟疾流行主要发生在东部非洲高原地区,并可能存在加重趋势。如1997、1998年的厄尔尼诺期间,索马里、肯尼亚等干旱地区洪水的发生后,出现了疟疾的暴发。2012年WHO报告指出2010年非洲疟疾死亡人数虽然有所减少,但相关死亡人数仍然在43万~77万。

非洲地区脑膜炎球菌性脑膜炎的流行有非常明显的季节性,多出现在干旱季节的中期并在雨季来临时终止,病例致死率通常在10%~15%。流行范围局限在非洲脑膜炎带。1996—1997年流行时,死亡人数超过25 000人。非洲脑膜炎带的国家,绝大部分地区属于热带草原气候,全年高温,干湿季节分明,全年分为雨季和旱季。脑膜炎的发生严格按照气候发生,且加纳的一项研究发现,暴露于室内炉灶产生的污染物,如CO、颗粒物等,可增加罹患脑膜炎的风险。这提示未来应加强大气污染物与气候变化协同作用对脑膜炎的影响研究。

霍乱在非洲流行较为严重,其中2008年8月到2009年7月发生在津巴布韦的霍乱导致92 000例患者,其中有4000例死亡。霍乱的暴发和当地卫生条件差,公共医疗服务体系落后及经济水平低有很大关系。有资料表明降水的增加,可极大程度地增加霍乱在非洲的流行区域。

鼠疫是跳蚤媒介疾病,啮齿类的老鼠是主要的中间宿主。降水改变可以引起啮齿类所获得食物种类和数量发生变化。当降水量较大时,啮齿类所获得食物总量也相应增加,因而啮齿类和跳蚤数量增加;而气候较为干旱时,啮齿类动物离开其原来居住的地区到新的人类居住地区寻找食物,从而与人类的接触机会增多,导致传播的危险上升。

非洲Rift山谷热于1931年发现,它通过蚊虫叮咬传播,多发生于大雨后家畜中间(尤其是山羊),偶尔可以感染人类,主要引起家畜和人类急性腹泻和高热,进而导致肝肾功能的损伤,严重可致死。在肯尼亚地区的研究表明该疾病的暴发与其传播媒介的大量繁殖与本地洪水暴发有密切关系。1997、1998年的厄尔尼诺现象期间,此种疾病在索马里地区和北部肯尼亚的流行导致了当地80%的牲畜患病,在接触家畜的人中间也有不同程度的流行。在西部非洲研究表明该疾病在潮湿季节有增加趋势。

(二)亚洲

虽然亚洲地区处于快速的城市化进程中,但农业人口比重仍然高达57.28%,大部分国家属于中低收入地区。气候变化在亚洲地区主要健康影响包括传染病的流行,如登革热、疟疾和霍乱,以及高温导致的健康损伤。在亚洲地区的印度、巴基斯坦、斯里兰卡、泰国、柬埔寨、老挝、越南、印尼、巴布亚以及中国的部分地区,疟疾依旧是重要虫媒病之一,并且近些年部分国家疟疾出现了一系列的耐药性问题,包括柬埔寨、老挝、泰国、越南和缅甸。未来气候变化将影响血吸虫病的分布。中国一项研究显示,未来该疾病将向北蔓延。而温度和强降雨的增加,也可增加我国腹泻病发生的风险。

随着人口老龄化和城市热岛效应,气候变化所致热相关疾病对亚洲地区的影响也不断加

剧。同时考虑到未来人口的适应性和老龄化，局部地区循环系统疾病寿命损失年风险将增加3.1～11.5倍。

（三）大洋洲

研究表明，气候变化造成的健康损伤在澳大利亚和新西兰主要表现在热相关疾病、大气污染物健康损伤、虫媒病。

研究表明在澳大利亚地区东南部，2009年1—2月热浪期间，急诊人数增加46%，造成374例超额死亡，全死因死亡数增加62%。同时2003—2006的热浪加重了精神疾病入院约7.3%。气候变化会增加高温相关的死亡和入院。

随着气候的变化，当前臭氧以及其他光化学氧化剂已经成为澳大利亚城市和新西兰奥克兰市主要大气污染物之一。在澳大利亚的布里斯班市研究表明，大气臭氧和颗粒物的浓度与增加的患者入院率呈正相关。尽管大气污染物浓度受到诸如风速和云层多方面的影响，但是气候变暖对增加空气平流层臭氧浓度，增强污染物的健康危害有着很强的促进作用。

在综合考虑气候变化和社会经济发展背景下，未来澳洲在2050年前A1B情景下，仍然不会有疟疾的暴发，即使有散在的案例也可以得到有效的治疗。虽然气候环境非常适合登革热的传播，但社会经济学因素会抵消其影响。但出入境往来的增加、外来虫媒的引入会影响登革热和罗斯河病毒（Ross River viruses）传播。

（四）欧洲

气候变化在欧洲造成的健康影响主要包括：高温所致的健康损伤、洪水、虫媒病和传染病的影响。

一项全球性研究表明，很多欧洲城市死亡风险随着温度升高，其中老年人和慢性病患者是敏感人群。南欧有较多热浪发生，当地人群也对高温天气的敏感性较高。地中海和北欧地区人群对热浪也很敏感。虽然欧洲采取了很多措施，但除了意大利，措施有效性的研究还较少。1976年7—8月份热浪导致伦敦地区死亡率增加了15%，其主要的死因为老年人的心肺疾病。雅典1987年热浪导致了2000人的超额死亡数。但是，另一方面，寒冷相关的死亡率更高，冬季变暖降低了相关死亡率，但并未抵消热浪所带来的不良效应。

近年来，欧洲也开始关注洪水造成的不良效应。由于荷兰大部分区域位于海平面以下，因此它对海平面升高所导致的洪水进行了研究。结果显示，如果荷兰南部堤环地区发生洪水，将导致人口稠密区域数以千计的死亡。结合多种情景模式，对死亡风险进行评估，发现个体死亡风险较小，但群体水平上的死亡风险（群体水平的死亡人数）较大，高于化学和航空因素。对于未来洪水暴发所带来风险的评估存在很大的不确定性，仍然需要进一步加以研究。

研究表明，由于温度的升高，南欧出现的登革热传播媒介白纹伊蚊可能向欧洲东部和北部扩散，但在公共健康系统较为完善的条件下，未来登革热流行的可能性较小。利什曼病是地中海地区流行的另一种主要传染病，影响其流行的两个主要因素是：动物宿主（主要是狗）的内脏和皮肤接触到人，动物宿主被吸血昆虫叮咬传播（主要是白蛉）。近些年的气候变暖导致平均气温的升高使得该疾病流行区向北部地区不断拓展。

（五）美洲

气候变化影响到北美地区主要是包括热应激、对流性暴雨、洪水、飓风、冰雹等导致的伤害和死亡以及空气污染导致的相关健康危害等。如1997年美国红河水暴发导致了25 000人流离失所。1998年北美的冰暴导致了纽约和魁北克45人的死亡以及五百万人口断电。2010—2012年的洪涝灾害也造成了哥伦比亚数百人的死亡。

光化学烟雾和细颗粒物是该地区重要的环境健康危害因素。较高的温度使得城市光化学烟雾产生增加、相关健康危险度增高。如1997年，美国大约1.07亿人生活在至少一项空气指标不达标的城市。美国的东北部以及中西部地区受到热相关疾病影响更为严重，如1993年美国费城118人死于热相关疾病；1995年，美国密尔沃基和芝加哥分别有91人和726人死于热相关疾病。

近些年，北美地区的虫媒病包括莱姆病、洛杉矶斑疹热、登革热等传染病。如美国田纳西州和墨西哥部分地区开始出现登革热的流行，墨西哥已经被世卫组织列为登革热的高危区域；加拿大的莱姆病传染病媒在扩散。原来局限于中非的奇昆古尼亚病毒（Chikungunya virus），即基孔肯雅病毒，近年来出现扩散的趋势。有学者利用蚊虫数量动态变化模型和流行病学模型结果，对其在北美流行风险进行分析，发现不同季节温度变化较大地区，风险可控；但全年适合于蚊虫生存的区域，风险较大。1998年的米奇飓风增加了介水传染病和虫媒病的发生。对于登革热和疟疾这样的传染病，全球变暖的效应还将受到社会经济因素的影响，对其未来风险可能出现的变化还需进一步研究。

介水传染病是北美人群疾患的重要来源之一。其中墨西哥饮水消毒不足，霍乱仍是一种重要的介水传染病。而未来气候变化导致的洪水和暴雨天气的增加，可导致介水传染病的流行。

（六）岛国

极地地区变暖和极端天气的增加、紫外线的增强、冰川的融化均对当地居民造成了不良效应；并可能对当地居民造成心理和精神疾患，导致当地年轻人自杀率增加。在海岛地区，极端天气的增加，如台风、暴雨、洪水和干旱，已经造成当地溺死、受伤和传染性疾病（疟疾、登革热等）传播的增加，如萨摩亚、汤加和基里巴斯等。

第三节　应对全球气候变化的措施

气候变化是21世纪人类生存和发展面临的严峻挑战，也是当前国际政治、经济、外交博弈中的重大全球性问题。气候变化已经对人类健康造成了威胁，其健康危害将会越来越明显。全球气候变暖打破机体的生理平衡以及人类所依赖的生态平衡，其对人体健康的危害是多方面的，并且此过程难以逆转。即使是我们现在开始着手，采取各种措施遏制气候变化，但是已经初见端倪的气候变化导致的地面冻土层的改变、极地冰盖的变化等在未来几十年间还会继续恶化。因此各级政府在制定温室气体减排和气候变化应对策略时，公共卫生人员也应积极参与，为各级政府提供政策建议。

一、控制气候变化措施

控制温室气体的排放是控制气候变暖源头的措施，主要是通过加强研究和世界范围内的合作，以求减少气候变暖造成的环境问题。低碳发展已经成为国际社会的共识和不可逆转的社会潮流。最典型的是1997年制定的《京都议定书》，它规定：到2012年前，所有发达国家的二氧化碳等6种主要温室气体的排放量，要比1990年减少5.2%。但该国际协议于2001年，被当时全球最大的温室气体排放国——美国单方面抵制。2007年，联合国气候变化大会通过名为"巴厘路线图"的决议，决议规定在2009年前就应对气候变化问题新的安排举行谈判，达成一份新协议，新协议将在《京都议定书》第一期承诺2012年到期后生效。在前面工作基础上，2009年12月7—18日在丹麦首都哥本哈根召开"哥本哈根世界气候大会"，来自192个国家的谈判代表召开峰会，商讨《京都议定书》一期承诺到期后的后续方案，即2012—2020年

的全球减排协议。2015 年，《巴黎协议》是全球气候治理的新起点；对 2020 年以后全球气候治理提出了新的要求。但之后全球治理出现退化的趋势，主要发达国家的气候治理出现保守局面。2017 年，时任美国总统特朗普退出《巴黎协议》成为一大挑战。中国、欧盟、加拿大等及时重申气候承诺，维持了全球气候行动的势头。由于气候变化问题超越了现有国家主权决策主题的常规决策视野，因此，国际社会必须加强沟通和合作，加强相关技术的研究，缔结人类命运共同体，才可降低温室气体的排放，从源头上控制气候变暖。

在全球范围内增加森林覆盖、减少土地沙漠化、增强自然生态系统的适应性也不同程度的缓解气候变化。另外，经济、社会的发展和环境的保护是相互影响相互促进的，只有通过经济的发展，以及政治、法律的共同作用，通过国际社会的通力合作，才能最终逆转全球气候变暖的趋势，抵挡其引起的一系列危害。

二、预防气候变化健康危害措施

为有效预防和控制全球气候变化对人类的健康危害，必须加强全社会公共卫生体系（public health system）的建设。该体系的建立和完善有利于采取有效措施减少气候变化带来的不良健康效应。虽然自巴黎协议签署以来，世界各国已经通过多种途径，努力控制和减少温室气体的排放，但气候变化所带来的挑战依然巨大，因此采取应对措施十分重要，主要有以下几个方面。

（一）加强气候监测系统

研究气候变化的健康影响是所有健康危害预防措施实施的前提。一方面对气候变化健康影响研究需要长期的、连续的、精确的一系列历史气象数据的监测；另一方面，仍需开发对于未来不同情景模式的预测模型，减少模型的不确定性，为相关研究提供有力的数据支撑。

（二）建立和加强相关公共健康系统

为了应对未来气候变化的不良健康效应，应该建立早期预警系统（主要监测极端气候事件的发生、感染性疾病的暴发、虫媒的数量等）和卫生保健系统。当前 WHO 健康监测系统 Global Outbreak Alert and Response Network（GOARN）是一套突发疾病监测和应对措施监控网络，为预防和控制健康危害提供重要的技术支持和能力建设支持。

应对措施包括一级预防、二级预防和三级预防。一级预防即病因预防，通过早期预警系统的建立及早采取措施减少暴露风险，使保护人群不受危险因素暴露，如在疟疾流行区发放蚊帐从而减少蚊虫叮咬；极端气候事件的早期预警为预防措施的实施争取时间等。二级预防是指早发现、早诊断、早治疗，在疾病症状临床前期尽可能采取措施减少疾病带来的健康危害，如增强疾病监测和诊断水平，加强公共健康系统的快速反应能力等。三级预防是指疾病已经发生，采取措施减少已经发生的疾病所带来的不良效应，如合理处置热相关疾病，减少死亡率的增加等。

公共健康系统工作包括公众教育、易感人群筛选防护、初级卫生保健体系的建立等。公众教育是对公众进行气候变化相关的健康教育，告知健康危害，并提供易实施的防护策略，比如在热浪和寒潮到来之时，告知公众通过改变穿衣及户外活动及居住环境减少个体暴露。易感人群的筛选和防护是确定易受到未来气候变化的影响并为其提供重点防护措施的人群，主要从两个方面考虑：一方面是生物易感性，即哪一部分人群从生物角度更易感，如老年人更易受到热应激的影响等；另一方面是环境易感性，指人群所处的环境是否易感，如低收入人群生活环境卫生条件较差，享受到的公共健康服务更少，因而更易受到气候变化相关疾病的影响。初级卫生保健体系的建立主要是社区门诊的建设、提供初级卫生保健服务、心理健康咨询等。

（三）减缓和适应气候变化的复合效益分析

在这个方面的科学证据可为制定气候变化政策提供重要依据。当前采取积极措施控制温室气体排放，一方面可以减少大气污染物排放，收获短期的协同效益，另一方面也可在长期时间尺度上减缓人为气候变化，降低高温热浪的发生频率和严重程度，减少促成 O_3 和 PM2.5 等大气污染物的浓度，有助于改善公众健康。

未来需要将温室气体减排的空气质量改善和健康协同效益纳入全球气候变化政策制定的成本效益分析中，以进一步明确气候变化政策的健康和经济效益，同时考虑空气质量改善所带来的协同收益，有助于进一步提高温室气体减排行动的优先度。

（四）气候变化相关的健康风险评估

在社会资源和医疗资源优先的条件下，准确评估健康风险，有效预防气候变化的健康危害，对于发现高危人群和社区，实现高效预防有着重要意义。同时应该进一步完善现有基于情景条件预测的模型。目前尚缺乏统一的方案建立可以综合考虑的未来社会、人口变化、技术进步和人类适应性改变等因素的模型，因此已有的基于情景条件预测模型所得到的结果是不全面的，不确定性较大，并且其结果之间也难以进行比较。未来亟须加强在这个方向的研究，为国际社会制定相关的政策提供更好的科学证据。

（五）其他因素

经济水平影响应对气候变化预防措施的投资，贫穷本身就影响易感性，贫困地区的人民受到气候变化导致的健康影响更为严重。科学技术的发展为解决气候变化相关问题提供有力的工具，如虫媒控制、清洁能源（如太阳能、风能、地热能等）利用、碳排放处理技术等。科学研究最终为政策的制定提供依据，政策的制定才能更好地实施相关措施。因此，未来科学研究人员需要与政府紧密合作，以制定有效温室气体减排政策和气候变化应对策略，以应对气候变化这个人类所面临的国际环境问题。

> **案 例**
>
> **全球变暖对我国某城市脑卒中影响的研究**
>
> 脑卒中是世界上导致死亡的主要原因之一，已经造成巨大的疾病负担。低收入和中等收入国家脑卒中的负担最大，因此，确定全球和区域脑卒中负担增加的潜在危险因素具有重要的公共卫生意义。有报道显示极端温度可以增加脑卒中的风险。现在初步收集了我国某市 2014—2018 年每日死亡数据，相关的气象数据，污染物数据。
>
> **思考题**
>
> 请你基于已有数据，设计一个研究方案，初步探讨温度对脑卒中的不良效应。

（李国星）

第三章 大气与健康

大气是地球上一切生命体的必需物质,且保护它们免遭来自外层空间的可能危害。此外,大气还行使着把水分从海洋输送到陆地的功能。人体通过呼吸与外界不断进行气体交换,从空气中吸入氧气,并呼出二氧化碳,以维持人体正常的生命活动。一个成年人每天大约呼吸2万多次,吸入 $10\sim15\ m^3$ 的空气。因此,大气的清洁程度及大气污染物的理化性状与人类健康有着十分密切的关系。

第一节 大气的卫生特征及其卫生学意义

一、大气的结构

大气圈是指包围在地球表面,并随地球旋转的空气层,其厚度为 $2000\sim3000\ km$ 以上,无明显的上界。随着距地面的高度不同,大气层的物理和化学性质有很大的变化。按气温的垂直变化特点,可将大气层自下而上分为对流层、平流层、中间层、热层和逸散层。

(一)对流层

对流层(troposphere)是大气圈中最靠近地面的一层,平均厚度约 $12\ km$。占大气总质量约75%的空气和几乎全部的水蒸气都处于对流层,因此,对流层是天气变化最复杂的层次。该层的特点包括:①随着高度的增加,气温逐渐降低。②该层空气具有强烈的对流运动。③人类活动排入大气的污染物绝大多数在对流层聚集。④各类天气变化现象也大多发生于此层。因此,对流层的状况对人类生活的影响最大,与人类的关系最为密切。

(二)平流层

平流层(stratosphere)位于对流层之上,其上界伸展至约 $55\ km$ 处。平流层的特点有:①在平流层的上层,即 $30\sim35\ km$ 以上,温度随高度升高而升高。在 $30\sim35\ km$ 以下,温度随高度的增加而变化不大,气温趋于稳定。②该层空气气流以水平运动为主。③在高 $15\sim35\ km$ 处有厚约 $20\ km$ 的臭氧层,其分布有季节性变动。

(三)中间层

平流层顶至 $85\ km$ 处的范围称为大气圈的中间层。该层的气温随高度的增加而迅速降低,该层也存在明显的空气垂直对流运动。

（四）热层

热层位于大气圈 85～800 km 的高度之间。该层的气温随高度的增加而增加，原因在于该层的气体在宇宙射线作用下处于电离状态。电离后的氧能吸收太阳的短波辐射，使空气迅速升温。该层能反射电磁波，对地球上的无线电通讯具有重要意义。

（五）逸散层

大气圈 800 km 以上的区域统称为逸散层，没有明显的上界，也称为外层大气。该层气温随高度的增加而升高。由于该层大气稀薄，受地球引力较小，一些高速运动的大气物质粒子可逸散到外层星际空间。

二、大气的组成

自然状态下的大气是由混合气体、水汽和气溶胶（aerosol）组成。除去水汽和气溶胶的空气通常称之为干洁空气。

（一）干洁空气

干洁空气的主要成分以及它们在空气中所占的容积百分比见表3-1。

表3-1 干洁空气的组成

空气成分	容积百分比（20℃，1个大气压）
氮（N_2）	78.10
氧（O_2）	20.93
氩（Ar）	0.93
二氧化碳（CO_2）	0.03
氖（Ne）	0.0018
氦（He）	0.0005

（二）水汽

大气中水汽的含量要比氮和氧等主要成分少得多，且随时间以及气象条件的不同，其在大气中的含量也会发生很大变化。如干旱地区空气中的水汽含量可低至 0.02%，而温湿地区可高达 6%，冬季大气中水汽含量较少，而夏季则较多。

（三）气溶胶

气溶胶是指悬浮在气体中的固体或液体颗粒。自然状态下的大气气溶胶主要来源于岩石的风化、火山爆发、宇宙落物以及海水溅沫等。它的含量、种类以及化学成分都是变化的。根据形成过程的差异，气溶胶可分为粉尘（dust）、烟气（fume）、烟（smoke）和轻雾（mist）等。根据对空气能见度的影响以及颜色的差异等，气象学上将气溶胶分为轻雾、浓雾（fog）、霾（haze）和烟雾（smog）等。

三、大气的物理性状

大气的物理性状主要包括太阳辐射、气象条件和空气离子等。

(一) 太阳辐射

太阳辐射 (solar radiation) 是地表上光和热的源泉，同时也是产生各种天气现象的根本原因。按太阳辐射不同波长的生物效应，可将其分为紫外线 (ultraviolet radiation, UV)、可见光 (visible light) 和红外线 (infrared radiation)。

紫外线具有致色素沉着、红斑，抗佝偻病，杀菌和增强免疫作用；过强的紫外线可致日光性皮炎和光电性眼炎，甚至皮肤癌等；紫外线还与大气中的某些二次污染物的形成有关，例如光化学烟雾和硫酸雾等。依据其波长范围和生物效应的不同，可分为 UV-A (320～400 nm)、UV-B (290～320 nm) 和 UV-C (200～290 nm)。太阳辐射产生的 UV-A 可穿过大气层到达地表，而全部 UV-C 以及 90% 以上的 UV-B 可被大气平流层中的臭氧所吸收。与 UV-B 和 UV-C 相比，UV-A 穿透皮肤的能力较强，但生物活性较弱。

可见光是生物生存的必需条件。可见光可综合作用于机体的高级神经系统，可改善机体的视觉和代谢能力，平衡机体的兴奋和镇静作用，提高机体情绪与工作效率。

红外线的生物学作用基础是产生热效应。适量的红外线可促进人体新陈代谢和细胞增生，具有消炎和镇静作用，而过强的红外线则可引起日射病和红外线白内障等。

(二) 气象条件

气象条件与太阳辐射综合作用于机体，对机体的冷热感觉、体温调节、心血管功能、神经功能、免疫功能和新陈代谢功能有调节作用。如果气候条件变化过于强烈，超过人体的代偿能力，例如极端高温和低温天气等，可使机体代偿能力失调，增加心血管疾病、呼吸系统疾病和关节病等的风险。对老人、儿童和孕妇等特殊人群的影响较大。

(三) 空气离子

空气离子 (air ion) 是指大气中带电荷的物质的统称。通常情况下，依据其大小和运动速度的不同，可将近地表大气中的空气离子分为轻离子 (light ions) 和重离子 (heavy ions) 两类 (表 3-2)。未与空气中悬浮颗粒或水滴结合的空气离子称之为轻离子，与空气中的悬浮颗粒或水滴结合后的轻离子就形成重离子。因此，新鲜的清洁空气中轻离子浓度高，而污染的空气中重离子浓度较高。当空气中重离子数与轻离子数之比 < 50 时，则空气较为清洁。

表3-2　轻离子和重离子的比较

	轻离子	重离子
直径 (cm)	4×10^{-8}	80×10^{-8}
运动速度 (cm/s)	阳离子：1.36 阴离子：2.1	0.01～0.0005
空气中的浓度 (个/m³)		
陆地	$3 \times 10^8 \sim 20 \times 10^8$	$1 \times 10^{10} \sim 8 \times 10^{10}$
海洋	$5 \times 10^8 \sim 7 \times 10^8$	2×10^8

一般认为，空气重离子与失眠、头痛、烦躁、血压升高等相关，而空气轻离子则可能对机体具有镇静、催眠、镇痛、镇咳、降压等作用。海滨、森林、瀑布等附近的环境大气中轻离子含量较多，因此有利于机体健康。

第二节 大气污染及大气污染物的转归

一、大气污染的来源

大气污染（ambient air pollution）的主要来源可分为天然污染（natural pollution）和人为污染（anthropogenic pollution）两大类。天然污染是指由于自然原因而形成的大气污染，例如沙尘暴、森林火灾和火山喷发等。人为污染是指由人类的生产和生活活动所造成的大气污染，其来源又包括固定污染源（如烟囱、工业排气管等）和流动污染源（汽车、火车等各种机动交通工具）。人为污染的来源更多，范围更广。因此，此处主要叙述人为活动引起的大气污染。

（一）工农业生产

工业企业排放的污染物主要来源于燃料的燃烧和工业生产过程。2019年《中国环境统计年鉴》显示，我国二氧化硫排放量为875.40万吨，氮氧化物为1258.83万吨，烟（粉）尘为796.26万吨。因此，各种工业企业是大气污染的主要来源，也是大气卫生防护的重点。此外，农业生产中化肥的施用、农药的喷洒以及秸秆的焚烧也会造成大气的污染。

1. 燃料的燃烧 这是大气污染的主要来源。虽然近几十年来我国的能源结构有了明显变化，但相较而言，煤炭依然是我国目前的主要工业燃料，其次是石油。用煤量最大的是火力发电站、冶金、化工、机械、轻工和建材等部门，它们的用煤量占总消耗量的70%以上。煤的主要杂质是硫化物，此外还有氟、砷、钙、铁、镉等的化合物。石油的主要杂质是硫化物和氮化物，其中也含少量的有机金属化合物。燃料所含杂质与其产地有关。我国燃煤中硫的含量一般在0.2%～4.0%，但是部分地区所产煤的硫含量可高达8%。我国石油的含硫量一般在0.1%～0.8%，而中东部地区的一般为1.5%～2.5%，有的甚至高达4%以上。

燃料燃烧时产生的污染物的种类和排放量除与燃料中所含的杂质种类和含量有关外，还受燃料的燃烧状态影响。燃料燃烧完全时产生的主要污染物是CO_2、SO_2、NO_2、水汽和灰分等。燃料燃烧不完全时，会产生CO、硫氧化物、氮氧化物、醛类、碳粒和多环芳烃等。

2. 工业企业生产过程的排放 由原材料到产品，工业生产的各个环节都可能有污染物排放出来。污染物的种类与原料种类及其生产工艺有关。不同类型工业企业排放的主要污染物见表3-3。

表3-3 各种工业企业排出的主要大气污染物

工业部门	企业类别	排出的主要污染物
电力	火力发电厂	烟尘、二氧化硫、二氧化碳、二氧化氮、多环芳烃、五氧化二钒
冶金	钢铁厂	烟尘、二氧化硫、一氧化碳、氧化铁粉尘、氧化钙粉尘、锰
	焦化厂	烟尘、二氧化硫、一氧化碳、酚、苯、萘、硫化氢、烃类
	有色金属冶炼厂	烟尘（含有各种金属如铅、锌、镉、铜等）、二氧化硫、汞蒸气
	铝厂	氟化氢、氟尘、氧化铝
化工	石油化工厂	二氧化硫、硫化氢、氰化物、烃类、氮氧化物、氯化物
	氮肥厂	氮氧化物、一氧化碳、硫酸气溶胶、氨、烟尘
	磷肥厂	烟尘、氟化氢、硫酸气溶胶
	硫酸厂	二氧化硫、氮氧化物、砷、硫酸气溶胶
	氯碱工厂	氯化氢、氯气

续表

工业部门	企业类别	排出的主要污染物
	化学纤维厂	氯化氢、二氧化碳、甲醇、丙酮、氨、烟尘、二氯甲烷
	合成橡胶厂	丁间二烯、苯乙烯、乙烯、异戊二烯、二氯乙烷、二氯乙醚、乙硫醇、氯代甲烷
	农药厂	砷、汞、氯
	冰晶石工厂	氟化氢
轻工	造纸厂	烟尘、硫醇、硫化氢、臭气
	仪器仪表厂	汞、氰化物、铬酸
	灯泡厂	汞、烟尘
机械	机械加工厂	烟尘
建材	水泥厂	水泥、烟尘
	砖瓦厂	氟化氢、二氧化硫
	玻璃厂	氟化氢、二氧化硅、硼
	沥青油毡厂	油烟、苯并（α）芘、石棉、一氧化碳

（二）生活炉灶和采暖锅炉

采暖锅炉以煤或石油产品为燃料，是采暖季节大气污染的重要原因。生活炉灶使用的燃料有煤、液化石油气、煤气和天然气。如果燃烧设备效率低，燃烧不完全，烟囱高度低或无烟囱，可造成大量污染物低空无组织排放。在采暖季节，各种燃煤小炉灶是居民区大气污染的重要来源。此外，部分农村地区以秸秆等生物质燃料为燃料取暖或烹饪，这也是局部地区大气污染的来源之一。

（三）交通运输

主要是指飞机和各类机动车包括汽车、火车、轮船和摩托车等交通运输工具排放的污染物。目前这些交通工具主要以汽油和柴油等石油制品为主要燃料，其燃烧后能产生大量的颗粒物、NO_x、CO、多环芳烃和醛类。随着经济的飞速发展，我国机动车数量的增长也十分惊人，2017—2018年全国机动车保有量就从3.10亿辆增加到3.27亿辆，年增长5.5%。近年来机动车污染防治已取得明显成效，各类污染物排放呈现下降趋势。然而机动车数量急速增加，其尾气排放对大气质量的影响仍不容乐观。

（四）其他

地面尘土飞扬或土壤及固体废弃物被大风刮起，均可使部分重金属和农药等化学性污染物以及结核分枝杆菌和粪肠球菌等生物性污染物进入大气。水体和土壤中的挥发性化合物也会通过不同途径进入大气。机动车辆轮胎与沥青路面摩擦可产生多环芳烃和石棉。

此外，工厂爆炸、火灾、核泄漏等突发事件均能导致严重的大气污染。这类事件虽然少见，但是危害严重。另外，火葬场和生活垃圾焚烧炉等产生的废气也会对周围的大气环境造成影响。

二、大气污染物的种类

大气污染物（atmospheric air pollutant）依据其属性一般可分为物理性（如噪声、电离辐射、电磁辐射等)、化学性和生物性(经空气传播的病原微生物和植物花粉等)污染物三类,其中又以化学性污染物的种类最多、污染范围最广。近年来,大气生物性污染物也逐渐得到大家的重视。

1. 根据污染物在大气中的存在状态,可将其分为气态污染物和气溶胶。气溶胶态的大气污染物,常常又被称作大气颗粒物(atmospheric particulate matter)。

(1) 气态污染物:气态污染物包括气体和蒸气。气体是某些物质在常温、常压下所形成的气态形式。蒸气是某些固态或液态物质受热后,引起固体升华或液体挥发而形成的气态物质,如汞蒸气等。气态污染物主要可分为以下5类:

1) 含硫化合物:主要有 SO_2、SO_3 和 H_2S 等,其中 SO_2 的数量最大,危害也最严重。

2) 含氮化合物:主要有 NO、NO_2 和 NH_3 等。

3) 碳氧化合物:主要是 CO 和 CO_2。

4) 碳氢化合物:包括烃类、醇类、酮类、酯类以及胺类。

5) 卤素化合物:主要是含氯和含氟化合物,如 HCl、HF 和 SiF_4 等。

(2) 大气颗粒物:粒径是大气颗粒物最重要的性质。它反映了大气颗粒物来源的本质,并可影响光散射性质和气候效应。大气颗粒物的许多性质,如体积、质量和沉降速度都与颗粒物粒径大小有关。实际的大气颗粒物来源和形成条件不同,其形状是多种多样的,有球形、菱形、方形等等。因此,在实际工作中常使用空气动力学直径(aerodynamic diameter,Dp)来表示大气颗粒物的大小。在气流中,如果所研究的大气颗粒物与一个单位密度的球形颗粒物的空气动力学效应相同,则这个球形颗粒物的直径就定义为所研究大气颗粒物的 Dp。这种表示法可以直接表达出大气颗粒物在空气中的停留时间、沉降速度、进入呼吸道的可能性以及在呼吸道的沉积部位等。

按其粒径大小,大气颗粒物通常可分为以下几类:

1) 总悬浮颗粒物(total suspended particulate matter,TSP):指空气动力学直径 ≤ 100 μm 的颗粒物,包括液体、固体或者液体和固体结合存在的,并悬浮在空气介质中的颗粒。

2) 可吸入颗粒物(inhalable particulate matter,IP;PM_{10}):指空气动力学直径 ≤ 10 μm 的颗粒物,因其能进入人体呼吸道而命名之,又因其能够长期飘浮在空气中,也被称为飘尘(suspended dusts)。

3) 细颗粒物(fine particle;fine particulate matter,$PM_{2.5}$):指空气动力学直径 ≤ 2.5 μm 的细颗粒。它在空气中悬浮的时间更长,易于滞留在终末细支气管和肺泡中,其中某些较细的组分还可穿透肺泡进入血液。$PM_{2.5}$ 更易于吸附各种有毒的有机物和重金属元素,对健康的危害极大。

4) 超细颗粒物(ultrafine particle;ultrafine particulate matter,$PM_{0.1}$):指空气动力学直径 ≤ 0.1 μm 的大气颗粒物。$PM_{0.1}$ 主要来自汽车尾气,多为大气中形成的二次污染物。$PM_{0.1}$ 的健康影响受到日益广泛的关注。

2. 根据大气污染物的形成过程,可将其分为一次污染物和二次污染物。

(1) 一次污染物:由污染源直接排入大气环境中,其物理和化学性质均未发生变化的污染物称为一次污染物(primary pollutants)。这些污染物包括从各种排放源排出的气体、蒸气和颗粒物,如 SO_2、CO、NO、颗粒物、挥发性有机物等。

(2) 二次污染物:由污染源排入大气的污染物在环境物理和化学等因素的作用下发生变化,或与环境中的其他物质发生反应所形成的理化性质不同于一次污染物的新的污染物,称为二次污染物(secondary pollutants)。如机动车尾气中的氮氧化物(NO_X)和挥发性有机物在阳光紫外线的照射下,经过一系列的光化学反应生成的臭氧、醛类以及各种过氧酰基硝酸酯(peroxyacyl nitrates,PANs),以及大气 SO_2 在环境中氧化遇水形成的硫酸等均为二次污染物。

一般来说，二次污染物对环境和人体的危害要比一次污染物大。

三、影响大气中污染物浓度的因素

（一）污染源的排放情况

1．排放量　污染物的排放量是决定大气污染程度最基本的因素。燃料燃烧产生的污染物排放量与燃料的种类、消耗量、燃烧方式、燃烧是否充分有关；工业企业污染物的排放量受工业企业的数量、生产性质、生产规模、工艺过程、净化设备及其效率的影响。

2．排出高度　排出高度是指污染物通过烟囱等排放入大气时烟囱的有效排出高度（effective height of emission），即烟囱本身的高度与烟气抬升高度之和，可以用烟波中心轴离地面的距离表示。在其他条件相同时，排出高度越高，烟波断面越大，污染物的稀释程度就越大，烟波着陆点的浓度就越低。一般认为，污染源下风侧的污染物最高浓度与烟波的有效排出高度的平方成反比，即有效排出高度每增加一倍，烟波着陆点处断面污染物的浓度可降至原来的1/4。

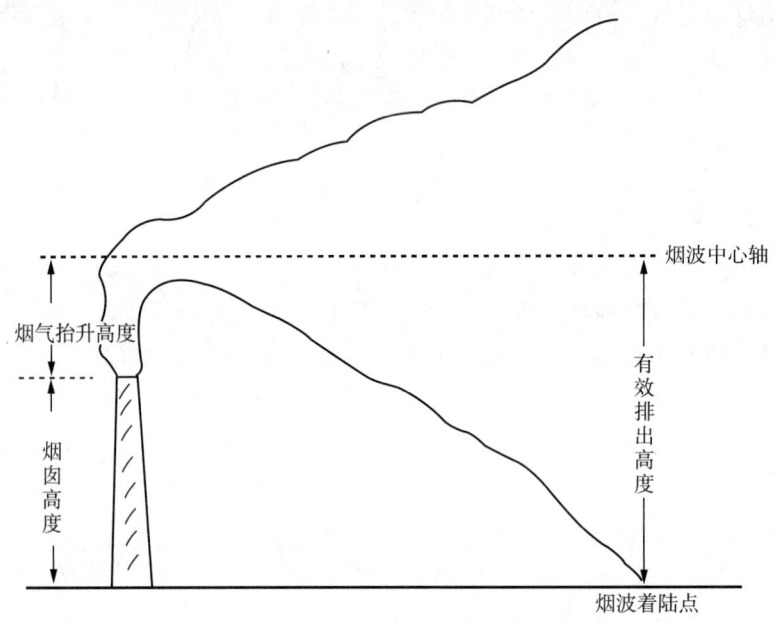

图 3-1　排出高度示意图

3．与污染源的距离　有组织排放时，烟气自烟囱排出后，往下风侧逐渐扩散稀释，然后接触地面，接触地面的点被称为烟波着陆点。一般认为有害气体的烟波着陆点是烟囱有效排出高度的 10～20 倍，颗粒物的着陆点更接近烟囱。近地面的大气中污染物的浓度以烟波着陆点最大，下风侧大气污染物的浓度随着距离的增加而下降，在烟波着陆点和烟囱之间的区域常没有明显的污染。无组织排放扩散的距离较短，距污染源越近，大气中污染物浓度越高。

（二）气象因素

1．风和湍流　空气的水平运动称之为风。风向是指风吹来的方向，在不同时刻有着相应的风向和风速。实际工作中，将一定时期内各个风向出现的频率按比例标在罗盘坐标上，即可绘制成风向频率图（又称风玫瑰图，wind rose），见图 3-2。风向频率图能够反映某地区一定时期内的主导风向，从而能够指示该地区受某一污染源影响的主要方位。就某一地区而言，全年污染以该地区全年主导风向的下风向地区污染最严重，瞬时污染以排污当时的下风向地区受影响最大。风速决定了大气污染物稀释的程度和扩散范围。随着风速的增大，单位时间内从污染源排放出的污染物气团被很快地拉长，这时混入的空气量越大，则污染物的浓度越低。在其他条件不变的情况下，污染物浓度与风速成反比。

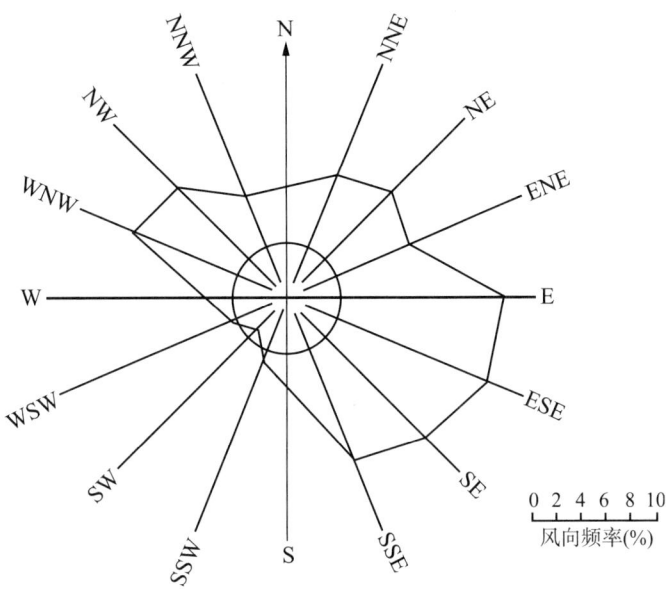

图 3-2　风向频率图

风速时大时小，并在主导风向的下风向上下、左右出现无规则的摆动，风的这种不规则运动称为大气湍流（atmospheric turbulence）。大气湍流的产生与垂直气温的变化和大气中气团间的摩擦作用引起的短暂性紊乱有关。因此，垂直温度递减率大、风速高、地面起伏程度大，则湍流运动就强。湍流运动使气体充分混合，有利于污染物的稀释和扩散。

2．温度层结　即气温的垂直梯度，它决定大气的稳定程度，影响大气湍流的强弱。稳定的垂直梯度易造成湍流抑制，使大气扩散不畅。垂直梯度不稳定时，由于热力作用湍流加强，大气扩散增强。因此，气温的垂直梯度与污染物的稀释和扩散密切相关。

（1）气温的垂直分布：在标准大气条件下，对流层内气温是随高度的增加而逐渐降低的。大气温度的这种垂直变化常用大气温度垂直递减率（γ）来表示。它的定义为：高度每增加 100 m 气温下降的度数通常为 0.65 ℃。实际上气温的垂直分布可出现下述 3 种情况：①气温随高度递减，一般出现在晴朗的白天，风速小时。地面受太阳的辐射后，近地空气增温较快，热量缓慢向高层传递，形成气温下高上低，此时 γ > 0，空气的垂直对流良好。②气温随高度递增，例如在无风、少云的夜晚，夜间地面无热量吸收，但同时不断通过辐射失去热量而冷却，近地空气也随之冷却，这样气层不断由下向上冷却，形成气温下低上高。这种大气温度随着距地面高度的增加而增加的现象称为逆温（temperature inversion），此时 γ < 0。③气温不随高度变化，多见于多云天或阴天，风速较大时。由于云层反射，白天地面增温不显著，而夜间地面冷却也不明显；当风速较大加剧了上下气层的交换，空气得到充分混合，上述两种情况下气温随高度的变化不明显，此时 γ = 0。

（2）逆温的类型：根据逆温发生的原因可分为辐射逆温、下沉逆温、地形逆温等。辐射逆温是由于地面长波辐射冷却形成的。一般在无风、少云的夜晚，地面无热量吸收，但同时不断通过辐射失去热量而冷却，近地空气也随之冷却，而上层空气降温较慢，形成逆温。下沉逆温是由于空气压缩增温而形成的。上层空气下沉落入高气压团中受压变热，结果上层空气的气温高于下层，形成逆温。地形逆温是由于局部地区的地理条件而形成的。在盆地和山谷中，晚

上寒冷的空气沿山坡聚集在山谷中,形成滞止的冷气团,而其上层有热气流。因此,山谷中就形成了上温下冷的逆温层。如没有阳光直射或热风劲吹,这种状况有时可持续一整天。著名的马斯河谷和多诺拉大气污染事件中,地形逆温的形成起了很重要的作用。

(3) 大气稳定度（atmospheric stability）：大气稳定度表示气体垂直运动的程度。大气中做垂直运动的气团,因向外膨胀或受外界压力影响产生的温度变化,要比与外界交换能量所引起的温度变化大得多,可以认为是绝热变化。空气垂直移动过程中因气压变化而发生温度的绝热变化常用气块干绝热垂直递减率（γ_d）来表示。干燥空气的 γ_d 为 0.986 ℃/100 m,即每上升 100 m,温度下降 0.986 ℃。大气的稳定程度与大气垂直温度递减率（γ）的绝对值及其与 γ_d 的相对值有关。当 $\gamma > \gamma_d$ 时,大气处于不稳定状态,有利于空气垂直对流,大气中的污染物容易扩散。当 $\gamma < \gamma_d$ 时,大气处于稳定状态,空气垂直对流弱,大气中的污染物扩散极差。当 $\gamma = \gamma_d$ 时,大气处于中性状态,空气垂直对流不剧烈,大气中的污染物可以扩散,但是不充分。

受大气稳定度的影响,烟波扩散通常有以下类型：①波浪型,$\gamma > \gamma_d$ 时,湍流大,烟波翻卷剧烈,垂直扩散充分。但是,如果污染物排出量大,排出高度低时,则烟波着陆点的污染物浓度可能很高。②锥型,$\gamma=\gamma_d$ 时,烟波向下风侧流动,水平扩散较好,垂直扩散不太充分,着陆点可能较远。③扇型,$\gamma < \gamma_d$ 时,且烟囱排放口在逆温层中,烟波只能向水平延伸,形如展开的折扇。侧面如带状,伸向远方。如果烟囱高度很低,容易造成地面空气严重污染。④上扬型,烟波下方出现逆温层,而其上方的大气仍为不稳定状态。此时烟波可以向上扩散,对地面污染较小,此现象多发生在日落前后。⑤熏烟型（下扩型）,当烟波上空仍存在逆温层,而下方的大气已处在不稳定状态时,烟波不能上升,只能向地面扩散下沉,形成严重的地面空气污染,此现象多出现在日出前后。

3．气压 气压的高低与海拔高度、地理纬度和空气温度等有关。当地面受低压控制时,四周高压气团流向中心,中心的空气上升,形成上升的气流,此时多为大风和多云的天气,大气呈中性或不稳定状态,有利于污染物的扩散和稀释。反之,当地面受高压控制时,中心部位的空气向周围下降,呈顺时针方向旋转,形成反气旋。此时天气晴朗,风速小,出现逆温层,阻止污染物向上扩散。

4．气湿 即大气中含水的程度,通常用相对湿度（%）表示。空气中水分多,气湿大时,大气中的颗粒物因吸收更多的水使重量增加,运动速度减慢,气温低的时候还可以形成雾,影响污染物的扩散速度,使局部污染加重。当水溶性气体如 SO_2 污染存在时,湿度较高将促进酸雨的形成。

（三）地形

地形可在一定程度上影响局部的气象条件,从而影响当地大气污染物的稀释和扩散。盆地和峡谷的地形特点容易形成上述地形逆温,不利于污染物的扩散。城市的高大建筑物间犹如峡谷,可以阻碍近地面空气污染物的扩散。

人口密集的城市热量散发远远大于郊区,结果造成城区气温较高,往郊外方向气温逐渐降低。如果在地图上绘制等温图,城区的高温部就像浮在海面上的岛屿,称为热岛（heat island）现象。在这种情况下,城市的热空气上升,四周郊区的冷空气补充,可把郊区排放的污染物引入城市,造成市区的大气污染。世界上许多城市都出现了热岛现象。

陆地与江、河、湖、海和水库等大面积水体相连之处,白天由于太阳辐射使陆地升温速率比水面快,形成由水面吹向陆地的风。相反,夜晚陆地散热快于水面,气流由陆地吹向水面,形成陆风。如果污染源在岸边,白天就可能污染岸上的居住区。

四、大气污染物的转归

(一) 自净

大气的自净是指大气中的污染物在物理、化学和生物学的作用下，其在大气中逐渐减少到无害程度或者消失的过程，主要有以下几种方式：

1．扩散和沉降　是大气污染物净化的主要方式。扩散一方面能将污染物稀释，另一方面可以将部分污染物转移出去。污染物也可依靠本身的重力，从空气中逐渐降落到水、土壤等环境介质中，此为沉降。

2．发生氧化和中和反应　大气污染物在不同环境因素的作用下，发生氧化和中和反应，从而生成其他污染物的方式。例如，CO 可以被氧化为 CO_2，SO_2 可以与氨或其他碱性灰尘发生中和反应。

3．被植物吸附和吸收　有些植物能吸收大气污染物，从而净化空气。例如，每平方米的樱树叶片可吸收 180 mg NO_2；樟树叶片对氟的富集可达 2636 mg/kg。

(二) 转移

1．向下风侧转移　向下风侧更远的方向转移。

2．向平流层转移　氯氟烃、甲烷、NO 和 CO_2 等气体可以垂直上升至平流层，还可以被超音速飞机直接带入平流层。

3．向其他环境介质中转移　例如酸雨可以直接降落到土壤和地面水体。

(三) 形成二次污染和二次污染物

有些大气污染物转移到其他环境介质后，在某些条件下仍可回到大气环境，造成二次污染。例如，由机动车尾气排入大气的铅等重金属可随尘土降落在公路两旁，遇大风天时，重金属尘粒可被刮起，再次进入大气。大气中的一次污染物还可以转化成二次污染物。例如，SO_2 和 NO_2 转化为硫酸雾和硝酸雾，挥发性有机物和 NO_2 转化为光化学烟雾。

第三节　大气污染对人体健康的影响

大气污染物主要通过呼吸道进入人体，小部分污染物也可通过沉降至食物、水体或土壤，通过进食或饮水，经消化道进入体内。部分污染物可通过直接接触黏膜、皮肤进入机体，脂溶性的物质可经过完整的皮肤而进入机体内。

一、大气污染对健康的直接危害

(一) 急性危害

大气污染物的浓度在短期内急剧升高，可使当地人群因吸入大量的污染物而导致急性中毒的发生。按其形成的原因，大气污染的急性健康危害可以分为烟雾事件和生产事故。

1．烟雾事件　根据烟雾形成的原因，烟雾事件可分为煤烟型烟雾事件和光化学烟雾事件。

(1) 煤烟型烟雾 (coal smog) 事件：主要由燃煤产生的污染物短期内大量排入大气，在不良气象条件下不能充分扩散所致。自 19 世纪末开始，世界各地曾经发生过多起较大的烟雾事件，代表性的有马斯河谷烟雾事件、多诺拉烟雾事件和伦敦烟雾事件等 (表 3-4)。

表3-4 历史上著名的煤烟型烟雾事件

名称	发生地	时间	污染源	污染物	形成条件	健康影响
马斯河谷事件	比利时	1930.12	钢铁厂、炼锌厂、玻璃加工厂	二氧化硫	高气压、逆温、无风、河谷、低温	60人死亡、数千人患呼吸道疾病
多诺拉事件	美国宾州	1948.10	炼锌厂、钢铁厂、硫酸制造厂	二氧化硫、硫酸雾	高气压、逆温、无风、河谷	全镇14 000人中，18人死亡、5910人（43%）有眼、鼻、喉的刺激症状及其他呼吸道疾病
伦敦烟雾事件	英国伦敦	1952.12	家庭及工业燃煤	二氧化硫、一氧化碳、烟尘	高气压、逆温、无风、湿度大、低温、盆地	2周内有4 000人超额死亡，死者以老人居多，死因主要为呼吸系疾病和心脏病

近百年来，英国伦敦等大城市曾发生十多次煤烟型烟雾事件，其中以1952年12月在伦敦发生的最为严重。

1952年12月5—9日，英国许多地区被浓雾覆盖，大气呈逆温状态。伦敦的情况尤为严重，气温在 $-3 \sim 4$ ℃，空气静止，浓雾不散，4～5天内持续不变。空气中的污染物浓度不断增高，烟尘浓度最高达4.46 mg/m³，为平时的10倍。SO_2 的最高浓度达到3.8 mg/m³，为平时的6倍。对这一异常情况首先发生反应的是一群准备在交易会上展出的得奖牛。它们表现为呼吸困难、舌头吐露，其中1头当即死去，12头奄奄一息。与此同时，数千市民出现胸闷、咳嗽、咽痛、呕吐等症状，以此病患者为主的死亡人数骤增。12月7—13日这一周，死亡人数突然猛增，死亡总数为4703人，与1947—1951年同期相比，超额死亡2851人。之后的第二周内，死亡人数为3138人，仍较平时成倍增加。在此后两个月内，还陆续有8000人死亡。对当时的数据进行重新分析后表明，这次事件造成的超额死亡人数高于以前的估计，达12 000人。

在这类烟雾事件中，引起人群健康危害的主要大气污染物是烟尘、SO_2 以及硫酸雾。烟尘含有的 Fe_2O_3 等金属氧化物，可催化 SO_2 氧化成硫酸雾，而后者的刺激作用是前者的10倍左右。1952年的烟雾事件之后，1962年伦敦发生烟雾事件时的气象条件与1952年时相仿，大气中的 SO_2 浓度比1952年高，但由于烟尘浓度仅为1952年的一半，因而死亡人数比1952年要少（表3-5）。

表3-5 英国伦敦不同年份烟雾事件的污染物浓度和死亡人数的比较

发生年份	SO_2（mg/m³）	烟尘（mg/m³）	死亡人数
1952	3.8	4.46	4000
1956	1.6	3.25	1000
1957	1.8	2.40	400
1962	4.1	2.80	750

（2）光化学型烟雾（photochemical smog）事件：是由机动车尾气中的氮氧化物（NO_x）和挥发性有机物（volatile organic compounds，VOCs）在日光紫外线的照射下，经过一系列复杂的光化学反应生成的刺激性很强的浅蓝色烟雾所致，其主要成分是臭氧、醛类以及各种过氧酰基硝酸酯（peroxyacyl nitrates，PANs），这些通称为光化学氧化剂（photochemical oxidants）。

其中，臭氧约占90%以上，PANs约占10%，其他物质的比例很小。

美国的洛杉矶是世界上最早发生光化学型烟雾的城市，先后于1943、1946、1954、1955年在当地发生光化学型烟雾事件。特别是在1955年事件持续一周多的时间，气温高达37.8 ℃，致使哮喘和支气管炎流行，65岁及以上人群的死亡率升高，平均每日死亡70～317人。20世纪30年代中期在该地区开发石油以来，特别是第二次世界大战之后，当地的工业迅速发展，人口激增。起初的调查认为，SO_2污染可能是洛杉矶烟雾事件发生的主要原因。在采取措施控制石油精炼等工业的SO_2排放量后，大气中的烟雾发生并未减少。后来发现烟雾是由大气中NO_X和VOCs在阳光作用下形成的，而机动车尾气是上述两类污染物的主要来源。当时洛杉矶有350万辆汽车，每天消耗约1600万升汽油。由于当时汽车汽化器的汽化效率低，每天仅挥发性有机物就有1000多吨排入大气。空气中大量NO_X和VOCs的存在，加之强烈的阳光紫外线的照射，使得洛杉矶成为光化学烟雾频发的城市。

光化学烟雾的形成过程极其复杂，目前认为可能有以下几个阶段和基本反应：

1）起始阶段：NO_2在日光的作用下吸收光能，产生臭氧和原子氧。

$NO_2 + h\nu$（$\lambda = 290 \sim 440$ nm）$\rightarrow NO + O$

$O + O_2 + M \rightarrow O_3 + M$（M为吸收能量的物质，如$N_2$、$H_2O$等）。

$NO + O_3 \rightarrow NO_2 + O_2$

如果缺乏挥发性有机物，产生的臭氧可与NO反应，再生成NO_2，则反应不能继续进行。在挥发性有机物存在下，则启动自由基连锁反应。

2）自由基生成阶段：指挥发性有机物被臭氧和原子氧氧化产生$RO_2 \cdot$和$HO \cdot$自由基的过程。

3）自由基传递阶段：在此阶段的反应过程中，每一种自由基都可以产生另外一种自由基，并可以产生醛类。例如，由$RO_2 \cdot$可生成$HO_2 \cdot$自由基。产生的醛类也可以吸收光能参与光化学反应，生成自由基。

4）自由基减少阶段：在此阶段自由基逐渐消失，产生更多的稳定产物，如HNO_3、HNO_2、PANs等。

光化学型烟雾在世界许多大城市都曾经发生过，例如，美国的洛杉矶、纽约，日本的东京、大阪，澳大利亚的悉尼，印度的孟买以及我国的兰州、成都、上海、北京等地。

煤烟型烟雾事件与光化学型烟雾事件的发生除与污染物的种类有关外，还受当时的气候和气象条件等的影响。两类烟雾事件的比较见表3-6。

表3-6　煤烟型烟雾事件与光化学型烟雾事件发生条件的比较

	煤烟型烟雾事件	光化学型烟雾事件
污染来源	煤和石油制品燃烧	石油制品燃烧
主要污染物	颗粒物、SO_2、硫酸雾	VOCs、NO_X、O_3、SO_2、CO、PANs
发生季节	冬季	夏秋季
发生时间	早晨	中午或午后
气象条件	气温低、气压高、风速很低、湿度高、有雾	气温高、风速很低、湿度较低、天气晴朗、紫外线强烈
逆温类型	辐射逆温	下沉逆温
地理条件	河谷或盆地易发生	南北纬度60°以下地区易发生
症状	咳嗽、喉痛、胸痛、呼吸困难，伴有恶心、呕吐、发绀等，死亡原因多为支气管炎、肺炎和心脏病	眼睛红肿流泪、咽喉痛、咳嗽、喘息、呼吸困难、头痛、胸痛、疲劳感和皮肤潮红等，严重者可出现心肺功能障碍或衰竭
易感人群	老年人、婴幼儿以及心、肺疾病患者	心、肺疾病患者

2. 事故性排放引发的急性中毒事件 事故造成的大气污染急性中毒事件一旦发生,后果通常十分严重,近年发生的代表性事件有印度博帕尔毒气泄漏事件和切尔诺贝利核电站爆炸事件。

(1) 印度博帕尔毒气泄漏事件:博帕尔是印度中央邦的首府,人口80多万。美国联合碳化物公司博帕尔农药厂建在该市的北部人口稠密区,工厂设备年久失修。1984年12月2日深夜和3日凌晨,该厂的一个储料罐进水,罐中的化学原料发生剧烈的化学反应,储料罐爆炸,41吨异氰酸甲酯泄漏到居民区,酿成迄今世界最大的化学污染事件。毒气泄漏时,微风自东北吹向西南,白色的烟雾顺着风向弥漫在博帕尔市区狭长地带的上空,烟雾两个小时后才逐渐消散。在这次惨剧中,有521 262人暴露于毒气,其中严重暴露的有32 477人,中度暴露的有71 917人,轻度暴露的有416 868人,2500人因急性中毒死亡。该事件导致的各种后遗症、并发症不计其数,给当地居民的健康和社会政治经济造成无法弥补的损失。暴露者的急性中毒症状主要有咳嗽、呼吸困难、呼吸道和眼结膜分泌物增多、视力减退,严重者出现失明、肺水肿、窒息和死亡。事件后当地的流产和死产率明显增加。事件后10年的调查显示,当年暴露人群的慢性呼吸道疾病患病率高、呼吸功能降低、免疫功能降低。暴露者中神经精神系统症状,如失眠、头痛、头晕、记忆力降低、动作协调能力差、精神抑郁等的发生率高。

(2) 苏联切尔诺贝利核电站爆炸事件:1986年4月26日凌晨1时许,苏联切尔诺贝利核电站发生爆炸,造成自1945年日本广岛、长崎遭原子弹袭击以来世界上最为严重的核污染。反应堆放出的核裂变产物主要有 ^{131}I、^{103}Ru、^{137}Cs 以及少量的 ^{60}Co。周围环境中的放射剂量达200 R/h,为人体允许剂量的2万倍。此次核事故造成13万居民急性暴露,31人死亡,233人受伤,经济损失达35亿美元。这些放射性污染物随着当时的东南风飘向北欧上空,污染北欧各国大气,继而扩散范围更广。3年后的调查发现,距核电站80 km的地区,皮肤癌、舌癌、口腔癌及其他癌症患者增多,儿童甲状腺病患者剧增,畸形家畜也增多。在事故发生时的下风向,受害人群更多,健康危害更严重。

(3) 我国重庆市开县"12·23"特大天然气井喷事件:开县位于重庆市东北部,拥有极其丰富的天然气储量。2003年12月23日21时55分,位于开县高桥镇晓阳村境内的中石油天然气井"罗家16H"井发生井喷,大量富含硫化氢的天然气喷涌而出。失控的有毒气体随空气迅速大面积扩散,使附近空气中硫化氢浓度急剧升高,造成附近居民大量中毒和死亡以及巨大财产损失。

在井喷井周围1平方千米内的山坡上,附近居民饲养的家禽、家畜全部死亡,附近的野生动物,如老鼠、野兔等全部死亡,甚至栖息在其附近的飞鸟也基本难逃劫难。据事件后的统计,开县高桥镇及其附近的麻柳乡、正坝镇、天和乡4个乡镇、30个村的9.3万人受灾,疏散转移居民6.5万人,累计门诊治疗中毒者27 011人次,住院治疗2 142人次,243人死亡。中毒者主要表现为眼部和呼吸道刺激症状以及头昏、头痛、失眠、多梦等神经系统症状。该井天然气中硫化氢含量为151 mg/m³,据估计事件中由井中至少喷出3000吨硫化氢。

(二) 短期影响

研究表明,大气污染与心血管疾病死亡率、住院率、急诊率和疾病恶化等增加有关系。我国北京、太原和上海等地的研究也显示,大气污染,特别是颗粒物污染与心脑血管疾病的死亡率和发病率增加有关。对美国20个城市近5000万人的资料分析显示,人群死亡率与死亡前日颗粒物浓度相关。PM_{10}每升高10 μg/m³可引起总死亡率和心肺疾病死亡率分别上升0.21%和0.31%。欧洲环境污染与健康研究计划对欧洲29个城市4300万人资料分析后也发现,PM_{10}每升高10 μg/m³,每日总死亡率与心血管疾病死亡率分别增加0.60%和0.69%。

此外,大气污染的短期效应还包括导致生物标志水平改变。通过时间序列分析、队列研究和定组研究等方法研究发现,不同大气$PM_{2.5}$化学成分的健康危害也有所不同:来源于二次硝酸盐/硫酸盐和扬尘/土壤的$PM_{2.5}$与炎症生物标志水平升高的关联最强;来源于燃煤排放的$PM_{2.5}$与血压升高的关联最强;来源于扬尘/土壤和其他工业排放的$PM_{2.5}$与肺功能降低的关联最强;$PM_{2.5}$的化学组分包括有机碳、元素碳、氨离子、硝酸根离子等与人群总死亡率、呼吸系统和心血管系统死亡率的升高呈正相关。还有研究发现,交通相关空气污染物与噪声短期暴露在对心脏自主神经功能的影响中可能具有协同作用,噪声可以增加空气污染对人群心血管健康的危害。

(三)慢性影响

1. 影响呼吸系统 大气中的SO_2、NO_x、硫酸雾、硝酸雾及颗粒物不仅能产生急性刺激作用,还可长期反复刺激机体引起咽炎、喉炎、眼结膜炎和气管炎等。呼吸道炎症反复发作,可以造成气道狭窄,气道阻力增加,肺功能不同程度的下降,最终形成慢性阻塞性肺疾病(chronic obstructive pulmonary disease,COPD,简称慢阻肺)。慢阻肺是具有气流阻塞特征的慢性支气管炎和(或)肺气肿。患者的气流阻塞呈进行性发展,但部分有可逆性,可伴有气道高反应性。没有气流阻塞的慢性支气管炎或肺气肿不属于慢阻肺。

近几十年来,国内外大量研究表明,大气污染程度与肺癌的发生和死亡呈正相关关系。我国的研究发现,上海、沈阳和天津等大城市居民肺癌死亡率与大气中苯并(α)芘浓度有显著的相关关系。利用美国癌症协会针对约50万居民的前瞻性调查资料进行的分析显示,大气$PM_{2.5}$和SO_2污染与居民肺癌死亡率之间有相关关系。$PM_{2.5}$浓度每升高$10\ \mu g/m^3$,肺癌死亡率增加8%。但是,大多数有关大气污染和肺癌关系的流行病学研究属于不同地区或不同时期的大气污染程度与人群肺癌死亡率之间的相关性研究,而一些前瞻性研究不支持大气污染对人群肺癌死亡率有直接影响的观点。我国上海曾对居住在不同大气污染程度的市中心、近郊以及远郊的22万成人按吸烟习惯分组,进行了为期5年的前瞻性研究。结果发现,3个地区非吸烟者的肺癌死亡率没有明显的差异,但大气污染与男性吸烟者的肺癌死亡率之间有剂量反应关系。这项研究提示吸烟与大气污染可能有协同作用,即在大气污染严重的地区,吸烟的肺癌危险度比一般情况下更高。

此外,一些空气污染物还可以引起呼吸道的变态反应。大量的研究证据表明,大气污染可加剧哮喘患者的症状,大气中的SO_2、O_3、NO_x等污染物会引起支气管收缩、气道反应性增强并加剧过敏反应。在荷兰进行的出生队列研究发现,交通污染与出生后2年内幼儿喘鸣、哮喘发生的相对危险度增加有关。我国台湾地区针对331 686名中学生的调查显示,交通来源的污染与被调查者的变应性鼻炎患病率有密切关系。德国的一项研究观察到大气污染物NO_2、$PM_{2.5}$以及煤烟与1岁幼儿夜间干咳发生之间有显著的关联。美国南加州的一项研究显示,在O_3污染较严重时从事体育活动可增加儿童哮喘发生的危险度。美国加州的一项大气污染与成人哮喘的研究也显示O_3污染与哮喘发生有明显的关联。实验研究表明,柴油车尾气颗粒物可作为卵白蛋白的佐剂引起实验动物IgE分泌增加、过敏性炎症反应加剧以及气道高反应性。

2. 影响心血管系统 对美国哈佛等六个城市进行的队列研究首次提出,大气污染的长期暴露与心血管疾病死亡率增加有关。我国沈阳、本溪等地的调查也表明,大气颗粒物的长期暴露与人群心血管疾病死亡率的增加有关。对美国50个州16年的近50万成年人的死亡数据分析后发现,在控制饮食、污染物联合作用等混杂因素后,$PM_{2.5}$年平均浓度每增高$10\ \mu g/m^3$,心血管疾病患者死亡率增加6%,且未观察到其健康效应的阈值。还有研究发现,大气O_3浓度增高与心血管疾病的多发有关。此外,大气污染长期暴露还与心律不齐、心衰、心搏骤停的危险度升高有关。

3. 降低机体免疫力 在大气污染严重的地区,居民唾液溶菌酶和免疫球蛋白SIgA

（secretory immunoglobulin A）的含量均明显下降，血清中的其他免疫指标也有下降，表明大气污染可使机体的免疫功能降低。近年来的流行病学研究提示，大气污染物可削弱肺部的免疫功能，增加儿童呼吸道对细菌等感染的易感性。在各种大气污染物中，细颗粒物和 O_3 的作用可能更为重要。据估计，大气 $PM_{2.5}$ 的日平均浓度每升高 20 μg/m³，急性下呼吸道感染的危险将增加 8%。

4. 其他　大气的颗粒物中含有多种有毒元素，如铅、镉、铬、氟、砷、汞等。一些工厂，如冶炼厂、铝厂等排出的废气中含有高浓度的氟，可引起当地居民的慢性氟中毒。含铅汽油的使用可污染公路两旁大气及土壤，对儿童的中枢神经系统等功能产生危害。

二、大气污染对健康的间接危害

（一）温室效应

大气层中的某些气体如 CO_2 等吸收地表发射的热辐射，使大气增温的作用，称为温室效应（greenhouse effect）。可导致温室效应的气体统称为温室气体（greenhouse gas），主要包括 CO_2、甲烷（CH_4）、氧化亚氮（N_2O）和氯氟烃（氟利昂，chlorofluorocarbons，CFCs）等。

气候变暖对人类健康会产生多种有害影响。气候变暖有利于病原体及有关生物的繁殖，从而引起生物媒介传染病的分布发生变化，扩大其流行的程度和范围，加重对人群健康的危害。在热带、亚热带地区，由于气候变暖对水分布和微生物繁殖产生影响，一些介水传染病的流行范围扩大，强度加大。

气候变暖还可导致与暑热相关疾病的发病率和死亡率增加。气候变暖还会使空气中的一些有害物质，如真菌孢子、花粉等浓度增高，导致人群中过敏性疾患的发病率增加。此外，由于气候变暖引起的全球降水量变化，最终导致洪水、干旱以及森林火灾发生次数的增加。

（二）臭氧层破坏

20 世纪 50 年代科学家观察到臭氧层中的臭氧减少。70 年代后，臭氧层减少加剧，并于 1985 年首次在南极上空发现臭氧空洞（ozone hole），后来在北极、青藏高原也观察到这一现象。过去的 30 年，臭氧层保护已成为人类面临的主要挑战之一。地球臭氧层耗竭（ozone depletion）已经达到创纪录的水平，尤其在南极大陆和最近的北极地区更是如此。2000 年的测定显示，南极大陆上空臭氧空洞面积达 2800 万平方千米。目前北半球中纬度地区的冬季和春季的臭氧平均损失为 6%，南半球中纬度全年为 5%。在春季，南极大陆上空的臭氧损失为 50%，北极为 15%，由此造成的有害紫外线照射分别增加 130% 和 22%。

尽管臭氧层损耗的原因和过程还有待进一步阐明，学术界一致认为人类活动排入大气的某些化学物质与臭氧作用，是导致臭氧损耗的重要原因。臭氧层被破坏形成空洞以后，减少了臭氧层对短波紫外线和其他宇宙射线的吸收和阻挡功能，造成人群皮肤癌和白内障等发病率的增加，对地球上的其他动植物也有杀伤作用。据估计，平流层臭氧浓度减少 1%，UV-B 辐射量将增加 2%，人群白内障的发病率将增加 0.2%～1.6%，皮肤癌的发病率将增加 3%。

（三）酸雨

当降水的 pH 值小于 5.6 时称为酸雨（acid precipitation，acid rain）。酸雨的形成受多种因素影响，其主要前体物质是 SO_2 和 NO_X，其中 SO_2 对全球酸沉降的贡献率为 60%～70%。SO_2 和 NO_X 气体可被热形成的氧化剂或光化学产生的自由基氧化转变为硫酸和硝酸。吸附在液态气溶胶中的 SO_2 和 NO_X 也可被溶液中的金属离子、强氧化剂所氧化。酸雨的危害主要表现为以下几个方面。

1. 对土壤和植物产生危害　在酸雨的作用下，土壤中的营养元素，如钾、钠、钙、镁会被溶出，使土壤 pH 值降低。受酸雨侵蚀的植物叶片，叶绿素合成减少，出现萎缩和果实产量下降。在降水 pH 值小于 4.5 的地区，树木出现大片黄叶并脱落，森林成片地死亡。酸雨还可抑制土壤微生物的繁殖，特别是对固氮菌的伤害，使土壤肥力下降，农作物产量降低。

2. 影响水生生态系统　酸化的水体微生物分解有机物的活性减弱，水生植物的叶绿素合成降低，浮游动物种类减少，鱼贝类死亡。

3. 对人类健康产生影响　酸雨增加土壤中有害重金属的溶解度，加速其向水体、植物和农作物的转移。研究显示，在酸化水区内，水体和鱼肉中的汞含量明显增加。

此外，酸雨可腐蚀建筑物、文物古迹，可造成地面水 pH 值下降而使输水管材中的金属化合物易于溶出等。

（四）影响小气候和太阳辐射

大气污染物中的气溶胶颗粒可促使云雾形成，从而吸收太阳的直射或散射光，影响紫外线的生物学活性。有研究显示，发达工业城市有雾的天数要比郊区或农村多 1～2 倍，相应地，城市太阳辐射强度也比农村地区减弱 10%～30%，紫外线强度减弱 10%～25%。波长在 290～310 nm 的太阳紫外线具有一定的杀菌和预防佝偻病的作用。因此，在大气污染严重的地区，儿童的生长发育会受到一定程度的影响，儿童佝偻病的发病率也会高于大气质量较好的地区。

（五）大气棕色云

大气棕色云（atmospheric brown clouds，ABC）是指区域尺度的空气污染，包含大量的细小颗粒和污染气体。排放到大气中的气态或颗粒态污染物发生化学反应（主要是紫外光、臭氧、·OH 自由基等引起的光化学反应）形成二次气溶胶。这些气溶胶引起的大气污染及其远距离输送导致的大范围内的棕褐色烟雾笼罩即是大气棕色云。大气中正常的气溶胶浓度应为颗粒数 100～300/cm^3，而在大气棕色云污染地区，颗粒数可达 1000～10 000/cm^3。生物质、化石燃烧和家庭烹饪是大气棕色云的三大主要来源。在某些特定地区里，矿物粉尘风暴也可能是大气棕色云的主要来源。

大气棕色云气溶胶能通过干扰地表和大气之间太阳辐射的能量分布影响气候和生物圈，包括改变大气与地表温度，影响局部地区气候和降水量分布等。气溶胶通过长距离运输转移到低层大气，加剧其他地区空气污染。这些特性导致城市和农村地区大量人群的长期持续暴露，其中包括许多高危人群。另外，微生物和病毒以气溶胶粒子作为载体的传输机制可能会增加公众健康风险。目前直接涉及大气棕色云暴露对健康的影响较少。但也有研究证实大气棕色云相关组分的各种急性和慢性健康影响，包括导致过早死亡，增加慢性支气管炎、慢性呼吸道疾病（如哮喘）或冠状动脉疾病（如心绞痛）的发病率等。

第四节　大气中主要污染物对人体健康的影响

一、颗粒物

（一）来源

颗粒物（particulate matter，PM）是悬浮在空气中的一种复杂的混合物，其来源可分为自然的和人为的来源。前者包括地球表面的尘土（地壳物质）、海滨地区的海盐和生物性来源，如花粉、真菌孢子以及动植物的毛屑和碎片,还有森林大火产生的颗粒物。人为的来源主要有机动车(船)尾气的排放,火力发电、取暖等。颗粒物还可以分为一次颗粒物和二次颗粒物。其中,一次颗粒物是指由排放源直接排入环境,且保持其排放时原有物理和化学性状的颗粒物。而二次颗粒物是由大气中的氮氧化物、二氧化硫和有机化合物与臭氧以及其他活性分子如自由基等反应产生的硫酸盐、硝酸盐和其他颗粒物。

颗粒物是我国大多数城市的首要污染物,是影响城市空气质量的主要因素。颗粒物的毒性与其来源密切相关,但其来源非常复杂,而且存在较强的时间变异性和空间变异性。不同季节大气颗粒物的来源有所差异。例如,北方城市冬季燃煤排放的烟尘对空气颗粒物的贡献较大,但非采暖期的颗粒物来源中,机动车、公路扬尘、建筑扬尘、沙尘暴的贡献却比较高。我国北方城市的春季颗粒物高污染状况主要与沙尘天气有关,且自西向东,受沙尘影响的程度逐渐降低。即便在同一城市,颗粒物的来源也存在差异。

近年来,随着我国《大气污染防治行动计划》的实施,包括颗粒物在内的大多数大气污染物水平呈现明显的下降趋势。2013—2017年,我国74个主要城市大气$PM_{2.5}$年均浓度由72.2 $\mu g/m^3$降到47.0 $\mu g/m^3$,下降了34.9%。

(二)健康影响

颗粒物被公认为是对健康危害最大的空气污染物,可对人体健康造成多方面的影响。

1. 颗粒物对呼吸系统的影响 对呼吸道的毒作用主要表现为颗粒物可引起呼吸道炎症,如发生支气管炎、肺气肿和支气管哮喘等,以及对肺通气功能产生影响。大量的流行病学研究发现,无论是短期还是长期暴露于颗粒物,均能导致显著的健康危害。我国及其他国家学者的研究均发现,短期暴露于颗粒物,可引起慢阻肺和哮喘的急性加重。我国一些横断面调查发现,长期居住在颗粒物污染严重地区的居民,可出现肺功能降低、呼气时间延长,呼吸道疾病包括哮喘的患病率增高。包含了欧洲29个城市的时间序列研究发现,PM_{10}每升高10 $\mu g/m^3$,呼吸系统疾病死亡率升高0.6%。美国加州的9个城市时间序列研究发现,$PM_{2.5}$每升高10 $\mu g/m^3$,呼吸系统疾病死亡率升高2.2%。美国两项经典的队列研究发现长期暴露于$PM_{2.5}$能显著增加人群心肺系统疾病的死亡率。对全球652个城市的数据分析显示,大气PM_{10}和$PM_{2.5}$两日平均滑动浓度每增加10 $\mu g/m^3$,人群呼吸系统疾病每日死亡率分别增加0.47%和0.74%,在颗粒物年平均浓度较低的地区以及年平均温度较高的地区,上述关联更为显著。

2. 颗粒物对心血管系统的影响 目前针对颗粒物对心血管系统影响的研究较多。颗粒物在进入人体后,①可通过直接激发系统性的炎症反应和氧化应激或间接通过刺激肺部产生炎性因子或氧化应激产物释放入血,增加血液黏度和形成血栓,导致动脉粥样硬化,出现一系列缺血性疾病;②通过肺部的自主神经反射弧或颗粒物及其组分的直接作用,改变心脏的自主神经传导系统,增加心率、降低心率变异性,出现心律失常,甚至心搏骤停;③系统性炎症反应可激活血管内皮细胞,改变其功能,引起动脉血管收缩,血压升高;④可能通过影响机体心血管系统代谢通路,增加机体氧化应激和能量代谢紊乱,从而导致心血管系统健康危害。

大量的时间序列/病例交叉研究表明,短期暴露于大气颗粒物,可增加人群每日心血管疾病(心脏病、缺血性心脏病、心律失常、心力衰竭、周围血管病、脑血管疾病)的入院率。不少定组研究发现,暴露于颗粒物24小时甚至数小时后,便可引起健康成人出现心率增加、心率变异性降低等心脏自主神经功能改变。一些人体试验也观察到暴露于颗粒物后,受试者出现血浆黏度增加、C反应蛋白、白细胞、血小板等增高的现象。长期暴露于大气颗粒物污染,将会造成血液中C反应蛋白水平升高、心率变异性降低、血压升高、动脉粥样硬化等健康危害,可引起人群中的心肺系统疾病死亡率显著增加。对全球652个城市数据分析显示,大气PM_{10}和$PM_{2.5}$两日平均滑动浓度每增加10 $\mu g/m^3$,人群心血管疾病每日死亡率分别增加0.36%

和 0.55%。

3．颗粒物对生殖系统和出生结局的影响 大气颗粒物在进入母体后，可通过引起系统性的氧化应激、炎症反应、血液流变学和动力学的改变，对胎儿产生危害，导致一系列不良生殖结局。流行病学已经发现颗粒物暴露与低出生体重、早产、死产、宫内发育迟缓、出生缺陷等有关系。个别研究还发现颗粒物可以杀伤精子，降低精子的浓度和活力，从而导致不孕。但这些关系尚需要在严格设计的队列研究中得到进一步的证实。

4．颗粒物对儿童健康的影响 流行病学研究发现母体在孕期若暴露于高浓度的大气颗粒物可能会增加围生期死亡率和婴儿死亡率。儿童正处于身体发育的关键时期，免疫系统和肺功能尚不健全，对颗粒物污染更加敏感。急性效应研究发现，颗粒物可以增加儿童哮喘、过敏性疾病、肺炎、急性支气管炎的入院率。长期暴露于颗粒物，还可对儿童的肺功能发育造成慢性损害。

5．颗粒物的致癌作用 国内外的大量研究已经表明，颗粒物中的多个成分具有致癌性或促癌性，如多环芳烃，镉、铬、镍等重金属。颗粒物的有机提取物有致突变性，且以移码突变为主。使用不同细胞的实验表明，颗粒物的有机提取物可引起细胞的染色体畸变、姊妹染色单体交换以及微核率增高、诱发程序外 DNA 合成。颗粒物的有机提取物还可引起细胞发生恶性转化。一些研究表明，颗粒物的无机提取液也有遗传毒性。多个横断面研究显示，在颗粒物污染严重的地区，肺癌死亡率往往较高。美国癌症协会队列研究发现，$PM_{2.5}$ 每升高 10 μg/m³，人群中肺癌死亡率将升高 13.5%，且肺癌死亡风险在慢性肺部疾病患者中更高。一项对欧洲 17 个队列研究的综合分析发现，$PM_{2.5}$ 浓度每升高 5 μg/m³，人群肺腺癌死亡率将升高 55%。2013 年 10 月，世界卫生组织下属的国际癌症研究所（International Agency for Research on Cancer，IARC）发布报告，首次确认大气颗粒物为一级致癌物。

（三）影响颗粒物生物学作用的因素

1．颗粒物的粒径 颗粒物在大气中的沉降与其粒径有关。一般来说，粒径小的颗粒物沉降速度慢，易被吸入。不同粒径颗粒物沉降到地面所需时间分别为：10 μm 的颗粒物需 4～9 h，1 μm 的需 19～98 天，0.4 μm 的需 120～140 天，小于 0.1 μm 的则需 5～10 年。

不同粒径的颗粒物在呼吸道的沉积部位不同。大于 5 μm 的多沉积在上呼吸道，即沉积在鼻咽区、气管和支气管区，通过纤毛运动这些颗粒物被推移至咽部，或被吞咽至胃，或随咳嗽和打喷嚏而排除。小于 5 μm 的颗粒物多沉积在细支气管和肺泡。2.5 μm 以下的 75% 在肺泡内沉积。粒径 0.5～2 μm 的颗粒容易沉积在肺泡区，约占沉积在肺实质内粒子的 96%。但小于 0.4 μm 的颗粒物可以较自由地出入肺泡并随呼吸排出体外，因此在呼吸道的沉积较少。有时颗粒物的大小在进入呼吸道的过程中会发生改变，吸水性的物质可在深部呼吸道温暖、湿润的空气中吸收水分而变大。

颗粒物的粒径不同，其有害物质的含量也有所不同。研究发现，60%～90% 的有害物质存在于 PM_{10} 中。一些元素，如 Pb、Cd、Ni、Mn、V、Br、Zn 以及多环芳烃等主要附着在 2 μm 以下的颗粒物上。

2．颗粒物的成分 颗粒物的化学成分多达数百种以上，可分为有机和无机两大类。颗粒物的毒性与其化学成分密切相关。颗粒物上还可吸附细菌、病毒等病原微生物。

颗粒物的无机成分主要指元素及其他无机化合物，如金属、金属氧化物、无机离子等。一般来说，自然来源的颗粒物（例如地壳风化和火山爆发等）所含无机成分较多。此外，不同来源的颗粒物表面所含的元素不同。来自土壤的颗粒主要含 Si、Al、Fe 等，燃煤颗粒主要含 Si、Al、S、Se、F、As 等，燃油颗粒主要含 Si、Pb、S、V、Ni 等，汽车尾气颗粒主要含 Pb、Br、Ba 等，冶金工业排放的颗粒物主要含 Mn、Al、Fe 等。

颗粒物的有机成分包括碳氢化合物，羟基化合物，含氮、含氧、含硫有机物，有机金属化合物，有机卤素等。来自煤和石油燃料的燃烧，以及焦化、石油等工业的颗粒物，其有机成分含量较高。有机成分中以多环芳烃最引人注目，研究发现颗粒物中还能检出多种硝基多环芳烃，它们可能是大气中的多环芳烃和氮氧化物反应生成的，也可能是在燃烧过程中直接生成的。

颗粒物可作为其他污染物，如 SO_2、NO_2、酸雾和甲醛等的载体，这些有毒物质都可以吸附在颗粒物上进入肺部深处，加重对肺的损害。颗粒物上的一些金属成分还有催化作用，可以使大气中的其他污染物转化为毒性更大的二次污染物。例如，SO_2 转化为 SO_3，亚硫酸盐转化为硫酸盐。此外，颗粒物上的多种化学成分还可以有联合毒作用。

3. 呼吸道对颗粒物的清除作用 清除沉积于呼吸道的颗粒物是呼吸系统防御功能的重要环节。呼吸道不同部位的清除机制有所不同，鼻毛可阻留 10 μm 以上的颗粒物达 95%。颗粒物可通过咳嗽或随鼻腔的分泌物排出体外，也可被吞咽入消化系统或进入淋巴管和淋巴结以及肺部的血管系统后在体内进行再分布。气管、支气管的黏膜表面被纤毛覆盖并分泌黏液，通过纤毛运动可将沉积于呼吸道的颗粒物以及充满颗粒物的巨噬细胞随同黏液由呼吸道的深部向呼吸道上部转运，并越过喉头的后缘向咽部移动，最终被咽下或随痰咯出。黏液-纤毛系统的清除过程较为迅速，沉积于下呼吸道的颗粒物在正常情况下 24～48 h 内可被清除掉。环境污染物可使呼吸道黏膜的分泌性和易感性增强，影响纤毛运动，导致黏液-纤毛清除机制受阻。肺泡对颗粒物的清除作用主要由肺巨噬细胞完成。颗粒物可被巨噬细胞吞噬后经黏液-纤毛系统排出或进入淋巴系统。同时，肺泡内的颗粒物作为异物，也会引起免疫细胞反应。巨噬细胞是肺内炎症的调控者，可分泌 50 多种生物活性因子，其中多数为重要的炎症介质。巨噬细胞会对颗粒物的刺激产生反应，释放炎症因子，导致进一步的损伤。一些细小的颗粒可直接穿过肺泡上皮进入肺组织间质，最后进入肺血液或淋巴系统。

4. 其他 某些生理或病理因素可影响颗粒物在呼吸道的沉积。例如，运动时呼吸的量和速度都明显加快，这样将大大增加颗粒物通过沉降、惯性冲击或扩散在呼吸道的沉积。慢性支气管炎患者的呼吸道黏膜层增厚，会造成气道的部分阻塞，有利于颗粒物的沉积。一些刺激性的气体如香烟烟气等可引起支气管平滑肌收缩，加大颗粒物在气管、支气管的沉积。

二、多环芳烃

（一）来源

大气中的多环芳烃（polycyclic aromatic hydrocarbon，PAH）主要来源于各种含碳有机物的热解和不完全燃烧，如煤、木柴、烟叶和石油产品的燃烧，烹调油烟以及各种有机废物的焚烧等。尽管不同类型污染源产生的 PAH 种类有所不同，但不同地区大气中的 PAH 谱差别不大。

（二）健康影响

大气中的大多数 PAH 吸附在颗粒物表面，尤其是 ＜5 μm 的颗粒物上。大颗粒物上的 PAH 很少。PAH 可与大气中的其他污染物反应形成二次污染物。例如，PAH 与 O_3 作用，生成多种具有直接致突变作用的氧化物；与大气中的 NO_2 或 HNO_3 形成硝基多环芳烃，后者有直接致突变作用。PAH 中有强致癌性的多为四到七环的稠环化合物。由于苯并（a）芘 [benzo (a) pyrene；BaP] 是第一个被发现的环境化学致癌物，而且致癌性很强，故常以之作为 PAH 的代表。BaP 占大气中致癌性多环芳烃的 1%～20%。不同类型多环芳烃的致癌活性依次为：苯并（a）芘＞二苯并（a, h）蒽＞苯并（b）荧蒽＞苯并（j）荧蒽＞苯并（a）蒽。研究表明，一些PAH还有免疫毒性、生殖和发育毒性。

BaP是唯一经吸入染毒实验被证实可引起肺癌的PAH。同时暴露于香烟烟雾、石棉、颗粒物等可增强BaP的致癌活性。BaP需要在体内经代谢活化后才能产生致癌作用。目前认为，BaP进入体内后，只有少部分以原形从尿或经胆汁随粪便排出体外。大部分BaP被肝、肺细胞微粒体中的P-450氧化成环氧化物，其中7,8-环氧BaP在环氧化物水化酶的作用下，水解成7,8-二羟-BaP，后者再由P-450作用，进行二次环氧化生成7,8-二羟-9,10-环氧BaP。其中，反式右旋7,8-二羟-9,10-环氧BaP的化学反应活性最高，可与细胞大分子DNA发生不可逆的共价结合，启动致癌过程。体内的谷胱甘肽硫转移酶能催化谷胱甘肽与环氧化物的结合，使环氧化物的水溶性增加，化学活性降低，抑制它们与DNA等大分子的结合。

流行病学研究显示，肺癌的死亡率与空气中BaP水平呈显著的正相关。采用线性多阶段模型得出，大气中BaP的浓度为1.2、0.12和0.012 ng/m³时，终生患呼吸系统癌症的超额危险度分别是10^{-4}、10^{-5}和10^{-6}。国内经多年研究发现，云南宣威肺癌高发的主要危险因素是燃烧烟煤所致的室内空气BaP污染。在调整了人群暴露水平、呼吸率和易感性等因素后，PAH吸入暴露的肺癌总人群归因分值为1.6%，大约相当于可导致2003年我国居民肺癌发病率上升0.65/10万。

此外，还有研究发现，出生前PAH暴露与低出生体重、宫内发育迟缓及儿童生长发育不良之间存在显著相关；体内高PAH-DNA加合物水平与出生头围减小和儿童18、24和30个月时体质量相对减轻有关，且暴露时间越长，减少得越显著。

三、二氧化硫

（一）来源

一切含硫燃料的燃烧都能产生二氧化硫（sulfur dioxide；SO_2）。大气中的SO_2主要来自燃煤、石油、天然气等化石燃料的燃烧，包括火电厂、冶炼厂、钢铁厂等。近年来，随着我国大气污染治理措施的推进，我国大气SO_2排放总量也呈现逐年下降的趋势，我国环境状况公报显示，2014年我国SO_2排放总量为1974.4万吨，2015年下降为1859.1万吨。

近年来，随着我国《大气污染防治行动计划》的实施，包括SO_2在内的大多数大气污染物水平呈现明显的下降趋势。2013—2017年，我国74个主要城市大气SO_2年均浓度由39.9 μg/m³降到17.0 μg/m³，下降了57.4%。

SO_2在大气中可被氧化成SO_3，再溶于水汽中形成硫酸雾。SO_2还可先溶于水汽中生成亚硫酸雾然后再氧化成硫酸雾。硫酸雾是SO_2的二次污染物，对呼吸道的附着和刺激作用更强。硫酸雾等可凝成大颗粒，形成酸雨沉降到地面，亦可生成二次颗粒物。

（二）健康影响

SO_2是水溶性的刺激性气体，易被上呼吸道和支气管黏膜的富水性黏液所吸收。黏液中的SO_2转化为亚硫酸盐或亚硫酸氢盐后吸收入血迅速分布于全身。SO_2可刺激呼吸道平滑肌内的末梢神经感受器，使气管或支气管收缩，气道阻力和分泌物增加。因此，人在暴露于较高浓度的SO_2后，很快会出现喘息、气短等症状以及FEV_1等肺功能指标的改变。但是，个体对SO_2的耐受性差异较大。一般来说，哮喘患者对SO_2比较敏感。

有研究报道短期暴露于SO_2可增加人群每日死亡率和发病率的关系。我国学者研究发现，与大气$PM_{2.5}$相比，短期暴露于SO_2对COPD患者呼吸道炎症的诱导作用更强；欧洲7个城市的时间序列研究也发现，控制了PM_{10}的影响后，SO_2仍可独立引起心血管系统疾病特别是缺血性心脏病的发生，平均每增加10 μg/m³ SO_2可增加0.7%的缺血性心脏病住院。

有关 SO_2 的慢性健康危害的一项回顾性队列研究发现，SO_2 浓度每升高 10 μg/m³，居民总死亡率、心血管疾病死亡率和呼吸系统死亡率分别升高 1.8%、3.2% 和 3.2%。在控制了颗粒物后，SO_2 仍有显著的效应。

但是，需要注意的是，由于空气中的 SO_2 可转化为颗粒物中的硫酸盐成分，SO_2 与颗粒物污染存在较大的同源性和共线性，它们之间的效应难以在观察性流行病学研究中加以准确地区分。

四、氮氧化物

（一）来源

大气环境中的二氧化氮（nitrogen dioxide，NO_2）除少量来自自然界氮循环外，大部分来自于各种矿物燃料的燃烧过程。NO_2 自然本底的年均浓度为 0.4～9.4 μg/m³。NO_2 的人为来源主要是火力发电、石油化工、燃煤工业等工业源排放和机动车尾气排放。此外，硝酸、氮肥、炸药、染料等生产过程，焊接行业和粮食仓储过程也可产生 NO_2。NO_2 是光化学烟雾形成的重要前体物，与烃类物质共存时，在强烈的日光照射下，可以形成 O_3 等而导致光化学烟雾的发生。NO_2 还是硝酸型酸雨和二次颗粒物形成的重要前体物。此外，大气中的 NO_2 与多环芳烃 PAH 发生硝基化作用，可形成硝基 PAH。

近年来，随着我国《大气污染防治行动计划》的实施，包括 NO_2 在内的大多数大气污染物水平呈现明显的下降趋势。2013—2017 年，我国 74 个主要城市大气 NO_2 年平均浓度由 43.9 μg/m³ 降到 39.2 μg/m³，下降了 10.7%。

（二）健康影响

NO_2 较难溶于水，故对上呼吸道和眼睛的刺激作用较小，主要作用于深部呼吸道、细支气管及肺泡。以亚硝酸根和硝酸根的形式进入血循环，亚硝酸根还可与血红蛋白结合生成高铁血红蛋白，导致组织缺氧。患有呼吸系统疾病，如慢阻肺和哮喘的人对 NO_2 比较敏感。大量的研究发现，短期暴露于大气 NO_2 可导致人群心肺疾病的发病率和死亡率的增加。长期暴露于低浓度水平 NO_2 时（年平均浓度 < 40 μg/m³）也可导致人群的呼吸道疾病/症状、住院、死亡的发生率显著增加。例如，一项出生队列研究结果表明，NO_2 浓度增加 8.5 μg/m³ 可使出生后第一年的支气管症状发生率增高。一项病例对照研究发现中高 NO_2 暴露组（> 19 μg/m³）的心肌感染率比低暴露组（< 17 μg/m³）明显增高。有些慢性效应研究的结果表明，在 20 μg/m³ 以下浓度水平时，NO_2 仍对健康有显著性危害。部分研究还提示，NO_2 与一些不良生殖结局有关，比如早产、低出生体重等。最近的一项研究发现，大气 NO_2 与人群抑郁症发生存在显著的关联。

五、一氧化碳

（一）来源

一氧化碳（carbon monoxide，CO）是含碳物质不完全燃烧的产物，它无色、无味、无刺激性。大气中的 CO 主要来源于机动车尾气、炼钢、炼铁、炼焦炉、煤气发生站、采暖锅炉、民用炉灶、固体废弃物焚烧排出的废气。近年来，随着一些大城市机动车数量的急剧增加，机动车尾气排放的 CO 对大气 CO 污染的分担率明显增加。北京、广州、沈阳等地的研究显示，机动车尾气排放 CO 对城市大气 CO 的贡献率均在 70% 以上。因而，CO 被视为交通来源大气污染物的重要指示物。大气中 CO 的本底浓度水平一般在 0.06～0.14 mg/m³。即使在交通量大的城市，大气中 CO 的峰值也很少超过 60 mg/m³。然而，一些环境，如室内停车场、公路隧道以及使用燃气炉灶的室内，空气 CO 浓度可上升至 115 mg/m³。

近年来，随着我国《大气污染防治行动计划》的实施，包括 CO 在内的大多数大气污染物水平呈现明显的下降趋势。2013—2017 年，我国 74 个主要城市大气 CO 年均浓度由 2.5 mg/m³ 降到 1.7 mg/m³，下降了 32%。

（二）健康影响

CO 很容易通过肺泡、毛细血管以及胎盘屏障。吸收入血以后，80%～90% 的 CO 与血红蛋白结合形成碳氧血红蛋白（carboxyhaemoglobin，COHb）。CO 与血红蛋白的亲和力比氧大 200～250 倍，但是 COHb 的解离速度只有氧合血红蛋白的 1/3600。因此，COHb 可影响氧合血红蛋白的解离，阻碍氧的释放，引起组织缺氧。暴露于高浓度的 CO 时，吸收入血的 CO 还可与肌红蛋白、细胞色素氧化酶以及 P-450 结合。因此，暴露于 CO 可影响多个器官的供氧状况。此外，研究发现，CO 单独或与交通噪声产生协同作用，可扰乱心脏自主神经功能。

流行病学研究发现，CO 暴露与人群心血管疾病的发病率和死亡率增加有关。大气 CO 暴露还可引起早产、低出生体重等不良生殖结局。

六、臭氧

（一）来源

臭氧（ozone，O_3）是光化学烟雾的主要成分，属于二次污染物，具有较强的刺激性和氧化性。光化学烟雾是大气中的 NO_x 和 VOCs，在太阳紫外线的作用下，经过光化学反应形成的浅蓝色烟雾，是一组混合污染物。O_3 约占烟雾中光化学氧化剂的 90% 以上，是光化学烟雾的指示物。洛杉矶光化学烟雾事件时，大气中的 O_3 浓度最高达 1500 μg/m³。由于在部分城市机动车尾气是大气中 NO_x 和 VOCs 的主要来源之一，O_3 还被认为是一种重要的交通来源大气污染物。我国南方城市 O_3 浓度水平总体上高于北方城市。

近年来，随着我国《大气污染防治行动计划》的实施，包括 O_3 在内的大多数大气污染物水平呈现明显的下降趋势，而臭氧（O_3）浓度却有了较为明显的上升。2013—2017 年，我国 74 个主要城市大气 O_3 年均浓度由 139.2 μg/m³ 增长到 162.9 μg/m³，增加了 17%。

（二）健康影响

大气 O_3 的水溶性较小，易进入呼吸道的深部，具有强烈的刺激作用，可造成气道高反应性和气道炎症增加，导致机体肺功能降低，诱发哮喘加重以及咳嗽、胸闷、气短等呼吸道症状。无论是急性效应研究还是慢性效应研究均发现 O_3 具有显著的健康危害。有研究显示，健康成人或慢阻肺患者等在 50 μg/m³ 的 O_3 下 4～6 小时即可出现肺功能降低等呼吸系统功能的改变，而儿童等敏感人群在低于 20 μg/m³ 的 O_3 下暴露 6 小时就可出现肺功能指标如 FEV_1 下降和心脏自主神经功能的改变。

美国 95 个城市的时间序列研究发现，当日 O_3 24 小时平均浓度每升高 20 ppb（约 27 μg/m³），人群每日总死亡率升高 0.5%；过去一周的累积 24 小时平均 O_3 浓度每升高 20 ppb，总死亡率升高 1.04%。还有研究发现，O_3 短期暴露还能增加呼吸系统疾病和哮喘的入院率和急诊人次。美国 ACS 队列研究发现，在控制了 $PM_{2.5}$ 的影响后，O_3 每升高 10 ppb（约 13.4 μg/m³），呼吸系统疾病死亡率将升高 4.0%；而对全球 20 个国家 406 个地区的数据分析表明，执行较为严格的大气臭氧标准，可有助于降低臭氧所致人群死亡率的增加。

第五节　大气污染对健康影响的调查和监测

大气对健康影响的调查和监测包括查明大气污染源的来源、污染水平和特征以及对居民健康造成的各种危害。

一、污染源的调查

了解并掌握各类大气污染源排放的主要污染物，排放量以及排放特点；检查有关单位执行环境保护法规和废气排放标准的情况及废气回收利用和净化的效果；进一步分析该污染源对大气污染的贡献和对居民健康可能造成的危害。

污染源一般可分为点源、面源和线源三种类型，不同的污染源调查方法也不尽相同。

（一）点源污染

一个工厂或一座烟囱对周围大气所造成的污染即为点源污染。点源污染调查的主要内容有：①污染源的地理位置及其与周围居住区及公共建筑物的距离；②生产性质、生产规模、投产年份、排放有害物质的车间和工序、生产工艺过程、操作制度和生产设备等；③废气中污染物的种类、排放量、排放方式、排放规律、排放高度；④废气净化处理设备以及效果，废气的回收利用情况；⑤锅炉型号，燃料的品种、产地和用量，燃烧方式，烟囱高度和净化设备等；⑥车间内外无组织排放的情况。

（二）面源污染

对整个城市或工业区的大气污染源进行的调查为面源污染调查，主要内容包括：①该地区的地形、地理位置和气象条件；②功能分区以及工厂和锅炉烟囱等污染源的分布；③人口密度、建筑密度以及人口构成；④民用燃料种类和用量，炉具的种类和型号，排烟方式，取暖方式等；⑤交通干线分布，机动车种类、流量和使用燃料种类；⑥路面铺设和绿化情况。

（三）线源污染

除上述面源中包括的线源以外，还有许多跨地区的线源，主要应调查该线路上交通工具的种类、流量和行驶状态，燃料的种类和燃烧情况，废气的成分等。

以上资料可以通过城建、规划、环保、工业生产、气象、公安和街道办事处等有关部门收集，也可以进行实际调查获得。

二、大气污染水平和特征的监测

（一）采样点的选择

采样点的选择和布置与调查监测的目的和污染源的类型有关。通常有以下几种方式：

1. 点源监测　一般以污染源为中心，在其周围不同方位和不同距离的地点设置采样点，主要依据工厂或企业的规模、有害物质的排放量和排放高度、当地风向频率和具体地形，并参考烟波扩散范围、污染源与周围住宅的距离和植物生长情况来布置采样点。可选用的布点方式有三种。

（1）四周布点：以污染源为中心，划8个方位，在不同距离的同心圆上布点，并在更远的距离或其他方位设置对照点。

（2）扇型布点：在污染源常年或季节主导方向的下风侧，划3~5个方位，在不同距离上设置采样点,在上风侧适当距离设置对照点。

(3) 捕捉烟波布点:随烟波变动的方向,在烟波下方不同距离采样,同时在上风侧适当距离设置对照点。此方法采样点不固定,随烟波方向变动,可以每半天确定一次烟波方向。

2. 区域性污染监测 采样点的设置通常有三种方法:①按城市功能分区布点选择具有代表性的地区布点,每个类型的区域内一般设置 2~3 个采样点,应设置清洁对照点;②几何状布点,将整个监测区划分为若干个方形或三角形小格,在交叉点和小格内布点;③根据污染源和人口分布以及城市地形地貌等因素设置采样点。

(二) 采样时间

应结合气象条件的变化特征,尽量在污染物出现高、中和低浓度的时间内分别采集。进行日平均浓度的测定时,每日至少有 12~18 h 的采样时间,以保证测定结果能较好地反映大气污染的实际情况。如果条件不允许,每天至少应采样 3 次,包括大气稳定的夜间、不稳定的中午和中等稳定的早晨或黄昏。如计算年平均浓度,每月至少有分布均匀的 5~12 个日均值,每天的采样时间与进行日平均浓度测定时相同。

一次最大浓度应在污染最严重时采样,即在工厂或企业生产负荷最大,气象条件最不利于污染物扩散时,在污染源的下风侧采样。当风向改变时应停止采样,采样时间一般为 10~20 min。

(三) 监测指标

对点源进行监测时,选择所排放的主要污染物为监测指标;对一个区域进行监测时,一般常用 SO_2、PM_{10}、$PM_{2.5}$、NO_2 等,有条件可增加 CO、O_3、PAH 等,还可以选监测区域内的主要污染物。对线源进行监测时,一般应测定 $PM_{2.5}$、SO_2、NO_2 和 CO。

(四) 采样记录

采样时应做好记录,包括采样地点、采样时间、采气量、周围环境、记录人员,以及天气状况和气象条件(包括采样时的气压和采样点的气温)。

(五) 监测结果的分析与评价

1. 分别计算 1 h 平均浓度、日平均浓度和年平均浓度的均值(多计算几何均数)或中位数及标准差或 95% 可信限。
2. 分别比较 1 h 平均浓度、日平均浓度和年平均浓度的最大值和最低值,并计算最大值的超标倍数。
3. 分别计算 1 h 平均浓度和日平均浓度的超标率。
4. 运用统计学方法,比较各地区和各个时期的污染状态。
5. 计算大气环境质量指数,对环境质量进行综合评价,找出主要污染源和主要污染物。
6. 查明影响范围和污染规律。

三、健康影响调查

调查目的可以是为了研究当地某些原因不明疾病或可疑症状与大气污染是否有关,明确各种不同类型的大气污染环境中的人群健康受影响的类型和危害程度,从而对大气质量做进一步的评价或采取有效措施控制污染源。根据不同的调查目的和大气质量资料,制订出具有针对性的调查计划,包括调查内容、现场要求、研究范围、调查对象、研究方法、测定指标、资料整理和分析方法等。

应根据大气调查监测结果及有关资料来选定调查现场。暴露现场的条件应符合调查目的，尽可能避免各种混杂因子，以保证调查结果的准确性，同时也必须重视对照区的选择。必须尽可能查实对照区内不存在排放该污染物的大气污染源，也不宜有来自其他环境介质（水、土等）的同类污染物存在。应了解该地区既往存在污染源的情况，以免某些污染物的慢性有害作用而干扰调查结果。

应选择暴露机会多的人群作为调查对象，甚至可选择老人、儿童等易感人群。应避免职业暴露，服用药物，吸烟、饮酒等嗜好，室内空气污染等混杂因子的干扰。对照人群也必须同样按上述要求严格选定，而且在性别、年龄、居住年限、职业种类、生活居住条件、生活习惯、经济水平等均应大致相同。

如果人群调查研究工作涉及伦理学问题，应该在开展工作前获得所在机构或上级伦理委员会的批准。在进行调查时，征得被研究对象的同意也是非常重要的，应该向被研究对象仔细说明研究过程及可能的危害（如果有的话），并签署知情同意书。

（一）暴露评价

获得大气污染物暴露的手段很多，如通过当地的大气监测数据、问卷调查、直接测量、个体暴露测定以及生物材料监测等。每种方法都有各自的优缺点，因此在人群健康调查研究中常常同时采用多种暴露评价方法。一些方法的特点介绍如下：

1. 大气监测资料　大气污染监测在一定程度上能反映出人群的暴露水平，但是，人的一生有80%以上时间是在室内度过的，而室内空气污染物的浓度和种类与室外不尽相同，且近年来随着经济水平的提升和对大气污染健康危害的认识程度的提高，越来越多的人在大气污染严重时采取佩戴口罩、使用空气净化器或室内新风系统来降低个体的大气污染物暴露水平。因此，单纯依靠大气监测资料可能会高估或低估人群的实际暴露水平。研究显示，人对空气颗粒物的实际暴露程度与大气颗粒物，尤其是$PM_{2.5}$的监测结果有较好的相关关系，而对气态污染物的实际暴露与大气监测结果之间的关系则不很一致。因此，在实际工作中，如有条件，可采用其他个体监测设备、时间活动模式等来尽量准确评估人群的真实暴露水平。

2. 调查问卷　可采用直接询问或被调查者自行填写的方法。直接询问通过面对面的交谈获得研究对象的暴露史。该方法的优点是比较直观、快速地收集到所需信息，缺点是调查费用比较高。自填式问卷的优点是节约费用，缺点是应答率可能比较低，而漏答率较高，可能需要多次返回给被调查者。自填式调查表的设计很重要，应本着简洁、先易后难及敏感问题放在最后面的原则。

3. 个体暴露测定　近年来个体暴露评价的技术手段进步很快，常见的主要有主动监测和被动监测两种方式。被动式个体暴露监测常用徽章式采样器固定在衣领或胸前等靠近鼻孔的部位，以便采集至较确切的吸入空气量和其中所含的污染物浓度，主动式则是采用连接小型抽气泵的小管式个体采样器。目前用于SO_2、NO_2、CO、O_3、$PM_{2.5}$等污染物的监测。

4. 生物材料监测　污染物在生物材料中的含量可以反映该污染物被吸收进入体内的实际含量，即人体的内暴露水平。在实际工作中可用于内暴露评价的生物材料有头发、血液、尿液等，可通过监测污染物在该生物材料中的浓度或代谢转化物的浓度以及人体与该污染物接触后产生的生物学效应等评估其暴露水平。

生物材料监测比较客观，具有定量测量的特异性与敏感性，特别是在与代谢组学等分析手段相结合后，可初步探讨污染物在体内的分子生物学机制。但在实际应用时，应考虑到污染物的暴露可能是多途径来源的，在进行结果评价时要对可能的混杂因素予以全面考虑。生物材料监测用于个体暴露评价的主要缺点是需要进行血液、尿液等的采集，采集、分装和分析过程中的质量控制非常重要，应建立标准的采样步骤和质量控制程序等。此外，生物材料监测应注意符合伦理学方面的要求。

（二）健康效应测定

健康效应测定的方法也很多，注意所选方法或指标应尽可能地简便易行，以适应现场受检人数多、工作量大的特点。

1. 疾病资料 包括原始资料和二次资料。前者是指为某些特定研究目的而专门收集的资料，如通过调查问卷或医学检查获得的资料，后者是从现存的记录中得来的资料，包括医院记录、疾病登记、出生缺陷登记、医院出入院患者访问记录、儿童诊所登记等。疾病资料收集的方法是多种多样的，主要包括：

（1）死亡和发病率资料收集：主要通过查阅死亡登记记录、疾病报告和医院病历记录来获得。

（2）调查表：使用调查表来获取信息是调查大气污染对健康影响的基本手段。通过调查表可以获取相关的环境暴露信息、人口学信息、遗传学信息、个体和家庭成员基本健康信息等。

调查呼吸道疾病可以采用英国医学研究委员会（British Medical Research Council，BMRC）于 1960 年研制的 BMRC 调查表，或者 1978 年根据美国胸科学会（American Thoracic Society，ATS）的调查表和美国国立心脏、肺和血液研究所肺部疾病部门（National Heart，Lung，Blood Institute，Division of Lung Disease）的调查表修改而成的 ATS-DLD-78 自填式调查表。BMRC 调查表主要用于成人慢性支气管炎等疾患的调查，问卷中未涉及与哮喘有关的症状，也不含有关居住环境以及室内空气污染的内容。ATS-DLD-78 自填式调查表分成人问卷和儿童问卷，设计中充分考虑了 BMRC 调查表存在的不足。当然，根据调查目的、当地的实际情况等，对调查表的内容进行修改是十分必要的。我国学者已采用上述调查问卷进行过大量的人群研究，相关的中文版本调查问卷也已较为成熟，可参考使用。

2. 体检 针对某一人群的健康检查能获得该人群的有关健康效应信息，体检前要制订方案，统一标准，并要对结果进行认真的核查。对于儿童，体检内容可包括体格发育和智力发育，常用的指标有身高、体重、胸围、智商等。研究大气污染对健康影响时，还常进行肺功能测定。常用的指标有 FVC、FEV_1、FEV_1%（1秒率，其值等于 FEV_1 与 FVC 的百分比）、PEF、MMEF（最大呼气中段流速）等。血压和静态心电图的测量通常也是体检的基本内容。对于成年人，在符合伦理学要求及现场条件许可的情况下，为了增加调查研究的质量，可适当采集个体静脉血或尿样进行实验室生物标志测定。

3. 生物材料监测 生物材料收集和测定是进行健康效应评价的重要手段，考虑到不同监测人员和监测设备（试剂）之间可能带来的偏差，实际工作中，有必要进行标准化。进行生物材料监测时应考虑监测方法能否被受试个体所接受，以及所获资料或信息的科学性。大气污染对健康影响的研究中可利用的生物效应指标包括血液、呼出气、诱导痰、尿液、呼出气冷凝液等。

（三）资料统计

可根据卫生统计学和流行病学的方法进行统计分析。根据资料的主要项目按不同地区分类进行统计，比较分析污染区与对照区之间有无显著性差异；要用相关、回归与多因素分析方法找出大气污染程度与居民健康（各项指标和疾病）调查结果之间的关系；要区别和分清大气污染对居民健康影响的主因和辅因；初步估计是否有危害健康的可能性；为深入探索和提出防治措施打下基础。当前，多因素分析除经典的逐步回归方法以外，常采用条件或非条件 Logistic 回归模型进行多因素分析，测出相关因素。例如，大气污染与肺癌、心血管疾病等关

系的研究，均可使用此法。在研究大气污染对健康的急性影响时，近些年来许多研究使用时间序列分析方法或混合效应模型分析，可探讨短期大气污染物暴露对人群健康的影响及滞后效应。

四、大气污染事故的调查和应急措施

（一）日常准备

平时应注意收集国内外有关危险化学品及其大气污染紧急事故方面的资料，建立危险化学品档案以及事故处理工作网。工作网的人员来自行政部门和技术部门。各级城市应建立事故处理中心，负责平时的咨询和事故时的调查处理。此外，还应准备事故处理所需的调查仪器和设备、急救设备、交通工具等。

（二）现场措施

1. 调查和急救 发生事故性污染时，应及时赶到现场，调查事故的原因、污染物种类、影响范围、暴露人群、受伤人数、病情及诊断、已经采取的措施及效果、尚需采取什么措施等等，及时抢救伤员。要尽可能迅速地估计出污染物排放量，辨清当时风向，并向有关部门及时汇报并请示是否需要组织事故点周围和下风侧居民进行转移。暴露人群可使用湿毛巾等代用品挡住口、鼻部位，减少对有害气体的进一步暴露。应尽快收集环境样品和人群的标本（包括伤员和健康人），以便确定污染物的性质、污染程度和在空间和时间的分布，人群健康损伤的情况，以及污染与健康的联系。

2. 控制污染源 应尽可能地减少当地污染源的废气排放量。紧急时，应建议有关部门下令停止生产、停止排放废气。

3. 保护高危人群 当出现大气污染事件时，应劝告居民，尤其是老、弱、病、孕、幼人群应尽量在室内活动，关闭门窗，减少室外活动时间。如需外出，应戴上口罩，减少污染物的吸入量。

（三）总结

事故调查处理结束，应对事故的原因、影响、后果、经验、教训等进行分析和评价，并对事故处理中的组织、协调工作加以总结，写出报告。此外，还应对事故处理所耗费的财力、物资等予以统计。

第六节　大气环境质量标准

一、基本概念

大气环境质量标准是为了保护人群健康和生存环境，对大气中有害物质以法律形式作出的限值规定以及为实现这些限值所作的有关技术行为规范的规定。包括老、弱、病、幼等易感人群在内的所有人群都长期暴露于大气环境中。因此，大气环境质量标准比生产车间空气的卫生标准制订得更为严格，空气质量要求更高。

大气环境质量标准是以大气质量基准为主要依据，考虑到社会、经济、技术等因素后综合分析制定的。基准（criterion）与标准（standard）是两个不同的概念。基准是根据环境中有害物质和机体之间的剂量反应关系，考虑敏感人群和暴露时间而确定的对健康不会产生直接或间接有害影响的相对安全剂量（浓度）。标准是国家或地方对环境中有害因素提出的限量要求以

及实现这些要求所规定的相应措施。基准与标准既有区别又有联系，并且二者的数值不是一成不变的。基准是通过大量科学实验和调查工作而确定的。随着科学技术发展和人们认识水平的提高，基准的内容必然要随之而修订。标准既然是以基准为科学依据，它当然会随基准的变化而变化，而且也会随政治、社会、经济技术和人们的要求等条件而变化。世界各国主要基于大气污染的健康效应证据，制定大气环境质量标准。

二、我国现行《环境空气质量标准》（GB 3095-2012）的制定依据

我国和许多其他国家主要参考 WHO 的《空气质量准则》（air quality guideline，AQG），制定适合本国国情的环境空气质量标准。2012 年 2 月 29 日，我国新颁布了《环境空气质量标准》（GB 3095-2012），并于 2016 年 1 月 1 日起，全国统一执行这一新的标准。我国在参考 WHO AQG 的基础上，充分考虑我国经济社会发展阶段和环境管理需求，制定了新的国标。下面简要描述我国新的环境空气质量标准制定的原则。

1. 调整了环境空气功能区分类 现行的《环境空气质量标准》（GB 3095-2012）将我国全国范围分为两类不同的环境空气质量功能区：一类区为自然保护区、风景名胜区和其他需要特殊保护的地区；二类区为居住区、商业交通居民混合区、文化区、工业区和农村地区。环境空气功能区的划分最早可以追溯到 1982 年我国首次制定发布的《大气环境质量标准》（GB3095-82）。该标准当时考虑到我国幅员广阔，地形和气象条件复杂，各城镇经济结构和功能各异，需要重点保护的对象也不一样，采用分区的办法制定标准。随着社会经济的发展和环境空气质量的改善，应逐渐取消三类区和三级标准。遵循这一原则，在 1996 年第一次修订标准时，大大缩小了三类区的范围，三类区仅指 1998 年 1 月 1 日以前建成的冶金、建材、化工、矿区等污染严重的工业区。改革开放 30 多年来，我国社会经济得到了长足发展，人民群众生活水平大幅度提升，对环境空气质量的要求不断提高，因此，在本次标准修订过程中，将三类区全部并入二类区，环境空气功能区仅分为两类。

与功能区分类相对应，在现行标准中，每种污染物的浓度限值分为两级，一类区执行一级标准，二类区执行二级标准。

一级标准：为保护自然生态和人群健康，在长期暴露情况下，不发生任何危害的空气质量要求。该级标准为理想的环境目标。

二级标准：为保护人群健康和城市、乡村的动、植物，在长期和短期暴露情况下，不发生危害的空气质量要求。

2. 调整了污染物项目 参照国际经验，结合我国环境空气质量管理需求，本次新的环境空气质量标准修订将大气污染物项目分为一般项目与特殊项目。一般项目是指在全国范围内实施的污染物项目，特殊项目是指具有区域或地区污染特征，应当在特定区域实施的污染物项目。一般项目包括 SO_2、NO_2、CO、PM_{10}、$PM_{2.5}$ 和 O_3，其中新增了 $PM_{2.5}$；特殊项目包括 TSP、NO_X、铅和 BaP。此外，根据国家重金属污染防治的有关要求，在资料性附录中增加了重金属推荐项目，供地方制定空气质量标准时参考。

3. 2018 年 9 月 1 日起正式实行修改单，其内容为："标准状态（standard state）指温度为 273 K，压力为 101.325 kPa 时的状态。本标准中的污染物浓度均为标准状态下的浓度"修改为："参比状态（reference state）指大气温度为 298.15 K，大气压力为 1013.25 hPa 时的状态。本标准中的二氧化硫、二氧化氮、一氧化碳、臭氧、氮氧化物等气态污染物浓度为参比状态下的浓度。颗粒物（粒径小于等于 10 μm）、颗粒物（粒径小于等于 2.5 μm）、总悬浮颗粒物及其组分铅、苯并［α］芘等浓度为监测时大气温度和压力下的浓度"。

表 3-7 将我国《环境空气质量标准》（GB 3095-2012）中的主要污染物的二级浓度限值与其他国家和地区的现行指导值或指南值做一对比。

表3-7 不同国家和组织的大气环境质量标准或指针比较

污染物名称	浓度限值（μg/m³）		
	1 h平均	日平均	年平均
PM$_{10}$			
中国	–	150	70
世界卫生组织	–	50	20
欧盟	–	50	40
美国	–	150	–
日本	200	100	
PM$_{2.5}$			
中国	–	75	35
世界卫生组织	–	25	10
欧盟	–	–	25
美国	–	35	15
日本*	–	35	15
NO$_2$			
中国	200	80	40
世界卫生组织	200	–	40
欧盟	200	–	40
美国	100（ppb）	–	53（ppb）
日本	–	76～113或以下	–
SO$_2$			
中国	500	150	60
世界卫生组织	500（10 min）	20	–
欧盟	350	125	–
美国	–	365	80
日本	263	105	–
O$_3$			
中国	200	160（8小时平均）	–
世界卫生组织	–	100（8小时平均）	–
欧盟	–	120（8小时平均）	–
美国	235	140（8小时平均）	–
日本	–	–	–
CO**			
中国	10	4	–
世界卫生组织	30	10（8小时平均）	
欧盟	–	10（8小时平均）	
美国	40	10（8小时平均）	

注：*以SPM（suspended particulate matter）表示，按粒径比较，PM$_{2.5}$＜SPM＜PM$_{10}$。
**单位为mg/m³。

第七节 大气污染的健康防护

大气污染的健康防护是指旨在减少空气污染暴露或促进人群健康的行动，或是以减少空气污染或相关健康效应为附带结果的措施。常见的大气污染的健康防护可分为群体水平防护和个体水平防护两种方式。

一、群体水平的大气污染健康防护

从广义上讲，基于群体水平的大气污染健康防护又可包括常规大气卫生防护和特定时期大气污染健康防护。常规的大气卫生防护工作内容主要包括预防性卫生监督、经常性卫生监督等；特定时期的大气污染健康防护是指在特定时期内，为了在局部地区或城市实现空气质量的迅速改善，当地政府采取快速有效的控制措施，旨在一定时间内降低大气污染水平。分析群体水平的大气污染健康防护，评估大气质量的变化及其健康影响是一个越来越活跃的研究领域。对室外大气污染的干预或防护，常常涉及多种污染物的污染源排放，相关研究的主要污染物除了 $PM_{2.5}$ 和 PM_{10} 之外，也涉及 SO_2、NO_2、O_3、CO、TSP、黑炭等污染物的控制。

（一）大气卫生防护

1. 预防性卫生监督　预防性卫生监督实施过程中，卫生部门应与有关部门密切配合，相互协作，通过审阅有关设计图纸，收集相关资料，以环境质量标准等为依据，对未来的大气环境质量进行预测，从而对设计方案进行监督，使整个规划符合卫生要求。

1）参与规划：在新建城镇或改建旧城镇的规划阶段，必须掌握该城镇的发展规模。除了了解功能分区，街道分区，污染源的种类、数量和布局，居住区的位置，人口密度，建筑密度，绿地分布等情况外，还要掌握当地的气象和地形资料。应尽可能取得当地的大气质量资料，必要时可在冬、夏两个季节各进行一次大气监测，同时收集当地居民的人口资料和健康资料，如呼吸道疾病、心脑血管疾病、肿瘤和出生缺陷等的发病率和死亡率。在日常工作中应建立大气质量和人群健康状况的档案，为日后进行动态观察提供必要的本底资料。

2）审查图纸：对于拟新建的工厂，应了解厂址选择与居民区的相对方位和距离是否合适；生产中使用的燃料种类和使用量，原料、副产品和产品的种类，工艺过程；烟气中的有害物质成分和浓度，烟气的排放量、排放方式、排放高度；当地气象条件和地形特点；卫生防护距离的设计方案；净化设备效率等。此外，还应审查各项防护措施是否均能有效地落实。对于其他点源，例如垃圾焚烧站、火葬场等，也应按照上述原则予以管理。

对拟新建的交通流量大的线源，要掌握其路线分布、交通运输工具的种类和数量、燃料种类和使用量、沿线两侧建筑物的类型和分布是否有利于废气扩散等。在评价中要尽可能收集沿线的大气质量和人群健康状况的本底资料。

新建居民区的附近，不应有大气污染源和局部的空气污染源。建筑物之间应有适当的间距和绿化面积，有利于净化空气。居住区内的生活炉灶和采暖锅炉，应尽量利用管道煤气和工业余热，以减轻居住区的局部污染。

2. 经常性卫生监督

1）环境监测：对居民区内的局部污染源应加以管理，例如楼房底层的营业性烟囱（如饭馆的烟囱），应通过建筑物内的排气道排出，不应沿着楼房外墙直接排放。楼房周围的小烟囱群以及居住区内能产生废气和粉尘的小工厂，均应迁出居住区。

对于面源、点源和线源，应定期进行大气质量监测，了解居民的反映。积累各种有关资料，进行动态观察。对于主要污染源，应建立重点档案，并制订出发生紧急事故的处理措施，

以防万一。同时,也必须备有现场事故紧急处理所需的个人防护用品。应经常检查居住区内或附近的水体、土壤的卫生状况以及污水坑、废渣堆、垃圾堆等局部污染源的情况,及时清除,防止从中逸出污染大气的有害气体。

2)健康监测:对社区居民的健康状况应该定期统计分析,建立健康档案,内容包括社区人口统计资料、个人健康记录、出生登记、死亡登记,传染病、慢性病的发病率和患病率及大气污染记录等。要密切关注空气污染源附近居民的健康状况,保护高危人群。

3)建立危险品档案:一个单位或一个地区的管理部门,对具有潜在危险的化学品都应该严密监督,采取切实可行的措施消除事故隐患。对可能发生的事故要有所准备,以便能及时、正确地处理。建立危险品档案就是措施之一。危险品档案的内容包括危险化学品的种类、保有量、存放位置、潜在危险性、防范措施、事故处理预案、信息来源等。

4)信息与决策:要经常收集国内外卫生、环保的科技信息,定期总结工作经验,针对居民和政府部门进行环保和卫生知识的宣传和普及,及时向政府部门通报监督的情况,以便政府及时作出正确的决策。

大气污染的程度受到能源结构、工业布局、交通管理、人口密度、地形、气象和植被等自然因素和社会因素的影响。因此,针对大气污染必须坚持综合防治的原则。污染物的排放总量是决定一个区域环境质量的根本问题。为了从根本上解决大气污染问题,必须从源头开始控制并实行全过程控制,推行清洁生产。由于大气本身有自净能力,在制订大气卫生防护措施时应坚持合理利用大气自净能力与人为措施相结合的原则,这样既可保护环境,又可以节约污染治理的费用。此外,大气污染的防治一定要技术措施与管理措施相结合。在我国目前财力有限、技术条件比较落后的情况下,加强环境管理显得尤为重要。在城市或区域性大气污染防治中,采取合理的规划措施和工艺措施是十分关键的。

3. 规划措施

1)合理安排工业布局,调整优化产业结构:应结合城镇规划,全面考虑工业布局。工业建设应多设在小城镇和工矿区,较大的工业城市最好不再新建大型工业企业,特别是污染重的冶炼、石油和化工等企业。如果必须要建,一定要建在远郊区或发展卫星城市。避免在山谷内建立有废气排放的工厂。应考虑当地长期的风向和风速资料,将工业区配置在当地最大风向频率的下风侧,这样工业企业排出的有害物质被风吹向居住区的次数最少。由于风向经常变化,工业企业生产过程中还可能发生事故性排放,因此在工业企业与居民区之间应设置一定的卫生防护距离。

严控高耗能、高污染("两高")行业新增产能,修订其准入条件,明确资源、能源节约和污染物排放等指标。有条件的地区要制定符合当地功能定位、严于国家要求的产业准入目录。严格控制"两高"行业新增产能,新、改、扩建项目要实行产能等量或减量置换。同时,加快淘汰落后产能。结合产业发展实际和环境质量状况,进一步提高环保、能耗、安全、质量等标准,分区域明确落后产能淘汰任务,倒逼产业转型升级。

2)完善城市绿化系统:城市绿化系统是城市生态系统的重要组成部分。它不仅能美化环境,对于改善城市的大气环境质量也有重要的作用。完善的城市绿化系统可调节水循环和"碳-氧"循环,调节城市的小气候,阻挡、滤除和吸附风沙和灰尘,吸收有害气体。此外,绿化可以使空气增湿和降温,缓解城市热岛效应。在建设城市绿化系统时,应注意各类绿地的合理比例。绿地的种类包括公共绿地、防护绿地、专用绿地、街道绿地、风景游览和自然保护区绿地以及生产绿地等。

3)加强居住区内局部污染源的管理:卫生部门应与有关部门配合,对居住区内饭店、公共浴室的烟囱、废品堆放处及垃圾箱等可能污染室内外空气的污染源加强管理。

4．工艺措施

1）改善能源结构，大力节约能耗：我国已制定了国家煤炭消费总量中长期控制目标，实行目标责任管理。到2017年，煤炭占能源消费总量比重降低到65%以下。京津冀、长三角、珠三角等区域力争实现煤炭消费总量负增长，通过逐步提高接受外输电比例、增加天然气供应、加大非化石能源利用强度等措施替代燃煤。同时，加快清洁能源替代利用，加大天然气、煤制天然气和煤层气供应。

2）控制机动车尾气污染：加强城市交通管理。优化城市功能和布局规划，推广智能交通管理，缓解城市交通拥堵。实施公交优先战略，提高公共交通出行比例，加强步行、自行车交通系统建设。根据城市发展规划，合理控制机动车保有量，北京、上海、广州等特大城市要严格限制机动车保有量。通过鼓励绿色出行、增加使用成本等措施，降低机动车使用强度。加快石油炼制企业升级改造，提升燃油品质。采取划定禁行区域、经济补偿等方式，逐步淘汰黄标车和老旧车辆。加快推进低速汽车升级换代，大力推广新能源汽车。

3）全面推行清洁生产，大力发展循环经济：对钢铁、水泥、化工、石化、有色金属冶炼等重点行业进行清洁生产审核，针对节能减排关键领域和薄弱环节，采用先进适用的技术、工艺和装备，实施清洁生产技术改造。推进非有机溶剂型涂料和农药等产品创新，减少生产和使用过程中挥发性有机物排放。积极开发缓释肥料新品种，减少化肥施用过程中氨的排放。大力发展循环经济。鼓励产业集聚发展，实施园区循环化改造，推进能源梯级利用、水资源循环利用、废物交换利用、土地节约集约利用，促进企业循环式生产、园区循环式发展、产业循环式组合，构建循环型工业体系。

5．公共卫生防护　一些国家和地区采用分段线性函数，把每日空气污染浓度指数化，通过计算和发布每日的空气质量指数（air quality index，AQI），并将指数划分为若干级别，辅以相应的预警等级和健康指南，指导人们采取适当的措施，如减少外出等，规避空气污染对人体健康的危害，具有重要的公共卫生意义。AQI在各个国家和地区的名称和计算公式不尽一致。我国、美国、英国采纳AQI，加拿大、我国香港地区等采纳了同时考虑空气质量与健康的空气质量健康指数（air quality health index，AQHI）。AQHI以定量反映空气质量对人群的急性健康危害为特征，能及时、有效地告知公众当前及短期内的空气质量变化能导致多大的健康风险，因而对于扩大公众的环境与健康知情权，采取恰当的防御措施具有重要意义。

（二）特殊时期群体水平的大气污染健康防护

目前，针对群体水平大气污染的健康防护研究主要为生态学研究，也包括横断面研究、定组研究等，主要针对的大气污染物为大气颗粒物。现有的相关研究已表明，群体水平大气颗粒物污染干预可带来人群的健康收益，并且空气颗粒物污染与呼吸系统疾病、心血管系统疾病等的发病率和死亡率之间存在统计学关联。然而，不同地区、不同时间颗粒物浓度水平、成分组成等因素不同，且不同人群对空气颗粒物污染的反应也不尽相同。另外，各国采取的群体干预措施内容与时间跨度也有所区别。因此，在各种因素的影响下，不同研究的结果、结论存在一定差异。

二、个体水平的大气污染健康防护

个体水平的大气污染健康防护通常指通过一定手段减少个体的空气污染物暴露或降低空气污染物暴露对个体产生的健康危害。已有国内外研究表明，有效的个体健康防护措施能够为人体带来健康收益，包括使用室内空气净化设备、佩戴口罩或面罩、服用膳食补充剂和药物等。空气净化设备、口罩或面罩的作用在于减少个体的空气污染物暴露，而服用膳食补充剂和药物的作用在于阻断或减弱空气污染物对人体的作用通路，两种方式均可为人体带来不同程度的健

康收益。目前，国内的相关研究相对较少，但已有的证据已提示了此类健康防护的积极作用，为将来的研究以及人群个体水平防护措施的推广提供了科学依据。

案 例

美国洛杉矶的光化学烟雾事件是世界著名的公害事件之一，是最早出现的新型大气污染事件。洛杉矶位于美国西南海岸，西面临海，三面环山，是个阳光明媚，气候温暖，风景宜人的地方。加之早期金矿、石油和运河的开发，它很快成为了一个商业、旅游业发达的港口城市。然而，从1943年开始，每年从夏季至早秋，只要是晴朗的日子，洛杉矶城市上空就会出现一种弥漫整个天空的浅蓝色烟雾，滞留于市区久久不散，使整座城市空气变得浑浊不清。这种烟雾可使人眼睛发红，咽喉疼痛，呼吸憋闷、头昏、头痛，在严重情况下，也会造成人的死亡。1943年以后，这种烟雾及其危害更加肆虐，以致远离洛杉矶城市 100 km 以外的海拔 2000 米高山上的大片松林也因此枯死，柑橘减产；1955年，因呼吸系统衰竭死亡的65岁以上的老人达400多人；1970年，约有75%以上的市民患上了红眼病。洛杉矶烟雾还造成城市及附近地区家畜患病，妨碍农作物及植物的生长，使橡胶制品老化，材料和建筑物受腐蚀而损坏。

思考题

1. 结合本章的内容，分析该地区烟雾污染发生的主要原因。
2. 根据以上提供的信息，请试总结该类烟雾事件发生的特点？
3. 为了避免此类事件的发生及其危害，应采取哪些措施？

（邓芙蓉）

第四章 水体与健康

水是自然环境的一个重要构成部分，也是自然界中物质循环和能量流动的重要介质。在生物体中，水同样是构成机体的重要成分，是一切生命过程必需的基本物质，人体一切生理活动和生化反应都需要在水的参与下完成。

地球表面70%以上为水所覆盖，其余约占地球表面30%的陆地上也有水的存在。地球总水量较为丰富，但由于技术、经济等条件的限制，海水、深层地下水、固态淡水等难以被直接利用。比较容易开发利用的、与人类生活生产关系最为密切的湖泊、河流和浅层地下淡水资源，不足全球水总储量的万分之一。

我国是一个缺水严重的国家。我国的淡水资源总量约占全球水资源的6%，仅次于巴西、俄罗斯和加拿大，居世界第四位。但是，我国的人均水资源量仅为世界平均水平的1/4，是全球人均水资源最贫乏的国家之一。此外，我国水资源的季节及地理分布的极度不均匀、部分地区较为严重的水质污染以及自然灾害的影响等均严重影响了有限水资源的合理利用。

如今，若不及时采取有效措施，特别是水环境污染的控制措施，可能会导致可利用水资源的枯竭，严重影响经济发展和人民生活。

第一节 水资源概述

一、水资源及其分布

广义的水资源，是指地球水圈内的水量总体，包括现在或将来一切可能被用于生产和生活的地表水和地下水资源。而狭义的水资源，是指目前人类能够真正利用的淡水资源，包括湖泊、河流和部分浅层地下水，主要是逐年可以得到更新的那部分淡水量。最能反映水资源数量和特征的是河流的多年平均径流量，它不仅包含降雨产生的地表水，而且包含地下水的补给。

全球淡水资源的地区分布极不均匀。资源最丰富的地方是南美洲和北美地区，而在非洲、亚洲和欧洲，人均拥有的淡水资源较少。导致世界水资源分布地区差异的主要原因是地球的降水量空间分布极不均衡。一般而言，水循环活跃、降水量多的地区，水资源丰富；水循环不活跃、降水量少的地区，水资源缺乏。

由于人口和水资源分布不均，以及人为因素导致的水体污染、水资源浪费等原因，目前可以利用的淡水资源，已难以满足人们生产生活的需要。因此，人类社会要可持续发展，必须注意水资源的保护和合理利用。

二、水资源的种类及其卫生学特征

地球上的天然水资源分为降水、地表水和地下水三类。天然水中除水分子外，还含有溶解性物质和胶体物质，前者包括钙、镁、钠、铁、锰等的盐类及氧、二氧化碳等气体，后者则是指硅酸胶体、腐殖质等。此外，天然水中还悬浮有黏土、砂、细菌、藻类及原生动物等物质。这些物质在水中并不是单纯的混合，而是相互作用，共同决定了天然水的特性。

（一）降水

降水是指雨、雪、雹，水质较好、矿物质含量较低，但水量变化较大。我国的降水量地区分布极不均衡、季节分配也很不均匀，不同年份间差别也较大。一般来说，年降水量呈现从东南沿海向西北内陆递减的趋势。

降水的水质主要受大气和降水来源地的影响。原因在于降水过程中，大气中的物质会溶解在降水中。如若大气受到 SO_2、NO_x 等污染，该地区降水中可因含硫酸、硝酸等物质而形成酸雨。另外，降水的水源地环境也可影响降水水质，如沿海地区的降水会含有较多的盐分和碘。

（二）地表水

地表水是指降水在地表径流和汇集后形成的水体，按水源特征可分为封闭型和开放型两大类。封闭型地表水主要指湖泊和水库水；开放型地表水主要指江水、河水等。

地表水的水量受流经地区季节和气候因素的影响较大，根据水量的大小及水位的高低，可分为丰水期和枯水期。地表水的水质因流经地区的地质环境条件、人类活动等因素的不同而不同。一般而言，地表水水质一般较软，含盐量较少。由于活水在流经地表的过程中可冲刷并携带大量泥沙及地表污染物，可出现水的浑浊度高、细菌含量多。从利用角度看，不易防护，易受污染，但水量充足，取用方便。

（三）地下水

降水和地表水渗透到地面以下就形成了地下水。地下水水质直接受降水及地表水水质和地质环境的影响。地下水主要源于地表水，地表水在流经地表土壤层时，水中的某些污染物成分会被土壤过滤和吸附，同时也会溶解土壤层中的矿物质。所以，一般情况下，地下水比地表水水质好，但水质较硬。由于有土壤层的遮挡，水质易于防护，不易被污染；但一旦被污染，则难以恢复。根据地下水与不同地层的关系，可分为浅层地下水、深层地下水和泉水（图4-1）。

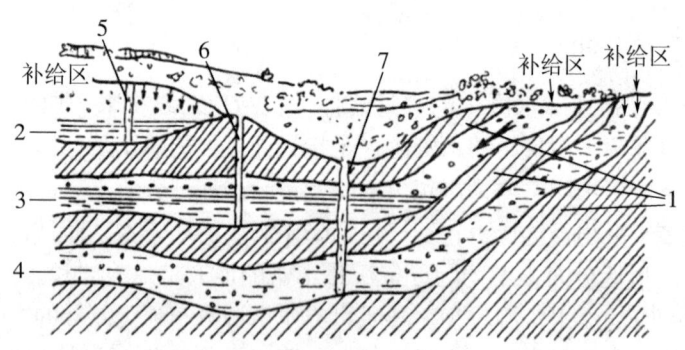

图 4-1　地层含水情况示意图

1. 不透水层　2. 浅层地下水　3. 不承压的深层地下水　4. 承压的深层地下水　5. 浅井（由浅层地下水补给）　6. 深井（由不承压深层地下水补给）　7. 自流井（由承压深层地下水补给）

（1）浅层地下水：是指位于第一个不透水层之上的地下水，其水面高度称为地下水位。浅层地下水水质物理性状较好，细菌数较地表水少，是我国广大农村最常用的水源。

（2）深层地下水：是指在第一个不透水层以下的地下水，水温恒定，水质较好，水量较稳定，细菌数很少，常被用作城镇或企业的集中式供水水源。

（3）泉水：是指通过地表缝隙自行涌出的浅层或深层地下水。由于地层的自然塌陷等原因使含水层露出，浅层地下水自行外流即为潜水泉；深层地下水依靠压力由不透水层或岩石的天然裂隙中涌出，称为流泉。两者的水质特点分别与浅层和深层地下水相似。

第二节　水质的性状和评价指标

水的质量优劣可直接或间接影响人体的健康。水质是否符合卫生要求，是否受到污染以及污染的来源、性质和程度如何，可根据以下水质性状指标的检测结果做出评价，继而判断其可能造成的危害。

一、物理性状指标

（一）水温

地表水的温度随日照与周围气温的改变而发生变化，其变动范围为 0.1～30℃。地下水的温度则比较恒定，与当地的地层温度相平行，一般变动于 8～12℃。当大量工业含热废水进入地表水时可导致水温上升，严重时可危害水生生物的生长与繁殖，影响水生态环境。地下水温度如突然发生变化，可能是地表水大量渗入所致。

（二）浑浊度

水的浑浊度表示水中悬浮物和胶体物对光线透过时的阻碍程度，其高低取决于悬浮于水中的胶体颗粒的种类、大小、含量、形状和折射指数，与水中悬浮物质的含量关系较小。水的浑浊度通常以度来表示，1 mg 标准硅藻土在 1 L 水中形成的浑浊状况为 1 个浑浊度单位，简称 1 度。

地表水常有一定的浑浊度。因流经地区的土壤和地质条件不同，河水的浑浊度可能有较大差别；在不同季节，河水的浑浊程度也可有较大差别。地下水一般较清澈，但当含铁或锰较多时，水可能呈现为棕黄色浑浊状态。必须强调的是，不浑浊的水不一定未受污染。

（三）色

洁净水是无色的。自然环境中有机物的分解和无机物的溶解可导致天然水呈现不同的颜色。如水中腐殖质过多时呈棕黄色，黏土使水呈黄色。水体中藻类的大量繁殖也可使水面呈不同颜色，如蓝绿藻使水呈绿宝石色，硅藻使水呈棕绿色，甲藻使水呈暗褐色等。水体受工业废水污染后，可呈现该工业废水所特有的颜色。

水呈色不仅使人产生厌恶感，而且难以净化除色，给水的利用增加了困难。

（四）臭

洁净水无异臭。地表水通常会具有一定的泥土气味。水生动植物或微生物的繁殖和死亡、有机物的腐败分解、水中溶解有硫化氢等气体，均可导致水体出现异臭。水体受到人畜粪便、生活污水或工业废水污染时，也会出现特殊的异臭。

（五）味

洁净水无异味。水出现异味，通常是因为水中含有较多的矿物质。如水中含硫酸钠或硫酸镁过多时有苦味；含氯化物过多时有咸味；含铁盐过多时有涩味；水中含有适量碳酸钙和碳酸

镁时使人感到甘美可口，含氧较多时则略带甜味。同样，水体受到人畜粪便、生活污水或工业废水污染时，也会出现特殊的异味。

二、化学性状指标

水体的化学性状十分复杂，用于评价水体化学性质及受污染的状况的化学性状指标也很多。

（一）pH

纯水的 pH 等于 7，天然水的 pH 一般在 7.2～8.5。当水体受大量有机物污染时，有机物因氧化分解产生游离二氧化碳，可使水的 pH 降低。当大量含酸或含碱废水排入水体时，会使水的 pH 发生明显变化。此外，酸雨的发生，也可能会导致湖泊等水体的酸化。

（二）总固体

水中的总固体由有机物、无机物和各种生物体组成，是指水样在 105～110 ℃下缓慢蒸发至干后的残留物总量，是水中的溶解性固体和悬浮性固体的总称。溶解性固体是水样经过滤后，再将滤液蒸干所得的残留物，其含量主要取决于溶于水中的矿物性盐类和溶解性有机物的多少。悬浮性固体是水中不能通过滤器的固体物。

水中总固体越少，提示水越清洁。当水受污染时，其总固体增加。水中总固体经高温烧灼后，其中的有机物被全部氧化分解而挥发。烧灼后的损失量，即烧灼减重可大致说明水中有机物的含量。

（三）硬度

水的硬度是指溶解于水中钙、镁盐类的总量，以 $CaCO_3$（mg/L）表示。可分为碳酸盐硬度（钙、镁的重碳酸盐和碳酸盐）和非碳酸盐硬度（钙、镁的硫酸盐、氯化物等）；也可分为暂时硬度和永久硬度。前者指水经煮沸后能去除的那部分硬度。后者则指水煮沸后不能去除的硬度。水煮沸时，水中重碳酸盐分解形成碳酸盐，溶解度降低而沉淀，由于钙、镁的碳酸盐并非全部沉淀，故暂时硬度往往小于碳酸盐硬度。

天然水的硬度，因地质条件不同而差异很大。地下水的硬度一般均高于地表水。当地表水受硬度高的废水污染时，或水中的有机污染物分解释出大量 CO_2，使地表水溶解地层中的碳酸钙、碳酸镁的能力增大时，则可使水的硬度增高。

（四）含氮化合物

水中的含氮化合物是指水中所有含氮的有机物和无机物，包括有机氮、蛋白氮、氨氮、亚硝酸盐氮和硝酸盐氮。

有机氮是表示有机含氮化合物总量的指标；蛋白氮是指已经被分解的较简单的有机氮。二者主要来源于动物粪便、植物遗体腐败、藻类和原生动物等。水中有机氮和蛋白氮水平显著增高，说明水体新近受到有机物污染。

水中的含氮有机污染物在有氧条件下经微生物分解的过程中，可将其中的氮以氨的形式分解出来，如果继续氧化，在亚硝酸菌和硝酸菌的作用下，可依次形成中间产物亚硝酸盐和最终产物硝酸盐。这就是氨的硝化过程。氨氮、亚硝酸盐氮和硝酸盐氮作为硝化过程不同阶段的产物，可反映有机污染物无机化过程的不同阶段。人们可根据水体中氨氮、亚硝酸盐氮、硝酸盐氮含量变化的意义进行综合分析、判断水质的污染状况。

此外，地层中的硝酸盐可在厌氧微生物的作用下，还原成亚硝酸盐和氨，也可使亚硝酸盐氮和氨氮浓度增加。

（五）溶解氧

溶解氧指溶解在水中的氧，其含量与空气中的氧分压和水温有关。水温是其变化的主要影响因素，水温愈低，水中溶解氧含量愈高。我国的河流、湖泊、水库水的溶解氧含量多高于 4 mg/L，有的可达 6～8 mg/L。当水中溶解氧小于 3～4 mg/L 时，鱼类就难以生存。

清洁地表水的溶解氧含量接近饱和状态。水层越深，溶解氧含量通常越低，湖泊、水库等静止水体更为明显。当有机物污染水体或水中的藻类大量死亡时，水中溶解氧可被消耗，若消耗氧的速度大于空气中的氧溶入水体的复氧速度，则水中溶解氧持续降低，进而使水体处于厌氧状态。因此，溶解氧含量可作为评价水体有机污染及其自净程度的间接指标。

地下水在正常情况下，溶解氧含量就很低。因此，这一指标只适用于评价地面水的有机污染和自净状况。

（六）化学耗氧量和生化需氧量

化学耗氧量指在一定条件下，用强氧化剂，如高锰酸钾、重铬酸钾等氧化水中有机物所消耗的氧量。它是测定水体中有机物含量的间接指标，代表水体中可被氧化的有机物和还原性无机物的总量。而生化需氧量指水中有机物在有氧条件下被需氧微生物分解时消耗的溶解氧量。生物氧化过程与水温有关，在实际工作中规定以 20 ℃培养 5 日后，1 L 水中减少的溶解氧量为 5 日生化需氧量。

二者均能反映水体受有机物污染的状况。化学耗氧量的测定方法简便快速，适用于水质的快速检测；而生化需氧量由于能反映水体中微生物分解有机物的实际情况，在水体污染及治理中经常被采用。

（七）总有机碳和总需氧量

总有机碳是指水中全部有机物的含碳量，可相对表示水中有机物的含量，是评价水体有机需氧污染程度的综合性指标之一。总需氧量指 1 L 水中还原性物质在一定条件下氧化时所消耗氧的量，是评定水体被污染程度的一个重要指标。由于目前生化需氧量测定时间长，不能迅速反映水体被需氧有机物污染的程度，因此，总有机碳和总需氧量在水质评价中经常被使用。

（八）其他常用指标

其他经常被采用的化学性状指标还有氯化物、硫酸盐等。此外，在水质检测过程中，与地壳含量相关的氟、砷等有害物质，以及工业废水中经常含有的汞、镉、砷、铬、铅、酚、氰化物、有机氯和多氯联苯等重金属和难分解的有机物也常被采用。

三、微生物学性状指标

在理想状态下，要判断水质的微生物性状，应针对每一种病原微生物确定一项或两项指标。但在实际工作中，需要针对病原微生物的共同特性，尽可能找到一个或两个有代表性的微生物指标，以在一定程度上反映所有病原微生物的污染状况，该指标检测也应方便易行。目前，水中细菌总数和粪大肠菌群数的检测是常被采用的指标。

（一）细菌总数

细菌总数指 1 ml 水在普通琼脂培养基中经 37 ℃培养 24 小时后生长的细菌菌落数。水体污染越严重，水的细菌总数越多。但它只能说明在这种实验条件下适宜生长的细菌数，不能表

示水中所有的细菌数,更不能指出有无致病菌存在。因此,细菌总数仅可作为水被生物性污染的参考指标。

(二)粪大肠菌群

粪大肠菌群是总大肠菌群的一类。总大肠菌群是指需氧及兼性厌氧的在37 ℃生长时能使乳糖发酵、在24小时内产酸产气的革兰氏阴性无芽孢杆菌。水体内存在的总大肠菌群可分为两类,一类是人和其他温血动物肠道内存在的,一类是自然环境中本来就存在的。前者被称为粪大肠菌群,可作为粪便污染水体的指示菌。它可在44.5 ℃条件下生长繁殖使乳糖发酵而产酸产气,而自然环境中存活的大肠菌群在44.5 ℃培养时,则不再生长。

由于有些肠道病毒对水中含氯消毒剂的抵抗力比大肠菌群强,大肠菌群数符合规定并不能完全代表水质在微生物学上足够安全。但迄今尚未找到可替代大肠菌群作为指示指标的细菌或其他微生物。

第三节　水体污染及其危害

水体污染是指人类活动排放的污染物进入水体,其数量超过了水体的自净能力,使水和水体底质的理化特性和水环境中的生物特性、组成等发生改变,从而影响水的使用价值,造成水质恶化,乃至危害人体健康或破坏生态环境的现象。造成水体污染的污染物主要来自生产或生活活动。

水体受污染后,污染物在水体的物理、化学和生物学作用下,使污染成分不断稀释、扩散、分解破坏或沉入水底,水中污染物浓度逐渐降低,水质最终又可恢复到污染前的状况。这一过程称之为水体自净。水体自净的过程包括稀释、混合、吸附沉淀等物理作用过程,氧化还原、分解化合等化学作用过程,以及生物分解、生物转化和生物富集等生物学作用过程。各种作用可相互影响,同时发生并交互进行。

一、物理性污染及其危害

(一)热污染

水体热污染主要来源于工业冷却水。大量含热废水持续排入水体可使水温升高,造成水环境发生一系列物理、化学和生物学变化。

通常水中的化学反应速度随温度升高而加快,水温每升高10 ℃,化学反应的速率约增加1倍,水中有毒物质、重金属离子等对水生动物的毒性也随之增强。水温的增高,可降低水中溶解氧含量。水温升高造成的水环境改变可影响某些鱼的产卵和孵化,导致水域中原有鱼类的种群改变。在一定条件下藻类和水生植物的生长繁殖随水温的增高而加快,可加剧原有的水体富营养化。此外,水温升高可加快水分蒸发而增大失水量,也可使水的密度和黏度下降,加速水中颗粒物质的沉降,影响河流携带淤泥的能力。

(二)放射性污染

水体中天然的放射性物质主要来自地壳中的放射性元素及其衰变产物,而人为放射性污染物主要来源于各种核工业、核研究单位和核医疗单位中产生的废水、废渣、废气。这些放射性污染物质可经多种途径污染水体,继而可通过饮水或受污染的食物进入机体。

进入机体的放射性物质可均匀分布于全身,也可被某个器官组织富集,如 ^{131}I 主要聚集于甲状腺,^{222}Rn 主要分布于肺,^{235}U 主要储存于肾等。放射性物质对人体健康的影响,除核素本身毒性外，主要是其在衰变过程中所释放出的不同能量的α、β、γ射线对组织器官产生的辐射损伤，导致某些疾病的发生率增加、导致胎儿畸形及生长发育障碍，甚至可能诱发人群恶性肿瘤发生率增高等。

放射性物质的内照射和外照射也可影响水生生物的正常生长发育和繁殖。人摄入受放射性物质污染的水生生物后可使体内的放射性负荷增加，继而可能影响机体健康。

二、化学性污染及其危害

工业废水和生活污水未经有效处理即排入水体是水体化学性污染的主要来源，尤其是工业废水。废水中的各种有毒化学物质，如汞、砷、铬、酚、氰化物、多氯联苯及农药等可通过饮水或食物链传递使人体发生急、慢性中毒。

根据污染物的不同，对人体健康的危害也不尽相同。本节以汞和甲基汞、酚类化合物和多氯联苯为代表介绍水体化学性污染的危害。

（一）汞和甲基汞

汞是人类发现和利用最早的几种金属之一，常温下是银白色的液体，俗称水银。自然界中大部分汞以硫化汞的形式广泛分布在地壳表层，在风化的作用下，汞以固态微粒等形态进入环境。汞及其无机化合物进入水环境后，以单质汞、一价汞和二价汞3种形式存在。

未受污染的天然水体中汞含量较低，河水、湖水汞含量一般不超过 1.0 μg/L。采矿、冶炼、化工、仪表、电子、颜料等工业企业排出的废水及含汞农药的使用是水体汞污染的主要来源。

进入水体的汞，大部分沉积于底泥之中。而水体底泥中的汞，不论呈何种形态，都会直接或间接地在微生物的作用下转化为甲基汞或二甲基汞。甲基汞能溶于水，又可从底泥返回水中。甲基汞能积聚在水生生物中，并通过食物链在水生生物体内富集浓缩，这种生物放大作用可使鱼、贝等水生生物体内甲基汞富集百万倍以上。近几十年来，世界各地曾有多起因人群长期暴露于被汞和甲基汞污染的环境，特别是水体汞和甲基汞污染和由此导致的鱼贝类等食物甲基汞污染，造成摄入者体内甲基汞蓄积并超过一定阈值所引起的以中枢神经系统损伤为主要表现的慢性甲基汞中毒的报道，其中最严重的是发生在日本的水俣病。

甲基汞主要从消化道摄入。甲基汞进入胃内与胃酸作用，转化为氯化甲基汞，经肠道几乎全部吸收进入血液，在红细胞内与血红蛋白中的巯基结合，随血液分布到全身各个脏器。甲基汞能通过血脑屏障和胎盘屏障，主要分布于脑和肾，其次为肝、肠壁、心、肺、呼吸道黏膜和皮肤。由于甲基汞分子结构中的 C—Hg 键结合牢固，不易破坏，在细胞中呈原型蓄积，以整个分子损害脑细胞，主要侵害成年人大脑皮质的运动区、感觉区和视觉听觉区，也会侵害小脑。而对胎儿脑的侵害，几乎遍及全脑，导致发生比成人更严重复杂的先天性慢性甲基汞中毒。先天性慢性甲基汞中毒患儿病理检查可见小脑颗粒细胞萎缩、弥漫性髓质发育不良、胼胝体和锥体束发育不良，表明损伤发生在胎儿初期。在慢性甲基汞中毒的病程中，各种损坏均呈现出进行性和不可恢复性。

近年来对甲基汞慢性健康危害的分子生物学研究结果显示，甲基汞对线粒体结构和功能的破坏、对体内脂质过氧化的影响、对脑细胞凋亡的影响以及对神经细胞钙稳态的影响等均可能参与或导致甲基汞对机体的健康损害。

使用和生产汞或汞化合物的企业排出的废气、废水、废渣造成区域性汞污染后，特别是甲基汞通过食物链不断富集，可造成该地区人群慢性甲基汞中毒的发生。20 世纪五六十年代发生日本的水俣病是典型的慢性甲基汞中毒案例，因发生日本熊本县水俣湾附近而得名，其发病范围涉及整个水俣湾地区，受威胁的人数达 2 万以上。20 世纪 70 年代初期，我国第二松花江

和松花江流域也发现汞污染，江水含汞量严重超过国家卫生标准，鱼体含汞量高，沿江居民和渔民受到了危害，曾出现甲基汞中毒的轻微体征。

慢性甲基汞中毒的发病与年龄、性别均关系不大，其症状严重程度与甲基汞的摄入量和持续作用时间密切相关。甲基汞的主要靶器官是中枢神经系统，最突出的症状是神经精神症状，早期可表现为神经衰弱综合征。若症状持续发展加重，则发展为精神障碍，严重者可出现神志障碍、谵妄、昏迷。小脑受损时可出现蹒跚步态、书写困难等共济失调现象。颅神经受损时则出现向心性视野缩小、听力减退等。亦可累及消化道、肾、心脏、肝等实施器官。对典型患者出现的肢端感觉麻木、向心性视野缩小、共济运动失调、语言和听力障碍等症状，称之为Hunter-Russel综合征。

为了应对水体汞和甲基汞污染所引起的健康危害，统一诊断标准，我国已出台《水体污染慢性甲基汞中毒诊断标准及处理原则》（GB 6989-1986），规定应根据水体汞污染水平、食用被汞污染的鱼贝类食物的历史、体内汞蓄积状况以及临床表现和检验结果，进行综合分析，排除其他疾病后方可做出水体污染慢性甲基汞中毒的临床诊断。

标准中将慢性甲基汞中毒分为三级，即甲基汞吸收、慢性甲基汞中毒观察对象和慢性甲基汞中毒。

头发中总汞值超过 10 μg/g，其中甲基汞值超过 5 μg/g 者，即可认为有甲基汞吸收。

在明确存在汞吸收的基础上，出现下列三项体征当中的 1～2 项阳性体征者，被列为观察对象：①四肢周围型（手套、袜套型）感觉减退。②向心性视野缩小 15°～30°。③高频部感音神经性听力减退 11～30 dB。

在汞吸收的基础上，具有下列三项体征者，可诊断为慢性甲基汞中毒：①四肢周围型（手套、袜套型）感觉减退。②向心性视野缩小 15°～30°，或有颞侧月牙状缺损到 30 度者。③高频部感音神经性听力减退 11～30 dB。当具有上述三项体征，但发汞低于 10 μg/g 以下时，可做驱汞试验，驱汞后尿中总汞值超过 20 μg/L，其中甲基汞超过 10 μg/L 者，可予以诊断。

实际工作中，对体内的甲基汞负荷量相当高，但症状多不明显或较轻的人群，应多加以关注。

对慢性甲基汞中毒的治疗，目前尚无特效疗法，仅能给予驱汞和对症治疗，以期控制中毒症状进一步发展。改革生产工艺，实现不向环境排放汞及其化合物是预防慢性甲基汞中毒的根本措施。

汞及甲基汞一旦进入水体，靠水体自净是难以消除的。在已知被甲基汞污染的地区，则应根据污染的程度，限制捕捞或禁止食用鱼、贝等水生生物。并通过监测掌握汞在水体中的动态变化和在生物体内的蓄积情况，以便能够及时采取措施、控制污染、保护污染地区人群的健康。

我国《生活饮用水卫生标准》（GB5749-2006）中，规定汞的限值为 0.001 mg/L。《地表水环境质量标准》（GB 3838-2002）基本项目标准中，规定汞的限值范围为 0.00005～0.001 mg/L；在其集中式生活饮用水地表水源地特定项目标准限值中，规定甲基汞的限值为 1.0×10^{-6} mg/L。

（二）酚类化合物

酚类化合物是指芳香烃中苯环上氢原子被羟基取代所生成的化合物。自然界中存在的酚类化合物有 2000 多种。根据苯环上羟基数目，可分为一元酚和多元酚（二元酚、三元酚等）。酚类化合物中能与水蒸气一起挥发的称挥发酚；不能同水蒸气一起挥发的则称为不挥发酚。该类化合物均有特殊臭味，易被氧化，易溶于水、乙醇等多种溶剂。

天然水体中酚类化合物的本底值很低，水中酚类化合物的浓度升高通常意味着酚类物质的污染。来自炼焦、炼油、造纸及用酚作为原料的工业企业的废水是主要的污染来源。此外，酚类化合物还广泛用于消毒、灭螺、除锈、防腐等，在运输、储存及使用过程中均有可能进入水体。我国曾发生过多起含酚废水引起的水环境污染事件，造成鱼虾类死亡、农田污染、直接威胁城市居民的生活用水安全等影响。

进入水体中的酚类化合物可经皮肤和胃肠道吸收，在体内代谢迅速，其中大部分在肝氧化成苯二酚、苯三酚，并与葡糖醛酸等结合而失去毒性，然后随尿液排出，使尿呈棕黑色（酚尿）。酚类化合物对皮肤黏膜有强烈的刺激腐蚀作用，也可抑制中枢神经系统或损害肝肾功能。

饮用水中酚类化合物的浓度超过 1 mg/L 时即有明显臭味，不能饮用。酚类化合物对人群健康的影响多产生于生产事故、水体污染突发事件和化学品的不当使用。人类急性酚中毒的主要表现为大量出汗、肺水肿、吞咽困难、肝及造血器官损害、酚尿等，严重时可导致死亡。长期饮用含低浓度酚类化合物的水，可出现记忆力减退、皮疹、皮肤瘙痒、头昏、失眠、贫血等非典型症状，同时尿酚含量可显著增高。

近年的研究发现，不少酚类化合物，如五氯酚、辛基酚、壬基酚等具有内分泌干扰作用。这些内分泌干扰物污染土壤、水体及动植物后，可通过食物链进入人体，继而干扰体内正常的内分泌功能。例如，动物实验表明，五氯酚可干扰机体甲状腺激素的正常功能，但对雌激素和睾酮功能的影响不明显。人群调查资料显示其对妇女正常内分泌功能有干扰作用，从而影响子女的生长发育。究其原因，可能是因为五氯酚可通过模仿天然激素与胞质中的激素受体结合组成复合物，结合在 DNA 结合区的 DNA 反应元件上，继而诱导或抑制靶基因的转录和翻译，产生类似天然激素样作用。也可能是因为五氯酚可与天然激素竞争血浆激素结合蛋白，增强天然激素的作用，并可通过影响天然激素合成过程中的关键酶而产生增强或拮抗天然激素的作用。

含酚类化合物的废水污染水体后，还可使水的感官性状恶化，产生异臭和异味，甚至可使鱼贝类水产品带有异臭异味，降低其经济和食用价值。水中的酚超过一定浓度时可影响水生生物的生存，高浓度的酚（特别是多元酚）能抑制水中微生物的生长繁殖，影响水体的自净过程。

我国《生活饮用水卫生标准》（GB5749-2006）中，规定挥发酚类（以苯酚计）的限值为 0.002 mg/L；《地表水环境质量标准》（GB 3838-2002）基本项目标准中，规定挥发酚的限值范围为 0.002 ~ 0.1 mg/L；在其集中式生活饮用水地表水源地特定项目标准限值中，规定 2,4-二氯苯酚、2,4,6-三氯苯酚和五氯酚的限值分别为 0.093 mg/L、0.2 mg/L 和 0.009 mg/L。

（三）多氯联苯

多氯联苯是由氯原子取代联苯分子中的氢原子而形成的一类含氯有机化合物，难溶于水，易溶于脂质，其化学稳定性随氯原子数的增加而增高。由于多氯联苯具有低可燃性、低电导率、高热稳定性和高度的化学稳定性等特性，曾在工业生产中被广泛应用。由于其对全球性环境的污染以及对人体健康的危害，多氯联苯的生产和使用已被禁止几十年。但由于多氯联苯的半减期长达数十年，且其具有低溶解性、高稳定性和半挥发性，如今多氯联苯仍可从多种来源进入水体之中。目前，世界各地的海水、河水、水底质、水生生物及土壤和大气中都发现有多氯联苯的污染。从北极的海豹到南极的海鸟蛋甚至一些国家的人乳中均检测出了多氯联苯。

由于多氯联苯在水环境中极为稳定，被认为是一类广泛存在的持久性有机污染物。多氯联苯可通过食物链而进行生物富集。研究表明，在鱼类、奶制品和脂肪含量高的肉类中均能检出高浓度的多氯联苯。因此，摄取被多氯联苯污染的食物，是人类暴露多氯联苯的主要途径。

多氯联苯是典型的具有内分泌干扰效应的环境雌激素样化学污染物。多氯联苯不仅可通过食物链在体内蓄积，还可通过胎盘和乳汁进入胎儿或婴儿体内，进而对子代造成影响。在胚胎原始性腺的形成期，多氯联苯能干扰和破坏体内雄激素和雌激素的代谢平衡，抑制 Wolffian

管向雄性生殖系统分化,导致胚胎期雄性性腺的分化发育障碍,引起生殖系统的结构改变。多氯联苯还通过干扰雄激素的体内代谢,抑制雄激素生物学效应,使睾丸精曲小管的支持细胞和各级生精细胞发育迟缓,直接影响睾丸的生精功能。多氯联苯还可通过和雌激素受体结合,干扰雌激素的正常代谢,直接影响雌性生殖系统的发育和功能。

多氯联苯对人危害的最典型案例是1968年发生在日本的"米糠油中毒事件"和1979年发生在我国台湾彰化县的"油症事件"。这两起事件的起因并不是来自水污染事件,而是因受害者食用了被多氯联苯污染的米糠油(2000～3000 mg/kg)而中毒,主要表现为皮疹、色素沉着、眼睑水肿、眼分泌物增多及胃肠道症状等,严重者可发生肝损害,出现黄疸、肝性脑病甚至死亡。孕妇食用被污染的米糠油后,出现胎儿死亡,新生儿体重减轻,皮肤颜色异常,眼分泌物增多等,即所谓的"胎儿油症"。

多项研究证实多氯联苯可使动物发生癌前病变或癌变,如某些多氯联苯可使大鼠肝癌和癌前病变发生率显著增加,还可诱发胃肠道肿瘤。亦有研究资料表明,人群职业性暴露多氯联苯与乳腺癌的发生以及肝癌、胆囊癌、胆管癌的死亡率可能有关联。1995年,国际癌症研究机构(International Agency for Research on Cancer,IARC)将多氯联苯列为第一类,即"明确的人类致癌物质"。

此外,多氯联苯对水生生物,如藻类、鱼贝类均有较大毒性。水中浓度较高时,可导致鱼虾等生物的死亡。

我国《地表水环境质量标准》(GB 3838-2002)在其集中式生活饮用水地表水源地特定项目标准中,规定多氯联苯的限值为2.0×10^{-5} mg/L。

三、生物性污染及其危害

天然水体受生物性污染的范围很广,本节主要讨论水体富营养化导致藻类大量增殖及其产生的藻类毒素对健康的影响以及由于水体被生物性病原体污染而导致的介水传染病。

(一)水体富营养化和藻类毒素

水体富营养化是指含有氮、磷等营养物质的污水进入水体,引起藻类及其他浮游生物迅速繁殖,水体溶解氧含量下降,水质恶化,鱼类及其他生物大量死亡的现象。这种现象在淡水水域中出现称为水华,在海洋中出现称为赤潮。

近年来,我国重要湖泊(水库)和管辖海域中,水体富营养化的现象时有发生。根据《2018中国生态环境状况公报》,2018年在监测营养状态的107个湖泊(水库)中,轻度富营养状态的25个,占23.4%;中度富营养状态的6个,占5.6%。根据《2018年中国海洋生态环境质量公报》,2018年我国管辖海域共发现赤潮36次,累计面积约1406平方千米。

水体富营养化的危害已经引起人们的广泛关注。在富营养化水体中藻类大量繁殖聚集,浮于水面可影响水的感观性状,使水质出现异臭异味。藻类产生的黏液可黏附于水生动物的腮上,影响其呼吸,导致水生动物窒息死亡。藻类大量繁殖死亡后,在细菌分解过程中不断消耗水中的溶解氧,使水中溶解氧含量急剧降低,引起鱼、贝类及其他水生物因缺氧而大量死亡,造成恶性循环,水质进一步恶化。甚至有的赤潮藻大量繁殖时分泌的有害物质,如硫化氢、氨等可破坏水体生态环境,并可使其他生物中毒及生物群落组成发生异常。这些后果均可造成巨大的经济损失。

有些藻类能产生毒素,如麻痹性贝毒、腹泻性贝毒、神经性贝毒等。这些藻类毒素对水体的污染已成为一个全球性的环境问题,因为贝类(蛤、蚶、蚌等)能富集此类毒素,人食用了含毒的贝类后可发生中毒甚至死亡。

在富营养化淡水湖泊中生长的优势藻类是毒性较大的蓝藻,已知的产毒种属有40多种,其中铜绿微囊藻产生的微囊藻毒素和泡沫节球藻产生的节球藻毒素是富营养化水体中含量最多、对人体危害最大的两类毒素。

人们直接接触含有藻毒素的水（如游泳），即可出现皮肤炎症、眼睛过敏等症状。若毒素大量进入体内，可出现急性胃肠炎、中毒性肝炎等症状，甚至导致死亡的发生。由于饮用水源中毒素含量一般较低，人们较为普遍关注的是微囊藻毒素所引起的慢性中毒。流行病学调查显示，在我国东南沿海一些地区，如江苏海门、启东和广西绥远地区的原发性肝癌与饮用水源中微囊藻毒素高本底含量密切相关。

研究表明，进入体内的微囊藻毒素70%以上分布于肝和肾。它主要作用于肝细胞和肝巨噬细胞，低剂量就可导致肝损伤，是迄今已发现的最强的肝癌促进剂。

微囊藻对动物也具有一定毒性，家畜及野生动物饮用了含微囊藻毒素的水后，会出现腹泻、乏力、厌食、呕吐等症状，甚至死亡。实验室研究证实微囊藻毒素对水生生物，如鱼类、浮游动物的急性毒性不大，但能影响它们的生长、繁殖和行为等。

由于微囊藻毒素具有较强的热稳定性，一旦进入水中，一般常规供水净化处理和煮沸等措施均不能消除和减轻其毒性。因而水体中的藻类毒素增加了水处理难度，提高了制水成本，同时也降低了供水的安全性。

（二）介水传染病

介水传染病是通过饮用或接触受病原体污染的水而传播的疾病，又称水性传染病。

水中的病原体主要来源于人畜粪便、生活污水、医院废水以及畜牧屠宰、皮革和食品工业等废水。进入水体最常见的病原体主要有：①致病细菌，如伤寒沙门菌、副伤寒沙门菌、痢疾志贺菌、霍乱弧菌、致病性大肠埃希菌等；②致病病毒，甲型和戊型肝炎病毒、人类轮状病毒、脊髓灰质炎病毒、柯萨奇病毒及腺病毒等；③寄生虫，如溶组织阿米巴原虫、蓝氏贾第鞭毛虫、隐孢子虫、蛔虫及血吸虫等；④其他，包括沙眼衣原体、钩端螺旋体等。这些病原体引起的介水传染病给人群健康和社会稳定带来了巨大的威胁。在全球各个地区，介水传染病的爆发流行均时有发生。如20世纪90年代初霍乱在拉丁美洲的流行、蓝氏贾第鞭毛虫和隐孢子虫污染事件在美国威斯康星州的发生以及20世纪80年代由毛蚶引起的甲型肝炎在我国上海的爆发等。迄今，介水传染病也是受到关注的危害人群健康的热点问题。

如今，我国出现的主要介水传染病如下表所示：

表4-1 我国的主要介水传染病

病名	传染源	我国法定传染病等级
霍乱及副霍乱	霍乱弧菌及副霍乱弧菌	甲类
伤寒及副伤寒	伤寒沙门菌	乙类
痢疾	各型痢疾志贺菌	乙类
阿米巴痢疾	溶组织阿米巴	乙类
钩端螺旋体病	钩端螺旋体	乙类
传染性肝炎	肝炎病毒（甲型、戊型）	乙类
脊髓灰质炎	脊髓灰质炎病毒	乙类
血吸虫病	裂体吸虫	乙类
感染性急性腹泻	致泄性大肠埃希菌O157、肠道病毒等	丙类
军团病	军团菌	
贾第虫病	贾第鞭毛虫	
隐孢子虫病	隐孢子虫	

一般来讲，介水传染病具有以下流行特点：①水源一次严重污染后，可呈暴发流行，短期内突然出现大量患者，且多数患者发病日期集中在同一疾病潜伏期内。若水源经常受污染，则发病者可终年不断，病例呈散发流行。②病例分布与供水范围一致。大多数患者都有饮用或接触同一水源的历史。③一旦对污染源采取治理措施，并加强饮用水的净化和消毒，疾病的流行能迅速得到控制。

第四节　水环境标准

我国水环境标准是进行水质管理、水污染防治和水质保护的重要组成部分，其制定、审批、颁布与实施都遵循我国环境保护的各项法规和技术政策，具有法律约束性。

通过对水环境标准工作全面规划、统筹协调相互关系、明确其作用、功能、适用范围，如今我国的水环境标准已基本形成一个完整的管理体系。该体系可简单概括为"六类三级"。"六类"分别是水环境质量标准、水污染物排放标准、水环境卫生标准、水环境基础标准、水监测分析方法标准和水环境标准样品标准。其中，水环境质量标准、水污染物排放标准、水环境卫生标准是强制性标准，其他的水环境标准为推荐性标准。"三级"分别是指国家级标准、行业标准和地方标准。

本节重点介绍水环境质量标准中的《地表水环境质量标准》和水污染物排放标准。

一、地表水环境质量标准

我国现行的《地表水环境质量标准》（GB3838-2002）是一项国家标准，由原国家环保总局和国家质量监督检验检疫总局联合颁布，于2002年6月1日正式实施。该标准适用于全国领域内的江河、湖泊、运河、渠道、水库等具有使用功能的地表水水域。

（一）制定标准的原则和方法

我国制定地表水环境质量标准的原则是：①防止通过地表水传播疾病；②防止通过地表水引起急性或慢性中毒及远期危害；③保证地表水感官性状良好；④保证地表水自净过程能正常进行。根据以上原则，用实验研究和环境流行病学调查相结合的方法制定标准。

实验研究包括有害物质的毒性研究，在水体中的稳定性测定，对地表水感官性状影响的测定及对地表水自净过程影响的测定等。通常按照"最敏感"的原则，从这几项实验研究结果中选择最低的阈浓度作为确定地表水中有害物质最高容许浓度的依据。

环境流行病学调查是为了从宏观上了解地表水中有害物质的浓度与人群健康的关系。调查结果与动物实验结果相互验证，进行综合分析，得出合理限值，确保所制订的地表水有害物质的最高容许浓度对人群健康的安全性。

此外，在制定标准的过程中，需进行经济、技术方面的可行性研究。针对每项指标的可操作性作出经济、技术上的判断、研究，避免一些仅能适合于较发达城区而无法在相对落后的农村施行的指标。可见，作为水质质量的国家标准，既要从科学的角度进行实验研究和流行病学调查，又要从社会学上兼顾其方案的可行性。

（二）水环境功能区划

我国《地表水环境质量标准》依据地表水水域环境使用功能和保护目标，按功能高低依次划分为五类功能区：

Ⅰ类，主要适用于源头水、国家自然保护区。

Ⅱ类，主要适用于集中式生活饮用水地表水源地一级保护区、珍稀水生生物栖息地、鱼虾类产卵场、仔稚幼鱼的索饵场等。

Ⅲ类，主要适用于集中式生活饮用水地表水源地二级保护区、鱼虾类越冬场、洄游通道、水产养殖区等渔业水域及游泳区。

Ⅳ类，主要适用于一般工业用水区及人体非直接接触的娱乐用水区。

Ⅴ类，主要适用于农业用水区及一般景观要求水域。

按水资源划定的功能区为自然保护区、饮用水水源保护区、渔业用水区、工农业用水区、景观娱乐用水区、混合区、过渡区等管理区。

在对实际水域进行功能区划分时，遵循了如下指导原则：①既充分考虑地表水环境现实状况和现实功能的需要，也考虑经济发展对地表水环境功能的需要。②同一水域兼有多类功能的，依最高功能划分类别。③跨地区的河流、湖泊（水库）、输水渠道，其上游地区不得影响下游地区饮用水水源保护区对水质标准的要求。

（三）标准的主要内容

《地表水环境质量标准》（GB3838-2002）分为地表水环境质量标准基本项目、集中式生活饮用水地表水源地补充项目和集中式生活饮用水地表水源地特定项目。

地表水环境质量标准基本项目适用于全国江河、湖泊、运河、渠道、水库等具有使用功能的地表水水域；集中式生活饮用水地表水源地补充项目和特定项目适用于集中式生活饮用水地表水源地一级保护区和二级保护区。集中式生活饮用水地表水源地特定项目由县级以上人民政府环境保护行政主管部门根据本地区地表水水质特点和环境管理的需要进行选择，其补充项目和选择确定的特定项目作为基本项目的补充指标。

标准中的项目共计109项，其中地表水环境质量标准基本项目24项，集中式生活饮用水地表水源地补充项目5项，集中式生活饮用水地表水源地特定项目80项。

《地表水环境质量标准》（GB3838-2002）中的基本项目包括水温、pH值、溶解氧、汞、粪大肠菌群等24项。与修订前版本相比，将硫酸盐、氯化物、硝酸盐、铁、锰调整为集中式生活饮用水地表水源地补充项目，修订了pH、溶解氧、氨氮、总磷、高锰酸盐指数、铅、粪大肠菌群7个项目的标准值，增加了集中式生活饮用水地表水源地特定项目40项；删除了湖泊水库特定项目标准值。

与近海水域相连的地表水河口水域，根据水环境功能按标准相应类别标准值进行管理；近海水功能区水域，根据使用功能按《海水水质标准》相应类别标准值进行管理。批准划定的单一渔业水域按《渔业水质标准》进行管理；处理后的城市污水、与城市污水水质相近的工业废水、用于农田灌溉用水的水质按《农田灌溉水质标准》进行管理。

二、水污染物排放标准

我国水污染物排放标准由《污水综合排放标准》《城镇污水处理厂污染物排放标准》《医疗机构水污染物排放标准》和系列标准，如《造纸工业水污染物排放标准》《纺织染整工业水污染物排放标准》《钢铁工业水污染物排放标准》《磷肥工业水污染物排放标准》等22项标准组成。

其中《污水综合排放标准》是一项国家标准，用于控制水污染，保护地表水及地下水水质处于良好状态，保障人体健康，维护生态平衡，促进经济建设的发展，同时也为工程设计和环境管理提供了依据。

（一）污水综合排放标准

我国现行的《污水综合排放标准》（GB8978-1996）是国家环境保护局1996年10月4日

批准，1998年1月1日实施的（部分内容已被GB18918-2002中的相应内容修订）。该标准是对《污水综合排放标准》(GB8978-88)的修订，按照污水排放去向，分年限规定了水污染物最高允许排放浓度和部分行业最高允许排水量。根据现有企业和新扩改企业分类，1997年12月31日前建设的单位执行第一时间段规定的标准值，1998年1月1日起建设的单位执行第二时间段规定的标准值。

在标准适用范围上，该标准明确了综合排放标准与行业排放标准不交叉执行的原则，除医疗机构、城市污水处理、造纸工业、船舶、海洋石油开发工业、纺织染整工业、钢铁工业、磷肥工业等19个行业所排放的污水执行相应的国家行业标准外，其他一切排放污水的单位一律执行该标准。该标准适用于现有单位水污染物的排放管理，以及建设项目的环境影响评价，建设项目环境保护设施设计、竣工验收及其投产后的排放管理。

《污水综合排放标准》按地表水水域使用功能要求和污水排放走向，对向地表水水域或城市下水道排放的污水分别执行一、二、三级标准。

《污水综合排放标准》将排放的污染物按其性质及控制方式分为两类。第一类是指能在环境和动植物体内蓄积，对人体健康产生长远影响者，包括汞、镉、铬、砷、铅、镍、苯并（α）芘、铍等13种物质。含此类污染物的污水不分行业和污水排放方式，也不分受纳水体的功能类别，一律在车间或车间处理设施排放口采样，其最高允许排放浓度必须达到标准要求。第二类污染物按年限（1997年12月31日之前和1998年1月1日起）分别执行不同的规定，1997年12月31日前的建设（包括改、扩建）单位的污水排放，标准规定了26种有害物质或项目；1998年1月1日起建设（包括改、扩建）单位的污水排放，规定了56种有害物质或项目；并规定在排污单位排放口采样，其最高允许排放浓度必须达到标准要求。此外，现行的《污水综合排放标准》还按年限对部分行业最高允许排水量作出了具体规定。

（二）医疗机构水污染物排放标准

医疗机构污水指医疗机构门诊、病房、手术室、各类检验科室、洗衣房、太平间等处排出的诊疗、生活及粪便污水。医疗机构内的其他污水与上述污水混合排出时一律视为医疗机构污水。这类废水具有两个特点：一是含有大量的致病微生物（如伤寒沙门菌、痢疾志贺菌、结核分枝杆菌、肠道病毒、肝炎病毒等）和寄生虫卵，主要来源于各级传染病医院和综合医院各类患者的生活污水；二是含有各种有害毒物和放射性物质，主要来源于医疗机构内各种实验室排放的废水。这些废水，若得不到及时有效的处理，可能对人体健康产生危害。

为加强对医疗机构污水、污水处理站废气、污泥排放的控制和管理，预防和控制传染病的发生和流行，保障人体健康，加强环境管理，原国家环保总局和国家质量监督检验检疫总局于2005年7月联合发布《医疗机构水污染物排放标准》(GB18466-2005)，从2006年1月1日起实施，代替《污水综合排放标准》(GB8978-1996)中有关医疗机构水污染物排放标准部分，并取代《医疗机构污水排放要求》(GB18466-2001)。

标准中对县级及县级以上或20张床位及以上的综合医疗机构和其他医疗机构污水排放以及传染病、结核病医院的污水中粪大肠菌群数和采用氯化消毒的医院污水中的总余氯作出了具体规定。如排放标准中分别规定医院（20个床位以上）、兽医院及医疗机构污水中粪大肠菌群数为500 MPN/L（每升污水中粪大肠杆菌的最大可能数）；传染病、结核病医院污水中的粪大肠菌群数为100 MPN/L；采用氯化消毒的医院污水中总余氯的一、二级标准分别规定为3～10 mg/L（接触时间≥1 h）和2～8 mg/L（接触时间≥1 h）；传染病、结核病医院污水中总余氯为6.5～10 mg/L（接触时间≥1.5 h）。对于医疗机构污水的有毒化学物质和放射性物质，则按标准中有毒有害化学物质和放射性物质的标准执行。

第五节　水体卫生防护

水体卫生防护是确保城乡生活饮用水水源的卫生状况良好、保证居民健康的重要基础。大力推行"清洁生产"技术，从源头控制污染物的产生和排放，是防止水体污染的根本性措施。此外，认真做好工业废水、生活污水的处理和利用以及医疗机构污水处理，也是保护和改善水体水质卫生状况的关键。

根据国家生态环境部发布的《2018中国生态环境状况公报》，我国的水体卫生状况不容乐观。2018年，全国地表水监测的1935个水质断面（点位）中，Ⅰ～Ⅲ类比例为71.0%，Ⅳ、Ⅴ类比例为22.3%，劣Ⅴ类比例为6.7%；监测的337个地级及以上城市的906个在用集中式生活饮用水水源监测断面（点位）中，仍有92个不能全年均达标，占10.2%；全国10 168个国家级地下水水质监测点中，Ⅳ、Ⅴ类水质监测点占86.2%。据住房和城乡建设部统计，截至2017年12月底，全国城镇累计建成运行污水处理厂4119座，污水处理能力达1.82亿立方米/日，为污染物排放的有效控制和水体质量的好转奠定了重要基础。

水环境质量事关人民群众切身利益，事关全面建成小康社会，事关实现中华民族伟大复兴中国梦。为切实加大水污染防治力度，保障国家水安全，从根本上控制水体污染，国家出台了一系列政策法规促进水环境质量的改善。针对水污染防治的紧迫性、复杂性、艰巨性、长期性，2015年4月，国务院颁布了《水污染防治行动计划》（简称《水十条》），该计划是当前和今后一个时期全国水污染防治工作的行动指南。

一、推行"清洁生产"，从污染源头开始控制

清洁生产，是对工艺和产品不断运用一体化的预防性控制战略，以减少其对人体和环境的风险。清洁生产包括节约原材料和能源，消除有毒原材料，并在排放物和废物离开工艺之前削减其数量和毒性；在从原材料提取到产品最终处置的整个生产过程中，均应减少其危害。它是一种预防性方法，要求在产品或工艺的整个寿命周期的所有阶段，都必须考虑预防污染，或将产品或工艺过程中对人体健康及环境的短期或长期风险降至最小。其理念是在污染物可能产生的全过程，在其未对水体造成污染之前即采用积极有效的措施，防止污染物进入水体，而不是在污染发生后再采取措施进行治理。

推行清洁生产，可从根本上减少污染物的产生，防止污染物的扩散，从而避免污染物引发生态环境的恶化和对人群健康造成的不良影响。如今，清洁生产作为经济可持续发展的手段已逐渐渗透到工业生产乃至整个经济生活的各个环节之中，显示出了其巨大的优越性。

二、废水处理

废水处理按其处理程度可分为三级。

一级处理可从废水中去除漂浮物和大部分悬浮状态的污染物，调节废水pH值，以减轻废水的腐化程度和后续处理工艺负荷。一级处理的净化程度不高，不宜排放，必须进行二级处理。

二级处理为化学、生物处理，能去除废水中大量有机污染物使废水得到进一步净化，是目前世界各地处理有机废水的主体工艺。通过二级处理，废水中的生化需氧量一般可去除80%～90%，可达到向水体排放的标准，一般也符合污水回用于园林建设、小区绿化、城市洒水等市政建设和农田灌溉的标准等。

三级处理是废水的高级处理措施，其任务是进一步去除二级处理未能去除的污染物，其中包括微生物未能降解的有机物以及磷、氮和可溶性无机物。一般三级处理后能够去除大部分的

氮和磷等污染物。

针对工业废水，通过有效的处理后，提高工业用水的重复利用率是节约水资源、降低生产成本、实现清洁生产理念的重要途径。对于污染程度较低的工业用水，可经过适当处理，作为工业冷却水使用；而对工业冷却水，完全可以通过有效处理，提高循环使用率。对无法循环使用的工业废水，应通过物理处理、化学处理、物理化学处理和生物处理后，达到排放标准后方可排入水体。

对生活污水的处理方法与工业废水类似。由于生活污水中含有相当数量的氮磷钾等肥料成分，可将无害化处理后的生活污水用于农田灌溉，增加土壤肥力，同时也使污水得以进一步净化。

医疗机构污水的处理则以消毒为主。最常用的方法是氯化消毒。经过处理的含有含氯消毒剂的医疗机构污水排入地表水体或海域前，应进行脱氯处理。医疗机构污水处理过程中生成的污泥，因含有大量病原体，也须进行彻底消毒处理。

三、中水回用

中水是指各种排水经处理后，达到规定的水质标准，可在一定范围内重复使用的非饮用水。因其水质介于上水和下水之间，故称中水。中水回用是指采用物理、化学以及生物化学方法将生活废水或生活污水进行处理，使之达到一定水质要求，可在一定范围内重复使用。如今，中水被广泛用于冲洗地面、厕所、绿化、喷洒及景观用水等。

中水的原水包括生活废水和生活污水。生活废水又称杂排水，指建筑中除粪便污水外的各种排水，如冷却水排水、游泳池排水、沐浴排水、盥洗排水、洗衣排水、厨房排水等。其中污染程度较低的排水，如冷却水排水、游泳池排水、沐浴排水、盥洗排水、洗衣排水等又称为优质杂排水。生活污水则是指人们日常生活中排泄的粪便污水。

中水的原水应根据排水的水质、水量、排水状况和中水回用的水质、水量选定，选择顺序应该是优质杂排水、杂排水和生活污水。医疗污水、放射性污水、生物污染废水和重金属及其他有毒有害物质超标的排水严禁作为中水原水。

依据不同的中水原水水源及供水水质要求，中水回用的过程中，通常需要多种污水处理技术结合起来处理污水。涉及的工艺流程可包括原水出水、混凝、沉淀、介质过滤、膜分离、曝气生物滤池、膜生物反应器、消毒等。近年来，将生物降解作用与膜的高效分离技术结合而成的膜生物反应器技术因具有出水水质良好、运行管理简单、占地面积小等优点，得到一定推广和应用。

中水回用前的水质必须要满足以下条件：

1．满足卫生要求。用于冲厕、道路清扫、消防、城市绿化、车辆冲洗、建筑施工等杂用的水质，按《城市污水再生利用　城市杂用水水质》中城市杂用水类标准执行；用于景观环境用水，其水质应符合国家标准《城市污水再生利用　景观环境用水水质》的规定。

2．满足人们感观要求，即无不快的感觉。其衡量指标主要有浊度、色度、臭味等。

3．满足设备构造方面的要求，即水质不易引起设备、管道的严重腐蚀和结垢。其衡量指标有pH值、硬度、蒸发残渣、溶解性物质等。

目前，中水仅用于非饮用水、非人体直接接触的低质用水领域，如冲洗卫生洁具、清洗车辆、园林绿化、道路保洁及消防补水等，不能用于饮用、食用、洗手、洗澡、洗衣等与人身体有密切接触的用水领域。为确保安全，自来水与中水的供给应是被严格分开的两个独立水系统，具有各自的专设管网系统，并将各类输水管道标注差异显著的区分标志，以消除潜在的误用问题。对使用者也应进行必要的安全教育和相关知识培训，以防范使用中的误操作、误使用。

第六节　水体污染的卫生监测和监督

对水质进行监测，可确定水体中污染物的时空分布，追溯污染物的来源和污染途径，了解污染物的迁移转化规律，预测水污染的发展态势。通过监测，可判断水污染对环境生态和人群健康可能造成的影响，评价污染防治措施的实际效果，为制定有关法规、污染物排放标准等提供科学依据。

一、江河水系的监测

（一）采样断面与采样点的选择

首先应了解沿河城市和地区工业的整体布局和相应企业的生产和废水排放情况。通常可将沿岸的大城市或工业区作为一个污染源来考虑，该污染源所在河段至少应设置 3 个采样断面：①清洁或对照断面，设在污染源的上游，以了解河水未受本地区污染时的水质状况；②污染断面，设在污染源的下游，以了解水质污染状况和程度；③自净断面，设在污染断面下游一定距离，以了解污染范围及河水的自净能力。

各断面的采样点数依河道宽度而定，较宽的河道可设 3～5 个采样点（水流中心及距两岸距离不等处），较小的河流可只在河中心点采样。对重要的支流入口也应采样监测。采样深度一般在水下 0.2～0.5 米。

（二）采样时间和次数

根据调查目的和水质的监管要求确定采样时间和次数。如人力、条件许可，最好连续采样；如条件不许可，也可每周、每月或每季度采样，至少应在平水期、枯水期和丰水期各采样一次，每次连续 2～3 天。采样前数日及采样时应避开雨天，以免水样被稀释。

（三）水质监测项目

根据水体的用途、水体污染状况及监测的目的等进行选择。

（四）水体底质的监测

底质是指江河、湖泊、水库等水体底部的淤泥，是水体的重要组成部分。底质中有害物质（特别是重金属）含量的垂直分布一般能反映水体污染历史状况，对于弄清有害物质对水体的污染状况及其对水体可能产生的危害具有重要意义。

（五）水生生物的监测

水生生物的监测有助于判断水污染状况和污染物毒性的大小。

监测项目一般包括以下几个方面：①水生生物种群、数量及分布情况的测定，以了解和评价水体的污染情况；②生物体内毒物负荷的测定，可进一步了解水体污染及污染物在水体中的迁移、消长规律及对人群健康的可能危害；③水中污染物对水生生物综合作用的检测，有助于了解污染对水生生物的总体效应；④水中大肠菌群和病原微生物的检测，是查明水体生物性污染的常用指标。

二、湖泊、水库的监测

监测项目与江河水系基本相似，但应考虑其自身特点，可按不同水区设置监测断面，如进水区、出水区、深水区、浅水区、湖心区、污染源废水排入区等设置采样点，同时以远离污染的清洁区作为对照。此外，湖泊、水库的富营养化问题日益严重，因而对湖水监测时应增加磷、氮及藻类毒素的测定。

三、地下水的监测

受污染的地表水、生活垃圾堆放场渗出液、灌溉农田污水等均可透过土壤表层渗入地下水。在污水灌溉区、垃圾堆放场等应根据地下水流向，在地下水的下游设立若干监测井，并在地下水上游设置本底对照井，还可在污水灌溉区内设置若干个监测井。采样时间依具体情况而定。水质检测项目与江河水系基本相同。

四、水污染防治行动

水环境保护事关人民群众切身利益，事关全面建成小康社会，事关实现中华民族伟大复兴中国梦。当前，中国一些地区水环境质量差、水生态受损重、环境隐患多等问题十分突出，影响和损害群众健康，不利于经济社会持续发展。为切实加大水污染防治力度，保障国家水安全，2015年4月，国务院颁布了《水污染防治行动计划》（又称《水十条》），提出到2030年，力争全国水环境质量总体改善，水生态系统功能初步恢复。全国七大重点流域水质优良比例总体达到75%以上，城市建成区黑臭水体总体得到消除，城市集中式饮用水水源水质达到或优于Ⅲ类比例总体为95%左右。到21世纪中叶，生态环境质量全面改善，生态系统实现良性循环。

《水十条》是我国环境保护领域的重大举措，充分彰显了国家全面实施水治理战略的决心和信心。它是建设生态文明和美丽中国的应有之义；落实依法治国，推进依法治水的具体方略；适应经济新常态的迫切需要；实施铁腕治污，向水污染宣战的行动纲领；推进水环境管理战略转型的路径平台；推动稳增长、促改革、调结构、惠民生的必然要求。其主要内容包括：①全面控制污染物排放；②推动经济结构转型升级；③着力节约保护水资源；④强化科技支撑；⑤充分发挥市场机制作用；⑥严格环境执法监管；⑦切实加强水环境管理；⑧全力保障水生态环境安全；⑨明确和落实各方责任；⑩强化公众参与和社会监督。

案 例

2012年1月15日，广西龙江河拉浪水电站内群众用网箱养的鱼，突然出现不少死鱼现象。当地环保部门经过调查发现，死鱼是由于龙江河宜州拉浪段镉浓度严重超标引起，龙江水体已遭受严重镉污染。龙江河拉浪电站坝首前200米处，镉含量超《地表水环境质量标准》Ⅲ类标准约80倍。

根据河系地理情况，柳州市位于污染源的下游，群众有受到污染水体不良影响的可能。

思考题

1. 应该如何进行现场采样布点，如何对水样进行检测分析？根据那项标准对检测结果进行评价？

2. 如果此次镉污染事件没有得到及时有效控制，以至影响到生活饮用水，可能会对居民的生活和健康造成哪些危害？

3. 从保护人群健康，防止污染物引起的急慢性中毒的角度出发，你应该向政府决策部门提出那些合理化建议？

（宋晓明）

第五章 饮用水与健康

饮用水（drinking water）不仅指供人直接饮用的饮水，还包含日常个人生活用水，如洗澡用水、漱口用水等。如果水中含有害物质，这些物质可能通过皮肤、呼吸道和消化道等途径进入人体，从而对人体健康产生不良影响。供应量足质佳的饮用水，对于维持和提高人民生活卫生水平，促进人体健康以及防止疾病的发生具有十分重要的现实意义。

第一节 饮用水污染与疾病

饮用水一方面可由于不同病原体引起介水传染病，另一方面也可因化学性污染引起健康风险。后者主要是由于长期暴露于这些化学物质引起的慢性中毒和远期危害。受到大量意外污染引起的急性中毒较少见。可引起饮用水化学性污染的物质主要来源于工业废水、生活污水、施肥后的径流和渗透以及固体废弃物的渗滤液等，常见的有汞、砷、氰化物、多氯联苯、（亚）硝酸盐以及一些新型有机污染物等。

一、硝酸盐

1. 污染来源 主要有地层、工业废水、生活污水、氮肥、大气中硝酸盐的沉降和土壤中的有机物降解等。

2. 健康影响 虽然硝酸盐本身无毒，但在环境中易还原成亚硝酸盐，亚硝酸盐进入人体后，在胃肠道中与胺作用形成亚硝胺。亚硝胺已经被国际癌症研究中心确认为Ⅰ类致癌物。流行病学资料表明，某些癌症，如胃癌、食道癌、肝癌、结肠癌和膀胱癌等的发病可能与亚硝胺有关。亚硝酸盐进入机体后，可与血红蛋白结合形成高铁血红蛋白，影响机体输送氧气的功能，造成缺氧，甚至引起窒息死亡。此外，亚硝酸盐还能够通过胎盘，对胎儿有致畸作用。

二、药物及个人护理品（pharmaceuticals and personal care products，PPCPs）

PPCPs是过去30年来水环境中出现的一类新型的有机污染物。药物主要包括各种处方药和非处方药、兽药等（如抗生素、消炎止痛药）；个人护理用品，如洗发水、护肤液、牙膏、防晒霜、化妆品等，以及这些产品的代谢产物。近年来，PPCPs逐渐引起了人们的关注，有研究发现，它们广泛存在于水体中，包括饮用水、地下水和地表水。虽然PPCPs浓度很低，但其成分复杂，难以生化降解，在环境中通过食物链富集进入人体，可对人体产生慢性毒性，损害健康。但我国在该领域研究刚刚开始，尚未制定相关标准，因此污染处理厂并没有针对PPCPs废水处理的方法，迫切需要加强相关领域的研究。

第二节 生物地球化学性疾病

人体必需微量元素不能在体内合成，需通过饮食或饮水从外界获得。某些地区由于地质原因，水土环境中某些微量元素含量过低，影响该地人群对元素的摄入，造成体内微量元素不足，严重时可导致相应疾病的发生。

由于地壳表面化学元素分布的不均匀性，使某些地区的水和（或）土壤中某些元素过多或过少，当地居民通过饮水、食物等途径摄入这些元素过多或过少，而引起某些特异性的疾病，称为生物地球化学性疾病（biogeochemical disease）。由于该类疾病常明显局限于一定地区，故也归为地方病（endemic disease）。生物地球化学性疾病的判定需要符合下列条件：①疾病的发生具有明显的区域性。由于生物地球化学性疾病是地球表面某种化学元素水平的不平衡所致，所以此类疾病的分布具有明显的地区差异。②疾病的发生与地质中某种化学元素之间有明显的剂量反应关系。生物地球化学性疾病人群流行强度与某种化学元素的环境水平有着明显的剂量反应关系。此种相关性在不同的时间、地点和人群之间都会表现得十分明显，且能用现代医学理论加以解释。

一、碘缺乏病

碘缺乏病（iodine deficiency disorder，IDD）是指从胚胎发育至成人期，由于碘摄入不足而引起的一系列病症，包括地方性甲状腺肿、地方性克汀病、地方性亚临床克汀病、流产、早产、死产等。最典型的表现形式是地方性甲状腺肿和克汀病，二者体现了碘缺乏在人类不同发育时期所造成的不同损害。前者多与儿童期和青春期缺碘有关，主要表现为甲状腺大；后者则多与胎儿期和2岁以内时缺碘有关，往往在较严重的缺碘地区出现，表现为不同程度的智力低下、体格矮小、听力障碍、运动障碍及不同程度的甲状腺功能低下和甲状腺肿，可概括为呆、小、聋、哑、瘫，故又有呆小症之称。

（一）流行病学特征

碘缺乏病是全球性的公共卫生问题，我国是受碘缺乏严重威胁的国家之一。空间上，该疾病主要流行在山区、丘陵以及离海洋较远的内陆。我国病区遍及除上海市以外的其他各省、直辖市、自治区。其分布总的规律是山区高于丘陵、丘陵高于平原，平原高于沿海。发病年龄一般在青春期，女性早于男性。采取补碘的干预措施后，可以迅速改变碘缺乏病的流行状况，如甲状腺肿得到很快控制，不再有新的克汀病发生。

（二）预防措施与治疗原则

1. 预防措施 碘缺乏病是由于碘摄入不足所致，因此补碘是防治碘缺乏病的根本措施。食盐加碘是预防碘缺乏病的首选方法。瑞士最早实施该政策，在1923—1928年间，该国新兵的地方性甲状腺大明显下降，且在1950年几乎降至零，也无新发克汀病。我国国务院于1994年发布《食盐加碘消除碘缺乏危害管理条例》，开始推行食盐加碘。碘油可以作为碘盐的辅助措施，在食用不到碘盐的偏远地区，可选用碘油。碘油及乙基碘油，是植物油与碘化氢加成反应后所形成的有机碘化物。碘油的给药方式分为肌内注射与口服两种。口服和肌内注射的有效期分别为1～1.5年和3年。另外，需注意的是当人体摄入过量的碘时也可引起甲状腺肿。目前主要的预防措施就是推广碘盐的使用，同时注意控制在高碘地区碘的摄入。

2. 治疗原则 地方性甲状腺肿较轻者可通过坚持补碘而好转。较重者需通过甲状腺激素疗法及外科治疗；对于地方性克汀病，治疗越早效果就越好。适时适量补充甲状腺激素，及时采用"替代疗法"就可以迅速收到理想的治疗效果。

二、地方性氟中毒

由于一定地区的环境中氟元素过多，而致生活在该环境中的居民通过饮水、食物和空气等途径长期摄入过量氟所引起的慢性全身性疾病，以氟骨症（skeletal fluorosis）和氟斑牙为主要特征，称为地方性氟中毒（endemic fluorosis），又称地方性氟病。氟中毒是一种全身性疾病，其主要表现是氟斑牙和氟骨症。前者主要发生在正在生长发育的恒牙，牙齿常出现白垩、着色、缺损等，且终生携带。氟骨症多见于成人，主要发生在青壮年时期（16～50岁），且随年龄的增高而增多。

（一）流行病学特征

地方性氟中毒主要分为饮水型地方性氟中毒、燃煤型地方性氟中毒、饮茶型地方性氟中毒。其发生地点具有广泛的地区性，与周围生活环境介质中氟的浓度密切相关。亚洲是氟中毒最严重的地区，我国是涉及人口最多，病情最重的国家之一。除上海市以外，全国各省市自治区均有地方性氟中毒的发生和流行。

1. 饮水型地方性氟中毒 居民由于长期饮用高氟水，导致体内摄入过量氟引起的一种慢性氟中毒。一般以地下水氟含量高为主要特征。饮水型氟中毒病区分布最广，其特点是饮水中氟含量高于国家饮用水标准 1.0 mg/L，其患病率与饮水氟含量明显正相关。2017年，对我国饮水型氟中毒病区 28 个省份和新疆生产建设兵团的 139 个县的监测显示，改水工程后水氟合格率为 76.3%，儿童氟斑牙检出率为 22.9%，氟斑牙指数为 0.47，呈边缘流行强度。

2. 燃煤型地方性氟中毒 由于特定地区居民长期使用当地含高氟煤做饭、取暖，敞灶燃煤，炉灶无烟囱等，造成室内空气与食物污染而摄入过量氟导致的慢性氟中毒。该种类型是我国 20 世纪 70 年代后确认的类型，也是我国特有的一种氟中毒类型。2017 年对我国云、贵、川和长江三峡流域 8 省份监测显示，敞炉、敞灶使用率下降，同时四川和云南的食物暴露依然存在，如辣椒加工前淘洗率偏低。

3. 饮茶型地方性氟中毒 由于居民长期饮用含氟过高的砖茶引起的氟中毒。1981年首次在四川阿坝藏族自治州壤塘县发现该地居民长期因砖茶导致氟中毒。该病区主要分布在西藏、四川、青海、甘肃、内蒙古、宁夏、新疆等长期有饮用砖茶习惯的少数民族聚居地区。最新监测显示，饮茶型氟中毒病区砖茶仍然存在氟超标问题。

地方性氟中毒的发生与摄入氟的剂量、时长、个体排氟能力及个体敏感性，生长发育及营养状况有关。乳牙一般不发生氟斑牙，恒牙形成后再移居到高氟地区一般不患氟斑牙。氟骨症发病缓慢，最普遍的自觉症状是疼痛。通常由腰背部开始，逐渐累及四肢大关节一直到足跟。疼痛一般呈持续性，多为酸痛，无游走性，尤其是早晨起床后常不能立刻活动。部分病例除疼痛外，还有肢体麻木、蚁走感、知觉减退等感觉异常现象。在病区居住年限越长，氟骨症患病率越高，病情越重。非病区迁入者发病时间一般较病区居民短，迁入重病区者，可在 1～2 年内发病，且病情严重，因此民间有"氟中毒欺负外来人"的说法。地方性氟中毒的发生与发展还受其他因素的影响，主要是饮食营养因素。

（二）预防措施与治疗原则

1. 预防措施 地方性氟中毒病因清楚，因此，其根本措施为减少氟的摄入量。

（1）饮水型氟中毒：常用的方法有①改用含氟量低的水源，可利用低氟的地面水或收集雨雪水供饮用；②饮水除氟，可采用混凝沉淀法和吸附过滤法。

（2）燃煤污染性地方性氟中毒：常用的方法有①改良炉灶，降低室内空气氟污染；②降低（防止）食物的氟污染；③使用清洁能源，改善生活条件，改变落后的敞炉灶燃煤的习惯。

（3）饮砖茶型氟中毒：应按照《砖茶含氟量》（GB 19965-2005）控制茶叶的含氟量，推广氟含量低的优质砖茶。

2．治疗原则 减少氟的摄入和吸收，促进氟的排泄，拮抗氟的毒性，增强机体抵抗力及适当的对症处理。

（1）氟斑牙：考虑到氟对牙齿的损伤不可逆转，可选择合适的治疗方法，改善症状，促进美观。目前口腔科可采用漂白法和修复法等治疗。

（2）氟骨症：尚无理想的治疗方法及药物。主要是减缓症状，对症处理，重症患者外科治疗。注意加强和改善患者的营养状况，以增强机体的抵抗力。

三、地方性砷中毒

地方性砷中毒（endemic arsenicosis）是由于长期从饮用水、室内煤烟、食物等环境介质中摄入过量的砷而引起的一种生物地球化学性疾病。临床上以皮肤色素代谢异常［脱失和（或）沉着］、掌跖角化、皮肤癌变为主，伴有多系统、多脏器的慢性受损。

（一）流行病学特征

地方性砷中毒可分为饮水型地方性砷中毒和燃煤型地方性砷中毒。迄今为止，在世界上多个国家和地区发生的饮水型地方性砷中毒，均为长期使用管井抽取被高浓度无机砷污染的地下水引发。燃煤型地方性砷中毒为我国特有。在过去的30年中，饮水型砷中毒被认为是世界上多个国家地区的主要公共卫生问题。

1．饮水型地方性砷中毒 由于饮用水中含砷量高，造成机体摄入过量的砷，从而导致砷在体内蓄积，从而出现的中毒症状，称之为饮水型砷中毒。我国最早发现饮水型病区为20世纪50年代的台湾西南沿海，当地居民流行一种不明原因的地方病，被WHO命名为"乌脚病"。大陆则在上世纪80年代初新疆奎屯地区首次确认饮水型病区。2017年对我国11个省（区）及新疆生产建设兵团的91个饮水型砷中毒病区村和潜在病区村的砷中毒病情调查显示砷中毒患者检出率为4.00%。

2．燃煤型地方性砷中毒 由于燃用高浓度含砷煤所致。主要发生在我国贵州和陕西等省的山区、半山区或丘陵地带。陕西省燃煤污染性地方性砷中毒与氟中毒联合存在，主要分布在秦巴山区。上述地区具有燃用当地开采的含高浓度无机砷的煤炭，并用敞炉燃烧取暖、做饭、烘烤粮食、辣椒等，致使室内空气、粮食和辣椒被砷污染，从而引起砷中毒。2017年，调查表明，燃煤型砷中毒控制良好，无新发病例。

由于饮水型砷中毒病区高砷水井呈散在分布，一般情况下，一个家庭饮用同一口高砷井水，故有一定的家族聚集性。燃煤型患者也以同一燃用高砷煤的家庭发病为特点。在砷暴露人群中，各个年龄均可受害，包括从幼儿到高龄老人，随着年龄增长，患病率有升高的趋势。地方性砷中毒性别差异不明显，一些地区调查表明，砷中毒在成年男性略高于女性，重体力劳动者居多，这可能与机体砷摄入量、男性吸烟饮酒等不良生活习惯有关。

地方性砷中毒早期多为轻微的皮肤改变，之后可有手足麻木、色素改变等。长期砷暴露与心血管疾病以及皮肤癌等癌症的高发有关。国际癌症研究机构已经于1987年将其确定为I类致癌物。

（二）预防措施与治疗原则

1．预防措施

（1）改换水源：在地下水含砷量较高的地区，可改换水源，比如低砷井水、窖水、引江河湖泊泉水做水源。

(2) 饮水除砷：通过物理、化学的方法，比如修建混凝沉淀池，并投加明矾、硫酸铝等混凝剂和助凝剂；应用沉淀过滤技术，设立小型集中式供水设施；另外，可在除砷装置中放置骨炭、活性炭等吸附材料，强化饮水除砷效果。

(3) 限制高砷煤炭的开采使用：在燃煤型污染病区，在可能的情况下，禁采高砷煤，改换低砷煤。在有条件的地方，可修建家庭用沼气池或改用煤气、电力等作热源。

(4) 改良炉灶，减少室内砷暴露：通过改良炉灶，将煤烟排出室外；加强室内通风换气；将粮食等食物储藏室与厨房分开。

2．治疗原则　无特异及有效的治疗方法。一般采用增加优质蛋白、多种维生素摄入的营养支持疗法；对掌跖角化，可采用水杨酸软膏、尿素软膏等溶解角化物；二巯基丙磺酸钠是砷的解毒剂，可基于尿砷浓度酌情加减。

四、与硒相关的生物地球化学性疾病

硒是机体必需微量元素，摄入量不足或过量均可引发不良效应。目前与硒相关的生物地球化学性疾病主要包括大骨节病和克山病。

（一）大骨节病（Kashin-Beck disease，KBD）

大骨节病是四肢关节透明软骨的变性、坏死以及继发性骨关节病为主要病变特征的地方性、多发性、慢性变形性骨关节炎。临床表现为关节疼痛、增粗变形，肌肉萎缩，运动障碍。最初由俄国学者尤伦斯基在贝加尔地区乌罗夫河流域发现，并由俄国军医卡辛对此进行了调查和研究，因此1906年国际上将这种疾病命名为卡辛-贝克病（Kashin-Beck disease，KBD）。

大骨节病的病因一直是学术界关注的重点，归纳起来有3种：生物地球化学学说、饮水中有机物中毒学说和食物性真菌毒素中毒学说。其中环境低硒是大多数学者所认可的生物地球化学因素。该学说认为大骨节病与环境低硒有密切关系。但近年发现在某些低硒地区无大骨节病发生，因此很多学者认为低硒只是众多大骨节病发生的条件之一。饮水中有机物中毒学说认为饮水有机物污染是大骨节病的可能病因。真菌毒素中毒学说是几年来研究最深入，最系统的一种学说。该学说认为大骨节病的致病因子可能是镰刀菌在粮食中产生的毒素或破坏蛋白质产生的有毒物质，比如T-2毒素。近年来，已经采用多种模型和组学技术探讨其病因。

大骨节病多发生在大陆气候，暑期短，霜期长，昼夜温差大，生存条件恶劣，经济发展缓慢的地区。大骨节病是一种典型的地方病，病区与病区，病区与非病区之间往往犬牙交错。该病主要发生在儿童，少年和成人中新发病例较少。其发病性别差异不明显，但16岁以上的青年及成人患者，男性略高于女性。未见民族、职业差异。该病病程长，进展缓慢，很难确定发病准确时间。外来人群患病率可在8年左右达到当地人群水平，甚至略高，有"欺外现象"。

预防措施与治疗原则如下：

1．预防措施　主要预防措施包括补硒，常用硒碘盐的方法；改粮措施，改旱田为水田，改自产粮为非病区粮，防止食物霉变等；改水措施，选择水质较好的饮用水水源或通过吸附或者过滤方法对病区饮水进行净化。

2．治疗原则　"早发现，早诊断，早治疗"是阻断疾病进展的重要一环。早期治疗除补充硒制剂外，还可应用某些具有解毒和抗氧化作用的药物。疾病中晚期酌情采取物理治疗、药物治疗和手术治疗。

（二）克山病

克山病（Keshan disease）是一种以心肌变性坏死为主要病理改变的生物地球化学性疾病。

由于在我国黑龙江省克山县首先发现,故被称为克山病。它是一种与环境低硒有关、多病因综合所致的地方性心肌病(endemic cardiomyopathy)。自 20 世纪 60 年代,我国学者对其进行了深入研究,提出了多种病因假说,包括环境低硒,生物感染因素和膳食中营养素失衡等病因假说。

我国克山病区主要发生在东三省、内蒙古、山东等 16 个省(市、自治区)。其分布和环境地理因素密切相关。病区大多地表呈现侵蚀区地貌,各种可溶性化学元素(包括硒、碘等)贫瘠。克山病发病年度波动大,可分为高发年、低发年、平年。发病人群以农业人口为主,同一区域中的非农业人口发病率极低。

预防措施与治疗原则如下:

1. 预防措施 包括建立健全三级预防网络,对疾病做到早发现、早诊断、早治疗;同时治理病区生态环境,改善生态条件、居住条件;对垃圾、粪便进行无害化处理,减少感染因素;合理营养,平衡饮食;通过多种方法进行补硒,如硒盐、亚硒酸钠片及硒粮。

2. 治疗原则 急性期患者对症治疗,合理用药,病情稳定缓解后转上级医院;亚急性、慢性患者可由基层医生对症治疗;潜在型克山病应劳逸结合,加强生活指导,定期复查。

第三节 饮用水的其他健康问题

一、氯化消毒副产物

饮用水的氯化消毒是集中式供水安全的重要保障,在控制介水传染病的流行中起到了非常重要的作用。迄今为止,氯化消毒仍是我国水处理中普遍采用的技术。氯化消毒副产物(chlorinated disinfection by-product)是指在氯化消毒过程中的氯与水中有机物反应所产生的卤代烃类化合物。水中有机物、腐殖酸、藻类及其代谢物、蛋白质等是产生消毒副产物的有机前体物(organic precursor),是消毒副产物的主要来源。

主要的氯化消毒副产物可以分为两大类,①挥发性卤代有机物,主要有三氯甲烷(trihalomethanes,THMs),包括三氯甲烷、溴卤三氯甲烷、溴仿;②非挥发性卤代有机物,主要有卤代乙酸(haloacetic acids,HAAs),包括氯乙酸、二氯乙酸、三氯乙酸、溴乙酸、二溴乙酸等;还有卤代酚等。这两类含量之和占全部氯化副产物的 80% 以上。

有多种因素会影响氯化消毒副产物的形成,包括有机前体物含量、水的 pH 值、溴离子浓度、加氯量、接触时间等。水中有机前体物越多,氯化消毒副产物就越多。在水中前体物一定的情况下,加氯量越大,接触时间越长,生成的三氯甲烷越多。当水中溴离子浓度高时,水中溴离子被次氯酸氧化成次溴酸后更易与前体物质作用,生成溴代三卤甲烷和溴代卤乙酸。水中 pH 值对三卤甲烷和卤乙酸的生成量有影响。随着 pH 值的升高,三卤甲烷生成量增加;随着 pH 值的减小,卤乙酸的生成增加。

研究发现氯化消毒的副产物可能引起健康损害。有流行病学研究表明,饮用水中消毒副产物三溴甲烷浓度与男性结肠癌发生风险呈正相关;动物实验表明,许多氯化消毒副产物具有致突变性和(或)致癌性、致畸性和神经毒性作用。比如三卤甲烷类的氯仿、一溴二氯甲烷、二溴一氯甲烷和溴仿均对实验动物有致癌性,可引起肝、肾、消化道肿瘤。卤代乙酸类中的二氯乙酸、三氯乙酸、二溴乙酸、溴氯乙酸也能诱发小鼠肝肿瘤。其中三氯甲烷、一溴二氯甲烷、二氯乙酸和卤代烃羟基呋喃酮被 IRAC 列为可能致癌物(2B 类);一溴二氯甲烷、三溴甲烷、三氯乙酸等别列为无法分类的致癌物(3 类)。尽管已经通过实验证实消毒副产物引发多器官的肿瘤,但还需要更多的流行病学研究加以证实。

预防措施:可通过多种途径减少氯化副产物,包括利用生物活性炭法降低或去除水中有机前体物含量；通过混凝沉淀和活性炭过滤等净化措施降低或去除消毒副产物；改变传统氯化消毒工艺；采用二氧化氯或臭氧消毒方法等，以减少消毒副产物的生成。

二、饮水硬度与健康

饮水硬度对健康的影响，多集中于其与心血管疾病的关系。有研究发现饮水硬度与心血管疾病死亡率呈负相关，即认为硬水对心血管疾病可能是一种有利因素。但也有另外一些研究并未得出该结论。因此仍需进一步研究探讨其关系。另一方面，饮用硬度过高的水对健康也有不利影响。例如，偶尔饮用硬水，可能会造成肠胃功能紊乱、出现腹泻和消化不良等症状，即所谓的"水土不服"；流行病学调查和动物实验提示，硬水可能对泌尿系结石的形成有促进作用。除对健康的影响外，水的硬度过高，也会给日常生活带来诸多不利影响。如用硬水洗衣物，不但会增加肥皂的消耗，还会使衣物变色发黄；用硬水烹调食物会降低食物的营养价值等。

三、高层建筑二次供水污染与健康

高层建筑二次供水（secondary water supply）是指供水单位将来自集中式供水或自备水源的生活饮用水，通过多种形式输送至水站或用户的供水系统中。二次供水的水质也应该符合《生活饮用水标准》（GB 5749-2006）。一般情况下，五层以上的建筑均需二次供水。

常见二次供水方式为增压设备和高位水池联合供水，变频调速供水及叠压供水。由于第一种方式需使用屋顶水箱，容易发生二次污染。其原因主要是储水设施材料、设计存在问题，水箱或水池内细菌、病毒、原生动物和藻类滋生导致污染；储水设施长期不清理，基础设施设计和安装不合理。因此目前应用较少。变频调速供水方式与第一种方式相比，不设高位水箱，水泵加压后直接供用户使用，低位水池具有一定的水量储存能力，避免了高位水箱二次污染的问题。叠压供水（无负压供水）能够利用市政管网的水压，通过连续接力增压来供水，具有节能效果好、水质污染少的优点。该供水方式一般须经当地自来水公司审批。

二次供水的水质被污染后，可使饮用者出现不同程度的恶心、呕吐和腹泻，严重者甚至死亡。二次供水污染通常包括生物性污染和化学性污染，前者多由于管理不善、消毒不合格或储水设备不严密所致，易引起介水传染病，如腹泻、痢疾等的发生；后者则多由于不合格的输配水设备和防护材料中含有过量的有害物质所致（如铅、汞、砷等金属），往往对人体产生慢性危害。

预防措施：随着我国城市化进程的加速，高层建筑二次供水已成为我国城市常见的供水方式。应加强对二次供水设施的设计、施工及所用材料的审查，加强经常性卫生监督和管理，以防二次供水的水质污染。

第四节　集中式给水

集中式给水（central water supply）通常称"自来水"（tap water），是指由水源集中取水，经统一净化处理和消毒后，通过输配水管送到给水站和用户的供水方式。其供水方式有两种，即城建部门建设的各级自来水厂和由各单位自建的集中式供水方式。它的优点是：有利于水源的选择和防护；易于采取改善水质的措施，较易保证水质良好；用水方便；便于卫生监督和管理。但水质一旦被污染，其危害面亦广。

一、水源选择的原则

选择水源时，必须综合考虑以下原则：

（一）水量充足

选择水源时，水源的水量应能满足城镇或居民点的总用水量，并考虑到近期和远期的发展。

（二）水质良好

水源水质应符合下列要求：

1. 选用地表水作为供水水源时，应符合《地表水环境质量标准》（GB3838-2002）的要求；选用地下水作为供水水源时，应符合《地下水环境质量标准》（GBT-14848-2017）的要求。

2. 水源水的放射性指标限值，规定总 α 放射性为 0.1 Bq/L，总 β 为 1.0 Bq/L。

3. 当水源水质不符合要求时，不宜作为供水水源。若限于条件需要加以利用时，源水超标项目经自来水厂净化处理后，应符合相应的标准。

（三）便于防护

优先选择地下水。采用地表水做水源时，应将取水点设在城镇和工矿企业的上游，以防止水源污染。为保护水源，取水点周围应设置保护区。

以地表水为水源时，应保证：①取水点周围半径 100 m 水域内，严禁捕捞、网箱养殖、停靠船只等可能污染水源的任何活动；②取水点上游 1000 m 至下游 100 m 的水域内不得排入工业废水和生活污水；其沿岸防护范围内不得堆放废渣，不得设立有毒有害化学物品仓库、堆栈，不得构筑装卸垃圾、粪便和有毒有害化学物品的码头，不得使用工业废水或生活污水灌溉及施用难降解或剧毒的农药，不得排放有毒气体、放射性物质，不得从事放牧等有可能污染该水域水质的活动；③以河流为饮用水水源时，一级保护区水域长度为取水点上游不小于 1000 m，下游不小于 100 m 范围内的河道水域；④受潮汐影响的河段水源地，一级保护区上、下游两侧范围相当，范围可适当扩大；⑤以水库和湖泊为饮用水水源时，应根据不同情况，将取水点周围部分水域或整个水域及其沿岸划为水源保护区，并按①②项的规定执行；⑥对生活饮用水水源的输水明渠、暗渠，应重点保护，严防污染和水土流失。

以地下水为水源时，其防护区的划分应根据水源地的地理位置、水文地质条件、供水量、开采方式和污染分布等来确定。应保证在取水井的影响半径范围内，不得使用工业废水或生活污水灌溉和施用难降解或剧毒的农药，不得修建渗水厕所、渗水坑，不得堆放废渣或铺设污水渠道，并不得从事破坏深层土层的活动，人工回灌的水质应符合生活饮用水水质要求。

（四）技术经济合理

选择水源时，在综合分析比较各个水源的水量、水质后，可进一步结合取水、净化、输水等具体条件，考虑基本建设投资及维护费用的最节省方案。

二、取水点的卫生要求

（一）地表水

地表水的取水点应位于城镇和工业企业的上游，避开生活污水和工业废水排出的污染影响，取水点的最低水深应有 2.5～3 m。

（二）地下水

地下水的取水点位置地下水埋藏愈深，含水层上面覆盖的不透水层愈厚，给养区愈远，在卫生上愈宜作取水点。当深层地下水的覆盖层为裂隙地层，或以浅层地下水为水源时，取水点应设在污染上游。此外，在不影响水量、水质的前提下，应考虑技术上方便的地点。

三、水质处理

通常情况下，生活饮用水的水源水，均不同程度地含有各种各样的杂质，往往需要进行水质处理以改善其感官性状和生物学指标，使之达到生活饮用水卫生标准的要求。水质处理一般包括净化和消毒等处理方式。净化处理有常规净化、深度净化、特殊处理三种。地表水的常规处理过程是：混凝沉淀（澄清）- 过滤 - 消毒。常规净化可除去原水中的悬浮物质、胶体颗粒和细菌等。以地下水为水源且不受地表水影响出现浑浊时，可以直接进行消毒。若原水中含铁、锰、氟等，则需特殊处理。为生产优质饮用水，可对常规水厂的水质进行深度净化处理。

（一）混凝沉淀

在天然水中加入混凝剂，去除其中自然沉淀的细小颗粒，特别是胶体微粒的过程称为混凝沉淀（coagulation precipitation）。

1. 混凝剂 为了保证饮用水的安全性，用于饮用水处理的混凝剂应满足对人体无不良影响、效果好、来源充足、经济可行的基本要求。混凝的原理包括压缩双电层作用、电性中和作用、吸附架桥作用。常用的混凝剂有金属盐类混凝剂和高分子混凝剂两类。前者如铝盐和铁盐等；后者如聚合氯化铝和聚丙烯酰胺等。其中铝盐是最常用的混凝剂，包括明矾〔$Al_2(SO_4)_3 \cdot K_2SO_4 \cdot 24H_2O$〕、硫酸铝〔$Al_2(SO_4)_3 \cdot 18H_2O$〕、铝酸钠（$Na_3AlO_3$）和三氯化铝（$AlCl_3 \cdot 6H_2O$）等。铝盐易溶于水，在水处理中投入的浓度大致为 $10^{-5} \sim 10^{-3}$ mol/L（含 Al 量 0.27 ~ 27 mg/L）。该混凝剂腐蚀性小，使用方便，混凝效果好，且对水质无不良影响，但存在水温低时，絮凝体形成慢且松散的缺点。聚合氯化铝是常用的高分子混凝剂，它对低浊度水、高浊度水、严重污染的水和各种工业废水都有良好的混凝效果，且用量比硫酸铝少，同时适用的 pH 值范围较宽（5 ~ 9），凝聚和沉淀速度快，成本较低。

2. 助凝剂 为提高低温或低浊度水的混凝效果，可投加高分子助凝剂。它可起到如下作用：①调节或改善混凝条件，如原水碱度不足，可加石灰；用氯将亚铁氧化成高铁。②改善絮凝体结构，如铝盐产生的絮凝体细小而松散时，可用聚丙烯酰胺或活性硅酸等助凝。

3. 影响混凝效果的因素 ①水中悬浮物的性质和含量：水中悬浮物微粒细小，单一均匀时不利于混凝；微粒含量过少时，微粒的碰撞机会明显减少；微粒含量过多时，不易充分混匀。②水温：水温对混凝效果有明显影响，水温低时，絮凝体形成会缓慢、细小、松散。③水的 pH 值：水的 PH 值对混凝效果的影响程度视混凝剂品种而异。在不同 pH 值下，铝盐和铁盐的水解、缩聚产物不同，因而对其混凝效果影响较大，而高分子混凝剂受 pH 值影响较小。④水中有机物和溶解盐含量：水中有机物对混凝有阻碍作用，溶解性盐类对铝盐的混凝有促进作用。⑤混凝剂的种类和用量。⑥混凝剂的投加方法、搅拌强度和反应时间等。

4. 沉淀和澄清 混凝过程中生成的絮凝体和其他悬浮颗粒依靠重力作用，从水中分离出来的过程称为沉淀（sedimentation）。所用的沉淀设施主要有平流式沉淀池和斜板（管）沉淀池。澄清池包括泥渣循环型和泥渣悬浮型。澄清池的特点：一是利用积聚的泥渣与水中脱稳颗粒相互接触、吸附，充分发挥泥渣的絮凝活性；二是将混合、反应和泥水分离等过程放在同一池内完成，从而使水得到澄清。

（二）过滤

过滤（filtration）是以石英砂等具有孔隙的粒状滤料层截留水中的悬浮物质，从而使水获得澄清的工艺过程。该过程可去除水中残留的细小悬浮颗粒物及微生物。滤池通常设在沉淀池或澄清池之后。该方法可达到以下目的：①使滤后水的浊度达到《生活饮用水卫生标准》的要求；②去除水中大部分病原体，如致病菌、病毒以及寄生原虫和蠕虫等，特别是阿米巴包囊和隐孢子虫卵囊对消毒剂的抵抗力很强，主要靠过滤去除；③残留微生物失去悬浮物的保护作用，使消毒工艺的效率大大提高。在原水水质较好时，可直接过滤。

常用的滤池有慢滤池、普通快滤池、双层和三层滤料滤池、接触双层滤料滤池、虹吸滤池、无阀滤池、移动罩滤池、V型滤池和压力滤池等。在市政给水过程中，应用最广的滤料是石英砂，常用的还有无烟煤、木炭、活性炭、磁铁砂、锰砂、金刚砂和石榴石等颗粒。

影响过滤效果的因素主要有：①滤层厚度和粒径，滤层过薄，水中悬浮物会穿透滤料层而影响出水水质，过厚会延长过滤时间。滤料粒径大，筛滤、沉淀杂质的作用小。②滤速，是指水流通过过滤层整个面积的速度（单位为m/h）。滤速过快会影响滤后水质，滤速过慢过滤效果好，但会影响出水量。③进水水质，进水的浑浊度、色度、有机物、藻类等对过滤效果影响很大，其中影响最大的是进水的浊度，要求浊度低于10度。④滤池类型，慢滤池因滤料粒径小，过滤效果好，去除微生物的效果一般在99%以上。而快滤池一般在99%以下，有时甚至远低于90%。

（三）消毒

消毒（disinfection）是指杀灭外环境中病原微生物的方法。饮用水消毒目的是考虑供水过程的各个环节都存在致病菌的污染，通过消毒切断饮用水中病原微生物的传播途径，预防传染病的发生和流行。饮用水常用的消毒方法主要有氯化消毒、二氧化氯消毒、紫外线消毒和臭氧消毒等。目前以氯化消毒最为常用。

1. 氯化消毒 氯化消毒（chlorination）是指用氯或氯制剂进行饮水消毒的一种方法。常用的氯制剂主要有液氯、次氯酸钠、漂白粉〔Ca（OCl）Cl〕、漂白粉精〔Ca（OCl）$_2$〕和有机氯制剂等。氯的杀菌作用机制是由于次氯酸（hypochlorous acid，HOCl）体积小，电荷中性，易于穿过细胞壁；同时，它又是一种强氧化剂，能损害细胞膜，使蛋白质、RNA和DNA等物质释出，并影响多种酶系统（主要是磷酸葡萄糖脱氢酶的巯基被氧化破坏），从而使细菌死亡。氯对病毒的作用，在于对核酸的致死性损害。病毒缺乏一系列代谢酶，对HOCl的抵抗力较细菌强，HOCl较易破坏—SH键，而较难使蛋白质变性。

氯与水中存在的一定量氨氮可发生可逆反应，形成一氯胺（NH_2Cl）、二氯胺（$NHCl_2$）和三氯胺（NCl_3）。NH_2Cl和$NHCl_2$的杀菌原理仍是HOCl的作用。氯胺是弱氧化剂，杀菌作用不如HOCl强，需要较高浓度和较长接触时间。

（1）影响氯化消毒效果的因素

1）加氯量和接触时间：用氯及含氯化合物消毒饮用水时，氯不仅氧化水中的有机物和还原性无机物，还要与水中细菌作用，其需要的氯的总量为"需氯量"。为保证消毒效果，加氯量必须超过需氯量，使在氧化和杀菌后还能剩余一些有效氯，称为"余氯"。余氯（residual chlorine）有两种，一种为游离性余氯，如HOCl和次氯酸根（OCl^-），另一种为化合性余氯，如NH_2Cl和$NHCl_2$。

2）水的pH值：次氯酸是弱电解质，其解离程度与水温和pH值有关。当pH＜5.0时，水中HOCl达100%；pH在6.0时，HOCl在95%以上；pH值＞7.0时，HOCl含量急剧减少。由于HOCl的杀菌效率高，因此，消毒时应注意控制水的pH值不宜太高。

3）水温：水温高，杀菌效果好。水温每提高10℃，病菌杀灭率提高2～3倍。

4）水的浑浊度：用氯消毒时，必须使HOCl和OCl^-直接与水中细菌接触，方能达到杀菌效果。如水的浑浊度很高，悬浮物质较多，细菌多附着在这些悬浮颗粒上，则氯不易直接作用于细菌，使杀菌效果降低。

5）水中微生物的种类和数量：不同微生物对氯的耐受性不同，一般来说，大肠埃希菌抵抗力较低，病毒次之，原虫包囊抵抗力最强。水中微生物的数量过多，则消毒后水质较难达到卫生标准的要求。

（2）加氯地点和加氯设备：在水的净化处理流程中，加氯地点可选择在①滤前加氯，即在混凝沉淀前加氯，其主要目的在于改良混凝沉淀和防止藻类生长，但易生成大量氯化副产物。②滤后加氯，即在过滤后加氯，其目的是杀灭水中病原微生物，它是最常用的消毒方法；也可采用二次加氯，即混凝沉淀前和滤后各加一次。③中途加氯，即在输水管线较长时，在管网中途的加压泵站或贮水池泵站补充加氯。此法既可保证末梢水余氯量，又不使水厂附近的管网水含余氯过高。

2. 二氧化氯消毒 二氧化氯（ClO_2，chlorine dioxide）在常温下为橙黄色气体，带有刺激性的辛辣味，在水中溶解度为 Cl_2 的 5 倍，在水中极易挥发，其水溶液呈黄绿色，需临用时配制。当空气中 ClO_2 浓度大于 10% 或水中浓度大于 30% 时，都具有爆炸性。因此，在生产时常用空气来冲淡 ClO_2 气体，使其浓度低于 8%~10%。

ClO_2 是极为有效的饮水消毒剂，对细菌、病毒及真菌孢子的杀灭能力均很强。对微生物的杀灭原理是：ClO_2 对细胞壁有较好的吸附性和渗透性，可有效地氧化细胞内含巯基的酶；可与半胱氨酸、色氨酸和游离脂肪酸反应，快速控制蛋白质的合成，使膜的渗透性增高，并能改变病毒衣壳，导致病毒死亡。ClO_2 对于水中残存有机物的氧化作用优于 Cl_2。ClO_2 的强氧化性还可将致癌物 BaP 氧化成无致癌性的醌式结构。

ClO_2 消毒饮用水的优点包括：杀菌效果好、用量少，作用时间长，可保持剩余消毒剂量；可减少水中三卤甲烷（THM）等氯化副产物的形成。当水中含氨时不与氨反应，其消毒作用不受影响；氧化性强，能分解细胞结构并能杀死芽孢和病毒，特别是对隐孢子虫、贾第鞭毛虫的灭活效果好；消毒后水中余氯稳定持久，防止再污染的能力强；可除去水中的色和味，不与酚形成氯酚臭，去除铁、锰的效果比氯强；ClO_2 水溶液可以安全生产和使用。其缺点是：ClO_2 具有爆炸性，故必须在现场制备，立即使用。ClO_2 消毒饮用水可产生氯酸盐和亚氯酸盐。

3. 臭氧消毒 臭氧（O_3，ozone）是极强的氧化剂，通过氧化破坏微生物的结构。O_3 加入水后即放出新生态氧〔O〕，〔O〕具有很大的氧化能力，可氧化细菌的细胞膜而使其渗透性增加，细胞内容物漏出；也可影响病毒的衣壳蛋白，导致病毒死亡。因此，O_3 的灭菌、除病毒以及氧化有机物的作用均很强。它的优点是：消毒效果较 ClO_2 和 Cl_2 好；用量少；接触时间短；pH 值在 6~8.5 内均有效；对隐孢子虫和贾第鞭毛虫有较好的灭活效果；不影响水的感官性状，同时还有除臭、色、铁、锰、酚等多种作用；不产生三卤甲烷；用于前处理时尚能促进絮凝和澄清，降低混凝剂用量。其缺点是：投资大，费用较氯化消毒高；水中 O_3 不稳定，易自行分解，不能维持管网持续的消毒效率，需要第二消毒剂。

4. 紫外线消毒 该方法是 20 世纪 90 年代兴起的一种快速、经济的高效消毒技术。紫外线在波长 200~280 nm 时具有杀菌作用，其中以波长 254 nm 的杀菌作用最强。其机制是当微生物被照射时，紫外线可透入微生物体内作用于核酸、原浆蛋白与酶，使 DNA 上相邻的胸腺嘧啶键合成双体，致 DNA 失去转录能力，阻止蛋白质合成而造成病原微生物死亡。紫外线消毒设备有两种：套管进水式（浸入式）和反射罩式（水面式）。套管进水式是灯管外设有石英套管，水从灯管旁流过而消毒；反射罩式是利用表面抛光的铝质反射罩将紫外线辐射到水中，所处理的水为无压流（指液体表面相对压强为零的液体流动）。不管何种消毒形式，均要求原水色度和浊度要低，水深一般不要超过 12 cm。

紫外线消毒的优点是接触时间短、杀菌效率高，对致病微生物有广谱消毒效果；对隐孢子虫有特殊消毒效果；不产生有毒有害物质；能降低臭和味，并降解微量有机污染物；消毒效果受水温和 pH 值影响不大。缺点是没有持续消毒效果，需与氯配合使用，且价格较贵。

(四) 饮用水的深度净化

饮用水深度净化是指在市政供水常规处理的基础上，再次对水质净化处理。旨在将常规处理工艺难以去除的有机污染物、重金属离子、消毒副产物前体物质等加以去除。常用的方式有分散式和集中式，前者如家用净化器，后者是市政自来水管道进入小区后，一部分直接入户供生活用，另一部分入净水站（净水屋）经深度净化，由专用管道入户或居民在净水站汲取。

目前常用的深度处理方法有物理吸附分离技术、化学氧化技术、生物预处理技术。物理吸附分离技术包括活性炭吸附和膜分离法；化学氧化技术包括预氧化技术和TiO_2光催化技术；生物预处理技术包括塔滤、生物转盘、生物滤池与接触氧化等生物膜技术，借助于微生物群体的新陈代谢活动，去除那些常规给水处理工艺不能有效去除的有机物、氨氮和亚硝酸盐等污染物。其中，化学氧化技术和生物预处理技术为常规给水工艺之前的深度处理方法。

(五) 水质的特殊处理

1. 除氟 常用的除氟方法有：①活性氧化铝法，活性氧化铝是白色颗粒状多孔吸附剂，有较大的比表面积，在酸性溶液中活性氧化铝为阴离子交换剂，对氟有极大的选择性。②骨碳法（磷酸钙法），是一种有效的、经济简便的除氟方法。③电渗析法，在直流电场的作用下，原水中可溶解性离子迁移，通过离子交换膜达到分离。

2. 除铁和除锰 在饮用水中，铁在管道中沉积和铁细菌繁殖会引起短期"黄水"。锰在管道中沉积可引起"黑水"。水中二价铁可用空气自然氧化除铁工艺去除。除锰方法同上。使用曝气氧化法除锰时，处理后再用硫酸调节pH值，以符合饮用水要求。

3. 除藻和除臭 常用的除藻方法有：①物理方法，气浮技术除藻效果较好，去除率可达70%~80%。②化学方法，利用硫酸铝和硫酸铜作除藻剂可去除大部分藻类。还可利用铁盐除藻，铁盐能与水形成较重的矾花，增加混凝效果，提高藻类的去除率。③生物方法，水网藻除藻，水网藻隶属绿藻门，其繁殖能力比蓝绿藻更强，在其生长过程中可大量吸收水中的磷、氮，使蓝绿藻无法在水中大量繁殖，从而达到治藻目的。

4. 其他物质 有机污染物产生的臭味可用O_3和ClO_2加以处理；水中挥发性物质如H_2S等产生的臭味，可用曝气法去除；酚和氯酚产生的臭味可用ClO_2去除；原因不明的臭味，或用上述方法处理效果不佳时，可用活性炭吸附处理。

四、配水管网的健康学要求

配水管是指给水管网中配水到用户的干管和支管，分布在城镇或乡村给水区域内，纵横交错，形成网状，称为配水管网（distribution net work）。从出厂水到用户终端，需要数小时，甚至数天。配水管网中会继续进行出厂水未完成的反应及与管壁物质反应。配水管网的健康学要求主要从管道材料、铺设方式等方面进行规定。管材应有足够的强度、稳定的化学性能（不能溶出有害物质）、防腐蚀性强，且运输安装方便，价格合理。目前，我国常用的配水管材料包括钢管、球墨铸铁管、钢筋混凝土管和聚乙烯管等。铸铁水管已被住房和城乡建设部禁用，但已铺设的管道中其仍占很大比例。当管内水流速度、方向或水压发生突变时，短时间内就会出现铁、锰、浊度和细菌等指标的大幅上升。非金属管道，如UPVC管在使用初期也存在防腐剂、固化剂渗入水中的情况。管道的铺设应避免穿过垃圾和毒物污染区，不得已时应加以防护。配水管网应位于污水管网上方，并与污水管保持一定距离，以防污水渗漏。另外，凡是易于积垢或形成死水的管段必须定期冲洗，管线过长时，还应中途加氯，管道检修后应冲洗消毒。此外，水塔、水箱和水池等也应远离污染源。

五、供管水人员的健康学要求

供管水人员是指供水单位内直接从事供水、管水工作的人员，包括从事净水、取水、检验、二次供水卫生管理及水池、水箱清洗消毒的人员。对这些工作人员需进行上岗前和定期的体检及卫生知识培训，取得合格证后方可上岗工作。凡患有痢疾、伤寒、甲型和戊型病毒性肝炎、活动性肺结核、化脓性或渗出性皮肤病及其他有碍生活饮用水卫生的疾病或病原携带者不得直接从事上述工作。在工作期间，经健康检查确诊的传染病患者及病原携带者由卫生监督机构向患者所在单位发出"职业禁忌人员调离通知书"，供水单位应将患者立即调离直接供、管水工作岗位。

第五节 其他与饮用水相关的健康学问题

一、包装饮用水的健康学问题

包装饮用水是指密封于符合食品安全标准和相关规定的包装容器中，可直接饮用的水。包装饮用水的水源可直接来源于地表、地下或公共供水系统。根据水源、加工方式的不同，《饮料通则》（GB10789-2015）将其分为饮用天然矿泉水、饮用纯净水、其他类饮用水3类。包装饮用水根据包装形式可分为桶装水和瓶装水。包装饮用水适用《食品安全国家标准包装饮用水》（GB 19298-2014）。天然矿泉水适用《食品安全国家卫生标准饮用天然矿泉水》（GB 8537-2018）。

瓶（桶）装水的类型有：①纯水（pure water），是以市政自来水为原水，经初步净化、软化（视原水硬度而定），主要采用反渗透、电渗析、蒸馏等工艺使水中溶解的矿物质以及其他有害物质全部去除，即除水分子外，基本上没有其他化学成分；②净水（purified water），是以市政自来水为原水通过吸附（多为活性炭或加入铜锌合金）、超滤（多用中空纤维膜或素烧瓷滤芯）、纳滤以去除水中有害物质而保留原水的化学特征，即保留原水中的溶解性矿物质；③天然矿泉水（natural mineral water），是储存于地下深处自然涌出或人工采集的未受污染且含有一种或以上微量元素达到限量值的泉水，经过过滤等工艺而成。它除含有上述特定的元素外，还含有较多的溶解性矿物质。

任何类型的桶装水在生产的过程中均应有消毒这一流程，因此，从理论上讲，桶装水不会被微生物所污染，但实际情况却并非如此。我国桶装水的出厂微生物超标现象时有发生。其可能原因如下：一是生产过程中消毒不严；二是水桶清洗消毒不彻底；三是灌装过程玷污；四是桶装水与饮水机配套使用，造成饮水机出水系统玷污。基于上述情况和实际检测结果，我国《食品安全国家标准包装饮用水》（GB 19298-2014）保留了大肠埃希菌指标，新增了铜绿假单胞菌指标。

此外，理想的饮用水应含有适量的矿物质和微量元素，过多或过少都会对人体造成损害，如长期饮用纯净水，由于矿物质的缺失，可导致机体的营养失衡。

二、涉水产品的健康学问题

涉及饮用水卫生安全产品（products related to the health and safety of drinking water），简称涉水产品，是指在饮用水生产和供水过程中与饮用水接触的连接止水材料、塑料及有机合成管材、管件、防护涂料、水处理剂、除垢剂、水质处理器及其他新材料和化学物质。随着科技的进步，涉水产品的种类和数量不断增多，出现的卫生问题也随之增多。因此，加强对涉水产品的监督监测、评价管理，对提高饮用水的卫生质量，保障人民的生命健康具有重要的意义。

（一）涉水产品存在的卫生问题

1. 水质处理器　又称饮水处理器，是指以市政自来水为进水，经过进一步处理，旨在改善饮用水水质，降低水中有害物质，或增加水中某种对人体有益成分的饮水处理装置。按其功能一般分为：一般净水器、矿化水器、纯水器和特殊净水器（如除铁、除锰、除氟、除砷净化器）等。

水质处理器的主要组成部分是与饮水直接接触的成型部件和过滤材料。成型部件如果没有足够的化学稳定性，与水接触后，一些化学成分会逐渐溶解到饮水中，对人体产生危害。过滤材料主要以活性炭为主，作用一定时间后，活性炭上易繁殖细菌，使出水中细菌数增加。目前一些水质处理器的过滤材料已载有杀菌或抑菌成分，使用较多的有三碘树脂、五碘树脂和KDF（俗称黄金炭，高纯度锌铜合金粒）等，但上述物质在起到杀菌作用的同时，往往使出水中的碘、锌等含量增加。

2. 生活饮用水输配水设备　是指与生活饮用水接触的输配水管、蓄水容器、供水设备和机械部件（如阀门、水泵、水处理剂加入器等）。

（1）供水用塑料管材、管件：该类产品是以合成树脂为主要原料、添加适量的增塑剂、稳定剂、抗氧化剂等助剂。主要的卫生问题是：塑料本身的毒性；助剂的毒性；未聚合物及裂解产物的毒性和接触饮用水后有害物质向饮用水迁移等问题。如常用的聚氯乙烯（polyvinyl chloride，PVC），是由氯乙烯单体聚合而成，聚合过程中产生副产物二氯乙烷。聚氯乙烯树脂本身无毒，但所残留的催化剂及二氯乙烷均有一定毒性，且氯乙烯单体也具有致癌性。

（2）玻璃钢及其制品：以合成树脂为黏合剂、玻璃纤维及其制品作增强材料而制成的复合材料，称为玻璃纤维增强塑料。主要用于制作水箱、输配水管道、水厂沉淀池的斜板、斜管等。其主要的卫生问题是：所用树脂和助剂化学结构成分复杂，若固化不完全，在使用过程中可迁移到饮用水中。

（3）橡胶制品：用于涉水产品的橡胶产品有各种垫片、密封圈（条）、储水袋等。主要卫生问题是：助剂和裂解产物的化学结构复杂，在使用过程中可迁移到水中去造成饮用水污染。

3. 涂料　为防止容器内壁与食品、饮用水接触受到腐蚀，造成食品、饮用水污染，需在容器内壁涂上涂料。目前使用较多的涂料有聚酰胺环氧树脂、氰凝、聚四氟乙烯和环氧苯酚醛等。从卫生学角度看，涂料的分子量越大越稳定，越不易溶出迁移到食品和饮水中。

4. 水处理剂　包括混凝、消毒、pH调节、软化、灭藻、除垢、除氟、除砷、氟化、矿化等用途的饮用水化学处理剂。此类产品的卫生安全性与产品的原料、配方和生产工艺密切相关，如果原料选择不当（使用回收废料或工业再生材料等），或生产条件简陋，则不能保证产品的质量，在使用过程中，一些有害物质，如砷、镉、铅、汞、有机物，甚至一些放射性物质等可能溶入水中，从而对人体健康造成危害。

（二）涉水产品的卫生监测和评价

涉水产品的卫生监测及评价是依据住房和城乡建设部与国家卫生健康委员会共同颁布的《生活饮用水卫生监督管理办法》进行。对涉及饮用水卫生安全的产品，应当按照有关规定进行卫生安全性评价，确保符合卫生标准和卫生规范要求。利用新材料、新工艺和新化学物质生产的涉及饮用水卫生安全产品应当取得国务院卫生主管部门颁发的卫生许可批准文件；除利用新材料、新工艺和新化学物质外生产的其他涉及饮用水的卫生安全产品应当取得省级人民政府卫生主管部门颁发的卫生许可批准文件。

（三）涉水产品的卫生毒理学评价程序和方法

为了保证涉水产品的安全性，除了对其基本项目进行卫生监测和评价外，还应对其进行卫生毒理学评价。当生活饮用水输配水设备、水处理材料和防护材料在水中溶出的有害物质未规定最大容许浓度时，或生活饮用水化学处理剂带入饮用水中的有害物质凡在有关卫生标准中未做规定时，需通过毒理学安全评价程序确定其在水中的限值。

第六节　生活饮用水水质标准及监管体系

随着社会经济发展和人民生活水平的提高以及科学技术的迅猛发展，人们对生活饮用水的质量要求也越来越高。2006年，卫生部制定并颁布了《生活饮用水卫生标准》（GB5749-2006），该标准在既往标准和规范的基础上将水质检测指标数增至106项，对饮用水的水质安全要求更高，卫生部门依照此标准对生活饮用水及涉水产品进行检验、卫生安全评价和监督监测工作。

一、饮用水标准的制定原则

我国制定生活饮用水卫生标准的原则是：要求水中不得含有病原体，保证水在流行病学上的安全性；水中所含化学物质和放射性物质对人体健康无害；水的感官性状良好。此外，在选择指标和确定标准限值时要考虑经济技术上的可行性。

二、我国生活饮用水卫生标准

现行的《生活饮用水卫生标准》包括：微生物学指标6项；饮用水消毒剂指标4项；毒理学指标中无机物22项、有机物53项；感官性状和一般理化指标21项。根据各项指标的卫生学意义，将上述106项指标分为常规指标（42项）和非常规指标（64项）。

（一）常规指标

常规指标（regular indices）分为五组，即微生物学指标、毒理学指标、感官性状和一般化学指标、放射性指标及消毒剂指标。微生物和消毒剂指标旨在保证饮用水在流行病学上的安全性；感官性状和一般化学指标旨在保证饮用水感官性状良好；毒理学指标和放射性指标旨在保证饮用水对人体健康不产生毒性和潜在危害。

微生物指标：①总大肠菌群是评价饮用水水质的重要指标，标准规定每100 ml水样中不得检出。②耐热大肠菌群来源于人和温血动物粪便，是判断饮用水是否受粪便污染的重要微生物指标。检测结果阳性还预示可能存在肠道致病菌和寄生虫等病原体污染的危险。标准规定每100 ml水样中不得检出。③菌落总数是评价水质清洁度和考核净化效果的指标。菌落总数增多说明水受到了微生物污染，但不能识别其来源，必须结合总大肠菌群指标来判断污染来源及安全程度，标准规定细菌总数≤100 CFU/ml（CFU为菌落形成单位）。

毒理学指标：如源水中含有机前体物时，加氯消毒可形成三卤甲烷类物质，其中三氯甲烷的含量最高。三氯甲烷可引发小鼠肝癌及雄性大鼠肾肿瘤，IARC将三氯甲烷列为对人可能的致癌物（ⅡB类），标准规定饮水中三氯甲烷含量不得超过0.06 mg/L。四氯化碳具有多种毒理学效应，可诱发小鼠肝细胞癌，IARC将四氯化碳列为对人可能的致癌物（ⅡB类）。标准规定饮水中四氯化碳含量不得超过0.002 mg/L；饮水使用二氧化氯消毒时可产生亚氯酸盐。IARC将亚氯酸盐列为对人的致癌性尚无法分类（Ⅲ类）。为保障供水安全，标准首次规定饮水中亚氯酸盐含量不得超过0.7 mg/L。

感官性状及一般化学指标：带色有机物（如腐殖质）、金属或高色度的工业废水可导致饮用水出现颜色，水的色度大于15度时，多数人用杯子喝水时即可察觉；水中异臭和异味主要是由水中化学污染物和藻类代谢产物引起的，标准规定饮用水不得有任何异臭或异味；水的浑

浊度（turbidity）在10度时，人们即可觉察水质浑浊。水源水经常规净化处理后出厂水浑浊度一般均不超过5度，多数能达3度以下。降低浑浊度对除去某些有害物质、细菌、病毒，提高消毒效果，确保供水安全等方面都有积极作用。我国标准规定浑浊度的限值为1度，在水源与净水技术条件限制情况下浑浊度可为3度；饮用硬度高的水可引起胃肠功能暂时性紊乱。据国内报道，饮用总硬度为707～935 mg/L（以碳酸钙计）的水，次日就可出现腹胀、腹泻和腹痛等症状；同时，硬水易形成水垢，对日常生活产生影响。标准规定硬度不超过450 mg/L。

放射性指标：正常情况下饮水中放射性浓度很低，据国内调查地表水的总α放射性为0.001～0.01 Bq/L；总β放射性为0～0.26 Bq/L。地下水的总α放射性一般为0.04～0.4 Bq/L，最高可达2.2 Bq/L；总β放射性为0.19～1.0 Bq/L，最高可达2.9 Bq/L。标准规定总α放射性≤0.5 Bq/L，总β放射性≤1 Bq/L。若超过上述规定值时，应组织有关专家进行核素分析和评价，以判断该水能否饮用。

消毒剂指标：包括氯气及游离氯制剂、一氯胺、臭氧和二氧化氯。除游离氯（free chlorine）外，其余指标均为新增指标，旨在考虑不同消毒方式对供水安全的影响。加氯消毒是我国城市供水的主要消毒方式。实验证明含氯制剂与水接触时间达30 min，游离氯在0.3 mg/L以上时，对肠道致病菌（如伤寒沙门菌、痢疾志贺菌等）、钩端螺旋体、布鲁氏菌等均有杀灭作用。而肠道病毒（传染性肝炎、脊髓灰质炎病毒等）对氯消毒的耐受力较肠道病原菌强。游离氯的嗅觉和味觉阈为0.2～0.5 mg/L，慢性毒性阈剂量为2.5 mg/L，故标准规定用氯气及游离氯制剂消毒时，在接触至少30 min情况下，出厂水中游离氯不超过4 mg/L，游离性余氯（free residual chlorine）不低于0.3 mg/L，而管网末梢水中游离性余氯不低于0.05 mg/L。管网水出现二次污染（secondary pollution）时，游离氯会耗尽，故管网末梢水中的游离性余氯可作为在输配水过程中有无再次污染的信号。

（二）非常规指标

《生活饮用水卫生标准》（GB 5749-2006）规定了64项非常规指标（non-regular indices）及其限值。非常规指标分为三组：微生物学指标、毒理学指标、感官性状和一般化学指标。其中，微生物学指标2项（贾第鞭毛虫和隐孢子虫），毒理学指标39项（农药、除草剂、苯化合物、微囊藻毒素-LR、氯化消毒副产物等），感官性状和一般化学指标3项。非常规指标主要参照世界卫生组织、欧盟、美国等发达国家的饮用水标准，结合我国实际情况而制定。此外，该标准不仅适用于城市集中式供水的生活饮用水，也适用于城乡各类集中式供水和分散式供水的生活饮用水。

（三）世界卫生组织和一些其他国家的饮用水水质标准简介

目前，全球比较有代表性的饮用水水质标准有3部：WHO《饮用水水质准则》（第4版，2011年）、欧盟饮用水指令、美国环保局的《国家饮用水水质标准》。而其他一些国家，如澳大利亚、加拿大、俄罗斯等同时或部分参考以上标准制定了本国的饮用水水质标准。

1. WHO饮用水标准 2011年7月，WHO发布了第4版《饮用水水质准则》，呼吁世界各国政府转变思路，以预防为主，加强饮用水质量管理，降低饮用水被污染的风险。其中微生物指标包括19种致病菌，7种病毒，11种致病原虫（寄生虫），并关注有毒蓝藻和蓝藻毒素；化学指标包括187种化学物（90种建立准则值，25种不需要建立准则值，72种没有建立准则值）。放射性指标就辐射来源及危害、筛查和检测程序，饮用水中常见核素的指导值等进行了阐述。世界卫生组织的《饮用水水质准则》是世界各国制定饮用水水质标准的参考依据。

2. 美国饮用水标准 美国是世界上最早制定生活水质标准的国家之一，美国现行饮用水水质标准（2006）中，一级标准（强制性标准）检测指标98项，二级标准（非强制性标准，用以控制对感官有影响的污染物）检测指标 15 项。

3．欧盟饮用水水质标准　1980 年颁布的欧共体水质标准（80/778/EC）又称 EC 饮用水指令（Drinking Water Directive），是欧洲各国制定国家标准的主要依据。欧共体水质标准于 1998 年更新（98/83/EC），水质检测指标包括：微生物学 2 项（瓶装或桶装饮用水为 4 项）、化学物质 26 项、指示参数（感官性状参数、细菌学参数和放射性参数）20 项。

三、我国饮用水水质的监管体系

为保证生活饮用水的卫生安全，1996 年国家建设部和卫生部联合发布《生活饮用水卫生监督管理办法》（建设部、卫生部令第 53 号）（以下简称《办法》），2010 年卫生部对《办法》进行了修订，2016 年 4 月 17 日国家住建部、卫生计生委又对该《办法》作了修订，自 2016 年 6 月 1 日起施行。该《办法》明确规定："国务院卫生计生主管部门主管全国饮用水卫生监督工作。县级以上地方人民政府卫生计生主管部门主管本行政区域内饮用水卫生监督工作。国务院住房城乡建设主管部门主管全国城市饮用水卫生管理工作。县级以上地方人民政府建设行政主管部门主管本行政区域内城镇饮用水卫生管理工作。国家对供水单位和涉及饮用水卫生安全的产品实行卫生许可制度"。因此，卫生主管部门必须从涉及饮用水安全的多个环节开展卫生监督工作，包括水源选择、水源卫生防护、供水单位调查、水质监测及饮用水卫生监督等。

1．水源卫生调查　在选择水源时，对可能选择的各个水源进行较长时间的卫生调查和水质监测，并研究确定水源卫生防护的方案。对已投入使用的水源则主要调查取水点及水源卫生防护的执行情况，必要时应检测水源水质。如水源水质恶化，应查明原因。如发现污染源时，应监督有关单位限期消除。

2．集中式供水单位调查　对供水单位调查的内容：①供水单位使用的涉及饮用水卫生安全产品是否符合卫生安全和产品质量标准的有关规定。②水处理剂和消毒剂的投加和贮存室是否通风良好，有无防腐、防潮、安全防范和事故的应急处理设施以及防止二次污染的措施。③取水、输水、蓄水、净化消毒和配水过程中是否建立了各项管理制度，是否有专人负责，执行情况如何。④集中式供水单位是否建立了水质净化消毒设施和必要的水质检验仪器、设备和人员，能否对水质进行日常性检验，并向当地人民政府卫生主管部门和建设主管部门报送检测资料；城市自来水供水企业和自建设施对外供水的企业，其生产管理制度的建立和执行、人员上岗的资格和水质日常检测工作由城市建设主管部门负责管理。⑤直接从事供、管水人员是否取得健康体检合格证和上岗证，发现带菌者和传染病患者是否及时调离工作。

3．水质监测　根据中国疾病预防控制中心 2019 年《全国城乡饮用水水质监测工作方案》规定，监测点的设置应当涵盖城区全部市政供水和部分自建设施供水。水样类型包括出厂水、末梢水和传统水箱式二次供水。每个监测乡镇（含所辖村）设 2～4 个监测点。水质基本情况按照《生活饮用水卫生标准》（GB5749-2006），开展水质常规指标和氨氮指标监测，其中，放射性指标不要求，阴离子合成洗涤剂、挥发酚类、四氯化碳、氧化物根据各地水质状况作为选测的指标。每个监测点于枯水期和丰水期各检测水样 1 次。同时收集监测地区供水类型、监测点等基本信息。集中式供水采样点包括水源水取水口、出厂水和末梢水；分散式供水采样点为在经常取水点按照当地取水习惯采集水样。

4．卫生监督　饮用水卫生安全是关系到当地居民健康的重大问题，我国饮用水卫生立法工作起步较晚，随着改革开放深入，工农业生产发展，水源污染加重，饮用水安全产品种类、数量增加，二次供水大幅增加，供水体系呈现多样化，涉及饮用水卫生安全的责任主体随之复杂。《生活饮用水卫生监督管理办法》（2016 年修订）、《生活饮用水卫生标准》（GB5749-2006）、《中华人民共和国传染病防治法》（2013 年修订）、《突发公共卫生事件应急条例》、《二次供水设施卫生规范》等法规的出台，标志着饮水卫生监督工作走上法制化轨道。

5. 水性疾病的监测 分为水性传染病和地方病。其中前者的监测主要是收集、汇总和分析本年度疫情资料，调查核实由饮水引起的爆发性传染病的频次、时间、患病人数等。水性地方病的监测是收集、汇总和分析当地地方病资料中记录的地方病（如地方性氟病、碘缺乏病或砷中毒）的病史、病情、饮用水水质以及改水后的病情变化。

四、饮用水污染时的个人防护措施

由于水源污染、水净化和消毒不足、输配水和贮水环节导致饮用水中出现致生物性或化学性的有毒有害物质；饮水机桶装水颜色浑浊、有悬浮物等理化性质明显异常时，很可能发生了水污染。为了保障身体健康，居民都应有自我防护意识，了解一定的防护措施，主要包括：①自来水出现异味、颜色发生改变、浑浊等情况时，应避免饮用和接触，同时向卫生管理部门上报，在获得安全确认前不可进行饮用和日常使用；②使用桶装水等包装饮用水时，需从正规的售水公司订购；同时饮水机定期清洗（半年内至少一次），一桶水放置时间不宜过长，发现有异味、异物等情况时应避免饮用并上报；③当同一供水途径水出现疫情、污染事件或发生洪涝灾害时，应配合卫生部门的检测和医疗部门的诊疗，并在危险警报解除前，不擅自饮用可能受到污染的水；④不慎饮用了受污染的水，需关注身体状况，如果有不适症状，及时到医院就诊。

案 例

20世纪70年代，为防控某国由饮水质量问题所引发的传染病，国际社会为其提供了1000余万口手泵井。该措施使该国国内霍乱等传染病爆发率呈逐渐下降趋势，但与此同时井水被砷所污染的问题却日趋严重（水井砷暴露分布范围广泛，10~150 μg/L）。为调查水砷的不良效应，在当地招募11 746名18~75岁已婚人群，拟进行3次随访（间隔2年）。

思考题：下一步计划开展一项砷暴露对死亡率的研究，请你基于已有基础，设计一个调查方案。

解题要点：

1. 人群选择要点：人群需在当地生活至少5年以上，且饮用当地井水，参与者砷暴露分布与研究地区的总体情况接近。

2. 每两年对观察对象进行问卷调查随访，重点收集死亡人群的慢性病史、症状、饮水来源等，并采集观察对象的尿液和血液样本，检测样本中砷浓度。社会人口因素包括性别、年龄和教育年限等。吸烟状况因素包括吸烟者、戒烟者和从不吸烟者。身高、体重、心脏收缩压等指标。同时对观察对象生活区域内的5966口井水中砷浓度进行检测，估计个体水平砷暴露量。健康结局的确定需专业人员进行。选择合适的统计学方法进行暴露反应关系和定量效应评估。

（李国星）

第六章 土壤与健康

土壤是指由矿物质、有机质、水、空气及生物有机体组成的陆地表面生长植物的疏松层，由地壳层的岩石经过长期的风化和生物学的作用形成。它和空气、水一样，是自然环境的重要组成部分，也是人类赖以进行生活和生产活动的重要环境因素。土壤是联系有机界和无机界的中心环节，是陆地生态系统的核心及其食物链的首端，又是多种有害废弃物的处理场所和容纳场所。土壤具有一定的环境容量，承载污染负荷，一旦污染物超过了土壤的最大容量，将会引起不同程度的土壤污染，从而影响土壤中的动植物，最后影响人类的健康。

土壤卫生学是利用土壤学、土壤生物地球化学和土壤生态学的知识，从公共卫生学的角度来研究环境与人体健康之间的关系，从而揭示土壤环境因素的变化对人体可能产生的影响。

第一节 土壤的卫生学特征

一、土壤的组成

土壤由固相、液相和气相物质组成，三相物质所占土壤容积比例因土壤类型不同而异。

（一）土壤固相

土壤固相包括土壤颗粒（soil particle）、土壤有机质和土壤微生物。在固相中矿物质约占90%，有机成分占10%左右。土壤颗粒含量约占土壤总干重的80%～90%，因此固体颗粒是组成土壤的物质基础。土壤有机质（soil organic matter）是指土壤中各种含碳有机化合物的总称，包括腐殖质、生物残体及土壤生物。

（二）土壤液相

土壤液相，即土壤水分（soil water）及其水溶物，是土壤的一个重要组成部分，它参与土壤中的物质转化过程和植物生命活动的新陈代谢作用。

（三）土壤气相

土壤空气（soil air）经常存在于土壤空隙中，是多种气体的混合物，其与土壤水分经常处于相互消长的运动过程。在土壤空隙状况不变的情况下，其中一方的容积增加一般会导致另一方的容积相应减少。土壤空气是植物、土壤微生物生长发育必不可少的因素。

二、土壤的理化特征

（一）土壤的物理学特征

1. 土壤颗粒 土壤颗粒是组成土壤的物质基础。土壤颗粒的大小和排列状态决定着土壤的孔隙率、透气性、渗水性、容水性和土壤的毛细管现象等许多物理特性，影响土壤的卫生状态。根据粒径不同，分为石砾、砂砾、粉粒和黏粒4个基本的土壤粒级（soil particle classification），见表6-1。

表6-1 我国土壤颗粒分级标准（1985）

颗粒名称		颗粒粒径（mm）
石块		>3
石砾		3~1
砂砾	粗砂砾	1~0.25
	细砂砾	0.25~0.05
粉粒	粗粉粒	0.05~0.01
	中粉粒	0.01~0.005
	细粉粒	0.005~0.002
黏粒	粗黏粒	0.002~0.001
	细黏粒	<0.001

2. 土壤质地 根据土壤中各种粒径的颗粒所占的不同百分比，又可将土壤质地分别命名为砂土、壤土和黏土。砂土（颗粒组成中0.05~1 mm的砂粒占50%以上）的透气性好，排水性能强，有机物分解快，卫生学上优点较多；黏土（<0.001 mm的颗粒占30%以上）的容水性强，透气性差，有机物在黏土中无机化速度较慢；壤土则介于二者之间，其卫生学特征为既能通气透水，又能蓄水。

3. 土壤孔隙度 土壤孔隙指由土壤固相中不同的颗粒和团聚体构成的不同分散系之间所形成的大小不同、外形不规则和数量不等的空间。在自然状态下，单位容积土壤中孔隙容积所占百分比称为土壤孔隙度（soil porosity）。土壤孔隙对土壤性质的影响主要有：

（1）土壤的容水量：指一定容积的土壤中含有水分的量，土壤颗粒越小，土壤孔隙越小，容水量越大。一般来说，粗砾的容水量为20%左右，细砂可达65%，黏土可达70%。土壤中腐殖质多，则容水量大，土壤容水量大，则透气性和渗水性不良，不利于建筑物防潮和有机物无机化。

（2）土壤渗水性：指水分渗过土壤的能力，土壤颗粒越大，土壤孔隙越大，渗水性越强，土壤越容易保持干燥。但是渗水过快，则地面污染物容易渗入地下水源中，不利于水源防护。

（3）土壤的毛细管作用：土壤中的水分沿着孔隙上升的作用，土壤颗粒越小，土壤孔隙越小，毛细管作用越强。泥炭土中水分能上升5~6 m，黏土为1.2 m，砂土为0.3~0.5 m。沼泽地带的形成、建筑物地面和墙壁的潮湿现象等都与土壤的毛细管作用有关。

（二）土壤的化学特征

1. 土壤的无机成分 土壤的无机成分来自岩石风化的产物，各种元素含量多少与地壳的成土母岩有密切关系。以沉积岩为主形成的土壤中含有人类生命必需的各种元素，以火成岩为主形成的土壤则往往缺少某些必需微量元素。土壤通过食物链构成与人体进行物质交换的重要物质环境，人体内的化学元素和土壤的化学元素保持着动态平衡。常量元素在一般情况下不会缺乏，而土壤中的微量元素的含量在地区间的差异却非常明显。

当地球化学元素的变化超出人体的生理调节范围，就会对健康产生影响，甚至引起生物地球化学性疾病。如碘缺乏引起的碘缺乏病，氟过多引起的地方性氟中毒。因此，各地区土壤中各种化学元素的背景值及其环境容量与居民健康之间有着非常密切的关系。

土壤背景值（soil background level）是指该地区未受或少受人类活动影响的天然土壤中各种化学元素的含量。土壤背景值可以作为评价化学污染物对土壤污染程度的参照值，也可以作为确定土壤环境容量，制定土壤中有害化学物质卫生标准的重要依据，同时也可以作为评价土壤化学环境对居民健康影响的重要依据。表 6-2 列出了我国北京地区和广州地区不同元素的土壤背景值。

表6-2 自然土壤元素背景值（mg/kg）

元素名称	北京地区	广州地区
铜	27.20	13.66
镉	0.15	-
汞	0.031	0.15
铅	18.78	42.83
砷	8.70	17.40
锰	419.00	-
钴	12.90	5.50
镍	45.50	22.00
铬	59.20	47.80
锌	58.00	58.10

注："-"代表未检出。

土壤环境容量（soil environmental capacity），又称土壤负载容量，是一定土壤环境单元在一定时限内遵循环境质量标准，维持土壤生态系统的正常结构与功能，保证农产品的生物学产量与质量，并在避免环境污染的前提下，土壤环境所能容纳污染物的最大负荷量。例如，某地铅的土壤背景值是 20 mg/kg，土壤中铅的卫生标准是 35 mg/kg，则该土壤对铅的环境容量为 15 mg/kg。同时土壤环境容量也是制定卫生标准和防护措施的重要依据。

2. 土壤的有机成分 土壤的有机成分是土壤中各种含碳有机化合物的总称，包括腐殖质及动植物死亡以后遗留在土壤的残体。

腐殖质（humus）是指土壤特有的有机物质，是进入土壤的植物、动物等死亡残体经微生物分解转化形成的黑色胶体物质，占土壤有机成分总量的 85%～90%。腐殖质是植物和微生物的营养来源，同时对土壤结构的形成、土壤理化性质的改善等极为重要。当土壤中有机物大部分转变为腐殖质时，病原体已经死亡，故土壤中腐殖质含量越高，卫生学上越安全。

土壤的化学特征还包括土壤的吸附性、酸碱性和氧化还原性等，均对土壤的结构、土壤污染物的转归有重大的影响。

三、土壤的生物学特征

土壤生物是土壤形成、养分转化、物质迁移、污染物降解、转化和固定的重要参与者。土

壤微生物在土壤中的分布很广，但以表层为最多。1 g 土壤中，微生物的数目可达数千万至数百亿个，土壤越肥沃，微生物数量也越多。

土壤微生物可划分为土著者和外来者。土著微生物主要包含细菌、放线菌、真菌、藻类、原生动物、病毒（以各类细菌的噬菌体为多见）。外来微生物主要随着雨水、病死动物、堆肥或被污染的水体进入土壤，并可能将病原微生物带入。外来微生物由于环境条件的不适应性，有些很快会从土壤生态系统内消亡，有些则可能以休眠的状态在土壤中存留一段时间，有的甚至在短期内可能生长。

土壤中的微生物类型有：

1. 土壤细菌 土壤细菌（soil bacteria）是土壤微生物中种类最多、数量最大、分布最广的一类。主要特点为菌体小，生长繁殖快，20～30 min 可分裂一次。土壤中多数细菌属兼氧性细菌，在氧气充足或缺氧的条件下均能生活。土壤受到污染可含有病原菌，如肠道致病菌、炭疽杆菌、破伤风梭菌等。其存活时间不等，有芽孢者存活时间较长。

2. 土壤藻类 土壤藻类（soil alga）是含叶绿素的低等植物，主要分布在土壤表面及以下几厘米的表层土壤，主要是绿藻和硅藻，其次是黄藻。

3. 土壤原生动物 土壤中生存或栖息的原生动物有上千种，多为节肢动物，如蚂蚁、白蚁、蜈蚣等，也有非节肢动物，如线虫、蚯蚓等。

大多数土壤微生物是有益的，是土壤环境自净作用中最重要的途径之一，但是土壤中也存在着一些致病微生物，如破伤风杆菌、炭疽杆菌等。

四、土壤的卫生学特点及意义

土壤具有独特的发生和发展过程、组成特点和形态特点。土壤是由固、液、气三相物质组成的疏松多孔的系统，它能容纳各种污染物并且具有自净能力；土壤是一个具有吸附和交换作用的胶体系统；是一个有络合作用、螯合作用和氧化还原作用的化学反应系统；又是一个充满各种生物、微生物活动的陆地生态系统。所以在卫生研究中必须充分考虑这些特点，并加以科学、合理地利用。

（一）土壤流动性极小，污染物分布极不均匀

土壤与大气和水相比，流动性最小。污染物质在土壤固体介质中转移速度相对缓慢，在时间上浓度变化幅度相对小，在空间上则集中于排放地区。由于土壤污染的不均匀性，在土壤卫生监测时，制备均匀混合样品很重要。

土壤污染的净化要比污水处理困难得多，由于不同污染物本身的特性、污染场地的环境条件，各种修复技术都有一定的适用范围，且各种修复技术之间缺乏交融性，因此不管是物理的、化学的，还是生物的修复方法与技术都不能完全修复某种污染，一种修复方法也不能修复所有种类的污染物，到目前为止还没有一种通用可行的污染土壤修复方法。

（二）土壤中栖居着大量微生物，对土壤的自净起着重要作用

土壤微生物通过对有机物氧化、硝化和腐殖质化作用对土壤污染起净化作用，但它仅限于对有限数量的生活废弃品和动植物残体等有机物的净化。土壤中的大量微生物中不乏致病微生物和蠕虫卵，它们在土壤中还有一定的存活能力，从而可能对人体健康造成影响。

土壤对重金属、难降解的农药、部分工业有机合成品、放射性同位素等则没有净化处理的可能性。土壤对外界污染具有一定的容量，一旦污染超过了容量限度，土壤生态系统遭到破坏，则丧失其自净能力，导致土壤一般卫生状况恶化。

（三）土壤是一个黏土-矿物质-有机质的复杂胶体体系，吸附力很强

土壤颗粒中直径小于 0.001 mm 的微细粒子都具有胶体的性质，它包括以腐殖质为主的有机胶体和以黏土矿物为主的无机胶体。土壤含胶体物质越多，表面积就越大，对分子态物质的物理吸附作用也越强，吸附的离子就越多，与土壤溶液中离子态物质的交换吸收作用也越强。

进入土壤中的污染物能否保持活性，取决于它们与土壤胶体结合的状态。污染物质可与土壤胶体形成稳定的难溶性的"潜毒物质"，不易进入土壤液相，而暂时退出生物循环。而且它们一般不能被常用溶剂所提取，所以常规分析方法不能将其检出。一旦土壤酸碱度等条件变化，则"潜毒物质"重新释放出来，为植物所利用，通过食物链对人体健康产生危害。

（四）土壤污染对人体健康的影响主要是以间接的、潜在的影响为主

被污染的土壤中的有害物质对生物圈产生的毒害，主要是通过间接途径进行的。有害物质从土壤进入植物或淋溶至地下水和地面水，然后进入食物链，从而间接、潜在地影响人群健康。除此之外，土壤也可以通过直接接触传播肠道传染病和土壤性蠕虫病等。

上述特点也说明了制定土壤卫生标准的必要性和困难性。其必要性主要表现在没有很好的净化土壤的方法，必须制定土壤中有害物质的最高容许浓度，作为控制一定面积土壤上负载各种废弃物和农药等污染物的准则。其困难性在于土壤污染对人体健康的影响是间接的、潜在的，而土壤中理化作用和生物作用复杂，土壤类型多样，因此要根据不同的实际情况进行制定。

第二节　土壤的污染、自净及污染物的转归

一、土壤的污染

土壤污染（soil pollution）是指在人类生产和生活活动中排出的有害物质进入土壤中，有害物质影响农作物的生长发育、直接或间接危害人畜健康的现象。

（一）土壤污染的现状

2005 年 4 月至 2013 年 12 月，我国开展了首次全国土壤污染状况调查。调查范围为中华人民共和国境内（未含香港特别行政区、澳门特别行政区和台湾地区）的陆地国土，调查点位覆盖全部耕地，部分林地、草地、未利用地和建设用地，实际调查面积约 630 万平方公里。调查结果显示，全国土壤环境状况总体不容乐观，部分地区土壤污染较重，耕地土壤环境质量堪忧，工矿业废弃地土壤环境问题突出。工矿业、农业等人为活动以及土壤环境背景值高是造成土壤污染或超标的主要原因。

从污染分布情况看，南方土壤污染重于北方；长江三角洲、珠江三角洲、东北老工业基地等部分区域土壤污染问题较为突出，西南、中南地区土壤重金属超标范围较大；镉、汞、砷、铅 4 种无机污染物含量分布呈现从西北到东南、从东北到西南方向逐渐升高的态势。

（二）土壤污染的主要来源

1. 生活污染　包括人畜粪便、生活垃圾和生活污水等。人畜粪便及畜禽排泄物如果未经处理就施用于土壤，会引起土壤严重的生物污染。同时，城市生活垃圾的不合理处置也导致了大量的土壤受到污染。

未经处理的人畜粪便和其他动物排泄物可能含有病原微生物等有害物质，没有经过无害化处理就作为肥源对农田进行施肥可能导致土壤受到污染，甚至可能影响食品安全。城市生活垃

圾不规范、无管理的堆放可能导致有害物质进入土壤，致使土壤受到污染，同时可能对周边的大气和水环境造成严重的威胁。

2．工业和交通污染 主要是工业废水、废气和废渣以及机动车废气污染，是土壤污染最重要的来源之一。工业废水、废气和废渣可以直接污染土壤环境，也可以通过间接作用对土壤环境造成威胁。机动车废气主要通过大气沉降作用造成对土壤的污染，事故所导致的排放也会导致土壤污染。

3．农业污染 主要是农药、化肥污染和其他农用化学品和残留于土壤中的农用地膜等。由于农业生产过程中排放的污染物剂量较低、涉及面积较大，所以农业污染属于非点源污染。

随着农业发展对于农药需求的快速增长，农药已经逐渐成为直接导致土壤污染的主要因素。氮肥的过度使用导致湖泊、海湾的富营养化，同时导致土壤和地下水中亚硝态氮和硝态氮的累积，对陆地生态系统产生损害作用。

4．灾害污染 主要是自然灾害和战争灾害。一些自然灾害，如火山喷发，可能导致一些含有重金属或带有放射性的物质污染附近的土壤。在战争中使用的部分武器，如贫铀弹可能导致放射性污染物和灰尘沉降至土壤中，造成土壤的污染。

5．电子垃圾污染 主要是来自工业生产和日常生活的电子产品的废弃物。电子垃圾中含有铅、镉、汞、六价铬、聚氯乙烯塑料、溴化阻燃剂等大量有害物质，如果未经处理直接按照普通生活垃圾堆放，可能导致有害物质进入土壤，甚至污染地下水。

（三）土壤污染的途径

1．气型污染 主要是大气中的污染物自然沉降或随降水而降落进入土壤。气型污染分布的特点和范围受大气污染源性质的影响（如点源和面源及排放方式的不同），也受到气象因素影响，其污染范围和方向各不相同。

2．水型污染 主要是工业废水和生活污水污染土壤。其特点为从土壤表层向下部扩散、转移，达地下水深度，沿河流或干、支渠呈枝形片状分布。

3．固体废弃物型污染 主要指工业废渣、生活垃圾、粪便、农药和化肥等对土壤的污染。其特点是污染范围比较局限和固定，但也可通过扩散、淋滤作用造成污染的扩散和转移。

（四）土壤污染物的种类

1．化学性污染物 如一些重金属和农药，主要来自工业三废和农业污染。

2．生物性污染物 用未经处理的人畜粪便施肥，用生活污水、医院污水、工业废水直接灌溉农田，病死畜处理不当，垃圾、污泥的长时间大量堆放，都可能造成土壤的病原微生物污染，甚至可以通过渗漏危及地下水的清洁。

3．放射性污染物 主要来自核原料开采和应用排出的三废。

（五）土壤污染的特点

1．隐蔽性和滞后性 土壤污染状况不直观，不易被察觉，同时由于土壤的不均体特性，造成污染物潜伏期相当长，导致土壤污染反应有一定的滞后性。这也是长期以来，人们将更多的精力投入于防治大气和水体的污染上，对土壤污染的重视程度不够的一个原因。

2．累积性与地域性 土壤污染的污染物难迁移、易积累，特别是重金属和放射性元素都能与土壤有机质或者矿物质相结合，并且不断累积达到很高的浓度。由于土壤污染物累积性强，因此表现出一定的地域性，污染区域范围易界定。

3．不可逆性和长期性 土壤是一个非常复杂的系统，那么污染物质一旦进入土壤环境后，会同复杂的土壤物质进行一系列的生化反应，而这些反应许多是不可逆的，这就导致了污染物质最终形成难溶性的化合物沉淀在土壤中，而这些化合物的降解需要较长的时间，所以，土壤一旦遭到污染，就极难恢复。

4．难治理性　如果大气和水体受到污染，切断污染源之后通过稀释作用和自净作用也有可能使污染问题不断逆转，但是积累在污染土壤中的难降解污染物则很难靠稀释作用和自净作用来消除。土壤污染一旦发生，仅仅依靠切断污染源的方法则往往很难恢复，有时要靠换土、淋洗土壤等方法才能解决问题，其他治理技术可能见效较慢。因此，治理污染土壤通常成本较高、治理周期较长。

二、土壤的自净

土壤自净（soil self-purification）是指受污染的土壤通过物理、化学和生物学的作用，经过一定时间，病原体死灭，各种有害物质转化到无害的程度，土壤可逐步恢复到正常状态的过程。土壤自净与土壤特性和污染物在土壤中的转归有非常密切的关系。

1．物理净化作用　主要是指机械阻留、吸附及滤过作用。土壤是一个多相的疏松多孔体，进入土壤的难溶性固体污染物可被土壤机械阻留，可溶性污染物可被土壤水分稀释，降低毒性，或被土壤固相表面吸附和滤过，但仍可随水迁移至地表水或地下水层。某些污染物可挥发或转化成气态物质通过土壤孔隙迁移到大气介质中。

2．化学净化作用　污染物进入土壤后，可发生一系列化学反应（包括氧化还原反应、水解、分解、酸碱中和反应等），通过化学反应使污染物分解为无毒物质或营养物质。但对于性质稳定的化合物，如多氯联苯、有机氯农药、塑料、橡胶等难以被化学净化；重金属通过化学反应也不能被降解，只能使其价态发生变化，进而影响其迁移方向。

3．生物净化作用　土壤中存在大量依靠有机物生存的微生物，它们具有氧化分解有机物的能力，是土壤自净作用中最重要的途径之一。

（1）病原体的死灭：病原体进入土壤后，受日光的照射、土壤中不适宜病原生物生存的环境条件、微生物间的拮抗作用、噬菌体作用以及植物根系分泌的杀菌素等许多不利因素的作用而死亡。一般病原体进入土壤后在几个小时至几个月内死亡，有芽孢的细菌可存活数年，蛔虫卵可存活一年左右，这与土壤类型和气候条件有关。

（2）有机物的无机化：含氮有机物在土壤微生物的作用下，分解成氨或氨盐，称为氨化阶段；在氧气充足和亚硝酸菌的作用下，氨被氧化成亚硝酸盐，进一步在硝酸菌的作用下氧化成硝酸盐，称为硝化阶段。不含氮有机物也可以在土壤微生物的作用下发生分解，如在氧气充足的条件下，含碳有机物最终形成 CO_2 和 H_2O，含硫和磷的有机物最终分别形成硫酸盐和磷酸盐，从而均能达到自净作用。

但是以上有机物若在厌氧条件下，则可能达不到真正的自净作用。如在厌氧条件下，含碳有机物产生甲烷；含硫和磷的有机物在厌氧条件下则产生硫醇、硫化氢或磷化氢等恶臭物质，与含氮、碳有机物产生的氨、甲烷等一起以恶臭污染环境。

（3）有机物的腐殖质化：有机物在微生物的作用下分解成为简单的化合物的同时，又重新合成复杂的高分子有机物，即为腐殖质。它的成分复杂，其中含有木质素、蛋白质、糖类、脂肪和腐殖酸等。腐殖质化学性质稳定，卫生上是安全的。常用的人工堆肥法就是使大量有机污染物在短时间内转化为腐殖质而达到无害化的目的。

三、土壤污染物的转归

进入土壤中的化学污染物（如农药、重金属）的转归表现为化学污染物在土壤中的迁移、转化、降解和残留。因此，研究污染物的转归对土壤卫生防护具有重要意义。

(一) 化学污染物在土壤中的迁移

化学物质污染土壤后，还可经水、土、气、生物等媒体的携带而迁移。重金属的迁移较局限，而农药迁移分布经常是全球性而非局部性的。

1. 重金属在土壤中的迁移 重金属可被土壤吸附处于不活化状态，不易迁移到水和植物中。如土壤对汞有很强的吸附能力，土壤吸附的汞一般累积在表层，并沿土壤的纵深垂直分布而递减。

2. 农药在土壤中的迁移 通常指由于外力作用（如农田土壤翻耕、地表径流和土壤水渗滤、淋溶等作用）引起农药的转移，一般通过流动和扩散两种作用完成。农药还可通过吸附和非吸附机制而固定于土壤中，其被土壤固定的后果，则会阻滞农药的转移、淋失与挥发，也给农药的微生物降解带来不利影响。

(二) 化学污染物在土壤中的转化和降解

化学物质通过物理、化学、生物学作用而使其化学结构与性质发生改变的过程称为转化。由复杂化合物逐步转变为简单化合物的过程称为降解。

1. 重金属元素在土壤中的转化 土壤中的重金属污染物的转化主要受到以下诸多因素的影响。

(1) 土壤胶体、腐殖质的吸附和螯合作用：重金属可被土壤吸附处于不活化状态，滞留于土壤腐殖质中，不易迁移。

(2) 土壤 pH 值的影响：重金属一般以氢氧化物、离子和盐类形式存在，土壤 pH 值偏碱性，多数金属离子形成氢氧化物沉淀，减少农作物及植物吸收。

(3) 土壤氧化还原状态的影响：在还原状态下，许多重金属形成不溶性的硫化物被固定于土壤中，减少了农作物及植物对金属的吸收。

需要注意的是，土壤中的重金属、难降解农药、放射性同位素等利用微生物达到净化的可能性非常小。

2. 农药的转化与降解 研究农药的转化和降解，主要是解决农药在环境中残留性与稳定性的问题。对农业生产而言，农药残留时间越长，控制病虫害及杂草的效果越好，但对环境的污染可能越重。引起农药转化和降解的因素很多，有非生物性因素和生物性因素。非生物性因素包括光、热、电、磁、通气、pH 值等，其中以光的影响最为重要。生物性因素包括植物、动物、微生物等，其中以微生物学作用最为独特。

(1) 光化学降解：是指土壤表面接受太阳辐射和紫外线能量而引起农药分解的作用，这是农药转化和消失的主要途径之一。大部分除草剂、DDT、某些有机磷农药等都能发生光化学降解作用。

(2) 化学降解：主要是水解和氧化作用。主要受温度、水分和 pH 值的影响。

(3) 微生物降解：土壤中的微生物（包括细菌、真菌、放线菌等）通过水解作用、还原作用、氧化作用、脱氯化作用等生化反应使农药发生转化与降解。如微生物可使 DDT 脱氯转化成 DDD，或者脱氢脱氯生成 DDA，在环境中应注意这类农药及其分解产物的积累和毒性。

(三) 重金属和农药的残留

化学污染物在土壤或农作物中的残留情况与化学污染物的特性及土壤的理化特性等有关。残留情况常用半减期（表示污染物浓度减少 50% 所需的时间）和残留期（表示污染物浓度减少 75%～100% 所需的时间）表示。

土壤中的重金属由于化学性质不甚活泼，迁移能力低；另外土壤中有机、无机组分的吸附、螯合作用，也限制了重金属的移动能力，因此，一旦污染，几乎可以长期以不同形式存在于土壤中，同时也可经植物吸收和富集。

农药进入土壤中，水溶性农药可随降水渗透地下水，或由地表径流横向迁移、扩散至周围水体；脂溶性农药易被土壤吸附，移动性差而被动植物根系吸收，引起食物链高位生物的慢性危害。据报道，含有铅、砷、汞等农药的半减期为10～30年，DDT、六六六等有机氯农药的半减期为2～4年，美曲膦酯、马拉硫磷等有机磷类农药的半减期则为0.02～0.2年。

第三节 土壤污染对健康的影响

土壤由于其开放性的特点，极易受到人类活动的影响。当土壤受到有害物质污染之后，有害物质常年蓄积在土壤中，不断迁移到相邻环境介质中，通过空气、水和植物对人体健康产生危害。

一、重金属污染的危害

重金属指的是比重大于5的金属元素。环境污染方面所指的重金属主要是指生物毒性明显的镉、铅、铊、汞及类金属砷，还包括具有毒性的重金属锌、铜、铬、钴、镍、锡、钒等。重金属不能被土壤微生物所分解，易于累积，或转化为毒性更大的化合物。有的重金属可通过食物链传递在人体内蓄积，严重危害人体健康。

截至2009年，我国受镉、砷、铬、铅等重金属污染的耕地面积近2000万公顷，其中工业"三废"污染耕地1000万公顷，污水灌溉的农田面积达330万公顷。2011年年初国务院正式批复了《重金属污染综合防治"十二五"规划》，这是我国历史上第一次把重金属污染的防治纳入国家规划中。规划说明铅、汞、铬、镉和类金属砷是要实行总量控制的5种重点重金属，同时要求强化种植结构调整，综合防控土壤重金属污染，并且开展重污染土壤修复技术示范，以期解决重金属污染历史遗留问题。

（一）土壤镉污染

镉（cadmium，Cd）是元素周期表第48号元素，位于第五周期与锌汞组成的ⅡB族（锌分族）属亲硫元素，自然界主要以硫化物形式存在于闪锌矿中。镉作为原料或催化剂用于生产塑料、颜料和试剂；由于镉的抗腐蚀性及耐摩擦性，也是制造原子核反应堆用控制棒的材料之一。

镉不是人体必需元素，对人体有害，在自然界中含量很低，大气中镉含量一般不超过0.003 mg/m^3，水中不超过10 mg/L，土壤中不超过0.5 mg/kg，一般超过千万分之几的镉含量只存在于富矿层或人类活动所致的污染区。镉对环境的污染主要是对土壤的污染，土壤镉污染一般是在表层，即地表20 cm左右的耕作层。

生产及使用镉及其化合物的工业有采矿、冶炼、电镀、电器、合金、焊接、玻璃、陶瓷、油漆颜料、照相器材、光电池、蓄电池、化肥、杀虫剂、塑料等的生产制造业。含镉污水灌溉农田是土壤镉污染的重要来源。镉在一般环境中的含量相当低，但通过食物链富集后可达到相当高的浓度，如稻谷、蔬菜等农作物可从土壤中吸收、浓缩可溶性镉。在某污染矿区废水灌区，废水中的镉含量约为1.31 mg/kg，土壤中为52.30 mg/kg。

日本富士县神通川区流域发生的痛痛病（itai-itai disease）就是长期食用含镉污水灌溉农田所产大米而引起的慢性镉中毒，为日本的第一公害病。

1946年，日本金泽大学对日本富士县神通川流域妇中町地区的调查发现，有一种不能用风湿热来说明的类似于骨软化症的奇病，患者骨骼软化、萎缩，四肢弯曲，脊柱变形，骨质松脆，全身非常疼痛，终日呼痛不止，故取名痛痛病。患者多为30岁以上妇女，常出现全身多

发性骨折,行动困难,止痛药无效,患者尿中低分子蛋白增多,尿镉含量高,尿糖增多,尿酶改变。此病多在营养不良的条件下发病,最后患者多因全身极度衰弱和并发其他疾病而死亡。此病发病缓慢,潜伏期为2~8年。镉在体内的生物半减期为16~33年,经常蓄积达到一定程度才发病。此病无特效疗法,死亡率很高。

在1963年由日本政府拨款,正式成立由各方专家组成的综合研究组,除了从临床和病理角度参与研究外,主要用流行病学研究方法进行了痛痛病病区和对照区居民的检诊,并进行了环境中的重金属调查。

1. 有关痛痛病的描述性资料 本病仅限于神通川流域的灌溉地带,高发区在该河下游用河水灌田的村庄,用上游河水灌溉的地区病例数则较少;该病多见于更年期妇女,经产妇和多产妇好发,似乎与妊娠有关,男性患者极少;其发病年龄为30~70岁,多数为60岁以上的居民,因此,年龄大是发病的重要危险因子;本病有家庭聚集现象,若干病例是一家的婆婆和媳妇,女儿嫁往远离神通川流域者不发病,仅有一例嫁往远方发病,可能与出嫁前在家吃镉米,出家后又吃娘家的米有关。

2. 有关痛痛病的病例-对照研究 以该病患者、疑似患者和健康者为调查对象,进行了多种因素的调查,结果发现:该病患者比同地区的健康者更多地使用神通川的水灌溉稻田;该病患者多分布在收入较低的阶层;该病患者尿蛋白和尿糖阳性率均高于疑似患者和健康者;痛痛病患者尿镉浓度较同地区健康者高,而铅、锌则无大的差别;用神通川水灌溉的农田其土壤和生产的大米含有较高浓度的镉,有研究发现被污染地区出产的糙米镉浓度约为0.99 mg/kg,远高于0.40 mg/kg的标准,这是痛痛病与过去的骨软化病的重要鉴别点。

3. 有关痛痛病的病因分析 为了明确镉污染与痛痛病的发生是否有因果关系,对镉的环境暴露水平和生物学暴露水平及其与痛痛病某些效应指标的关系进行了病因分析,结果发现:镉污染区人群肾小管功能失调频率和尿镉浓度都高,对照区人群都低;痛痛病患者骨组织学改变程度与尿镉浓度之间呈明显相关关系;米镉浓度高的地方痛痛病患者较多反之较少,呈明显的暴露-反应关系;稻米镉含量与食用该稻米的人群的尿镉浓度呈线性关系;尿镉浓度与尿蛋白阳性率之间呈线性关系。

在几乎所有的含锌矿中都能发现0.1%~5%的镉,而神冈矿山是日本最大的铅锌矿山。到此已基本可以肯定,神冈矿山的镉引起神通川流域的水、土壤和农作物污染是痛痛病流行的原因。神冈矿山的含镉废水被排入环境,使镉污染水体及土壤,土壤和水体中的镉被水稻吸收,之后人摄入高镉大米,导致人体肾损害及维生素D缺乏,进而出现骨质疏松、骨骼萎缩、关节疼痛,引发痛痛病。

综上所述,痛痛病是一种环境镉污染引起的公害病,但镉虽然是其必须病因,却不是唯一病因。正如当年痛痛病综合研究组的联合声明所说:"在痛痛病的病因物质中,重金属,特别是镉确实是一个极可疑的致病因素,但镉本身单独不足以引起本病,诸如低蛋白、低钙等营养因素在本病的发病机制上可能也起重要作用。"

(二) 土壤铊污染

铊(thallium,Tl)是一种高度分散的稀有金属元素,呈银白色,像铅一样软而且具有延展性。在空气中很不稳定,室温下容易氧化,易溶于硝酸和硫酸。铊的独立矿物不多,大多以一价形式存在,且表现为强烈的亲硫性。在已发现的近40种含铊矿物中,主要是硫化物和少量的硒化物。20世纪后期的调查显示,世界范围土壤中铊的含量为0.1~0.8 mg/kg,中位值为0.2 mg/kg,我国34个省(区)、市的835个土壤样本铊背景值调查显示,铊的含量范围为0.29~1.17 mg/kg,中位值为0.58 mg/kg。

在工业上铊主要用于制造光电管、合金、低温温度计、颜料、染料、焰火等。由于铊的剧

毒性，各国已限制其使用。但是资源开发带来的铊污染日趋严重，使其成为一种重要的环境污染源。如黔西南汞铊矿区土壤中铊含量最高甚至达到 60.5 mg/kg。铊对植物的毒性远大于铅、镉、汞等其他重金属，浓度为 1 mg/L 的铊会使植物中毒，如使甜菜、莴苣和芥菜种子停止生长。同时铊对土壤微生物毒性很大，可抑制硝化菌的生长而影响土壤的自净能力等。

一般情况下，铊对成人最小致死量为 12 mg/kg，人摄入后 2 小时，血铊达到最高值；24～48 小时血铊浓度明显降低。在人体内以肾中含量最高，其次是肌肉、骨骼、肝、心、胃肠、脾、神经组织，皮肤和毛发中也有一定量铊。铊主要通过肾和肠道排出，主要损害神经系统，同时损害肝、肾。

土壤铊污染对人群健康的影响主要为慢性毒作用，其突出的表现为：毛发脱落，呈斑秃或全秃；周围神经损害，早期表现为双下肢麻木、疼痛过敏，很快出现感觉、运动障碍；视力下降甚至失明，可见视网膜炎、球后视神经炎及视神经萎缩。铊的毒作用机制方面，一般认为是铊在体内与蛋白质或酶的巯基结合而引起细胞病变，其病变主要发生在大脑、小脑、脊髓前角细胞和周围神经细胞。视神经纤维远端也有病变和坏死。铊在体内对与钾离子有关的酶活性有干扰作用，而抑制钾离子的生理功能，产生各种中毒症状。此外，铊对人类生殖功能也有影响；铊还可导致染色体畸变。

在我国贵州兴义地区过去曾经发生过一种奇怪的脱发病。有人一觉醒来，忽然发现头发成一束束脱落，当地人恐惧地称之为"鬼剃头"。当地人非法开采矿石的现象非常普遍，废弃的矿渣随意堆放，对当地环境造成极大的破坏。在对污染地区的人群进行调查后发现，患者脱发、四肢远端感觉障碍、疼痛等症状较多见，还有人出现视力下降甚至失明。后经流行病学调查研究发现，当地灶矾山麓矿渣中铊化合物的平均含量为 106 mg/kg，矿渣的随意堆放，造成了土壤铊污染，土壤中铊平均含量达 50 mg/kg，土壤中的铊被农作物吸收富集后，造成农作物中铊含量显著升高，可达 11.4 mg/kg。当地居民尿铊含量显著高于 5 μg/L 的正常上限值，土壤的铊污染导致当地居民出现慢性铊中毒。

(三) 土壤铬污染

铬（chromium，Cr）是一种银白色金属，广泛存在于自然界，土壤中含铬水平因地质条件、土壤性质的不同变化很大，为 5～3000 mg/kg，平均含铬量约为 100 mg/kg，常见化合价为 +3 和 +6。铬具有质硬、耐磨、耐高温、抗腐蚀等特性，在冶金工业、耐火材料和化学工业中有广泛的应用。土壤铬污染主要来自铬矿和金属冶炼、电镀、制革等工业废水、废气、废渣。有报道用含铬废水灌溉与河水灌溉相比，胡萝卜的含铬量高 10 倍，白菜高 4 倍，水生生物对铬的富集倍数更高，如鱼类为 2000 倍左右。

土壤中三价铬最稳定，主要以 $Cr(H_2O)_6^{3+}$、$Cr(H_2O)^{3+}$、CrO^+ 形式存在，极易被土壤胶体吸附或形成沉淀，对植物的毒害作用较轻。土壤中的六价铬有很强的氧化性，极易溶于水，可随土壤水迁移，其迁移速度大于三价铬。六价铬在环境中易于在生物和化学的作用下通过还原反应转化为三价铬，而三价铬在自然条件下很难转化为六价铬。土壤中铬的吸附也与土壤的类型、土壤的性质以及土壤所含矿物类型有关。比如土壤中黏土含量越多，土壤对铬的阻滞能力越强，吸附量也越大。同时碱性土壤的吸附能力一般大于酸性土壤。

铬对人体和动物的健康影响与铬的价态有很大关系。三价铬是人体必需的微量元素。由于三价铬是葡萄糖耐量因子（glucose tolerance factor，GTF）的组成部分，所以三价铬通过 GTF 影响糖代谢。六价铬具有强氧化性和腐蚀性，又有透过生物膜的作用，容易进入细胞内，对人体有很强的毒性作用，其毒性比三价铬大 100 倍。六价铬可通过皮肤接触、消化道摄入和呼吸道吸入进入人体。

流行病学研究证实长期接触六价铬引起的危害主要表现为呼吸系统肿瘤（主要是肺癌和鼻

咽癌）发病率增加。国际癌症研究机构已确认六价铬化合物是人类致癌物。

二、农药污染的危害

农药（pesticide）是一类化学物质，用于防治病、虫、草害，包括杀虫剂、杀菌剂、除草剂、灭鼠剂以及调节植物生长的化学药品和生物药品。其中用量最大的是前三种类型农药。

农药种类繁多，全世界已经开发出的农药有1200多种，其中常用的有200余种。主要包括有机氯、有机磷、有机砷、有机汞、氨基甲酸酯、菊酯类化合物等几大类。

农业生产中大量反复多次施用农药，首先是土壤受到污染。施用农药时，不论采用何种方式，黏附在作物上的药量一般只占30%左右，其余大部分可经过各种途径（直接施入、降雨淋洗、种子消毒、树叶凋落）进入土壤，并且从土壤迁移到相邻的环境介质，参与生态系统的物质循环。即使土壤中农药的残留浓度很低，通过食物链和生物浓缩，经农作物和其他生物体进入人体的浓度可提高至几千倍，甚至几万倍，从而对人体健康产生严重影响。

（一）农药在人体内的代谢和蓄积

环境中的农药，一般通过3个途径进入人体，即呼吸道、消化道和皮肤。

1. 呼吸道途径 农药经过呼吸道进入人体的程度，取决于大气中残留农药的浓度。一些无臭、无味、无刺激性的农药，易被人们忽视，中毒的可能性大一些。

2. 消化道途径 农药通过食物链和生物浓缩可使生物体内浓度提高几千倍甚至几万倍。消化道对农药的吸收作用最强，故人类不论是食用受污染的农作物还是作为高位营养级生物食用其他生物体，农药都可经饮食进入机体。经消化道途径摄入农药的危险性也最大。

3. 皮肤途径 农药经过皮肤进入人体，是施药人员与包装工人中毒的主要原因之一，而非职业性的皮肤接触造成健康损害也偶有报道。

（二）农药的健康危害

农药对人体的健康危害主要包括5个方面。

1. 急性中毒 有的农药毒性很大，如对硫磷、甲胺磷等一些毒性较高的有机磷农药，短期内摄入一定量便引起急性反应，出现恶心、呕吐、呼吸困难、肌肉痉挛、神志不清、瞳孔缩小等症状，如不及时抢救会引起死亡。

2. 慢性中毒 连续接触、吸入或食用较小量的（低于急性中毒剂量）农药，它们在人体组织内逐步蓄积，将引起慢性中毒，患者将出现头晕、头痛、乏力、食欲缺乏、失眠胸闷、多汗等症状。慢性中毒起病缓慢，持续期长，涉及面广，影响人数多，因此，慢性农药中毒更值得重视。

3. 对神经系统的影响 对神经系统产生影响是有机磷农药中毒的主要特征。有机磷农药进入人体后，将抑制人体血液中胆碱酯酶的活性，从而导致神经系统功能失调，如嗜睡、精神错乱、震颤、语言失常等，同时受神经支配的心脏、支气管、肠、胃等也相继发生异常。

4. 对内分泌系统和生殖效应的影响 某些有机氯农药具有与人体内的典型雌激素如17-雌二醇等内源性激素类似的作用。它们可直接与激素受体结合，从而对生殖系统产生影响；也可先于体内其他受体结合，然后作用于激素受体，对生殖系统产生影响。

5. 致癌、致畸、致突变作用 也称为农药的三致性。农药的三致性问题早就被提出并已受到广泛关注。

（三）降低农药健康危害的方法

通过开发环境友好性农药，减少对环境和人体危害性大的农药的生产和使用，能够降低农药的健康危害。

我国自1983年开始停止生产、1984年停止使用六六六、DDT等有机氯农药，但其长远的影响还有待消除。

新农药的开发和研制的出发点是保护人类的环境、健康和自然生态，充分利用害虫体内的特性物质（目标作用酶）的差异性，提高农药作用的专一性，有效地保护有益生物、控制有害生物。新农药开发的目标转向易降解、低残留、高活性以及对环境有益，生物比较安全的方向。许多针对性强、高效甚至超高效农药不断面世。

三、持久性有机污染物的危害

持久性有机污染物（persistent organic pollutants，POPs）是指能持久存在于环境中，并可借助大气、水、生物体等环境介质进行远距离迁移，通过食物链富集，对环境和人类造成严重危害的天然或人工合成的有机污染物质。2001年5月23日，来自126个国家的代表在瑞典签署了《关于持久性有机污染物的斯德哥尔摩公约》，标志着针对POPs的国际行动正式启动。优先控制的POPs有12种，分别是艾氏剂、氯丹、DDT、狄氏剂、异狄氏剂、七氯、灭蚁灵、毒杀酚、多氯联苯（polychlorinated biphenyls，PCBs）、聚氯二苯并对二噁英（polychlorodibenzo-p-dioxins，PCDD）和聚氯二苯并呋喃（polychlorodibenzofurans，PCDF）。我国人大常委会于2004年5月17日正式批准《关于持久性有机污染物的斯德哥尔摩公约》。在2013年8月30日，全国人大常委会批准了新增列9种持久性有机污染物的修正案，该修正案对α-六氯环己烷、β-六氯环己烷、林丹、十氯酮、五氯苯、六溴联苯、四溴二苯醚和五溴二苯醚、六溴二苯醚和七溴二苯醚、全氟辛基磺酸及其盐类和全氟辛基磺酰氟、硫丹等10种持久性有机污染物做出了淘汰或者限制使用的规定。

（一）持久性有机污染物概述

公众对于POPs的关注起源于20世纪六七十年代，那时DDT、多氯联苯和二噁英3种化学物质开始引起人们的关注。1962年，雷切尔·卡森（Rachel Carson）在其著作《寂静的春天》中记录了农药DDT是如何减少鸟类繁殖数量、破坏生态系统并导致癌症及其他人类疾病的。1964年，瑞典研究者索伦·延森（Soren Jensen）经过对人体血液中DDT含量的研究，发现在血液样本中出现了一类神秘的化学物质干扰其分析。通过进一步实验，发现这些化学物质为多氯联苯。当时，这类工业化学物质被广泛运用于电力传输系统和其他领域。

随着其他科学家的持续关注，发现DDT和多氯联苯广泛存在于野生动物和人体组织中。这两类物质都会导致广泛的健康损害。于是，科学家、非政府组织和公众开始关注。因此，许多国家，尤其是许多高度工业化国家在20世纪70年代和80年代禁止继续生产和销售DDT和多氯联苯。

目前土壤环境中POPs的来源主要包括：

1．生产过程产生POPs或从事POPs相关的化工、农药生产企业的厂区或周边区域。
2．一些长期施用有机氯农药的农田仍有较高浓度的残留。
3．堆放、填埋区域的POPs物质泄漏。
4．工业生产过程中的副产物，如PCDD和PCDF。

（二）持久性有机污染物的主要特性

1．持久性 POPs不易进行物理、化学和生物分解。因此，一旦其进入环境，将长期存在于环境中。

2．生物累积性 POPs易溶解于脂肪（亲脂性），它们在具有生命的生物体体内蓄积，其

程度远远高于在周围环境中的浓度。

3. 长距离迁移能力 POPs能在环境中进行长距离迁移，从而污染远离其进入环境的地方。POPs主要通过气流进行长距离传输，但是也能通过水流或者迁移物种进行长距离传输。

4. 可能产生不利影响 POPs对人类健康和（或）生态系统可能造成潜在的危害。

（三）持久性有机污染物对健康的危害

POPs广泛存在于世界各地区的环境中。POPs主要蓄积于人体内的脂肪组织。大多数鱼类、鸟类、哺乳动物和其他野生动物都会受到POPs的污染。环境中的POPs污染通过食物供应对人体健康产生影响，尤其是鱼类、肉类、黄油和奶酪。POPs通过受污染的食物进入人体，易于在体内脂肪组织蓄积。母亲可能将体内的POPs传输给后代。POPs进入人体内，仍处于母体子宫内发育阶段的胎儿也会受其污染。由于母乳中也含有POPs，婴儿在哺乳期间也可能摄入母乳中的POPs。

除此之外，POPs还可能与以下情形有关：癌症和肿瘤，包括软组织肉瘤、非霍奇金淋巴瘤、乳腺癌、胰腺癌和成人白血病发病；神经障碍，包括注意力缺失症、行为问题，如学习障碍和记忆力受损；免疫抑制，包括抑制免疫系统的正常反应、影响巨噬细胞的活性等；生殖疾病，包括精子异常、流产、早产、低出生体重、后代性别比例改变、哺乳母亲哺乳期的缩短和月经失调等；其他疾病，包括2型糖尿病、子宫内膜异位症、肝炎和肝硬化等。

在越战期间，由于暴露于二噁英，美国空军和越南平民体内发现了罕见癌症，其他疾病发病率也出现异常升高。尽管美国军方最初矢口否认，但最终证实这些疾病与1962—1971年美国空军为了达到落叶目的而使用7700万升橙剂和其他除草剂有关。

四、生物性污染的危害

土壤生物性污染是指由于病原体和带病的有害生物种群从外界侵入土壤，导致土壤中致病菌、病毒、寄生虫（卵）等病原微生物增多，对人体健康或生态系统产生不良影响的现象。

土壤中的各种病原微生物和寄生虫不仅可以通过食物链进入人体，使人感染发病，还可直接通过皮肤接触由土壤进入人体，危害人体健康。某些寄生虫卵在温暖潮湿的土壤中经过几天孵育出感染性幼虫，然后再通过皮肤接触进入人体，尤其是从伤口进入，从而导致继发性疾病。

生物性污染的主要危害有：

1. 引起肠道传染病和寄生虫病 人体排出的含有病原体的粪便污染土壤，人生吃在这种土壤中种植的蔬菜瓜果等而感染得病（人—土壤—人）。许多肠道致病菌在土壤中能存活很长时间，如痢疾志贺菌可存活25～100天，伤寒沙门菌可存活100～400天，肠道病毒可存活100～170天，而蛔虫卵在土壤中存活的时间可达7年之久。

2. 引起钩端螺旋体病和炭疽病 含有病原体的动物粪便污染土壤后，病原体通过皮肤或黏膜进入人体而得病（动物—土壤—人）。钩端螺旋体的带毒动物有牛、羊、猪、鼠等。炭疽杆菌的抵抗力很强，在土壤中可存活1年以上，家畜一旦感染了炭疽病并造成土壤污染，会在该地区相当长时间内传播此病。

3. 引起破伤风和肉毒中毒 天然土壤中常含有破伤风梭菌和肉毒梭菌，人接触土壤而感染（土壤—人）。这两种病菌抵抗力很强，能在土壤中长期存活。

第四节 土壤的卫生防护

一、粪便的无害化处理和利用

粪便无害化处理是控制肠道传染病、增加农业肥料和改良土壤的重要措施。收集处理粪便分为流出和运出两个系统。流出系统是指粪便经水冲式厕所通过城市污水管道流入城市污水系统并处理，目前多数城市家庭、单位所使用的水冲厕所即为此类经由城市污水管道的流出系统；运出系统是指无城市污水管道地区，用运输工具运出后处理，多数农村家庭、城市平房居民及部分城市公共厕所使用的旱厕即属此类。

（一）粪便的收集和运出

1．厕所 厕所是收集和贮存粪便的场所，必须符合以下卫生要求：

（1）位置适当：坑式厕所应选土壤干燥，坑底应距地下水位2 m以上，距分散式供水水源、饮食行业和托幼机构30 m以外的地方。

（2）粪池要高出地面，防止雨水流入，同时防渗漏，不污染地下水。

（3）有防蝇、防蛆、防鼠、防臭、防溢的设施。

（4）采光、照明、通风良好，使用方便，便于保洁。

城市公共厕所应符合《城市公共厕所卫生标准》（GB/T17217-1998），见表6-3。

表6-3 城市公共厕所卫生标准值

卫生标准	公共厕所类型		
	一类	二类	三类
成蝇（只）	0	< 3	< 5
蝇蛆[1]（尾）	0	0	0
臭味强度（级）	< 1	≤ 2	≤ 3
氨（mg/m^3）	0.3	1.0	3.0
硫化氢（mg/m^3）	0.01	0.01	0.01
厕室内温度[2]（℃）	≥ 14	≥ 10	−
厕室内相对湿度（%）	≤ 80	≤ 80	−
换气次数（次/小时）	≥ 5	≥ 5	−
采光系数	1/6 ~ 1/8	1/6 ~ 1/8	1/6 ~ 1/8
人工照度（Lx）	> 40	34 ~ 40	20 ~ 30

注：1．指在厕室的大小便器内外、地面和贮粪池周围30 ~ 50 m以内眼睛观察不到蝇蛆；2．指有采暖的地区。

2．粪便的运出 应满足下列卫生要求：

（1）保证及时运出，以防污染环境。

（2）运输工具必须严密不漏，在装运过程中不污染地面、水源和大气。

（3）掏运尽可能机械化、密闭化，合理安排运出路线和掏运时间，减少污染。

（4）加强清洁工人的个人防护。

（二）粪便的无害化处理和利用

1．《粪便无害化卫生标准》（GB 7959-2012）规定了粪便处理的卫生标准。

（1）城乡采用的粪便处理技术，应遵循卫生安全、资源利用和保护生态环境的原则。

（2）对粪便必须进行无害化处理，严禁未经无害化处理的粪便用于农业施肥和直接排放。

（3）采用固液分离-絮凝脱水处理法处理粪便时，产生的上清液应与污水处理厂污水合并处理，污泥须采用高温堆肥等方法处理。处理后最终排放出水的总氮、总磷等富营养化物质含量应符合《城镇污水处理厂污染物排放标准》（GB 18918-2002）要求。

（4）应有效地控制蚊、蝇滋生。使堆肥堆体、贮粪池与厕所周边没有存活的蛆、蛹和新羽化的成蝇。

（5）清掏出的贮粪池粪渣、粪皮，沼气池沉渣、各类处理设施的污泥，经高温堆肥无害化处理合格后方可用作农业施肥。

（6）肠道传染病发生时，应对粪便、贮粪池及粪便可能污染的场所、容器等进行消毒，消毒方法与消毒剂应用应参照《消毒技术规范》的要求执行。

（7）经各种方法处理后的粪便产物应符合《粪便无害化卫生标准》（GB 7959-2012）中相应的卫生要求。

2．适合我国国情的粪便无害化处理方法主要有：

（1）粪尿混合发酵：指在厌氧环境中密闭发酵，由厌氧菌分解含氮有机物产生大量氨。游离氨能随水透入卵壳，杀死寄生虫。血吸虫卵对氨最敏感。厌氧环境也可使其他病原菌死灭。腐化后的粪便是良好肥料。

（2）堆肥法：是把粪便和有机垃圾，作物秆、叶等按一定的比例堆积起来，在一定温度、湿度和微生物作用下，分解有机物并产生高温，使病原体死亡并形成大量腐殖质。

（3）沼气发酵法：是将人畜粪便、垃圾、杂草、污水等放在密闭的发酵池内，在厌氧菌的作用下分解有机物，产生大量的甲烷气体（沼气）。病原菌在沼气发酵的过程中死亡，寄生虫虫卵减少95%以上。获得大量沼气和良好肥料。沼气引出可作为能源，供做饭和取暖。

二、垃圾的无害化处理和利用

垃圾是所有废物的总和，其最集中的地方是城市。城市生活垃圾是指在日常生活中或者为城市日常生活提供服务的活动中产生的固体废物。

（一）我国城市生活垃圾的产量和构成

改革开放后，我国社会和经济的高速发展致使城市生活垃圾产生量迅速增加，年度清运量由2000年的1.18亿吨增长到2017年的2.15亿吨（图6-1）。研究表明影响我国城市生活垃圾清运量的因素包括城市数量、城市人口数量、城市建设水平、居民收入和消费水平等。

我国城市生活垃圾以含水率高、有机质含量高、易降解的厨余类组分为主。相比于发达国家，我国产生的城市生活垃圾中可回收利用的纸类、金属类和橡塑类物料含量较低。

（二）垃圾的无害化处理方法

1．垃圾处理常用方法

（1）卫生填埋：所谓卫生填埋，就是对垃圾处理场按照环境卫生工程技术进行施工，不使掩埋的垃圾对地下水、地表水、土地、空气及周围环境造成污染。卫生填埋是最常用的垃圾处理方法，也是20世纪多数发达国家对垃圾处理的一种主要方法。该法安全卫生，成本较低，已回填完毕的场地可以作绿化、公园、游乐场等。

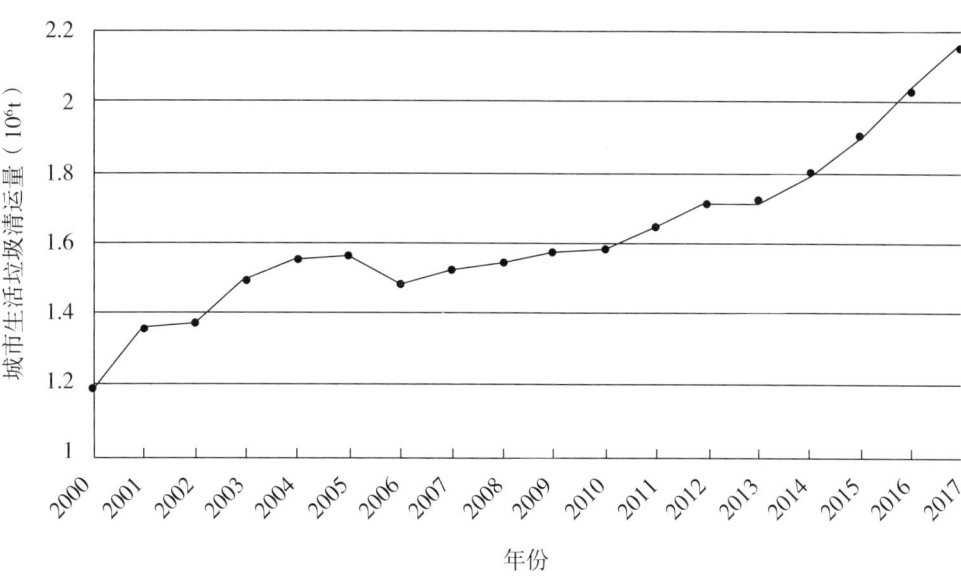

图 6-1 2000—2017 年全国城市生活垃圾清运量

为了做到卫生填埋，解决渗漏、压实、覆盖、雨水导流、污水处理、环境绿化、沼气引流等一系列问题，垃圾填埋应该严格遵循《生活垃圾填埋污染控制标准》（GB16889-2008）有关生活垃圾填埋场选址要求、工程设计与施工要求、填埋废物的入场条件、填埋作业要求、封场及后期维护与管理要求、污染物排放限值及环境监测等要求规定。

（2）垃圾焚烧：焚烧方法是将垃圾置于高温炉内，使其可燃成分充分氧化的一种方法。垃圾经过焚烧之后，体积可以减少 80%～90%，是目前世界上经济发达国家广泛采用的一种城市生活垃圾处理技术。建设一座焚烧厂要很多投资，同时，垃圾焚烧过程中要排放大量烟气，特别是二噁英，对大气有污染。

我国《生活垃圾焚烧污染控制标准》（GB 18485-2014）对生活垃圾焚烧厂的选址要求、技术要求、入炉废物要求、运行要求、排放控制要求、监测要求、实施与监督等内容进行了规定。

（3）堆肥：堆肥是我国农村长期使用的一种沤肥方法，已有悠久的历史。堆肥是固体废物中的有机物经过生物化学的降解作用成为腐殖质状，并用作土壤改良剂或肥料。如前所述，除了粪便之外，我国城市生活垃圾中有机成分和菜蔬较多，这些东西既不能焚烧，政府又无力建造大型垃圾填埋场进行处理，而用以堆制肥料较为适宜。

2. 我国垃圾无害化处理现状　长期以来，卫生填埋是我国生活垃圾处理（置）的主要方式，尽管其处理量占无害化处理量比例由 2002 年的 89.30%，逐步下降至 2016 年的 60.32%。与之相反，城市生活垃圾焚烧处理在过去的 15 年中得到快速的发展，其处理量占无害化处理量比例由 2002 年的不足 4%，增长到 2016 年的接近 40%。

（三）垃圾的回收利用

垃圾是全世界的第一大公害，但同时也是"放错地方的资源"。城市生活垃圾是丰富的再生资源的源泉，约 80% 的垃圾是潜在的原料资源，可以回收其中的有用成分作为再生资源加以利用。近年来，世界上许多工业发达国家都大力开展垃圾回收利用的研究工作。荷兰垃圾资源回收率平均达 65%，德国达 58%，法国达 28%，英国达 18%。

国外的垃圾分类方法主要包括：二类法、三类法、四类法以及五类法。以日本为例：在日本京都市，垃圾被分为资源物资、可燃垃圾和大件垃圾，民众需要将垃圾分别放入指定类型

的垃圾袋中，并在规定的收集日扔弃在指定位置，由政府进行回收，大件垃圾则有专人进行回收。日本如此分类是便于进行垃圾焚烧和回收利用。

在中国，率先实行强制性垃圾分类制度的地区是上海。2019年7月1日，《上海市生活垃圾管理条例》正式实行，上海地区的垃圾在投放之前需要被分为四类，分别是湿垃圾、干垃圾、可回收物和有害垃圾，实行每天定时定点投放制度，民众需要在每天规定的时间和规定的地点，将垃圾投放到相应的垃圾箱中。干垃圾在收集之后会用于焚烧发电，湿垃圾则会被送至湿垃圾资源化利用厂，主要用于产生沼气等资源。

三、有害工业废渣的处理和利用

工业固体废弃物是指企业生产过程中的固体状、半固体状和高浓度液体状废弃物总量，包括危险废物、冶炼废渣、粉煤灰、炉渣、尾矿、放射性废物和其他废物等。工业废渣的产量更大，约为城市生活垃圾10倍以上。其中有害成分约占10%。有害工业废渣种类繁多，性质各异，如果处理不当，可造成环境污染，生态平衡破坏，引起人畜中毒等不良后果。

其处理措施主要有：

1. 安全土地填埋 是一种改进的卫生填埋方法，也称为安全化学土地填埋。对场地的建造技术比卫生填埋更为严格。此法是一种完全的、最终的处理措施，最为经济，不受工业废渣种类的限制，适于处理大量的工业废渣，填埋后的土地可用作绿化地和停车场，但场址必须远离居民区。

2. 焚烧法 高温分解和深度氧化的综合过程。通过焚烧使可燃性的工业废渣氧化分解，达到减少容积、杀灭病原菌或去除毒性、回收能量及副产物的目的。

3. 固化法 是将水泥、塑料、水玻璃、沥青等凝固剂同有害工业废渣加以混合进行固化。主要用于处理放射性废物。

4. 化学法 是利用有害工业废渣的化学性质，通过酸碱中和、氧化还原等方式，将有害废物变成无害废物。

5. 生物法 许多有害工业废渣可以通过生物降解减轻毒性，解除毒性的废物可以被土壤和水体接纳。

6. 有毒工业废渣的回收处理与利用 化学工业生产中排出的许多废渣具有毒性，需经过资源化处理加以利用和回收。

四、污水灌溉的卫生防护措施

（一）污水灌溉的原理

利用土壤的自净能力净化污水，同时供给农田水分和养料。但是，土壤对有机污染物的自净能力和对毒物的容纳量都是有限的，超过卫生上的容许限值就会造成健康危害。

（二）污水灌溉的优缺点

污水灌溉的主要优点是解决了城市部分污水处理的问题，污水中含有丰富的氮、钾、磷等营养元素，为农业生产提供了水和肥料。缺点主要是未经处理的污水，其往往含有有毒、有害物质，造成污水灌溉区域土壤、地下水和农作物的严重污染。由于土壤自净能力有限，超过卫生容许浓度的污水会造成危害。

（三）我国污水灌溉现状

我国已经成为世界第一灌溉大国，在2014年以灌溉为主的农业用水量占全国用水量的

63%。在20世纪末，我国污水灌溉的农田主要集中在北方水资源严重缺乏的海、辽、黄、淮四大流域，约占全国污水灌溉面积的85%。

（四）污水灌溉的卫生防护措施

1. 灌田污水必须预先处理 对灌田污水进行监测，掌握其所含成分，符合《农田灌溉水质标准》（GB 5084-2005）要求后方可灌溉。

2. 防止污染水源 污水沟渠和灌田土壤应防渗漏，灌田区应距水源地200 m以上，在集中式给水水源地上游1000 m至下游100 m的沿岸农田不得用污水灌田。

3. 防止污染作物 提倡沟灌，不用漫灌和浇灌，尽量减少污水与蔬菜和农作物接触。

4. 防止污染大气 灌区在居民区的下风侧，距居民区500 m以上。

5. 防止蚊蝇滋生 灌区要土地平整、无积水、无杂草，防止有机物堆积腐败，以减少蚊蝇滋生。

五、生态农业

如今的粮食和农业系统为全球市场提供了大量食物。然而，依靠大量外部投入的资源密集型的农业系统已导致大规模森林损毁、缺水、生物多样性丧失、土壤流失和大量温室气体排放等环境问题。在此基础上，一种新的农业发展方式——生态农业，正在被提出和应用。

生态农业是指在设计与管理粮食和农业系统的同时应用生态与社会概念及原则的一项综合性举措。生态农业努力优化植物、动物、人与环境之间的互动，同时兼顾可持续和公平的粮食系统所需应对的社会各方面情况。

与其他可持续发展举措不同，生态农业具有地域性特点，可根据各地具体情况提供有针对性的对策。生态农业创新以知识共创为基础，将科学发展与生产者的传统性、应用性及本地化的知识结合起来，通过提高生产者和社区的自主性和适应能力，促进生态农业系统的良好发展。

生态农业可以灵活选择农业生态系统，构成复合生态系统模式，进而提高空间和光能利用率，这有利于物质和能量的多层次利用，在系统各构成部分之间形成协同效应，改善对自然资源的利用。生态农业强调适度规模化的种养业搭配，有选择性地将一年生和多年生作物、家畜和水生动物、林木、土壤、水以及其他农业构成要素有机地结合起来，以此充分发挥整体农业的生态功能，实现最佳的产出效益。生态农业本身有很强的自净能力，可以在很大程度上减轻生产活动对生态环境的干扰。同时，生态农业注重恢复和提高土壤的肥力，减少化肥和农药的用量，使土地退化和生态环境污染能够得到控制，达到使农业与农村生态环境持续得到改善的目的。

2014年，农业部在全国启动建设了13个现代生态农业示范基地，从区域突出环境问题入手，以新型农业经营为主体，因地制宜地配置低碳循环、节水、节肥、节药和面源污染防治的技术和设施，探索出了六大区域现代生态农业模式：

1. 为解决南方水网地区农业面源污染问题，湖北省峒山村现代生态农业示范基地通过化肥减施、绿色防控、稻虾共作、林下养禽等关键技术，配套生态沟渠、湿地等工程，构建了"源头消减＋综合种养＋生态拦减"的水体清洁型生态农业建设模式。

2. 针对西南丘陵地区水土流失、化肥农药过量问题，重庆市集体村现代生态农业示范基地集成节水、节肥、节药技术，加强农业废弃物综合利用、农村清洁和生态涵养工程建设，构建了"生态田园＋生态家园＋生态涵养"的生态保育型生态农业建设模式。

3. 针对华北平原地区化肥农药投入强度高、种植单一化、地下水漏斗等突出问题，山东省周庄村现代生态农业示范基地依托新型经营主体，培育社会化服务组织，构建了"种养结合

化＋生产标准化＋生物多样化"的集约化农区清洁生产型生态农业建设模式。

4. 针对西北干旱区水资源短缺、"白色污染"问题，甘肃省古城村现代生态农业示范基地构建了"农田综合节水＋地膜综合利用＋种植间作套作"的节水环保型生态农业建设模式。

5. 针对黄土高原地区水土流失、生态环境脆弱、土壤有机质缺乏现状，山西省东城乡现代生态农业示范基地构建了"生态种植＋生态节水＋循环利用"的果园清洁型生态农业建设模式，大力发展果粮间作、林果业为主的特色种植。

6. 面对大中城郊水土资源、劳动力紧张、外来及内在污染风险并存、生态农产品供应能力不足问题，浙江省郑家村现代生态农业示范基地构建了"种养合理配置＋污染综合防控＋生态产品增值"的大中城郊生态多功能生态农业建设模式。

第五节　土壤环境质量标准及卫生监督与监测

一、土壤环境质量标准

土壤环境质量标准是国家为防止土壤污染、保护生态系统、维护人体健康所制定的土壤中污染物在一定的时间和空间范围内的容许含量值。由于土壤污染物不像大气和水污染那样，可以直接进入人体，危害健康，土壤中的污染物是通过食物链，主要通过粮食、蔬菜、水果、奶、蛋、肉进入人体。土壤和人体之间的物质平衡关系比较复杂，制定土壤污染物的环境质量标准难度很大，限制了土壤环境质量标准制定工作的展开。

（一）制定土壤环境质量标准的原则

1. 保护陆地生态安全　主要指土壤自身、植物/农作物、土壤无脊椎动物、野生动物等生态受体以及大气、水等其他环境要素暴露于土壤污染时不产生有害影响。

2. 保护人体健康　主要指人体长期暴露于土壤污染物时不产生显著的健康风险。

（二）土壤环境质量标准

我国为防止土壤污染、保护生态环境、保障农林生产、维护人体健康，在1995年国家环境保护局制定了《土壤环境质量标准》（GB 15618-1995）。在2018年6月，生态环境部发布了两项新的土壤环境标准，其中《土壤环境质量——农用地土壤污染风险管控标准（试行）》（GB 15618-2018）将替代《土壤环境质量标准》（GB 15618-1995），《土壤环境质量——建设用地土壤污染风险管控标准（试行）》（GB 36600-2018）为首次发布。

1. 制定《土壤环境质量——农用地土壤污染风险管控标准（试行）》（GB 15618-2018），目的是保护农用地土壤环境，管控农用地土壤污染风险，保障农产品质量安全、农作物正常生长和土壤生态环境。标准规定了农用地土壤污染风险筛选值和管制值，以及监测、实施与监督要求。

在标准中，提出了以下两类土壤污染风险管控限值：

（1）农用地土壤污染风险筛选值（risk screening values for soil contamination of agricultural land）：指农用地土壤中污染物含量等于或者低于该值的，对农产品质量安全、农作物生长或土壤生态环境的风险低，一般情况下可以忽略；超过该值的，对农产品质量安全、农作物生长或土壤生态环境可能存在风险，应当加强土壤环境监测和农产品协同监测，原则上应当采取安全处理措施。农用地土壤污染风险筛选值分两类，其中，基本项目包括镉、汞、砷、铅、铬、铜、镍、锌，其他项目包括六六六总量、DDT总量、苯并[α]芘。

（2）农用地土壤污染风险管制值（risk intervention values for soil contamination of agricultural land)：指农用地土壤中污染物含量超过该值的，食用的农产品不符合质量安全标准的风险高，原则上应当采取严格管控措施。农用地土壤污染风险管制值的项目包括镉、汞、砷、铅、铬。

2．制定《土壤环境质量——建设用地土壤污染风险管控标准（试行）》（GB 36600-2018），目的在于加强建设用地土壤环境监管，管控污染地块对人体健康的风险，保障人居环境安全。标准规定了保护人体健康的建设用地土壤污染风险筛选值和管制值，以及监测、实施与监督要求。

在标准中，将城市建设用地根据保护对象暴露情况的不同，划分为两类，第一类用地主要包括居住用地、医疗卫生用地和社会福利设施用地等，第二类用地主要包括工业用地、物流仓储用地、商业服务业设施用地等。

标准中根据不同类型的用地分别规定了建设用地土壤污染风险筛选值（risk screening values for soil contamination of development land）和建设用地土壤污染风险管制值（risk intervention values for soil contamination of development land）。

二、土壤卫生监督

（一）预防性卫生监督

凡是有可能污染土壤的一切工程项目和各种设施都必须经过卫生主管部门审查批准后方可实施，以便事先采取预防措施，防止土壤污染。

1．场址选择的审查 主要审查有可能污染土壤的工程项目，如粪便垃圾处理厂、污水处理厂、垃圾填埋场、废渣堆积场、污水灌田以及其他各种污染土壤的项目和设施。

2．土壤污染的预测 对已经造成土壤污染的工业企业，可预测工厂今后排放污染物在土壤中蓄积的趋势，以便提出限制其排放量的要求。

3．验收工作 对一切污染土壤的建设项目和设施建成后，投入使用之前必须经过有卫生部门参加的验收工作，确认是否符合卫生要求，确认投入使用时是否会造成土壤污染，及时提出改进措施和要求。

（二）经常性卫生监督

土壤经常性卫生监督是卫生部门依照国家有关法规，对辖区内废弃物堆放和处理场地及其周围土壤进行经常监督和管理，使之达到卫生标准的要求。

对土壤环境进行经常性卫生监督的内容：

1．对居民区内或附近土壤的卫生状况以及垃圾站（堆）、废渣堆、公共厕所等的污染情况进行定期调查与监督管理。

2．对废弃物的土地处理，其经常性卫生监督的重点在于防止渗出物对地下水和地表水的污染，避免散发出的气态污染物的危害。因此，必须定期对有害成分进行监测分析与监督管理，检查其有效的管理制度和运行记录制度等。

3．对污水灌田区的土壤、地下水、空气和农作物定期进行监督监测，了解居民反映的情况，积累有关资料，进行动态分析。防止因污灌造成生态环境破坏和人群健康危害。

三、土壤卫生监测

土壤卫生监测的任务是要查明土壤的卫生状况，阐明其对环境的污染和对居民健康可能产生的影响，为保护生态环境和保障人体健康提出卫生要求和采取防护措施提供依据。土壤卫生监测主要包括污染源调查、土壤污染现状调查与监测、土壤污染对居民健康影响的调查。

(一) 污染源调查

主要目的是查清污染来源和特点，主要内容是调查污染源的性质、数量、生产过程、净化设施、污染物的排放规律以及影响因素等。要随时掌握各污染源的污染方式、污染范围、生产规模和净化设施的变化情况，还要随时掌握新出现的土壤污染来源，以便弄清污染性质、范围和危害，为治理提供线索，指明方向。

(二) 污染现状调查

1. 采样点的选择和采样方法

(1) 采样点：采样点的分布应根据污染特点决定。点源污染时应以污染源为中心向周围不同方向布设采样点；面源污染时，则可将整个调查区划分为若干个等面积的方格，每个方格内采一个土样。

(2) 采样方法：①多点采样，混合均匀；②表层采样，采集 0～20 cm 深的土样；③深层采样，采集 1.0 m 深的土壤。

2. 土壤环境背景调查监测 当地天然土壤背景资料是评价土壤污染状况的基础。背景调查的主要内容是各种化学元素的背景值和放射性物质背景值的监测。本底调查的采样点必须是当地未受污染的天然土壤，并应包括当地各种不同类型的土壤。

《中国土壤元素背景值》是 1990 年由原国家环保局、中国环境监测总站主编的，是我国目前较为权威和完整的土壤元素背景值的资料。书中有我国 29 个省、自治区和直辖市以及 5 个开放城市土壤背景值，以 4000 多个典型土壤剖面取得的 13 种微量元素值，并从 800 个主剖面上加测了 48 个元素。

3. 污染指标的选择 一般是根据污染源调查情况和评价的目的，选择适当数量既有代表性又切实可行的污染指标进行监测。

(1) 化学污染的调查监测：主要包括有机氯、有机磷农药、重金属及其他无机毒物。调查污染土壤的有毒化学物质时，不仅要调查监测土壤中该化学物质的含量，还要监测当地各种农作物中的含量，观察该污染物在农作物中的富集情况。例如，调查土壤镉污染时可以以稻米为指示植物，调查土壤氟污染时可以以茶叶为指示植物。同时还要调查化学污染物渗入土壤的深度，迁移到地下水中的浓度和扩散到空气中的浓度等情况，以估计其对周围环境的污染程度。

(2) 生物性污染调查监测

1) 大肠菌值：发现大肠菌群细菌的最少土壤克数称为大肠菌值。是代表人畜粪便污染的主要指标，也是代表肠道传染病危险性的主要指标。

2) 产气荚膜梭菌值：也是代表粪便污染的指标。它比大肠菌群细菌在土壤中的存活时间长，因此，研究它和大肠菌群细菌在土壤中的数量消长关系可用于判定土壤受粪便污染的时间长短。如果土壤中产气荚膜梭菌少而大肠菌群细菌相对多，则表明土壤的污染是新发性的。

3) 蛔虫卵数：可直接说明土壤在流行病学上对人体健康是否有威胁。根据蛔虫卵在土壤中的不同发育阶段以及活卵所占的百分比来判断土壤的自净程度。如果土壤中大部分蛔虫卵是死卵，表明土壤已达到自净，危险性较小。表 6-4 列出了土壤生物性污染的评价指标及其卫生状况分级值。

表6-4 土壤卫生状况评价指标

卫生状况	大肠菌值	产气荚膜梭菌值	蛔虫卵（个/kg土）
清洁土壤	>1.0	>0.1	0
轻度污染	1.0～0.01	0.1～0.001	<10
中度污染	0.01～0.001	0.001～0.0001	10～100
严重污染	<0.001	<0.0001	>100

（三）土壤污染对居民健康影响的调查

土壤污染对居民健康的影响表现为间接的、长期的慢性危害。对个体的健康状况影响往往表现不明显，需要在大规模的人群中进行流行病学调查。

1. 患病率和死亡率调查 调查污染区和对照区居民与土壤污染有关的各种疾病的患病率和死亡率，也可收集和利用现有的死亡和疾病统计资料。将污染区居民和对照区居民的健康状况进行对比分析，分析土壤污染与居民健康的关系。

2. 居民询问调查 了解居民对土壤污染的主观感觉及对生活条件影响的反映，进行统计分析。

3. 居民健康检查 选择一定数量有代表性的居民进行临床检查，以及生理、生化、免疫功能等健康状况的检测，以便发现居民健康状况的变化与土壤污染的关系。

4. 有害物质在居民体内蓄积水平的调查 常用人体生物材料监测。应针对污染物质选择敏感指标。一般选用头发、血、尿、乳汁、唾液等，以判定体内蓄积水平和危险程度。

土壤污染对健康影响的调查范围应与土壤污染调查监测的范围相一致，并且一定要选好对照人群做对比分析。

四、土壤污染防治法

2018年8月31日，《中华人民共和国土壤污染防治法》（下面简称《土壤污染防治法》）正式通过，并于2019年1月1日起正式实施。《土壤污染防治法》是我国首次制定的土壤污染防治的专门法律，填补了我国土壤污染防治立法的空白。《土壤污染防治法》规定了土壤污染防治的基本原则，土壤污染防治基本制度，预防和保护、风险管控和修复、保障监督措施和法律责任等内容。

《土壤污染防治法》阐明土壤污染防治应当坚持预防为主、保护优先、分类管理、风险管控、污染担责、公众参与的原则；同时规定了每十年至少组织开展一次全国土壤污染状况普查。《土壤污染防治法》建立了土壤污染责任人制度，并落实在土壤污染防治中政府的责任，同时明确了土壤污染防治的基金制度。除此之外，《土壤污染防治法》还强调了在土壤污染防治的过程中水土污染一体防治的措施，并且要求在土壤污染防治的过程中建立信息公开、公众参与的制度。

《土壤污染防治法》同《环境保护法》《土地管理法》《水污染防治法》《固体废物污染环境防治法》等法律法规一道，为我国环境保护提供有力的法律保障。

案 例

甘肃省某县境内植被茂盛、物产丰富，除了各种稀有动物之外，铅锌矿也是大自然赐给该县人民的财富。已探明的矿产资源有铅、锌、铁、金等22种，其中铅锌矿大型矿床有3处，金属储量105万吨，属徽成铅锌矿带的中心区域。

在1995年徽县有色金属冶炼公司开工建设，当年便建成投产，公司以陇南地区洛坝铅锌矿为依托，主要从事有色金属铅的冶炼，设计能力年产3000吨，实际生产规模为5000吨/年。从2004年起，当地就发现有儿童铅中毒的情况，但一直未引起当地政府有关部门的重视。2006年8月中旬，当地不断有村民到离徽县较近的西安市一家医院检查，许多人被发现存在铅超标问题。

事情发生后，对徽县有色金属冶炼有限责任公司周边400 m范围内7个监测点进行了土壤总铅的初步监测，结果发现：1～5 cm表层土壤总铅浓度为16～187 mg/kg，超出背景值0.83～2.46倍；15～20 cm耕层土壤中，有3个监测点总铅含量高出背景值0.69～1.98倍，有两个高出背景值5.2～12.2倍。这表明，徽县有色金属冶炼有限责任公司400 m范围内的土壤已经受到不同程度污染。

徽县问题暴露后，据位于西安市的第四军医大学西京医院统计，截至2006年9月6日，前往西京医院进行血铅化验的徽县村民共877人，其中发现血铅超标的14岁以下儿童334人；根据徽县政府统计，截至2006年9月7日，共有368人发现了血铅超标，其中14岁以下儿童169人。

事件发生后，当地政府紧急提供了财政资金，帮助部分血铅超标严重的儿童进行治疗。2006年9月2日和3日，政府分两次将81名儿童送往位于西安市的西京医院接受治疗，65人在徽县人民医院和县中医院接受治疗。

思 考 题

1. 不同的土壤类型对土壤卫生标准制定会有什么影响？
2. 日常生活中可能接触到的土壤污染类型和来源有哪些？
3. 面对一个土壤污染事件，应如何进行调查？请设计一个实施方案。

（吴少伟）

第七章 住宅与健康

第一节 室内环境与住宅

一、概述

室内环境是由屋顶、地面、墙壁、门、窗等建筑围护结构从自然环境中分割而成的小环境,也就是建筑物内的环境。室内环境是人类对自然环境干预以后形成的,属于次生环境。

人类历史上最早出现的室内环境是天然洞穴,用于躲避狂风暴雨和毒蛇猛兽。随着人类社会科技水平的快速发展和人们对文化生活、社会交流活动等需求的增多,不仅使室内环境的建造形式和质量方面有了极大的提高,而且创建出了更多功能和类型的室内环境,包括住宅、办公场所以及各类室内公共场所等。虽然各种室内环境由于其不同的特定功能而在建筑设计方面各具特色,但是在基本健康要求方面,应该是一致的。

住宅是最重要的室内环境之一。我国古代人民已经开始关注住宅与健康的关系。《左传》中曾描述,"土薄水浅,其恶易觏……土厚水深,居之不疫"。西晋《博物志》中记载,"居无近绝溪、群冢、狐蛊之所,近此则死气阴匿之处也"。三国时期的思想家嵇康认为,"居必爽垲(地势高而土质干燥),所以远气毒之患"。可见古代人民已经考虑到了修建住宅的选址问题以及住宅对人体健康的影响。

二、创造健康室内环境的基本原则

现代人约有70%的时间是在室内度过的。现代化程度越高的地区,人们在室内度过的时间往往越长,平均可达到80%~90%,而住宅是所有室内环境中人们逗留时间最长的室内环境。因此,室内环境质量的优劣,尤其是住宅对人体健康的影响就显得特别重要。室内环境的质量必须有利于室内人群的身心健康。要确保室内环境具备优良的质量,就必须创建健康室内环境。创建健康室内环境的基本原则是:

1. 充分引进室外有利因素,如阳光、新鲜空气等。
2. 充分发挥室内有利因素,并尽量开发更多的室内有利因素,如室内空间的合理分割、卫生设施的完善等。
3. 尽量避免室外有害因素进入室内,如污染空气、噪声等。
4. 尽量避免室内产生有害因素,如燃烧产物、烹调油烟等。

三、室内环境对健康影响的基本特点

室内环境是从外界环境中分割而来,形成了较为封闭的小环境。这样的小环境一方面仍具

有一部分来自外界环境的有利因素和有害因素,另一方面也由于空间小而功能多等原因,除了有利因素外,也会引发多种有害因素。这些因素都会直接或间接地影响室内人群的健康,并且与外界环境和职业生产环境对人群健康影响的特点有所区别。

1. 与外界环境相比,室内的小气候比较适宜,环境比较舒适,有利于人们从事各种活动,但因此也有利于其他生物的生长繁殖,使得室内人群接触病原生物的机会较多。

2. 与外界环境相比,室内空间相对狭小,有害因素较难扩散、稀释。人与人之间、人与有害因素之间都是近距离接触。因此,一旦出现有害因素,人群的暴露机会更为频繁且密切,容易受到有害因素的影响。

3. 虽然室内环境的有害因素多以低浓度作用为主,但是由于种类较多,因此多因素综合作用更为突出。

4. 与外界环境相比,室内环境的有害因素多为低浓度长期作用。人们在职业生产环境中劳动8小时后,可以离开该环境,得到一段时间的缓解,这种暴露是间断性的。然而,在室内环境尤其是住宅中对有害因素的暴露往往是长年累月不间断的。当机体出现有害健康效应时,一般来说暴露已经持续很久了。

鉴于以上特点,在进行室内环境对人体健康影响的科学研究和健康评价时,与外界环境和职业生产环境要有所区别。

四、住宅的健康学意义

住宅是人们生活居住的室内环境,在人的一生中有2/3以上的时间是在住宅室内度过的,而婴幼儿、儿童、青少年和老弱病残者在住宅中生活的时间更长。住宅室内环境已成为人类接触最为密切的环境,其质量优劣对健康的影响显得尤为重要。近年来,随着知识经济发展和网络信息技术的普及,住宅的意义也发生了巨大的变化,已从简单的生活模式类型转变为生活、学习、工作、娱乐等各种不同功能的综合模式类型。因此,住宅对人们的生活居住、学习、工作和娱乐等方面都会产生重要影响。

住宅的卫生条件和人类健康密切相关。住宅内的环境因素主要包括小气候、日照、采光、噪声、绿化和空气清洁度等。住宅内各种环境因素对人体健康的影响一般呈长期、慢性作用。住宅室内环境与室外环境有密切关系,但住宅室内环境可以经过人工处理,包括通过用地和建材的选择、设计、建造工艺以及有关设备的使用和管理等措施建造人们需要的局部小环境。

1. 良好住宅环境有利于人体健康 安静整洁、明亮宽敞、小气候适宜、空气清洁的住宅环境,对机体是一种良性刺激,使机体精神焕发,提高机体各系统的生理功能,增强机体免疫力,防止疾病的传播,降低人群患病率和死亡率,起到增强体质、延长寿命的作用。

2. 不良住宅环境不利于人体健康 拥挤、寒冷、炎热、潮湿、阴暗、空气污浊、噪声、含有病原体或有毒有害物质的住宅环境,对机体是一种恶性刺激,可使中枢神经系统功能紊乱,降低机体各系统的功能和抵抗力,使居民情绪恶化、生活质量和工作效率下降、患病率和死亡率增高。

3. 住宅卫生状况可影响众多家庭成员甚至数代人的健康 住宅一旦建成可使用几十年乃至百年以上。因此,其卫生状况通常可影响到一个家庭几代人的健康。加之,人口的流动以及住房条件的改善,使同一住宅居住的家庭(或人员)不断变更,因而住宅的卫生状况也可对新迁入居住的家庭成员的健康产生影响。

4. 住宅环境对健康影响的特点 住宅环境对健康的影响具有长期性和复杂性。住宅内的环境卫生问题,在通常情况下,室内单一污染物的浓度并不太高,不易在较短的时间内对健康产生有害影响,因而其对健康的影响往往表现为慢性、潜在性和功能上的不良影响。然而住宅内的有害因素种类繁多,且各种因素通常同时存在,联合作用于人体,其与居民健康间的关系十分复杂。"不良建筑物综合征（sick building syndrome，SBS）"就是现代住宅中多种环境因素联合作用对健康产生影响所引起的一种综合征。

五、住宅的基本健康要求

人们在住宅逗留的时间是在所有室内环境中最长的。并且，住宅内的人群包括了所有的年龄组，健康状态也各不相同。其中尤以老、弱、病、残、幼、孕等易感人群的体质最弱，免疫水平相对低下，更需要有健康的居住环境。因此，在所有的室内环境中，住宅的健康要求应该是最高的，包含内容应是最全面、最具代表性的。

为了保证住宅室内具有良好的居住和生活条件，为儿童、青少年生长发育和老年人的健康，以及家庭办公、学习等提供良好条件，保护和提高机体各系统的正常功能，防止疾病传播，在住宅建筑上应采取各种措施满足下列各项基本健康要求：

1. 小气候适宜 室内有适宜的小气候，冬暖夏凉，干燥，防止潮湿，必要时应有通风、采暖、防寒、隔热等设备。

2. 采光照明良好 白天充分利用阳光采光，晚间照明适当。

3. 空气清洁卫生 应避免室内外各种污染源对室内空气的污染，冬季室内也应有适当的换气。

4. 隔音性能良好 应避免室外及相邻居室的噪声污染。

5. 卫生设施齐全 应有上、下水道和其他卫生设施，以保持室内清洁卫生。

6. 环境安静整洁 应保证休息、睡眠、学习和工作。

第二节 住宅设计与健康

良好的住宅设计，可为人群提供一个良好的居住环境，不符合健康要求的住宅，则会严重影响人们的身体健康。

一、住宅的平面配置

住宅的平面配置主要包括住宅朝向、住宅间距和住宅中各类房间的配置等，在住宅平面配置中要注意贯彻住宅的卫生标准和卫生要求。

（一）住宅朝向

住宅朝向（direction of building）是指住宅建筑物主室窗户所面对的方向，它对住宅的日照、采光、通风、小气候和空气清洁程度等都能产生影响。因此，应根据当地各季节的太阳高度、日照时数、各季节的风向频率和风速，以及地理环境和建筑用地等情况，选择住宅的最佳朝向。

从日照和太阳辐射来看，我国绝大部分地区在北纬45°以南，居室最适宜的朝向是南向，即住宅楼的长轴应采用东西走向，从而使住宅主要房间朝南，辅助房间放在北面。住宅南北朝向的设计，可使居室能满足在冬季得到尽量多的日照，夏季避免过多的日照和有利于自然通风的要求。

（二）住宅间距

住宅间距（distance of building）指在满足日照要求的基础上，综合考虑采光、通风、消防、防灾、管线埋设、视觉卫生等要求的，前后相邻两排建筑物之间应保持的最小间隔距离。

根据日照的卫生要求确定的住宅间距，要随纬度、住宅朝向、建筑物高度和长度及建筑

用地的地形等因素而决定。一般可根据室内在冬至日应不少于 1 小时的满窗日照时间要求来推算。2005 年，我国建设部制定的《住宅建筑规范》（GB50368-2005）规定，北方大城市的大寒日日照时数不少于 2 h；北方中小城市和南方大城市大寒日日照时数不少于 3 h；南方中小城市和西南地区冬至日不少于 1 h；老年人住宅不应低于冬至日日照 2 h 的标准；旧区改建的项目内新建住宅日照标准可酌情降低，但不应低于大寒日日照 1 h 的标准。根据夏季通风的需要来确定间距时，主要应考虑住宅中的主室要面向炎热季节的主导风向，当建筑物长轴与此主导风向垂直时通风量最大，但也可允许房屋的长轴与主导风向成不小于 30° 的角。在住宅群建筑区，使建筑物长轴与主导风向成 60° 角时，在相同间距情况下，要比建筑物长轴与主导风向垂直更有利于对其下风向建筑物的通风。

（三）住宅中房间的配置

在住宅中，每套住宅应设卧室、起居室（厅）、书房、厨房、卫生间和贮藏室等基本空间。各居室之间的设计应合理，卧室、起居室（厅）、书房应与厨房、贮藏室充分隔开，两个卧室之间也要充分隔离，卧室应配置最好的朝向；卧室、起居室（厅）、书房和厨房应有直接采光，厨房和卫生间应有良好的通风，以保证整洁、舒适、安静，便于休息和娱乐。

二、住宅的卫生规模

住宅的卫生规模是指根据卫生要求提出的住宅居室容积、净高、面积和进深等应有的规模。

（一）居室容积

居室容积（volume of living room）是指每个居住者所占有居室的空间容积。居室容积与居住者的生活方便、舒适以及室内小气候和空气清洁度有关。因此，居室容积是评定住宅卫生状况的重要指标之一。

室内空气中 CO_2 的含量是用作评价空气清洁度的一个重要指标，也是作为居室容积是否符合卫生要求的重要指标之一。空气中 CO_2 浓度达到 0.07% 时，敏感的个体已有所感觉。据此，居室中 CO_2 浓度的卫生学要求不应超过 0.07%，即 0.7 L/m³。以室外空气中 CO_2 浓度为 0.04%（即 0.4 L/m³）、每人每小时呼出 CO_2 22.6 L 计算，每人每小时的换气为 22.6/(0.7-0.4) = 75.3 m³/h。按室内自然换气次数为每小时 2.5～3.0 次计算，则居室容积为 25～30 m³/人，室内空气中 CO_2 浓度即可符合卫生学需求。

（二）居室净高

居室净高（net storey height）是指室内地板到天花板之间的高度。在房间面积相同的情况下，居室净高越高，居室容积就越大，越有利于采光、通风和改善室内小气候。居室净高较低的房间，冬季有利于保暖，但净高过低时，会使人产生压抑感，而且不利于通风换气和散热。居室净高一般在炎热地区应高些，在寒冷地区可以低些。我国《住宅建筑规范》（GB50368-2005）以及《住宅设计规范》（GB50096-2011）规定，居室净高不应低于 2.40 m，局部净高不应低于 2.10 m，且局部净高较低的室内面积不应大于室内使用面积的 1/3。

（三）居室面积

居室面积（room area）又称居住面积。为了保证居室内空气清洁、安放必要的家具、有足够的活动范围、避免过分拥挤和减少传染病的传播机会，每人在居室中应有一定的面积。根据每人平均所占有的居室容积和居室净高，可计算出每人应有的居住面积。如每人平均居住容积以 20 m³ 计，居室净高 2.8 m 时，每人的居住面积应为 7.14 m²。

（四）居室进深

居室进深（depth of living room）指开设窗户的外墙内表面至对面墙壁内表面的距离。居室进深与室内日照、采光、通风和换气有关。居室进深大，远离外墙处的室内空气滞留，换气困难。一般居室进深与居室宽度之比不宜大于2∶1，以3∶2较为适宜。居室进深与地板至窗上缘高度之比称室深系数。室深系数在一侧采光的居室不应超过2~2.5，在两侧采光的居室不应超过4~5。住宅室内的日照、采光和照明与居室进深有密切的关系。

1．进深与日照　室内日照是指通过门窗进入室内的直接阳光照射。室内阳光的照射，可增强机体的免疫力、组织再生能力和新陈代谢、促进机体发育，并使人有舒适感、精神振奋、心情舒畅、提高劳动能力。阳光中紫外线有抗佝偻病和杀菌作用。一层清洁的玻璃窗可透过波长318~320 nm的紫外线，但60%~65%的紫外线被玻璃反射和吸收。同时，随着阳光射入室内深度的加大，紫外线量逐渐减少，距窗口4 m处仅为室外紫外线的1/60~1/50，但这样的直射光和散射光仍有一定的杀菌作用和抗佝偻病作用。我国《住宅建筑规范》（GB50368-2005）规定，住宅应充分利用外部环境提供的日照条件，每套住宅至少应有一个居住空间能获得冬季日照。

2．进深与采光照明　阳光和人工光源光谱中的可视部分（400~760 nm），对机体卫生状况有良好作用，使视功能和神经系统处于舒适状态。光线不足，不仅对全身一般生理状态有不良影响，同时可使视功能过度紧张而全身疲劳。居室内的自然照度至少需要75勒克斯（lux，lx）才能基本满足视觉功能的生理需要。室内自然采光状况，常用窗地面积比值、投射角、开角和采光系数来表示。

（1）窗地面积比值（Ac/Ad）：指天然采光口的窗玻璃面积与室内地面面积之比。我国《住宅建筑规范》（GB50368-2005）规定，卧室、起居室（厅）、厨房应设置外窗，窗地面积比不应小于1/7。

（2）投射角与开角：投射角是指室内工作点与采光口上缘的连线和水平线所成的夹角。投射角不应小于27°。如果采光口附近有遮光物时，还需规定开角的要求。开角是室内工作点与对侧室外遮光物上端的连线和工作点与采光口上缘连线之间的夹角。开角不应小于4°。

（3）采光系数（daylight factor）：是指室内工作水平面上（或距窗1 m处）散射光的照度与室外相同时间空旷无遮光物的地方接受整个天空散射光（全阴天，见不到太阳，但不是雾天）的水平面上照度的百分比（%）。采光系数能反映当地光气候、采光口大小、位置、朝向的情况，以及室外遮光物等有关影响因素，是比较全面的客观指标。一般要求主室内采光系数最低值不应低于1.0%，楼梯间不应低于0.5%。

室内采光在靠近窗户处的照度最大，离窗2~2.5 m处照度显著降低。窗户越高，即窗户的上缘距天花板越近，直射光和散射光越容易深入室内。窗户的有效采光面积和房间地面面积之比应不少于1∶1.5。在夜间或白天，天然光线不足时，须利用人工光源的直射光或散射光进行照明。人工照明的照度标准，应按视力工作精密程度和持续时间而规定，在阅读或从事缝纫等较精细工作时，一般应达到100 lx左右，居室只作卧室时，则可以低些，但不应低于30 lx，卫生间、楼梯间应不低于15 lx。

（五）居室隔声

隔声是指利用隔声材料和隔声结构阻挡声能的传播，把声源产生的噪声限制在局部范围内，或在噪声的环境中隔离出相对安静的场所。用实体墙板、密封门窗等隔声屏障将居室相对封闭起来，使其与周围环境隔绝，以减少噪声污染。居室隔声对于保证居室内环境相对安静尤为重要。我国《住宅建筑规范》（GB50368-2005）规定，住宅应在平面布置和建筑构造上采取

防噪声措施。卧室、起居室在关窗状态下，白天允许噪声级为 50 dB（A），夜间允许噪声级为 40 dB（A）。

第三节　住宅小气候与健康

一、小气候概述

任何一个局部气候相对于大环境的气候而言，都是小气候（micro climate）。住宅的室内由于屋顶、地板、门窗和墙壁等围护结构以及室内的人工空气调节设备等综合作用，形成了与室外不同的室内气候，称为小气候，主要是由气温、气湿、气流和热辐射（周围墙壁等物体表面温度）四个气象因素组成。它们同时存在并综合作用于人体，对人体健康产生重要影响。

（一）气温

气温主要取决于太阳辐射和大气温度，同时也受生活环境中各种热源影响。大气温度可直接影响室内温度，在室内自然通风良好的情况下，室内温度可略高于室外气温。微小气候各要素中，气温对体温调节起主导作用。通常气温以干球温度表示，人可以耐受的室内温度，冬季下限为 8～10 ℃；夏季上限为 28～30 ℃。在地面高度、穿单衣、静坐、风速很小、无明显辐射热的温度环境中，舒适的气温约为 23.5±2 ℃。夏、冬季由于服装隔热和室内外温差作用可使舒适气温分别提高或降低 2～2.5 ℃。

（二）气湿

气湿即空气中含水量，一般以相对湿度（水蒸气分压）表示，相对湿度随气温升高而降低。相对湿度 >80% 为高气湿，<30% 为低气湿。我国东南沿海夏季由于受季风气候的影响，使海洋气团带入大量水蒸气，从而使我国东南沿海地带夏季湿度增高，甚至可达 90% 以上。城市由于植被面积小和城市热岛效应，致使市区相对湿度比郊区低。相对湿度每天也有变化，最高值在黎明前后，最低值在午后。气湿主要影响人体蒸发散热。一般在低温环境下，气湿对人体热平衡影响较小，随着气温升高，蒸发散热占人体总散热量的比例不断增加，气湿的影响也随之增加。在高气温时，气湿过高将阻碍蒸发散热；而低气温时，气湿增高可增加机体散热和衣服导热性，使机体寒冷感增加。气湿的非温度性作用主要是湿度过低可引起皮肤黏膜干燥，甚至引起鼻出血。一般相对湿度在 40%～70% 之间较为适宜。

（三）气流

气流（风速）除受大自然风力影响外，还与局部区域热源及通风设备有关。不同季节气流对人体有不同影响，夏季气流能明显影响机体的对流和蒸发散热。但如气温高于皮肤温度，则气流可促使体表从周围环境中吸收热量而不利于体温调节。冬季，气流可使体热散发加快，尤其是在低温、高湿环境，则更为明显。如气流过大，会带来不舒服的吹风感，使精力分散并影响工作效率。在室内环境中，舒适温度的气流为 0.15～0.25 m/s。

（四）热辐射

热辐射由太阳辐射以及人体与周围环境物体之间通过辐射形式的热交换组成。两种不同温度的物体之间均存在热辐射。由温度较高的物体向温度较低的物体辐射散热，直至两物体温度相等为止。物体温度高于人的体表温度时，物体向人体辐射热流，使人受热，为正辐射，反之为负辐射。人体皮肤对正辐射敏感，而对负辐射的反射性调节不敏感，故寒冷季节容易因负辐射丧失热能使机体受凉。

二、小气候与机体的热平衡

良好的小气候是维持机体热平衡，使体温调节处于正常状态的必要条件。相反，不良的小气候则可影响人体热平衡，使人体体温调节处于紧张状态，并影响机体其他系统的功能。长期处于不良小气候中还可使机体抵抗力下降，引发疾病。

（一）人体与住宅小气候的相互关系

小气候对人体健康的影响反映在热代谢过程中。人体在代谢过程中产生热，同时也不断地通过传导、对流、辐射和蒸发等方式与外界环境进行热交换。通常情况下，机体通过与外界环境的热交换可达到热平衡。热交换可用下式表示：

$$S = M \pm C \pm R - E$$

式中 S 为人体蓄热状况；M 为代谢产热量，成人约 2000 kcal/d；C 为传导、对流吸收或放散的热量；R 为辐射散热或吸收的热量。当气温或人体周围物体表面温度高于人体皮温时，C 或 R 为"+"值，反之为"−"值；E 为蒸发散热量，当汗液蒸发时（不是汗珠的滴下），蒸发汗液 1 g，相当于放出潜热 0.585 kcal，蒸发时 E 为"−"值。

当机体产热和散热量相等时，$S = 0$；产热多于散热时，$S > 0$，造成热蓄积，体温上升；当散热多于产热时，$S < 0$，导致体温下降。

人体对产热和散热的调节根据其机制可分为生理性体温调节和行为性体温调节两大类。生理性体温调节是指机体具有将体内温度稳定在 37±0.2 ℃ 范围内的能力。行为性体温调节是通过体外调节来改变外环境对机体生理的应激作用，经常采用的方式有穿衣或应用各种通风采暖设施，从而使体温调节维持在正常范围。机体在正常状态时，上述两种体温调节方式同时起作用。健康人在适宜的小气候作用下，进行轻体力活动时，产热和散热的速率处于基本平衡状态，主观感觉良好，称为热平衡状态。

（二）评价小气候的物理指标

气温、气湿、气流、热辐射是组成住宅小气候的四项物理因素。这四项因素不仅单方面影响热代谢，而且对人体的热感觉起着综合作用。因此，在评价小气候时，除了评价单项指标外，往往要根据几项因素进行综合评价。根据评价因素的不同，可将评价指标分为四类。

第一类是根据环境因素的测定而制订的评价指标，如湿球温度、黑球温度等。湿球温度表示气温和气湿综合作用的结果；黑球温度表示气温、热辐射和气流综合作用的结果。

第二类是根据主观感觉结合环境因素测定而制订的评价指标，如有效温度、校正有效温度、风冷指数等。

第三类是根据生理反应结合环境因素测定而制订的评价指标，如湿球-黑球温度指数等。

第四类是根据机体与环境之间热交换情况而制订的评价指标，如热强度指数、热平衡指数等。

在上述指标中，最常用的是有效温度和校正有效温度。

1. 有效温度　有效温度（effective temperature，ET）是在不同温度、湿度和风速的综合作用下，人体产生的冷热感觉指标。以风速为 0 m/s，相对湿度为 100%，气温为 17.7 ℃ 时产生的温热感作为评价标准，将其他不同气温、气湿和风速组成的小气候与之比较而得出的有效温度值。例如，在气温为 22.4 ℃、相对湿度为 70%、风速为 0.5 m/s 时的热感觉与气温为 17.7 ℃、相对湿度为 100%、风速为 0 m/s 时的热感觉相同，这时的有效温度就以 17.7 ℃ 来表示。有效温度是根据受试者进入各种不同气温、不同相对湿度、不同气流风速的室内环境后立即产生的温热感觉而制订的,可通过查询有效温度图获得(图7-1)。如干球温度为22 ℃、湿球温度为15.5 ℃、风速为0.5 m/s,在有效温度图上将这两个温度点连一直线,此直线与风速为0.5 m/s的曲线交于一点,根据此点在有效温度曲线上的位置,即可求得有效温度为19 ℃。

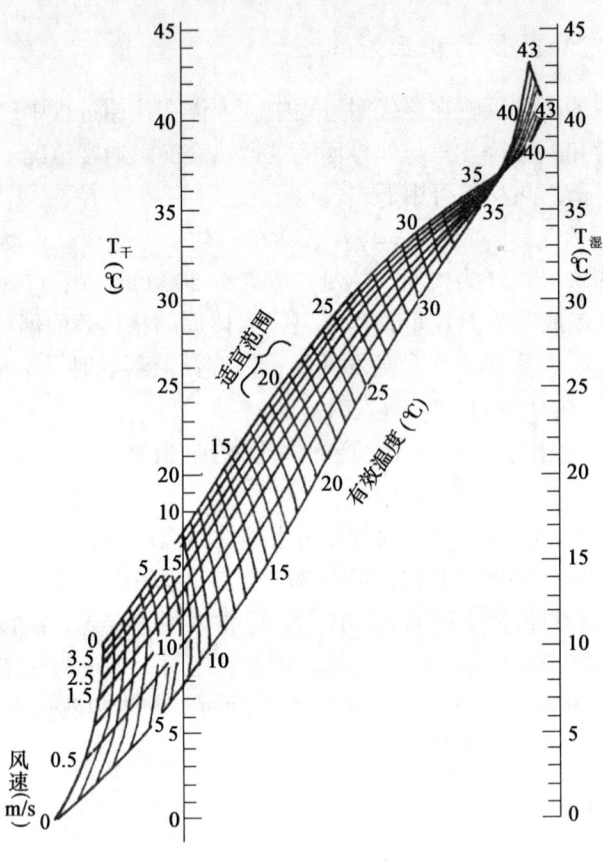

图7-1 有效温度图

在室温范围内,有效温度与人的温热感觉,以及皮肤温度、氧的消耗量、体重减轻率等生理指标相关性较好,在一定程度上能够反映小气候的综合作用。但在高温条件下其相关性较差,这表明有效温度适用于评价气温适中的气象条件。且不能反映在室内逗留较长时间的温热感。

2. 校正有效温度 在有效温度基础上,综合考虑热辐射对机体的影响,将干球温度(气温)改用黑球温度,所得的有效温度称为校正有效温度(corrected effective temperature,CET)。在图7-1中,黑球温度代替干球温度,通过查阅该图即可求出校正有效温度。校正有效温度与热感觉的关系如表7-1所示。

表7-1　校正有效温度与对应的热感觉

校正有效温度（℃）	热感觉
43	允许上限
40	酷热
35	炎热
30～35	热
30	稍热
25	适中
20	稍冷
15～20	冷
15	寒冷
10	严寒

（三）评价小气候的生理指标

生理指标能直接反映机体受小气候影响的程度。小气候对人体影响的生理指标，在研究小气候对人体的影响、评价环境作用于机体的热负荷和制订小气候的卫生标准时都是十分必要的。这类人体生理指标的测定方法应方便、准确和重复性好。常用的这类指标包括：

1. 皮肤温度（皮温）　由于皮温测定方法简便，并与人的温热感觉、脉搏变化基本上平行，因此皮肤温度是评价小气候对人体影响的常用生理指标。人体在着装轻度活动时，舒适的平均皮温为32～32.5 ℃。由于衣着不同、局部毛细血管分布和汗腺分泌不同、离心脏的距离不同等因素，身体各部位皮温不同。因此，需要测定有代表性部位的皮温来推算全身平均皮温。通常可以测定3～8个点的皮肤温度，再计算加权平均皮肤温度（weighted mean skin temperature，WMST）。

3点法：$WMST \approx 0.5T_{胸} + 0.36T_{小腿} + 0.14T_{上臂}$；

4点法：$WMST \approx 0.34T_{胸} + 0.33T_{股} + 0.18T_{大腿} + 0.15T_{上臂}$；

8点法：$WMST \approx 0.07T_{头} + 0.175T_{胸} + 0.175T_{背} + 0.07T_{上臂} + 0.07T_{前臂} + 0.05T_{手} + 0.19T_{大腿} + 0.20T_{小腿}$。

2. 体温　体温是判断机体热平衡是否受到破坏的最直接指标。由于人体具有较强的体温调节能力，除在很热或很冷情况下，机体的热平衡一般不易受到破坏，体温一般变化不大。

3. 脉搏　气温对机体的热调节起着主要的作用。在气温升高时，机体首先表现的是适应过程，皮肤毛细血管扩张，此时脉搏也随之加快。因此，脉搏在高温条件下是一种简单和灵敏的指标。国内报道，气温在35 ℃以上脉搏可增加60%。

4. 出汗量　人体在任何气温下，皮肤表面均有汗液蒸发。但在气温较低时，出汗量少，自己感觉不到，即为不知觉出汗。在安静情况下，若相对湿度为22%，气温达30 ℃时，开始知觉出汗。知觉出汗是反映体温调节过程紧张的一项指标。休息时人的最大出汗量为1800 g/h，劳动时最大出汗量约为3900 g/h，出汗量可通过观察出汗前后体重变化求得。

5. 温热感　温热感是一种主观感觉，反映机体在小气候作用下皮肤、鼻腔、口腔、咽喉黏膜等外感受器所感受的热和冷的综合感觉。在进行小气候对机体生理影响的测定时，应考虑到有时主观感觉可能与体内发生的客观变化不一致，这与人主观因素有关，而且与皮肤供血变化、中枢神经的反应性、对气象条件的适应能力等个体情况有关。

6. 热平衡测定　是了解机体在小气候作用下生理反应的一种重要方法，但因测量计算烦

琐，一般不常使用。

（四）机体的小气候适应

小气候影响着机体的热调节，同时机体对小气候的变化，也有一定的适应能力。机体可以通过中枢神经系统的生理活动，从而对热和冷都有适应反应。但是适应能力是有限度的，过热和过冷都会超过机体的适应范围。

机体对小气候的适应能力，个体之间差异很大，这与年龄、遗传、生活环境、体育锻炼、体质等多种因素有关。机体的适应性能力强，就有较好的健康体魄，对疾病的抵抗力就强。所以人们不必要一直生活在稳定的舒适环境中，这样会造成机体的气候适应能力降低，抵抗力下降，经不起气候的微小变动，所谓"弱不禁风"。因此，小气候的舒适和机体的气候适应这两方面是辩证统一的关系。

三、不良小气候的健康危害

（一）对皮肤黏膜的影响

皮肤是人体接触外环境的主要界面之一，此外，上呼吸道黏膜、口腔黏膜也与外界环境密切接触。这些部位受小气候的影响很大，一定的空气湿度可以对这些部位起到保护作用，使得这些部位的表面保持湿润，局部生理功能发挥良好，起到预防呼吸道疾病的作用。

如果空气过于干燥（相对湿度在15%以下），这些部位的表层细胞会丢失水分，失去滋润，皮肤容易干燥甚至皲裂。呼吸道和口腔黏膜也会因为丢失水分造成口唇、鼻腔、咽喉部甚至气管干燥、出血。同时局部的抵抗力下降，容易引起感冒和上呼吸道感染。

气流对湿度大小也有很大影响。当气流大时，空气中的水分更容易丢失，促使皮肤黏膜表层的水分丢失，变得更干燥。

（二）对室内污染物的影响

室内小气候除了对人体健康能产生直接影响外，还会通过对室内污染物的作用，间接影响到人体健康。

1. 气温 气温升高可促进室内空气中的污染物加快排出室外。同时，存在于建筑材料、装修材料、家具板材中的挥发性化合物，可随气温的升高从材料中加速释放到室内空气中。气温越高，越易释放；气温越低，污染物滞留于材料中的时间越长，越不易释放。

2. 气湿 室内空气中的水溶性污染物可溶解在室内空气的水分中。由于水分子比气体分子重，颗粒大，因此在室内滞留的时间就长，不易排出室外。所以，气湿越大，污染物越不易排出。

3. 气流 气流在促进污染物排出室外方面起着关键作用。气流越大，排出越快。气流越小，越不易排出。

综上所述，在估计室内污染物的暴露持续时间以及浓度变化规律时，应同时考虑小气候的影响。

（三）对致病性生物的影响

当人们处于舒适的环境中时，室内其他生物大致上也是处于适宜的生存条件下。尤其是在气流极小的环境中更容易生长繁殖。室内不通风，空气中的呼吸道传染病原微生物，如流感病毒、结核分枝杆菌等就不易排出室外，从而容易在室内传染。尘螨、真菌等室内变应原也极易在舒适条件下生长繁殖。室内温暖，则蚊子极易在地下室、管道间隙等阴暗处躲藏过冬。温暖潮湿不通风厨房容易滋生蟑螂。这些致病性生物本身携带多种病原微生物，可以传播多种疾病。因此，在创造人的舒适室内小气候的同时，还要考虑消灭这些致病性生物的滋生地。

四、室内小气候的健康要求

住宅小气候的健康要求是为了保证大多数居民机体的热平衡，有良好的温热感觉，不使体温调节机能长期处于紧张状态，保持人体各项生理指标在正常范围内，有正常的学习、工作、休息和睡眠效率。因此，住宅小气候的各个因素都必须保持在一定的范围内，在时间上和空间上保持相对的稳定。

各个地区的气候条件、居住条件和生活习惯都各有不同，居民也对气候有不同程度的适应力，因而对室内小气候的要求也有所不同。因此在制定标准时，要研究影响室内小气候和机体适应力的各种因素。一般居民在主室内的时间长，故应以保证主室适宜的小气候为主。气温变化既是影响体温调节的主要因素，又较易受外界气象因素的影响，所以制定室内小气候标准应以气温为主。住宅室温标准一般是指气湿、气流、热辐射在正常范围内时，居室中央距地板1.5 m高处的气温。

冬夏两季室内外温差较大，制定住宅小气候标准应以冬夏两季为主。夏季室内小气候受太阳辐射、围护结构隔热性能和室内通风情况等的影响较大，冬季室内小气候主要受室外气温、围护结构传热性能、门窗漏风量和采暖条件的影响。我国《室内空气质量标准》（GB/T18883-2002）中制定了气温、气湿、气流的卫生标准。具体标准见表7-2。

表7-2 室内小气候标准

指标	标准值	
	夏季空调	冬季采暖
室温（℃）	22～28	16～24
相对湿度（%）	40～80	30～60
空气流速（m/s）	≤0.3	≤0.2

根据《老年人居住建筑设计标准》（GB/T50340-2003），老年人的居室在冬季采暖时的适宜温度应在20 ℃以上。

第四节　室内空气污染与健康

室内空气污染（indoor air pollution）由于室内引入能释放有害物质的污染源或室内环境通风不佳导致室内空气中有害物质在浓度和（或）种类上不断增加，当有害物质在有限的空间达到一定浓度后，对人体身心健康产生直接或间接的，近期或远期的，或者潜在的有害影响，称为室内空气污染。近年来，室内空气质量一直是国内外学者极为关注的环境卫生问题之一，主要原因是：①室内环境是人们接触最密切的环境之一，室内空气质量的优劣直接关系到每个人的健康，尤其是老、弱、病、残、幼、孕等人群；②室内污染物的来源和种类越来越多，随着经济、生活和生产水平的不断提高，室内用的化学品和新型建筑材料等的种类和数量比以往明显增多；③建筑物密闭程度增加，使室内污染物不易排出，增加了室内人群与污染物的接触机会。美国已将室内空气污染归为危害公众健康的五大环境因素之一。据中国室内环境监测中心提供的数据，我国每年由室内空气污染引起的超额死亡人数达11.1万人，超额门诊数22万人次，超额急诊数430万人次。

当前,室内空气污染问题和室内空气质量的研究已经成为环境卫生学领域中的一个新的重要部分,世界卫生组织对此极为关注。

一、室内空气污染的来源和特点

(一) 室内空气污染的来源

室内空气污染的来源很多,根据污染物形成的原因和进入室内的途径,可将室内空气主要污染源分为室外来源和室内来源。

1. 室外来源　这类污染物主要存在于室外或其他室内环境中,但可以通过门窗缝隙或其他管道的缝隙等途径进入室内,具体来源如下:

(1) 室外空气:大气污染物可通过机械通风系统和自然通风进入室内空气中,常见的有二氧化硫、氮氧化物、一氧化碳、铅、颗粒物等。这类污染物主要来自工业企业、交通运输及住宅周围的各种小锅炉等污染源。1984年12月3日凌晨,印度博帕尔市一所农药厂发生异氰酸甲酯(methyl isocyanate,MIC)泄漏,毒气弥漫全市区,进入居民住宅内造成大量居民死亡和中毒。另外,室外空气中还含有植物花粉、孢子、动物毛屑、昆虫鳞片等变应原物质。

(2) 建筑物自身:建筑物自身含有某些可逸出挥发的有害物质。如地基的地层和建筑物石材、地砖、瓷砖中的放射性氡及其子体。美国国家环保署的研究估计,美国每年约有20 000例的肺癌死亡与氡污染有关。

(3) 人为带入室内:人们每天进出居室,很容易将室外或工作环境中的污染物带入室内。这类污染物主要有大气颗粒物和工作环境中的苯、铅、石棉等。

(4) 相邻住宅污染:从邻居家排烟道进入室内的毒物或熏蒸杀虫剂等。这类污染物主要有一氧化碳、磷化氢等。

(5) 生活用水污染:受到病原体或化学污染物污染的生活用水,通过淋浴器、空气加湿器或空调机,以水雾的形式喷入到室内空气中。这类污染物主要有军团菌、苯和机油等。

2. 室内来源

(1) 室内燃烧或加热:主要指各种燃料的燃烧及烹调时食油和食物加热后的产物。这些燃烧和烹调时产生的污染物都是经过高温反应产生的,不同燃烧物或相同种类但品种或产地不同,其燃烧产物的成分和数量都会有很大差别。燃烧的条件不同,燃烧产物的成分也有差别。此类污染物主要有二氧化硫、氮氧化物、一氧化碳、二氧化碳、烃类[包括苯并(α)芘等致癌性多环芳烃]和颗粒物等。

(2) 室内活动:人体排出大量代谢废弃物以及谈话时喷出的飞沫等都是室内空气污染物的来源。在炎热季节出汗蒸发出多种气味,在拥挤的室内引起的污染尤为严重。吸烟更是一项重要的有害物来源,吸烟的烟草烟气中至少含有3800种成分,其中致癌物不少于44种。此类污染物主要有呼出的二氧化碳、水蒸气、氨类化合物等内源性气态物,以及外来物或外来物在体内代谢后的产物,如一氧化碳、甲醇、乙醇、苯、甲苯、苯胺、二硫化碳、二甲胺乙醚、氯仿、硫化氢、砷化氢、甲醛等。呼吸道传染病患者和带菌者均可将流感病毒、结核分枝杆菌、链球菌等病原体随飞沫喷出污染室内空气。另外,家养的宠物活动也可能成为室内有害物质和致病微生物的重要来源。

(3) 室内装饰材料及家具:是目前造成室内空气污染的主要来源,如油漆、涂料、胶合板、刨花板、泡沫填料、塑料贴面等材料中均含有甲醛、苯、甲苯、乙醇、氯仿等挥发性有机物;此类污染物的健康危害越来越受关注。我国《室内空气质量标准》(GB/T 18883-2002)化学性指标中与室内装饰材料及家具有关的空气污染物主要包括甲醛、苯系物和总挥发性有机物(total volatile organic compounds,TVOC)。

(4) 室内生物性污染：由于居室密闭性好，室内小气候稳定，温度适宜，湿度大，通风差，为真菌和尘螨等生物性变态反应原提供了良好的滋生环境。螨是家庭室内传播疾病的重要媒介之一，常隐藏在床铺、家具和地毯等处。这些生物性变态反应原可引起人的过敏性反应，还能作用于生物性有机物，产生很多有害气体，如二氧化碳、氨、硫化氢等。

（二）室内空气污染的特点

室内空气污染来源多、成分复杂，现将我国目前存在的具有特征性和影响深远的室内空气污染主要特点归纳如下：

1. 室外污染物对室内空气的污染　这类污染物在室内空气中的浓度一般都比室外空气中浓度有较大的衰减。例如，室外大气中最常见的二氧化硫极易被建筑物表面的石灰、墙纸等材料吸收；颗粒物进入室内的过程中，通过门或纱窗时被阻挡了一部分，进入室内后又被墙壁吸附去一部分，因此其从室外进入到室内的过程中会有一定程度的降低。

2. 室内外共存同类污染物对室内空气的污染　该污染物的浓度往往是室内高于室外。我国现阶段，除少数地区外，用煤炉的家庭仍十分普遍，室内空气中的二氧化硫、二氧化氮、颗粒物质、苯并（α）芘、一氧化碳等浓度均高于室外。尤其做饭和取暖都用煤炉的家庭，室内一氧化碳的浓度可达 $10 \sim 20 \ mg/m^3$，通风不良时，甚至高达 $50 \sim 100 \ mg/m^3$。

3. 吸烟对室内空气的污染　香烟在燃烧过程中，局部温度可高达 $900 \sim 1000 \ ℃$，产生大量有害化学物质，烟雾中物质90%为气体，主要有氮、CO_2、一氧化碳、氰化物、挥发性亚硝胺、烃类、氨、挥发性硫化物、腈类、酚类等；另外8%为颗粒物，主要有烟焦油和烟碱（尼古丁），还有镉、放射性 ^{222}氡、^{210}铅和 ^{210}钋等有害物质。吸烟已成为加重室内空气污染不可忽视的重要因素。世界卫生组织发布的《2000—2025年吸烟趋势全球报告》指出，吸烟和被动吸烟是导致心脏病、中风等心血管疾病发作的主要因素，每年在全球造成约300万例心血管疾病死亡。我国是吸烟人数最多的国家，据2018年的统计数据显示，有超过3亿人在吸烟，每年要消耗香烟数目是全世界每年香烟消耗量的1/3。

4. 建筑材料和装饰材料对室内空气的污染　建筑材料，如砖块、石材等含有镭、钍等氡的母元素较多时，室内氡的浓度会明显增高。建筑材料有些是传统的天然材料，有些是废渣或再生材料，有些是现代工业产品，特别是很多用于室内建筑和装饰的原材料在加工过程中，要加入各种助剂，其中很多助剂具有挥发性，如甲醛、苯、甲苯、二甲苯、三氯乙烯、三氯甲烷、二异氰酸、甲苯酯、萘等，在室内会释放出来污染空气。当前，甲醛等挥发性有机物和氡及其子体引起的室内空气污染问题已成为人们关注的热点。

5. 空调引起的室内空气污染　人工空气调节简称空调，可分为封闭式、直流式和混合式三种空调系统。空调创造了使人感到舒适的空气环境，但突出的卫生问题是在设计、安装、运行各环节中，一旦发生问题，很易引起室内新鲜空气量不足；室外环境中的污染物可从采风口进入；存在于室内的致病因素不易排除；过滤器失效可导致室内空气严重污染；气流不合理而形成局部死角；冷却水中的军团菌可通过空气传播等。如浙江省在2017年对公共场所集中空调通风系统卫生状况进行的检测分析显示其合格率仅为28.72%，部分场所的空调冷凝水和冷却水中均有军团菌检出。显然，空调已成为室内空气的污染源。

二、室内空气污染的主要种类、来源及健康影响

室内空气污染物的种类很多，包括化学性、物理性、生物性和放射性四大类。这四大类污染物往往相互有关、共同存在。例如，室内烹调时，既可产生化学性污染物，又可使室温升高或产生电磁波（使用微波炉或电磁炉时）引起物理性污染。烹调用的食材和水以及使用空调等过程中还可给室内带来生物性污染物。含氡建筑材料的使用，可造成室内氡污染。

(一) 化学性污染物

1. CO_2

(1) 来源：正常空气中 CO_2 含量为 0.03%～0.04%。室内 CO_2 的主要来源：①人体呼出气；②含碳物质的充分燃烧；③动植物新陈代谢。

(2) 健康影响：当 CO_2 浓度 < 0.07% 时，人体感觉良好；当 CO_2 浓度为 0.1% 时，个别敏感者有不舒适感；CO_2 浓度为 0.15% 时，不舒适感明显；达到 3% 时，使人呼吸程度加深；达 4% 时，使人产生头晕、头痛、耳鸣、眼花、血压上升等症状；达 8%～10% 时，出现呼吸困难，脉搏加快，全身无力，肌肉抽搐甚至痉挛，由神志兴奋转至神志丧失；达 30% 时可致死亡。由于 CO_2 升高时，往往同时伴有缺氧，也是致死的原因之一。

2. 燃烧产物

(1) 来源：生活燃料包括固体燃料（煤、焦炭）和气体燃料（煤气、液化石油气、天然气）。各种燃料以及烟草等在燃烧后会产生多种多样的污染物。这类污染物主要来源有：①燃烧物自身的杂质成分，如煤中含硫、氟、砷、镉、灰分等杂质。②燃烧物经高温后发生热解或合成反应的产物，各种固体燃料在燃烧后会产生大量 SO_2 和颗粒物，还有 CO、CO_2、NO_x 等，此外还有很多有机成分，如多环芳烃。来自煤层的天然气燃烧产物中有一定量 SO_2；石油天然气燃烧后甲醛和 NO_x 含量有时较高；液化石油气燃烧产物中甲醛和 NO_x 也较多，产生的颗粒物浓度虽低，但其中可吸入颗粒物占 93% 以上；用原煤制出的气体简称煤气，燃烧产物主要是 CO_2 和 CO，如制气过程中脱硫不充分，则燃烧产物中有 SO_2。③吸烟产生的烟草燃烧产物，有 3800 多种。

(2) 健康影响：由于燃料的种类不同，其燃烧产物的种类、数量和危害性也存在差异。燃烧产物对人体产生的危害主要体现在：①燃料所含有杂质的污染，如氟、砷含量高的煤燃烧，可导致室内空气和食品的氟、砷污染，引起氟中毒、砷中毒。②燃烧产物 SO_2、NO_x 可对机体皮肤、黏膜产生刺激作用；进入肺组织的颗粒物可引起肺通气功能下降，肺泡换气功能障碍。③烟草燃烧时会产生约 4000 多种化学物质，其中至少含有 250 种已知的有害物质，可对机体的呼吸、神经、循环、内分泌、生殖系统以及免疫功能产生明显的损害作用。世界卫生组织指出，全球每 10 例成年人死亡中，与吸烟有关的疾病致死占到了一半，如果这一趋势持续，到 2030 年，每 6 人中就有 1 人死于吸烟。烟草烟气中的"肯定致癌物"不少于 44 种，主要为苯并（α）芘等 10 多种强的致癌物。吸烟是引起肺癌的主要原因，还可引起喉癌、咽癌、口腔癌、食管癌、肾癌、胰腺癌、膀胱癌、子宫颈癌等。

3. 烹调油烟

(1) 来源：食用油在炒菜、煎炸食品时油温达 250 ℃ 而产生的一组混合性污染物，有 200 余种成分。烹调油烟（cooking fume）在我国室内污染中十分普遍。

(2) 健康影响：微核试验、姐妹染色单体交换（sister chromatid exchange，SCE）、大鼠气管上皮细胞转化试验、DNA 合成抑制试验等证实，烹调油烟冷凝物具有致突变性，是肺鳞癌和肺腺癌的危险因素，其相对危险度分别为 3.8 和 3.4。油烟中的致突变物来源于油脂中不饱和脂肪酸的高温氧化和聚合反应。研究表明，中国妇女肺癌发病率高，排除吸烟因素外，烹调油烟是其主要危险因素之一。油烟成分的种类及毒性与油的品种、加工技术、加热温度、加热容器的材料、燃料种类、烹调物种类和质量等因素有关。

4. 甲醛及其他挥发性有机化合物

(1) 来源：甲醛（formaldehyde）是一种挥发性有机化合物（volatile organic compounds，VOC），它不仅大量存在于多种装饰材料中，也可来自建筑材料。甲醛还可来自化妆品、清洁剂、杀虫剂、消毒剂、防腐剂、纺织纤维等。通常室温在 19 ℃ 以上，物体中的甲醛就容易释放出来。此外，与其他VOC不同，甲醛虽然挥发性很强，但是溶于水。在清洁的自然环境中，空气中的甲醛在0.001 mg/m³以下，室内空气中为0.02～0.06 mg/m³。一般住宅在新装修后的峰值约为0.2 mg/m³，个别可达0.87 mg/m³，使用一段时间后下降至0.04 mg/m³或更低。在北京和杭州分别对居室内空气污染物进行抽样检测的结果显示，甲醛浓度超标率分别达73.3%和79.1%。厨房在使用煤炉和液化石油气时，甲醛可达0.4 mg/m³以上。目前已鉴定出500多种挥发性有机化合物，尽管它们各自的浓度并不高，但若干种VOC共存一室时，其联合作用的危害是不容忽视的，由于它们单独的浓度低，但种类多，故通常以总挥发性有机物（TVOC）表示其总量。VOC中除上述醛类外，常见的有苯、甲苯、三氯乙烯、三氯甲烷、萘、二异氰酸酯类等，主要来自各种溶剂、黏合剂等化工产品。铺地板革后的1周内室内空气中，苯浓度可达0.059 mg/m³或更高；甲苯可达0.22 mg/m³或更高。

（2）健康影响：甲醛是一种毒性较大的室内污染物。当室内甲醛浓度达到一定剂量的时候，对人体健康的危害主要表现在以下几个方面：①刺激作用，人的甲醛嗅觉阈为0.06～0.07 mg/m³。当室内空气中甲醛含量为0.1 mg/m³时，就有异味和不适感；达到0.5 mg/m³时，可刺激眼睛，引起流泪；达到0.6 mg/m³，可引起咽喉不适或疼痛。浓度更高时，可引起恶心呕吐、咳嗽胸闷、气喘甚至肺水肿；达到30 mg/m³时，可立即致人死亡。短时间接触高浓度甲醛，主要表现为对皮肤黏膜和呼吸道的刺激作用。②致敏作用，接触一定剂量甲醛可引起过敏性皮炎和诱发支气管哮喘，大量时可引起过敏性紫癜，是公认的变态反应原。③致癌和促癌作用，研究发现，甲醛可引起基因突变和染色体损伤。实验动物持续接触高浓度甲醛，导致多种肿瘤发病率增加；甲醛引起职业暴露人群鼻咽癌也已有确凿证据。因此，2004年国际癌症研究机构（International Agency for Research on Cancer，IARC）将甲醛列为人类确定致癌物，并且认为甲醛与白血病发生之间存在因果关系。④其他影响，长期接触1.34 mg/m³甲醛，可引起头晕、头痛、嗜睡、无力、胸闷、食欲缺乏、恶心等能神经衰弱症状，严重的可导致青少年记忆力和智力下降；有的还可引起肺功能、肝功能和免疫功能异常等。甲醛是室内空气污染代表性污染物之一，世界卫生组织调查报告显示，全世界每年有10万人因为室内空气污染而死于哮喘，其中35%为儿童，甲醛污染是儿童患哮喘病、白血病的主要原因。

（二）物理性污染

1．噪声 是指人们主观上不需要的声音。即使是协调优美的乐声在不需要的时候出现，也是噪声（noise）。噪声干扰人们休息、睡眠、学习和工作，达到一定强度时可引起听力损害，或使机体出现有害的生理变化，现已成为"水、气、声、渣"环境污染的四大因素之一，是当今城市居民主要环境污染问题。

（1）来源：室内噪声的来源主要有①生产噪声，主要来自住宅周围的工矿企业和建筑工地的噪声。②生活（社会）噪声，主要来自人类生活活动产生的噪声。③交通噪声，来自机动车辆、火车、飞机和轮船等交通工具运动中产生的噪声。

（2）健康影响：室内噪声的危害主要有①影响休息和睡眠，30～40 dB（A）的声音是比较安静的正常环境，超过50 dB（A）就会影响睡眠和休息。连续噪声可以影响睡眠的生理过程，使入睡时间延长、睡眠深度变浅、缩短醒觉时间、多梦；突然的噪声可使人惊醒。②影响生活质量和工作效率，40 dB（A）的噪声环境一般对生活和工作影响并不大。70 dB（A）的噪声干扰谈话、造成精神不集中、心烦意乱、影响学习和工作效率，生活质量下降，容易出现差错或发生事故。③对健康的影响，噪声对健康的危害分为特异性危害与非特异性危害两方面。特异性危害是指噪声对听觉系统的损伤作用，按其影响程度可分为听觉适应、听觉疲劳、听力损伤和噪声性耳聋。一般情况下小于80 dB（A）不会引起神经性听力损失。当噪声高达85 dB（A）时，可以引起听觉的损伤。而非特异性危害是由于噪声作用于机体，引起听觉以

外的反应,称为听觉外效应。与职业噪声暴露的健康影响不同,环境噪声的健康影响更加关注其非特异性危害。环境噪声对机体各系统的影响,首先表现为中枢神经和心血管的损害。长期接触噪声者常出现神经衰弱综合征,甚至精神异常。噪声导致交感神经紧张度增加,心率加快,血压波动,心电图 ST 段、T 波移位,呈缺血型改变。脑血流图有异常改变,波幅低、流入时间延长,提示血管紧张度增加、弹性降低。此外,噪声可使胃功能紊乱、胃液分泌减少、蠕动减慢,造成食欲缺乏、消瘦等。

2. 非电离辐射 是指能量较低,并不能使物质原子或分子产生电离的辐射,如紫外线、红外线、激光、微波都属于非电离辐射。其电磁波波长大于 100 nm、能量低于 12 eV(电子伏)、不能引起水和组织电离,故称非电离辐射(non-ionizing radiation)。

(1)来源:室内非电离辐射主要有两个来源。一是室外环境的非电离辐射源。主要来自调频和电视广播(54 ~ 806 MHz),但不包括短波广播(0.535 ~ 1.605 MHz)。其辐射强度在不同地点、不同高度建筑物的室内有很大差别,楼层越高的室内强度越大($100\ \mu W/cm^2$),底层的室内则低($7\ \mu W/cm^2$),近窗口地点的强度($30\ \mu W/cm^2$)大于远离窗口的地点($1.5\ \mu W/cm^2$)。二是室内环境的非电离辐射源。这类辐射主要来自各种家用电器,如家用微波炉、电视机、电冰箱、空调器、移动电话等。家用微波炉在正常无漏能情况下,离炉门 5 cm 处的强度小于 $1000\ \mu W/cm^2$,距离 183 cm 处为 $4\ \mu W/cm^2$,距 366 cm 处为 $1\ \mu W/cm^2$,如有漏能时,在 5 cm 距离处可达 $5000\ \mu W/cm^2$。移动电话天线接近头部,使头部处在近场区范围,可能导致非电离辐射暴露增加,因此应当注意这类非电离辐射。

(2)健康影响:非电离辐射对健康的危害具有多样性和非特异性。长期接触非电离辐射对神经系统有一定的影响,接触人群易出现头晕、疲乏、记忆力衰退、食欲减退、烦躁易怒等症状,但是目前对非电离辐射的健康影响仍在研究和探索中。

(三)生物性污染

室内常见的生物性污染物种类甚多,人们熟悉的许多微生物大都能通过空气或饮用水在室内传播,一些常见的病毒、细菌、真菌等引起的疾病,如流行性感冒、麻疹、结核、白喉、百日咳等已在有关专业课程中叙述,在此仅介绍尘螨的污染及危害。

尘螨(dust mite)是螨虫的一种,属于节肢动物。世界各地家庭尘土样品中都可检出尘螨,称为屋尘螨。其成虫为 0.2 ~ 0.3 mm,在潮湿、阴暗、通风条件差的环境中易滋生。生存环境温度为 20 ~ 30 ℃(最适温度为 23 ~ 27 ℃),环境湿度为 75% ~ 85%(最佳环境湿度为 80%)。在干燥、通风条件好的环境中不宜生存。

(1)来源:尘螨普遍存在于人类居住和工作环境中,尤其是在室内潮湿、通风不良的情况下,床垫、被褥、枕头、地毯、挂毯、窗帘、沙发罩等纺织物内极易滋生。近年来,某些住宅由于使用空调或封闭式窗户,气流极小,室内温湿度极其适宜尘螨滋生,尤其在床褥和纯毛地毯下面尘螨最多。在装有集中式空调的宾馆客房内,也有可能滋生尘螨。一般情况下,尘螨的检出量为 20 个尘螨 /g 尘土,有些地方可检出 500 个尘螨 /g 尘土。

(2)健康影响:尘螨具有强烈的变态反应原性。变应原不仅存在于尘螨本身,也存在于尘螨的分泌物、排泄物中。尘螨是室内主要的生物性变态反应原,可通过空气传播进入人体,因反复接触而致敏,可引起过敏性哮喘、过敏性鼻炎,也可引起皮肤过敏等。在很多过敏性疾病患者家中,都能检出大量尘螨。

对于室内空气中的生物性(如真菌、螨、植物等)环境抗原,可采用血清总 IgE 抗体水平的测定,区分暴露人群或易感人群。

三、室内空气污染引起的疾病

1980年代以来,国外专业杂志上频繁出现SBS、BRI和MCS三个英文缩写词,它们分别代表与室内空气污染有关的三种疾病,即不良建筑物综合征(sick building syndrome,SBS)、建筑物相关疾病(building related illness,BRI)和化学物质过敏症(multiple chemical sensitivity,MCS)。

(一)不良建筑物综合征

不良建筑物综合征是现代住宅室内多种环境因素(如物理因素、化学因素)联合作用对健康产生影响所引起的一种综合征,其确切原因尚不十分清楚。

现代建筑物的建筑材料和室内装饰、装修材料、室内的多种家具、家用化学品以及烹调、吸烟等都会产生有害物质,造成室内空气污染。由于气候的原因,许多地区为了保暖或防暑降温、节约能源,建筑物具有良好的密闭性,使得室内通风换气的性能较差,导致室内空气污染物浓度升高,室内空气质量明显下降。由此可见,这种综合征是由于建筑物内空气污染、空气交换率很低,以至在该建筑物内活动的人群出现眼、上呼吸道刺激征以及头晕、头痛、恶心、皮肤干燥、注意力不集中、记忆力减退等非特异性症状。WHO将其称为"不良建筑物综合征(SBS)"。美国环境保护局将不良建筑物综合征归纳出30多种症状,主要包括眼、鼻和咽喉、上呼吸道刺激征、头痛、疲劳、注意力不集中、记忆力减退、嗜睡、全身不适和工作效率低下等。

SBS的特点一是发病快;二是患病人数多;三是病因很难鉴别确认;四是患者一旦离开污染的建筑物后,症状即可缓解或消失。

据美国国家职业安全与卫生研究所统计,美国室内从业人员出现SBS的比例已由1980年的2%上升到2003年的35%~65%。近年来,我国北京、上海等大城市办公场所调查发现,室内从业人员有60%~70%出现SBS。

(二)建筑物相关疾病

BRI是由于人体暴露于建筑物内的有害因素(如细菌、真菌、尘螨、氡、一氧化碳、甲醛等)而引起的疾病。这类疾病包括呼吸道感染、哮喘、过敏性皮炎、军团病、心血管病、肺癌等。

BRI与SBS的明显不同之处主要有三方面,一是患者的症状在临床上可以明确诊断;二是病因可以鉴别确认,可以直接找到致病的空气污染物,乃至污染源;三是患者即使离开致病现场,症状也不会很快消失,必须进行治疗才能恢复健康。尽管BRI与SBS从临床表现、发病原因等方面可以鉴别开来,但是在出现某种BRI典型的临床表现之前,常常表现出多种与SBS类似的非特异的症状,应注意鉴别。

(三)化学物质过敏症

MCS是由于多种化学物质,作用于人体多种器官系统,引起多种症状的疾病。在室内,即使仅有微量的化学污染物存在,人们长期生活工作在这样的环境中,也可能出现神经系统、呼吸系统、消化系统、循环系统、生殖系统和免疫系统的障碍,出现眼刺激感、鼻咽喉痛、易疲劳、运动失调、失眠、恶心、哮喘、皮炎等症状。

该病具有复发性,症状呈慢性过程,由低浓度化学污染物质引发的特点。患者对多种化学物质过敏,多个器官同时发病,在致病因素排除后症状将会改善或消退。MCS的一大特征是很难找到具体单一的对应致病原,且家庭中不同成员虽然居住于同一环境中,其症状轻重程度却可以有明显差异，如有的可很快发病，症状很重，而有的却需很长时间才会出现轻度不适。

四、居室空气清洁度评价指标及相应的卫生措施

室内空气中污染物的种类繁多，评价居室空气清洁度的指标也很多，其中颗粒物、SO_2、NO_x 等评价指标与大气卫生相关章节内容基本一致，只是污染的特点有所不同。

（一）评价居室空气清洁度常用的指标

1. 二氧化碳　室内 CO_2 主要来自人的呼吸和燃料的燃烧。住宅室内空气与室外空气不断进行交换，室内空气中 CO_2 浓度一般不会超过 0.3%。CO_2 浓度达到 0.3% 时对人体无害，人体肺泡内 CO_2 浓度经常是 4% 左右。若室内空气中不含其他有害成分，人体肺泡内 CO_2 浓度升高到 5% 以上时，人们才开始有发闷、不舒适的感觉。但是人们在呼出 CO_2 的同时，也呼出二甲基胺、硫化氢、醋酸、丙酮、酚、氮氧化物、二乙胺、二乙醇胺、甲醇、氧化乙烯、丁烷、丁烯、丁二烯、氨、一氧化碳、甲基乙基酮等数十种有毒物质。人体其他部位也不断排出污染物质，如汗液的分解产物和其他挥发性不良气味等。室内空气中有害物质的浓度随 CO_2 浓度的增加而增加，当 CO_2 浓度达 0.07% 时，空气的其他性状出现变化，敏感的人会感到不良气味并有不适的感觉。当 CO_2 浓度达 0.1% 时，空气的其他性状开始恶化，出现显著的不良气味，人们普遍地感觉不舒适。因此，室内 CO_2 的浓度可反映室内有害气体的综合水平，也可反映室内通风换气的实际效果，在一定程度上可作为居室内空气污染的一个指标。我国《室内空气质量标准》（GB/T 18883-2002）规定，居室内 CO_2 浓度 ≤ 0.1%（日平均值）。

2. 微生物和悬浮颗粒　室内空气中微生物主要来自人们的室内生活活动。当室内存在细菌、病毒感染者时，致病微生物随飞沫与悬浮颗粒物飘浮于空气中。在室内空气湿度大、通风不良、阳光不足的情况下，致病微生物可在空气中生存较长时间并保持其致病性。因此，应对室内微生物和悬浮颗粒物的污染程度作出数量上的限制。由于室内空气中可生存的致病微生物种类繁多，且以病原体作为直接评价指标在技术上尚有一定困难，目前仍以细菌总数作为最常用的居室空气细菌学评价指标。我国《室内空气质量标准》（GB/T 18883-2002）规定，室内细菌总数 ≤ 2500 CFU/m^3。

室内可吸入颗粒物浓度与房间结构、卫生条件、通风方式、居住人口和居住者活动情况等有关，同时还与室内外的风速和湿度有关。我国《室内空气质量标准》（GB/T 18883-2002）规定，室内 PM_{10} 浓度日平均值 ≤ 0.15 mg/m^3。

3. 一氧化碳　使用煤炉或煤气灶烹饪以及人们在室内吸烟时，室内 CO 浓度常高于室外的浓度。人血液中碳氧血红蛋白在 2.5% 以下时，人处于正常生理状态，当空气中 CO 浓度在 10 mg/m^3 以下时，血液中碳氧血红蛋白可维持在此水平。空气中 CO 浓度超过 10 mg/m^3 时会对心肺病患者的活动产生不良影响，加重心血管病患者的缺氧症状。我国《室内空气质量标准》（GB/T 18883-2002）规定，室内 CO 浓度 1 小时均值 ≤ 10 mg/m^3。

4. 二氧化硫　室内用煤炉或煤气灶取暖或烹饪时，室内 SO_2 浓度常高于室外浓度。SO_2 与水结合形成亚硫酸，并可氧化成硫酸，刺激眼和鼻黏膜，并具有腐蚀性。SO_2 在组织液中的溶解度高，吸入空气中的 SO_2 很快会在上呼吸道溶解，造成呼吸道黏膜损伤。我国《室内空气质量标准》（GB/T 18883-2002）规定，室内 SO_2 浓度 1 小时均值 ≤ 0.50 mg/m^3。

5. 其他评价参数　我国《室内空气质量标准》（GB/T 18883-2002）规定，室内 NO_2 浓度 1 小时均值 ≤ 0.24 mg/m^3；室内甲醛浓度 1 小时均值 ≤ 0.10 mg/m^3；室内 BaP 浓度日平均值 ≤ 1.0 ng/m^3；室内 TVOC 浓度 8 小时均值 ≤ 0.60 mg/m^3；氡 ^{222}Rn 浓度年平均值（行动水平）≤ 400 Bq/m^3。

(二)保持居室空气清洁的卫生措施

居室空气中污染物的来源很多,保证居室空气清洁应从多方面采取措施,除了立法机构、政府和企业共同努力防治室内外各种空气污染外,还要针对住宅卫生要求考虑以下诸方面的问题。

1. 住宅的地段选择 住宅应选择在大气清洁,日照通风良好,周围环境无污染源,有绿化地带与闹市、工业区和交通要道隔离的地段内。

2. 建筑材料和装饰材料选择 要选择符合《室内装饰装修材料有害物质限量》国家标准的装饰装修材料。为减少和避免建筑材料中氡的逸出,除注意选材外,可在建筑材料表面刷上涂料,阻挡氡的逸出,降低室内氡浓度。为减少室内甲醛及其他挥发性有机物的浓度,选用低TVOC的建筑材料和装饰材料,或者选用已在空旷处释放了甲醛的出厂产品。为减少室内积尘和尘螨,在室内尽可能避免使用毛制的地毯或挂毯等装饰品。另外,要严格按照《住宅装饰装修工程施工规范(GB50327-2001)》、《住宅室内装饰装修管理办法》(建设部令[2002]第110号)进行施工、管理,最大限度地减少室内空气污染。同时注意通过通风换气措施,有效地及时排出室内有害空气污染物。

3. 合理的住宅平面配置 住宅的平面配置要防止厨房产生的煤烟和烹调油烟吹入居室;防止厕所的不良气味进入起居室;避免各室间互相干扰等。

4. 合理的住宅卫生规模 住宅内各室的容积、室高、面积应足够;朝向要合乎卫生要求,有利于日照、采光和通风换气,可以使住宅有较好的防寒、防暑、隔热、隔潮和隔声等性能,使室内免受或减轻外界不良的气候条件和噪声等的影响。

5. 采用改善空气质量的措施 有条件的地区,厨房应使用煤气或电热烹饪设施;厨房应安装排气扇或排油烟机。厨房使用天然气或煤气时必须注意排气通风,不然会导致室内氧气不足而使人感到不适乃至出现昏迷,同时氧气不足还会发生燃烧不完全,从而产生一氧化碳并由此引发中毒事故。

6. 改进个人卫生习惯 改变烹调习惯,减少油炸、油煎,烹调时减低用油温度。减少油烟逸散。提倡不吸烟,禁止室内吸烟。坚持合理的清扫制度,养成清洁卫生的习惯。

7. 合理使用和保养各种设施 设有空调装置的室内,应保证空调使用后能进入一定量的新风,空调过滤装置应定期清洗或更换。同样,对排油烟机等各种卫生设施也都要定期清洗、及时维修,以保证其效率,保证清洁空气循环进入室内,使室内空气接近室外大气的正常组成。

8. 加强卫生宣传教育和健全卫生法制 以消除吸烟危害为例,北京市于2015年6月1日起正式实施《北京市控制吸烟条例》,但目前我国还没有颁布全国性创造无烟环境的法律。因此,加强我国的卫生宣传教育和法律、法规建设显得尤为重要,特别要制定和严格执行严禁青少年吸烟、严禁向青少年销售香烟以及严禁在公共场所吸烟的有关条例和法律。

案 例

2001年8月,为了美化居室环境,刘女士一家决定自己动手把居住多年的两居室简单装修一下,于是购买了某公司生产的一种建筑装饰用醇酸树脂漆8桶,用于粉刷墙壁。

装修以后,一家人在室内居住,开始出现头晕、胸闷、恶心、呕吐、掉头发等症状。随着时间的推移,2001年11月,刘女士一家先后发病,正在上学的儿子更是突发白血病,刘女士自己也感觉浑身无力,经检查血小板下降、白细胞升高。一家人为看病花了很多钱,但是儿子的病情并未有明显好转。他们怎么也没有想到,花钱费力装修完的房间,竟是一个十足的"毒气室"。

思考题

1. 请结合本章内容思考刘女士家的室内空气污染来源及主要污染物是什么?
2. 如何防控室内空气污染的健康影响?

(黄　婧)

第八章 公共场所与健康

第一节 概 述

公共场所（public place）是根据公众生活活动和社会活动的需要，在自然环境或人工环境的基础上，由人工建成的具有学习、工作、休息、文体、娱乐、参观、旅游、交流、交际、购物、美容等多种服务功能的公共建筑设施。对公众来说，它是人为的生活环境，而对公共场所的从业人员来说，它又属于职业环境。

公共场所是随着人们对文明生活需求日益提高而发展起来的，是住宅以外的一种临时性环境，也是人类生活环境中不可缺少的组成部分之一。人们除了家庭生活外，通过社会上的各项服务，得到更多的物质上和精神上的满足，从而更加丰富生活，增长见识，有利于促进身心健康。

一、公共场所的分类和范畴

公共场所种类繁多，按建筑类型可分为封闭式（如宾馆、展览馆、电影院等）、开放式（如公园、体育场等）和移动式（如一些小型游乐场）。按其用途可分：①生活服务设施类，包括宾馆、旅馆、招待所、车马店、饭馆、咖啡馆、酒吧、茶座、公共浴室、理发店、美容店、影剧院、录像厅（室）、游艺厅（室）、舞厅、音乐厅、银行和邮政营业厅、照相馆（婚纱影楼）、殡仪馆、商城（集市）、书店、候诊室等；②体育设施类，包括体育场（馆）、游泳场（馆）、健身房等；③公共文化设施类，包括展览馆、博物馆、美术馆、图书馆、公园等；④公共交通设施类，包括候车（机、船）室、公共交通工具（汽车、火车、飞机和轮船）等。

由于我国经济和社会的快速发展，公众生活娱乐方式改变，上述有的公共场所已逐渐趋于消失，如车马店、录像厅（室）等，但总的来说公共场所的种类不断增多，如证券交易厅、会展中心、网吧、KTV歌厅、按摩店、足浴室、棋牌室、保龄球馆、老年人活动中心、高铁列车、地铁列车、动车、娱乐城、儿童乐园、温泉度假村、高尔夫球场、旅游景点等，都是近年来出现的。此外，我国幅员辽阔，民族风俗习惯各异，社会经济发展水平参差不齐，不同阶层人群的需求、生活方式差异很大，因此全国各地还有许多各色各样的民众聚集之地，从广义上都被认可为公共场所。

二、公共场所的健康学特点

与居住、办公等场所比较起来，公共场所有其特点，主要包括：

1. 人群密集，流动性大，传播途径多，容易感染 公共场所内人数众多，流动性大，常在一定的空间和时间内密切接触不同性别、不同年龄、不同职业和不同身体状况的人员，给疾

病传播提供了机会。尤其是许多老、弱、病、残、幼、孕等易感人群,他们的免疫水平比普通人群较低,在公共场所内更容易感染疾病。此外,由于人群多为短期停留,流动的范围极广,很容易将公共场所的病原菌传播到其他地方。加之现代交通工具速度极快,所以传播的速度非常快,影响面也相当广。

2. 设备及物品易被污染 由于公共场所的设备和物品供公众长期反复使用,极易造成致病微生物污染和病原菌传播,如不消毒或消毒不彻底,可通过交叉污染危害人群健康。

3. 涉及面广 无论城乡,只要是有人群居住的地方,都会有大小不一、数量不等、建筑各异及功能不同的公共场所,因而涉及面广。

4. 从业人员流动性大,素质参差不齐 随着社会经济的不断发展,公共场所不断增多,从业人员数量也随之增加,这些人员素质参差不齐,流动性大,给卫生制度的落实和卫生监督工作的开展带来一定的困难。同时,从业人员接触公众场所中各种有害因素的机会比社会公众更多,有害物暴露量更大,因此更应当做好从业人员的健康防护。并且从业人员频繁与顾客接触,如果其自身就是患者或者带菌者,则更容易将病原菌传播给顾客。

三、公共场所卫生研究的内容

公共场所卫生涉及环境与健康的许多领域,包括大气卫生、饮用水卫生、室内空气卫生以及噪声、采暖、采光、照明、公共用品污染等卫生问题。公共场所卫生就是研究各种公共场所存在的环境与健康问题,阐明其对公众健康产生的影响,制定公共场所的卫生标准和卫生要求,研究改善公共场所卫生的措施,预防和控制疾病,保障公众健康。

第二节 公共场所环境污染及对人体健康的影响

公共场所卫生工作的核心是创造良好、方便、舒适和卫生的环境。它属于生活环境,大多数具有围护结构,因而许多环境因素与居室、办公场所相似,但也有其自身特点。公共场所主要有如下种类的环境污染存在。

一、公共场所空气污染

空气污染是公共场所的主要卫生问题。根据《公共场所卫生检验方法》(GB/T 18204.1-2013)中的分类,公共场所空气中可存在物理性、化学性及生物性因素。适宜的微小气候、舒适的采光和照明、安静的环境可以使人身心愉悦,有利于健康。反过来公共场所异常的物理因素,如高温、高湿、不良采光和照明、噪声等会使人心情烦躁,影响人体的体温调节和消化、呼吸、循环等系统的功能,导致一些亚健康状态出现甚至疾病发生。例如一些露天游泳池、桑拿室可出现高温和高湿的情况;简陋的小剧院、网吧、KTV包厢、商场等如果管理不好,可出现光线过强或过弱、噪声刺耳、视距视角不合理等现象;图书馆、博物馆、美术馆、展览馆是人们进行学习、文化交流的场所,如果条件不合适,不仅影响人们的观看效果,而且对健康有害,例如照度过低,会使视力下降。公共场所中也可能存在放射性污染,如氡及其子体,氡主要来源于建筑物的地基和建筑材料,长期接触高浓度的氡及其子体可以引起肺癌。

公共场所可存在大量化学性污染。商场、网吧、KTV等地,由于大量聚集的人群的自身代谢、吸烟、空气流速慢等原因可使CO_2浓度增高。当CO_2浓度升高到一定程度时,可导致室内的人感觉不舒服,甚至头痛、耳鸣、脉搏迟缓、血压升高。密闭的环境中吸烟、饭馆及烧烤店使用火炭、燃气炉、小型煤油加热器等可致CO增多,CO中毒轻则使人头痛、头晕、恶心、呕吐,重则使人痉挛、昏迷,甚至死亡。颗粒物主要来源于围护结构外大气污染、公共场所内大量人群的活动、地面的清扫等,高浓度的PM_{10}可损害呼吸系统,诱发哮喘病,$PM_{2.5}$吸入可引发心血管系统不良健康效应。甲醛、氨、苯和总挥发性有机物等则来源于建筑材料、装修材料和公共场所内的一些用具，这些物质或对人体有刺激、致敏作用，或可引起全身作用。

空气中生物性污染是公共场所卫生的一个重要问题，污染物包括细菌、病毒、真菌、病媒生物（蚊子、苍蝇、蟑螂、尘螨等）、植物花粉等。致病性微生物主要来源于人说话、咳嗽产生的飞沫，因此，当有流行性感冒、百日咳、流行性脑脊髓膜炎、肺结核、严重急性呼吸道综合征或新型冠状病毒肺炎等呼吸道传染病流行时，密闭拥挤的公共场所将成为危险之地。如医院候诊室（楼）往往是患者在门诊就医过程中停留时间最长的场所，空气质量常可因候诊人数众多而恶化。候诊者多为患病者，大都抵抗力低下，加之心理承受能力也较差，再与具有传染性疾病的患者近距离接触，易发生交叉感染。

二、公共场所水污染

公共浴池和一些温泉浴池水易受污染。在我国一些地区，池浴仍是人们的主要洗浴方式，但开放时间稍长后池浴水中往往细菌总数和大肠菌群增加，定时更换的池水比循环供水的池水更甚，但都会大大超过游泳池水质的卫生标准。通常认为，温泉水具有消毒或抑菌作用，但实际上温泉的水温却有利于细菌的滋生繁殖。有研究检测22份未消毒的温泉水样，细菌总数最小值为79 000 CFU/ml，15份无法计数；总大肠菌群最小值为9200 CFU/L，17份＞16 000 CFU/L。这反映温泉池水细菌学指标安全性较差，如不定期消毒和科学管理，会成为接触传播和介水传播疾病的隐患，引起皮肤癣、阴道滴虫病、肠道传染病、寄生虫病和性病的传播和流行。

在游泳过程中，游泳者汗液、尿液的排出和皮肤污垢进入池水，导致水中尿素含量超标，水质下降，水污染的程度随着游泳者人数的增多而加重。由于游泳池水质受到污染，可引起脚癣、游泳池咽炎、流行性出血性眼结膜炎、传染性软疣、中耳炎以及一些介水传染病的传播。

许多公共场所，如宾馆、饭店等都有二次供水系统。开放式水塔易被空气中尘埃和病原微生物污染，空调系统冷却水和冷凝水易致军团菌污染。我国有研究显示，某市大型宾馆（酒店）、商场（超市）等单位的空调冷却水军团菌阳性率为11.11%，某地地铁空调冷却塔水军团菌检出率达45.1%。军团菌在自然界广泛存在，如果进入水温适宜的冷却水系统中，又没有定期清洗和消毒，这些微生物在其中蓄积或繁殖，在一定条件下对人体健康造成影响。此外，水池箱的内壁涂料、填充剂、水管密封剂等如果不符合国家卫生标准，释放一些有害物质，则会危害人体健康。一些公共场所饮用水不洁可引起介水传染病流行及其他胃肠道疾患。

三、集中式空气调节系统污染

集中式空气调节系统（中央空调系统）是为使房间或密闭空间的空气温度、湿度、净度和气流速度等参数达到给定的要求，而对空气进行处理、输送、分配，并控制其参数的所有设备、管道、附件及仪器仪表的总和。目前我国许多公共场所都安装集中式空气调节系统，它在改善室内微小气候方面起着重要作用，但也存在许多卫生问题。有些风道内有建筑垃圾，或疏于清理，灰尘堆积，细菌总数和真菌总数超标，甚至检出致病微生物，这为送风质量留下隐患。

我国有报道，对某市公共场所集中式空气调节管道系统污染情况进行调查，发现回风管道、送风管道和主管道过滤网等处平均积尘量达23.6 g/m^2。空调系统空气一般是由新风和回风组合的混合空气，这使得空调系统内的污染物既来自室外，也来自室内，包含悬浮颗粒物（粉尘、微生物、花粉、气溶胶）及各类有机和无机化合物。有研究对某市地铁车站集中式空气调节系统送风口空气中细菌总数、真菌总数及PM_{10}等指标进行测定，发现样本中细菌总数最大值达到2078 CFU/m^3，超标率为17.3%，真菌总数最大值达到1802 CFU/m^3，超标率为9.8%，PM_{10}最大值达到0.33 mg/m^3，超标率为65.4%。因此空调系统收集空气，经处理后又

把空气送回到室内，在这个过程中有可能把空气中及空调系统本身的污染物扩散到其他房间，从而使其可能成为传播、扩散污染物的媒介，集中式空气调节系统的卫生管理最主要的目的也是要预防空气传播性疾病在公共场所传播。此外，送风口空气不良还可引起不良建筑综合征及各类过敏症。如果送风量不足或送风口配置不合理，还可导致大型室内公共场所新风量不足，CO_2浓度升高。如前所述，空调冷却水和冷凝水主要是易致军团菌污染，在一定条件下危害人体健康。

四、公共用品用具污染

如前所述，公共场所人群密集，流动性大，保洁意识差，设备和物品供公众长期反复使用，极易造成致病微生物污染，如不消毒或消毒不彻底，可通过交叉污染危害人群健康。例如有些宾馆、旅店、招待所的床单、枕套、被套、毛巾、浴巾、浴衣等各种棉纺织品和杯具、洁具、卫生间、拖鞋等不清洁可传播性病、皮肤病，如曾有报道发现有的旅店浴盆检查出致病菌；地毯等不经常清洁可因尘螨导致过敏症；理发除修剪和整理头发外还包括修剪胡须；医院候诊室（楼）的厕所除供患者便溺外，还供患者留取粪、尿标本，就诊者通过门把手和水栓受感染的机会较多。此外，扶梯、座椅、窗台等都可能造成疾病交叉感染。

第三节 公共场所的健康学要求

公共场所种类繁多、功能各异，因此，应有不同的卫生要求。但是，有一些基本卫生要求对各类场所都是适用的，现予以分别叙述。

一、公共场所的基本健康学要求

1. 良好的环境 公共场所是人们休息、娱乐和强身健体的地方，所以，应该有良好的环境条件。首先，地理位置要好，周围绿化美观大方，空气清洁新鲜，并有良好的采光及照明；其次，场所布置典雅、颜色协调，使人感到精神愉快、心旷神怡；最后，公共场所建筑物应美观大方，地面、墙壁、天花板、门窗等应使用便于清洗保洁、无毒无害的材料建造，以保证室内清洁卫生。

2. 良好的微小气候 通常公共场所适宜的微小气候是通过合理的通风、防暑降温、供暖防寒和正常的采光照明措施而获得。由于各类公共场所性质不同，设备条件和服务功能各异，所处地理位置也有极大差别，所以必须根据具体情况创造和改善微小气候。例如，在南方炎热季节，公共场所必须有完善的防暑降温和通风换气设备。相反，在北方的冬季，公共场所应有适当的防寒保暖和适宜的采暖设施。无论哪类和哪些地区的公共场所，都要根据自己的特点和条件，适当调节厅内和室内的温度、湿度、风速，以保证适宜的微小气候。

3. 良好的空气质量 公共场所大多具有围护结构，有的密闭性较强，因而保持良好的空气质量非常重要。空气中的新风量、CO_2、CO、可吸入颗粒物、细菌总数、甲醛等浓度都要符合相应公共场所卫生标准的要求，集中式空气调节系统要符合公共场所集中式空气调节系统要求并运转正常，且符合相关卫生规范和规定。

4. 公共用品用具清洁卫生，各种卫生设施运转正常 无论是旅店业、洗浴业还是理发美容业以及其他多种公共场所都要备足餐具、茶具、浴巾、面巾、床上用品、拖鞋及其他各种公共用品，由于这些用品反复使用，难免带有病原微生物。公共场所的从业人员必须随时保证这些起居用品的清洁卫生。另外，要保证公共场所内各种卫生设施使用正常，经常维护和检测。

5. 从业人员必须身体健康并具备基本卫生知识 公共场所的各类从业人员直接为顾客服务，为防止交叉感染传播疾病，须要求从业人员身体健康，这就要进行就业前体检和定期体检。此外，由于公共场所的从业人员又是直接从事卫生工作的人员，所以应具备基本的卫生知识和技能，以便更好地开展公共场所的自身卫生管理工作。因此，从业人员上岗前及工作中都必须经过必要的卫生知识培训。必须衣着整洁，应根据工作性质和岗位不同，穿不同工作服和鞋帽。要注意个人卫生，勤剪指甲、勤理发、勤洗换工作服。

二、各类公共场所的具体健康学要求

为加强对公共场所的卫生监督，创造良好的公共场所卫生环境，防止疾病的传播，保障人民健康，国务院1987年4月1日颁布了《公共场所卫生管理条例》（以下简称《条例》），在2019年进行了最新一次的修订，其中规定，能依法进行卫生监督的公共场所共7类28种，包括住宿与交际场所（8种）：宾馆、饭馆、旅馆、招待所、车马店、咖啡馆、酒吧、茶座。洗浴与美容场所（3种）：公共浴室、理发店、美容店。文化娱乐场所（5种）：影剧院、录像厅（室）、游艺厅（室）、舞厅、音乐厅。体育与游乐场所（3种）：体育场（馆）、游泳场（馆）、公园。文化交流场所（4种）：展览馆、博物馆、美术馆、图书馆。购物场所（2种）：商场（店）、书店。就诊与交通场所（3种）：候诊室、候车（机、船）室、公共交通工具。早在1996年国家卫生部就发布了与《条例》相配套的一系列《公共场所卫生标准》。这些标准包括《旅店业卫生标准》（GB9663-1996）、《文化娱乐场所卫生标准》（GB9664-1996）等共12项，对相应公共场所的经常性卫生要求、设计卫生要求、监测指标及限值都做了具体规定，并于2019年更新发布了《公共场所卫生指标及限值要求》（GB 37488-2019），部分取代GB 9663～9673-1996，GB 16153-1996。

（一）住宿与交际场所

1. 主要服务功能 宾馆、旅店、招待所是为人们提供食宿的商业性建筑设施。档次高的旅店还能提供会议、健身、文化娱乐等多项服务。宾馆、旅店接待客人数量多，人员流动性大，是顾客逗留时间最长的公共场所。饭店、咖啡馆等是为人们提供饮食、交际的营业性场所。

2. 健康影响 宾馆、旅店、招待所是对广大顾客身心健康影响最大的一类公共场所。这类公共场所对健康的影响，可通过很多环节来实现。包括：①卧具，床单、被罩、毯子等都是不同旅客重复使用过的，往往会染上多种致病微生物，如沙眼衣原体、流感病毒、结核分枝杆菌、皮肤病真菌甚至性病的病原体等。②茶具，易传播肠炎、痢疾、甲型肝炎等消化道传染病。③卫生间用具，能传播沙眼、皮肤病、泌尿系统感染等。④饮用水，直接影响到旅客的身体健康。⑤室内空气质量，由于人员密集，流动频繁，加上抽烟等活动，室内空气质量容易污染，容易传染流行性感冒、扁桃腺炎、咽炎、肺炎甚至结核病等呼吸道传染病。

另外，住宿场所可能会产生的疾病还有：军团菌污染引起的军团菌病；被褥、地毯不常打扫导致尘螨引起的过敏；升火炉取暖的场所还可导致煤气中毒。由于经济的发展，人们在外就餐的机会越来越多，如果这些就餐场所的环境卫生条件差，食品和饮用水不符合规定，很容易传播消化道疾病，对人体健康造成不同程度的影响。

3. 健康学要求

（1）卧具必须一客一换，长居住客的卧具必须一周一换，换下的卧具必须及时清洗消毒，棉织品外观保持清洁整齐、无污渍、无破损、无毛发、无异物，不得检出大肠菌群和金黄色葡萄球菌，细菌总数≤200 CFU/25 cm^2。

（2）茶具、卫生间用具必须一客一换，换下后必须及时清洗消毒，马桶圈、浴缸等必须每天清洗，一客一消毒，不得检出大肠菌群和致病菌。茶具细菌总数≤5 CFU/25 cm^2，洁具细菌总数≤300 CFU/25 cm^2。

(3) 床位不能太靠近，客房每一床位占有面积最低不少于 4 m²。

(4) 小气候应适宜，冬季室温应 < 20 ℃，夏季室温应 < 26 ℃；相对湿度应为 40% ~ 65%；风速 ≤ 0.3 m/s；室内空气细菌总数 ≤ 1500 CFU/m³。

(5) 3 星级以上客房内新风量应达到 30 m³/(h·人)，照度应大于 50 lx，噪声夜间不超过 40 dB（A）。

(6) 空调系统需定时清洗，公共用具应进行消毒，必须设消毒间，保证日常的消毒工作正常进行。

(7) 餐具必须消毒，餐厅内外应保持清洁、整齐，清扫时应采用湿式作业。

(8) 供水应符合生活饮用水卫生标准。

(9) 应有防蚊、蝇、鼠、蟑螂的设施。

(二) 洗浴与美容场所

1. 主要服务功能 公共浴池是为公众提供的洗浴场所，主要包括池浴、盆浴、淋浴等。理发店、美容店可通过专用工具、日用化学品和化妆品对头发进行清洗、修剪整理，对面部进行清洁、美容等。

2. 健康影响 池浴由于多人共同使用，易造成污染，引起皮肤癣、阴道滴虫病、肠道传染病和性病的传播和流行；盆浴如果不及时清洗消毒浴盆也会造成污染，易感染阴道滴虫、表皮癣菌等感染性强的皮肤病；淋浴相对卫生而且经济，淋浴喷头如果不定时清洗，也会造成致病菌的聚集而危害健康。美容美发对人体引起的不良影响既有化学性的，也有生物性的。化妆品使用不当可导致皮肤过敏和色素沉着；美容工具、理发工具直接用在皮肤上，极易发生交叉感染，常见有头癣、化脓性皮肤病、过敏性皮炎等，还可经创面传播乙型肝炎。

3. 健康学要求

(1) 公共浴室应设有更衣室、浴室、厕所、消毒室等房间。

(2) 公共浴室应以淋浴为主，浴池室中应有淋浴喷头。

(3) 禁止患有性病和各种传染性皮肤病的顾客就浴。

(4) 更衣室及休息室内毛巾、茶具、拖鞋一客一消毒，不得检出大肠菌群和致病菌；所用垫巾等用品应及时更换，清洗消毒，应以消灭真菌为主。

(5) 更衣室的气温以 25 ℃ 为宜，浴室内温度以 30 ~ 50 ℃ 为宜，桑拿浴室温度不应超过 80 ℃。

(6) 理发店、美容店应有消毒设施或消毒间，面巾、围巾必须一客一换，及时清洗消毒。理发工具、美容工具、毛巾等不得检出大肠菌群和金黄色葡萄球菌。

(7) 美容师需经过培训，美容店所用化妆品应符合化妆品卫生标准的规定。

(8) 要及时通风换气。

(三) 文化娱乐场所

1. 主要服务功能 文化娱乐场所为公众提供欣赏文艺作品、参加文娱活动的环境，能丰富人们的文化生活，起到调节精神、消除疲劳、增进友谊、促进身心健康的作用。

2. 健康影响 文化娱乐场所往往顾客密集，有些档次较低的场所更是拥挤不堪，顾客间近距离接触的机会较多，容易传播呼吸道疾病；顾客随处吸烟，更加重了环境烟雾的污染；装饰材料中释放的有害气体也加重了空气的污染程度。顾客在这样密闭、拥挤的环境中吸入大量污染空气，会出现疲乏、头晕嗜睡、憋气、咽喉痛、恶心等症状，更易造成呼吸道和肠道传染病的传播。

3．健康学要求

（1）空气质量符合标准，二氧化碳含量不超过 0.15%，甲醛浓度不超过 0.10 mg/m³，空气细菌数不超过 4000～2500 CFU/m³。

（2）小气候适宜，冬季室温应＞20 ℃，夏季室温应≤28 ℃；相对湿度应为 40%～65%；风速≤0.3 m/s。

（3）在呼吸道传染病流行期间，应加强通风换气，要对室内空气和地面进行消毒。

（4）立体电影供观众使用的眼镜每场使用后应经紫外线消毒或使用一次性眼镜。

（四）体育与游乐场所

1．主要服务功能 体育馆是以观看体育表演为主的室内场所，聚集人数多，人员流动性大。游乐场所包括游泳场（馆）和公园。

2．健康影响 体育表演、体育锻炼等都是运动量大的体育活动，一般在室内进行，所以室内的空气质量非常重要。体育馆内人员较拥挤，运动员由于剧烈运动导致呼吸明显加快，场内呼气量明显上升；有些体育馆内通风换气效果差，新风量不足，更会使人体产生不适感。游泳场所中，游泳者的汗液和皮肤污垢都进入池水，水质易受污染，可引起脚癣、咽炎、红眼病、中耳炎的传播。

3．健康学要求

（1）体育馆内二氧化碳含量不应超过 0.15%，甲醛浓度应≤0.10 mg/m³，可吸入颗粒物应≤0.15 mg/m³，空气细菌数应≤4000 CFU/m³。

（2）人工游泳池水的 pH 值应为 7.0～7.8，浑浊度不大于 1 度，尿素不超过 3.5 mg/L，菌落总数不超过 200 个/ml，大肠菌群不得检出。

（3）严禁患有肝炎、心肌病、皮肤癣病、重症沙眼、急性结膜炎等患者进入人工游泳池游泳。

（五）文化交流场所

1．主要功能 图书馆、博物馆、美术馆、展览馆是人们进行阅读、观看、欣赏文化艺术，进行文化交流的场所，需要适宜的小气候、空气质量和台面照度。

2．健康影响 小气候若不适宜，如温度过高或过低，容易引起感冒，并引起其他呼吸道疾病；甲醛、灰尘浓度过高可引起过敏反应；光线过暗，会引起读者的视觉疲劳，造成视力下降。

3．健康学要求

（1）馆内应保持安静，展览馆的噪声不能超过 55 dB（A）。

（2）室内小气候应与旅店的要求一致，空气细菌数不得超过 2500 CFU/m³。

（3）台面照度不小于 100 lx。

（4）馆内禁止吸烟。

（5）厅内光线充足，窗地面积比不应小于 1/6。

（六）购物场所

1．主要功能 购物场所是为社会公众提供购买各种商品和书刊的室内场所，而人们进出商场、书店，浏览、购物也会带来许多健康问题。

2．健康影响 营业厅内人群聚集，人体释放出的大量呼出气，某些商品释放的化学物质都可污染空气而有害健康；购物环境使用较多的装饰材料，其散发出的有害气体种类也较多；通过商品和图书还可引起人群间的交叉感染。

3. 健康学要求

（1）采暖区冬季气温不低于 16 ℃，二氧化碳含量不超过 0.15%，噪声低于 55 dB（A），照度不低于 100 lx。

（2）店内禁止吸烟。

（七）就诊与交通场所

1. 主要服务功能 医院候诊室是供患者门诊就医等候的场所，往往是患者在门诊就医过程中停留时间最长的场所。公共交通工具可将旅客送往各地，旅客在乘坐前可在专门的候车室内进行等候，候车室内人群密集，具有一般公共场所存在的各种健康问题。

2. 健康影响 候诊室是所有公共场所中人群健康水平最差的公共场所，也最容易引起交叉感染。候诊室内人群密集，流动性大，健康人与患病者混杂，极易相互感染上疾病；候诊室的地面、墙面和座椅物体表面经常被患者触摸，尤其是厕所，供患者留取粪尿标本，通过这些物体极易造成患者和陪护人员之间的交叉感染，传播疾病。

3. 健康学要求

（1）候诊室健康学要求

1）候诊室应保持空气流通、清洁、整齐、安静、温度适宜，噪声不超过 55 dB（A），空气细菌数应 ≤ 4000 CFU/m³。

2）照度不低于 50 lx，光线要柔和。

3）应采用湿式清扫，易污染部位应每日至少消毒一次。

4）公共厕所要及时清扫、消毒，便池外及地面的呕吐、粪便等排泄物要及时清除。

5）水龙头、门把手、楼梯扶手等处要随时擦洗、定期消毒。

6）污物桶应及时清洁和消毒。健全消毒制度，设专门消毒室。

7）不得在候诊室内出售商品和食物。

（2）交通场所健康学要求

1）等候室噪声不超过 70 dB（A）；应有适宜的光照；应有防虫、防鼠设施。

2）空气细菌总数：空气细菌总数应 ≤ 4000 CFU/m³。

第四节　公共场所的卫生管理与监督

一、公共场所的卫生管理

2019 年 2 月国家卫生健康委员会颁布了新的《公共场所卫生管理条例实施细则》（以下简称《细则》），并于同年 5 月施行，明确规定公共场所的法定代表人或负责人是其经营场所卫生安全的第一负责人。公共场所卫生管理是指公共场所经营者依照国家有关卫生法律法规的规定对公共场所进行的预防疾病、保障公众健康的卫生管理工作，主要有如下方面的责任。

1. 成立卫生管理机构，配备卫生管理人员 各类公共场所要从保护群众的身体健康出发，本着《条例》及《细则》基本精神，成立卫生管理机构（组织），配备专职或兼职的卫生管理人员。经营者的卫生管理是国家法津法规赋予的法定义务，同时也是公共场所日常经营管理的重要组成部分。卫生状况的好坏，也反映了一个场所的整体经营管理水平。

2. 建立卫生管理制度和卫生管理档案 建立健全卫生管理制度，提出做好卫生工作的具体要求，把卫生服务纳入整个服务工作的考核内容中，促使单位全面达到《公共场所卫生指标及限值要求》（GB 37488-2019）规定的各项卫生要求。建立卫生管理档案，内容应该包括：卫生管理部门、人员设置情况及卫生管理制度，空气、微小气候（湿度、温度、风速）、水质、采光、照明、噪声的检测情况，顾客用品用具的清洗、消毒、更换及检测情况，卫生设施的使用、维护、检查情况，集中式空气调节系统的清洗、消毒情况，安排从业人员健康检查情况和培训考核情况，公共卫生用品进货索证管理情况，公共场所危害健康事故应急预案或者方案等。卫生管理档案应当有专人管理、分类记录，至少保存两年。

3．建立卫生培训制度和从业人员健康检查制度 公共场所从业人员必须学习和掌握《公共场所卫生指标及限值要求》（GB37488-2019）、《条例》和《细则》的内容及一些卫生法律知识。通过学习使其熟悉有关其本职岗位上的卫生工作，掌握必要的卫生操作技能和常用的消毒方法，了解常见传染病的传播途径和预防措施，了解常见突发事故的现场救护方法。从业人员经考核合格后方可从事本职工作。公共场所的经营者应负责组织本单位从业人员的健康检查工作，获得有效健康证方可上岗。患有甲型病毒性肝炎、戊型病毒性肝炎、细菌性痢疾、伤寒、活动性肺结核、化脓性或渗出性皮肤病等疾病的从业人员，在治愈前不得从事直接为顾客服务的工作。

4．配备健全卫生设施设备及维护制度 公共场所经营者应当根据经营规模、项目设置清洗、消毒、保洁、盥洗等设施设备和公共卫生间。建立卫生设施设备维护制度，定期检查相关设施设备，确保其正常运行，不得擅自拆除、改造或者挪作他用。公共场所设置的卫生间，应当有单独通风排气设施，保持清洁无异味。应当配备安全、有效的预防控制蚊、蝇、蟑螂、鼠和其他病媒生物的设施设备及废弃物存放专用设施设备，并保证相关设施设备的正常使用，及时清运废弃物。

5．加强禁烟控烟管理 室内公共场所禁止吸烟。公共场所经营者应当设置醒目的禁止吸烟警语和标志；室外公共场所设置的吸烟区不得位于行人必经的通道上，公共场所不得设置自动售烟机。公共场所经营者应当开展吸烟危害健康的宣传，并配备专（兼）职人员对吸烟者进行劝阻。

6．定期开展卫生检测 公共场所经营者应当按照卫生标准、规范的要求对公共场所的空气、微小气候、水质、采光、照明、噪声、顾客用品用具等进行卫生检测，每年不得少于一次；结果不符合卫生标准、规范要求的应当及时整改。经营者不具备检测能力的，可以委托检测。应当在醒目位置如实公示检测结果。

7．制订危害健康事故预案 公共场所危害健康事故指公共场所内发生的传染病疫情或者因空气质量、水质不符合卫生标准、用品用具或者设施受到污染导致的危害公众健康事故，常见于：①因微小气候或空气质量不符合卫生标准所致的虚脱或休克；②饮水受到污染而发生介水传染病流行或水源性中毒；③放射性物质污染公共设施或场所造成的内照射或外照射健康损害；④公共用具、卫生设施被污染所致的传染性疾病流行和爆发；⑤意外事故造成的CO、氨气、氯气、消毒杀虫剂等中毒。公共场所经营者应当制订公共场所危害健康事故应急预案或者方案，定期检查各项制度、措施的落实情况，及时消除危害公众健康的隐患。发生危害健康事故的，应当立即启动预案，防止危害扩大，并及时向县级人民政府卫生行政部门报告，不得隐瞒、缓报、谎报。

二、公共场所的卫生监督

公共场所卫生监督是指卫生行政部门依照国家有关卫生法规的规定对公共场所进行的预防疾病、保障健康的卫生监督检查工作。国家卫生和健康委员会主管全国公共场所卫生监督管理工作。县级及以上地方各级人民政府卫生行政部门负责本行政区域的公共场所卫生监督管理工作，应当根据公共场所卫生监督管理需要，建立健全公共场所卫生监督队伍和公共场所卫生监测体系，制订公共场所卫生监督计划并组织实施。国境口岸及出入境交通工具、铁道部门所属的公共场所由这些部门系统的卫生行政部门负责监督管理。随着"放管服"改革深入推进，公

共场所卫生许可告知承诺制改革全面推开，加强公共场所卫生监督工作对维护人民群众合法权益具有重要意义。公共场所卫生监督主要包括以下几方面的内容。

1. 发放《卫生许可证》 国家对公共场所实行卫生许可证管理。《公共场所卫生许可证》是卫生行政部门在公共场所开业之前，依据经营者申请进行预防性卫生监督之后，认为所经营的项目符合卫生标准和要求而制发的卫生许可证明书。未取得《公共场所卫生许可证》的，不得营业。公共场所经营者申请卫生许可证应当提交下列资料：卫生许可证申请表；法定代表人或者负责人身份证明；公共场所地址方位示意图；公共场所卫生检测或者评价报告；公共场所卫生管理制度。省、自治区、直辖市卫生健康行政部门要求提供的其他材料。使用集中空调通风系统的，还应当提供集中空调通风系统卫生检测或者评价报告。县级及以上地方人民政府卫生行政部门应当自受理公共场所卫生许可申请之日起20日内，对申报资料进行审查，对现场进行审核，符合规定条件的，做出准予公共场所卫生许可的决定；对不符合规定条件的，做出不予行政许可的决定并书面说明理由。《公共场所卫生许可证》有效期限为四年，每两年复核一次。变更经营项目、经营场所地址的，应重新申请《公共场所卫生许可证》。对已经开业需要复核的，如有不合格者，卫生行政部门应给予技术指导并限期改进或停业整顿。对在短期内无法改进或拒不改进者，停发《公共场所卫生许可证》，已有工商《营业执照》的，可通知工商部门吊销其《营业执照》。《公共场所卫生许可证》应当在经营场所醒目位置公示。

2. 开展公共场所健康危害因素监测 卫生行政部门指定县级及以上疾病预防控制机构对公共场所的健康危害因素进行监测、分析，为制定法律法规、卫生标准和实施监督管理提供科学依据。

3. 实施量化分级管理 卫生行政部门应当根据卫生监督量化评价的结果确定公共场所的卫生信誉度等级和日常监督频次。信誉度等级分为A、B、C、D四等，A等每年监测1次，B等每年监测2次，C等每年监测3次，D等属于不符合卫生要求的公共场所，应限期改进或停业整顿。以此促进公共场所自身卫生管理，增强卫生监督信息透明度。公共场所卫生信誉度等级应当在公共场所醒目位置公示。

4. 处理危害健康的事故 卫生行政部门对发生的公共场所危害健康事故，可以依法采取封闭场所、封存相关物品等临时控制措施。经检验，属于被污染的场所、物品，应当进行消毒或者销毁；对未被污染的场所、物品或者经消毒后可以使用的物品，应当解除控制措施。

5. 处罚公共场所卫生问题 卫生行政部门采取现场卫生监测、采样、查阅和复制文件、询问等方式，检查和监督各公共场所执行《条例》的情况，对违反《条例》的经营者依据《细则》进行处罚。出现下列情况的，根据情节轻重，分别给予警告、罚款、停业整顿、吊销《公共场所卫生许可证》等处罚。①未依法取得《公共场所卫生许可证》擅自营业或未办理《公共场所卫生许可证》复核手续；②未对公共场所进行卫生检测，未对顾客用品用具进行清洗、消毒、保洁，或者重复使用一次性用品用具的；③未建立卫生管理制度、设立卫生管理部门或者配备专（兼）职卫生管理人员，或者未建立卫生管理档案；④未组织从业人员进行相关卫生法律知识和公共场所卫生知识培训，或者安排未经相关卫生法律知识和公共场所卫生知识培训考核的从业人员上岗，或安排未获得有效健康合格证明的从业人员从事直接为顾客服务的工作；⑤未设置与其经营规模、项目相适应的卫生设施，或擅自停止使用、拆除卫生设施设备，或者挪作他用，或未配备预防控制鼠、蚊、蝇、蟑螂和其他病媒生物的设施设备以及废弃物存放专用设施设备，或者擅自停止使用、拆除预防控制鼠、蚊、蝇、蟑螂和其他病媒生物的设施设备以及废弃物存放专用设施设备；⑥未索取公共卫生用品检验合格证明和其他相关资料；⑦未对公共场所新建、改建、扩建项目办理预防性卫生审查手续；⑧公共场所集中空调通风系统未经卫生检测或者评价不合格而投入使用；⑨未公示《公共场所卫生许可证》、卫生检测结果和卫生信誉度等级；⑩对发生的危害健康事故未立即采取处置措施，导致危害扩大，或者隐瞒、缓报、谎报等，构成犯罪的，依法追究刑事责任。经营者违反其他卫生法律、行政法规规定，应当给予行政处罚的，按照有关卫生法律、行政法规规定进行处罚。同时卫生行政部门及其工作人员玩忽职守、滥用职权、收取贿赂的，由有关部门对单位负责人、直接负责的主管人员和其他责任人员依法给予行政处分。构成犯罪的，依法追究刑事责任。

案 例

公共场所中的军团菌

某医院爆发了肺炎，10多位老人和5名医护人员患病，主要表现为发热、寒战、咳嗽、咳痰、胸痛、呼吸困难等，经过研究人员的检测，最后病因终于查明，是军团菌引起的肺炎。

军团菌的发现要从1976年说起，1976年7月，在美国费城举行的第58届美国退伍军人年会期间爆发了一种原因不明的传染病，表现为普通肺炎的症状，参会的四千多人中共有221人染病，死亡34人。事后一位科学家在死亡患者的肺组织中找到了一种细小杆菌，后被命名为嗜肺军团菌。经过调查，科学家们终于发现，这些致病菌藏在旅馆的空调系统中。

军团病易发季节夏末秋初，军团菌的抵抗力很强，经常污染空调系统的水、水塔水、淋浴喷头。一切含有军团菌的水，在使用过程中只要形成了气溶胶，就很容易进入人的呼吸道，引起感染。如果供水系统遭到了污染，则后果更为严重。

通过对以上案例分析，请思考：①军团菌主要来源是什么？②应如何预防军团菌造成的感染？

（黄　婧）

第九章 城乡规划与健康

随着人类社会的发展、人类的居住形式由散居发展到群居，人类聚居地也逐渐由原来的单纯集中居住地发展为复杂的具有多功能的城市和村镇。城乡是城市、村庄和集镇的统称。城乡规划是城市和村镇在一定时期内的发展和建设依据。近年来，随着我国经济的发展和小康社会的建设，我国的城乡建设也得到迅速发展。坚持以人群健康为目标，以生态环境为基础，建设生态文明，提高城乡治理能力和现代化水平，促进城乡可持续高质量发展，是新时期城乡规划工作的使命和任务。实践证明，科学的城乡规划和设计是重建人与自然和谐关系、构造适宜人类居住的环境、保障和改善民生的重要支撑，在城乡发展中起着战略引领和刚性控制的重要作用。

城乡规划是指为了实现一定时期内城市、村庄和集镇的经济和社会发展目标，结合城市和村镇的自然条件，确定城市、村庄和集镇在一定时期内的发展性质、规模和方向，合理协调城乡空间布局和各项建设的综合部署及具体安排。《中华人民共和国城乡规划法》（简称《城乡规划法》）对我国城乡科学合理的建设和发展提供了法律保障，是国家通过立法手段，加强城乡规划管理，协调城乡空间布局，保障和改善人居环境，促进城乡经济社会健康可持续发展的重要举措。

城乡规划是涉及社会科学和自然科学等学科的综合科学。城乡规划应全面贯彻环境与健康的各项要求，保障良好的人居环境。如城乡规划中要注意充分利用日照、通风、清洁的水源和优美的绿化等对人群健康有益的自然因素，同时要注意避免和消除各类对人群健康不利的因素。公共卫生从保护人群健康的角度，对城乡规划提出有科学依据的要求或标准。城乡规划中的许多技术经济指标，包括居住区用地面积定额、居住区公共绿地面积定额、住宅建筑密度和人口密度等，与人群健康关系也非常密切，但目前这些指标尚缺乏人群健康方面的根据。

《城乡规划法》中明确指出，城乡规划包括城镇体系规划、城市规划、镇规划、乡规划和村庄规划。城乡规划的宗旨是规划设计适宜于人类居住的环境，改善人居环境。健康的人居环境需要科学的城乡规划来实现。根据人居环境建设的目标要求，城乡规划已不再局限于建设规划或者设计，应当将人的健康和生态环境健康放在生物圈的广阔范畴内加以考虑，不但要遵循健康人居环境建设的基本原则，而且要注重环境与社会、经济、人口、资源的相互协调，并注重不同区域历史和文化的传承。

第一节 城市规划与健康

城市是由国民经济、社会文化、自然环境和居民生活等各种成分组成的综合体系，是政治、经济、文化、交通、人们交往和生活的中心，因此，城市也是一个以人为中心的人工生态系统。城市规划是政策性、技术性、综合性很强的技术工作，对城市健康和人群健康影响深远。

一、城市发展中凸显的问题与健康城市

(一) 城市发展中凸显的问题

世界城市化正以前所未有的速度向前发展。一方面，在世界范围内，居住在城市中的人口超过居住在乡村中的人口。联合国《2018年版世界城镇化展望》报告指出，到2050年，全球城市化率将增加到68%，预计全球城市人口增加25亿，其中近90%的人口将居住在亚洲和非洲，并高度集中在几个国家，其中印度、中国和尼日利亚合计占到增幅的35%。改革开放以来，我国经历了世界历史上规模最大、速度最快的城镇化进程，城市数量从新中国成立前的132个增加到2018年的673个，常住人口城镇化率从1978年的17.92%上升到了2018年的59.58%，城镇常住人口由1.7亿人增加到8.3亿人，全国80%以上的经济总量产生于城市。城市发展取得巨大成就的同时，人口膨胀、交通拥堵、环境污染和资源紧张等众多问题也越来越突出，给人们的工作和生活带来了诸多不便。而科学合理的城市规划则是解决上述一系列问题的"良方妙药"，是满足和实现人民日益增长的美好生活需要的重要途径。

城市是人、环境、资源三者复合而成的因素众多、结构复杂、功能综合的人工生态系统。城市生态系统（urban ecosystem）是一个自然、经济和社会复合的生态系统。在城市生态系统中，生产者已从绿色植物转变为人类，消费者也是人类，而分解者组分的稀缺以及部分代替分解者职能的处理设施的不足，使城市运转过程中产生的废物不能得到有效分解，这和自然生态系统明显不同。城市生态系统通过高度密集的物质流、能量流、信息流相互联系，物质和能量流通量大、运转快，又高度开放，加上人口、文化、信息、建筑、交通高度密集，使人工控制和人为作用对城市生态系统的存在与发展起着决定性作用。所以，城市生态系统的特征是稀缺性与聚集性共存。

城市规划应从保障和优化生态空间、提高生态效益等方面合理构建生态系统，积极改善城市生态环境，促进自然、经济和社会的协调。因此，贯彻人居环境科学和环境卫生学的理念，改善和保护城市生态系统，建设健康城市，是人类在城市规划和发展中应当高度重视的现实问题。

(二) 健康城市的定义和特征

为了解决城市问题，世界卫生组织（WHO）提出了"健康城市"的概念。根据WHO的定义，"健康城市是指不断创造和改善自然环境和社会环境，不断扩大社区资源，使人们在享受生命和充分发挥潜能方面能够相互支持——让健康的人生活在健康的世界"。WHO提出的健康城市建设的目的在于，通过提高认识，动员市民与地方政府和社会机构合作，形成有效的环境支持和健康服务，从而改善市民的健康状况和城市的人居环境。

WHO认为，健康城市需具备以下10项标准：①为市民提供清洁安全的环境；②为市民提供可靠和持久的食品、饮水、能源供应，具有有效的垃圾清除系统；③通过富有活力和创造性的各种经济手段，保障市民在营养、饮水、住房、收入、安全和工作方面的基本需求；④拥有相互帮助的市民群体，其中各种不同的组织能够为了改善城市而协调工作；⑤市民参与制定涉及日常生活，特别是健康和福利的各种政策；⑥提供各种娱乐和休闲场所，方便市民之间的沟通和联系；⑦保护文化遗产并尊重所有居民；⑧把保护健康视为公共决策的组成部分，赋予市民选择有利于健康行为的权力；⑨努力改善健康服务质量，并能使更多市民享受健康服务；⑩能使人们更健康长久地生活。

联合国儿童基金会在《儿童友好型城市规划手册》中提出了城市规划应首先关注儿童需要

的相关概念、依据和技术策略，认为应该在全球城市规划中，通过创建繁荣和公平的城市，让儿童生活在健康、安全、包容、绿色和繁荣的社区中，并指出进行儿童友好型城市规划应主要考虑以下几个原则：①投入，尊重儿童权利，投入儿童友好型城市规划，确保儿童拥有安全、洁净的生活环境，让儿童参与地方干预措施、利益相关方参与，以及有据可依的决策等工作，从而保障他们从幼儿到青少年的健康、安全、公民权、繁荣和可持续的城市环境。②住房和土地权属，为儿童和社区提供负担得起的适当住房并保障其土地权属，让他们可以安全、有保障地生活、睡觉、玩耍和学习。③公共服务设施，为儿童和社区提供可用的医疗、教育和社会服务基础设施，让儿童茁壮成长的同时还能学到生活技能。④公共空间，为儿童和社区营造安全、包容的公共空间和绿色空间，让儿童在户外聚会和活动。⑤交通系统，发展主动交通和公共交通系统，确保儿童和社区能独自出行，让他们能够平等、安全地获得其所在城市的所有服务和机会。⑥水和卫生综合管理系统，为儿童和社区提供安全的水和卫生服务，建立综合性的城市用水管理系统，让他们可以适当、平等地获取安全和负担得起的水、环境卫生和个人卫生服务。⑦粮食系统，构建农场、市场和供应商三位一体的粮食系统，儿童和社区可以永久获取健康、负担得起并可持续供应的食物和营养。⑧废弃物循环系统，发展零废物系统，确保可持续的资源管理，让儿童和社区能在安全和洁净的环境中成长。⑨能源网络，整合清洁能源网络，确保可靠的电力供应，让儿童和社区随时能获取各种城市服务。⑩数据和信息通讯技术网络，为儿童和社区整合数据与信息通信技术网络，保障数字连通性，让他们可以普遍享受到负担得起的、安全和可靠的信息和通信。

此外，我国人口老龄化问题日益严峻，也应有意识地将城市人口老龄化问题纳入城乡规划的范畴中。健康城市追求人与人的和谐、人与自然环境的和谐、自然生态系统的和谐。健康城市是目前及今后相当长时期内全球城市发展的最佳选择，是必然趋势和根本出路。

可见，健康城市应以人的健康为中心，创建高质量的自然环境、舒适的生活环境以及和谐的社会环境，以保障广大居民的健康生活和工作。健康城市应成为健康人群，健康环境和健康社会有机结合的整体。

二、城市规划的影响因素

城市规划应充分利用对健康有益的自然因素，并采取措施消除或减弱其不良影响，以创造与自然和谐的有利于人群健康的人居环境。

（一）自然环境因素

城市规划应分析当地的气候、地形、水文、土壤、绿化等自然因素，以便充分利用对健康有益的良好自然因素，并尽量采取措施，改造自然环境，消除或减弱其不良影响，创造与自然和谐的有利于居民健康的人居环境。

1. 气象因素 气象因素包括温度、降水与湿度、风和太阳辐射等是重要的城市环境要素，对城市规划和建设有着多方面的影响。城市内由于人口密集和大量能量释放等原因，往往形成与周围地区大自然气候不同的城市小气候。例如城市气候的特征之一是城市热岛效应（heat island effect），即大量的人工发热、建筑物和道路等高蓄热体等因素，使得城市气温高于郊区气温的现象。因此，在城市规划中，必须将气候变化问题作为重点规划对象，了解城市气候特点，掌握城市的太阳辐射、温度、湿度、风、降水等气候要素的时空分布规律，以人类活动为中心，减少气体的排放量，增加绿化区域，严格控制由于人类活动造成的城市气候异常情况。对城市规划影响较大的气象因素主要有：

1）温度：气温对城市规划与建设有影响。根据气温条件，在工业配置时，考虑工业生产工艺的适应性与经济性问题；在生活居住方面，考虑生活居住区的降温或采暖设备的设置等问题。北方寒冷地区，规划时在不影响正常日照的条件下，可适当提高建筑密度。南方炎热地区，规划时应注意加强城市和居住区的通风，可适当降低建筑密度。为降低炎热季节的市区温度，可增设大面积水体和绿地，加强对气温的调节。

2) 降水与湿度：城市小气候的改善、绿化、建筑物防潮和城市排水系统等问题，都需结合降水量考虑。我国不少地区夏秋季多暴雨，暴雨强度、持续时间和频率等资料，是规划和设计城市排水系统的依据。湿度的高低与降水有密切关系，又随地区和季节不同而异。城市因人工建筑物与构筑物覆盖，相对湿度比郊区要低。湿度的大小对城市某些生产工艺有所影响，也与居住环境是否舒适有关，并可对人体健康产生一定影响。

3) 太阳辐射：太阳辐射是天然热源，可提高机体免疫抗佝偻病和软骨病等多种生理功能。太阳辐射的强度与日照率在不同纬度的地区存在着一定差异。分析城市所在地区的太阳辐射强度和日照率，可为确定城市建筑物的朝向、间距、遮阳等提供重要的规划依据。

4) 风：城市的风向和风速资料对城市规划中配置工业区与居住区的相互位置非常重要。城市街道的走向、宽窄和绿化情况，建筑物的高度及布局形式都会影响城市的风向和风速。规划时应综合考虑各风向的频率和风速，将工业区设在常年主导风向的下风侧，居民和商业区则设在主导风向的上风侧。在盆地、峡谷以及静风和微风频率较大的地区，布置工业区位置尤应慎重考虑。有台风和风沙的地区，应在城市周围设防风林，同时应考虑不会影响整个城市的正常通风。冬季有寒风和暴风雪的地区，城市用地应选择受冬季主导风向影响小的地区，并在城市用地上风侧建造防风林。

2．地形 地形影响风向和风速，不同的地形条件，对城市规划布局、道路的走向和线型、各项基础设施的建设、建筑群体的布置、城市的形态与形象等，均会产生一定影响。可根据地形采取适当的规划措施，增添城市景观。

1) 地形坡度：地形坡度太陡，将对建筑物的布置、市内交通和居民生活带来困难。地形完全平坦，则不利于排除雨雪水。地形若有 0.3% 左右的坡度则比较适合地面水汇集、排除。

2) 地形对风的影响：滨海城市有海陆风，山谷凹地有山谷风，都是地形产生的局部空气环流。在盆地、谷地等低凹地区，风小，易形成地形逆温，大气污染物不易扩散。高岗能降低风速，保护位于下风侧的居住区免受强风侵袭。山地背风面会产生机械湍流，若上风侧有污染源，山地背后处于下风侧的居住区大气污染会增强。

3) 地形对气温的影响：地形倾斜面朝南向或东南向，气温较暖；地形倾斜面朝北向则较冷。

3．水 水是城市发展的必要条件，城市一刻也不能没有水。

1) 城市水体的作用：江河湖泊等地表水体，不但可作为城市水源，还在水路运输、改善气候、稀释污水以及美化环境等方面发挥作用。地表水可作给水水源，其下游可接纳经处理的城市污水。优质的深层地下水可作饮用水源。

2) 城市水体的防护与利用：卫生部门应特别重视饮用水源的卫生防护，在城市规划中要建立水源卫生防护带，制订防止水源污染的措施。城市规划时应尽量把地表水组织到城市用地内，结合绿化和风景点建设形成河（湖、海）滨公园。城市建设也可能造成对原有水系的破坏，如过量取水、排放大量污水、改变水道等。因此，在城市规划时，需对水体的流量、流速、水位、水质等水文资料进行调查分析，研究规划对策。

4．土壤

1) 地下水位：城市规划应选择地下水位低的地区。地下水位较高以及沼泽地区的湿土壤和不易渗水的土壤，易积水和滋生蚊子，并使建筑物受潮。

2) 土壤质量：曾被有机物污染而无机化过程尚未终结的土壤，放射性本底高的地区，均不能用作居住用地。特别是曾用于堆置或存放有毒有害污染物的土壤，在卫生学上是最危险的土壤，不能用作种植粮食蔬菜的用地，也不能用于居住用地。

（二）城市人口

城市人口与城市用地总量是衡量城市规模大小的两个重要指标。由于用地规模常随人口规模而变，因此城市规模通常以人口规模来表示。城市人口规模就是城市实际居住人口总数，是编制城市规划的一项重要基础指标。

1. 基于城市人口规模的城市规模划分标准　2014年国务院发布了新的城市规模划分标准，以城区常住人口为统计口径，将我国的城市划分为5类7档。表9-1列出了不同城市规模的划分标准。

表9-1　我国不同城市规模的划分标准

城市规模	城区常住人口数（万）
小城市	＜50
Ⅰ型小城市	20～50
Ⅱ型小城市	＜20
中等城市	50～100
大城市	100～500
Ⅰ型大城市	300～500
Ⅱ型大城市	100～300
特大城市	500～1000
超大城市	＞1000

2. 城市人口的分类及构成变化　城市人口的状态是不断变化的。在城市总体规划中，需要了解一定时期内城市人口的性别、年龄、婚姻、职业、健康状况等方面的构成情况，以此制定与之相适宜的城市规划标准。城市人口资料大致可分为4类：①基本人口；②服务人口；③被抚养人口；④流动人口。如了解城市人口的年龄构成，可合理制定医疗保健、幼儿园、托儿所、中小学和养老院等规划标准；一个城市的育龄期妇女的年龄和数量，可作为推算城市人口自然增长的重要依据。

三、城市功能分区的健康学要求

城市功能分区（city functional districts）是在城市规划中将城市用地按不同功能进行分区，使之配置合理，从而最大限度地消除和防止环境污染对人群健康的影响，创造适宜人类居住生活的城市环境。

城市用地大致可分为以下几类：①居住用地，住宅用地、公共建筑用地、绿地用地和道路用地；②公共设施用地，行政办公、商业、金融业、文化体育、医疗卫生和教育科研用地；③工业用地，工厂企业用地；④仓储用地；⑤对外交通用地，铁路及铁路专用线、公路、客货运车站、港口、码头、机场等；⑥道路广场用地；⑦市政公共服务设施用地，水电气暖供应、交通通讯、环境卫生设施、消防站、火葬场、墓地等；⑧绿化用地；⑨特殊用地。

（一）城市功能分区的原则

城市功能分区从卫生学角度应考虑下列原则：

1．合理配置各功能区　城市一般设居住区、工业区、对外交通运输和仓储区、郊区。根据具体情况还可设文教区、高科技区、风景游览区、金融贸易区等。各功能区应结合自然条件和功能特点合理配置，避免相互交叉干扰和混杂分布。

2．分区选择同时进行　为了保证生活居住用地的卫生条件，各功能分区的用地选择应同时进行。改建和扩建的城市在选择新区用地时，应考虑旧城的改造利用及与新区的关系。

3．居住用地选择　居住用地应选择城市中卫生条件最好的地段。要求远离沼泽，地势高，不受洪水淹没威胁，土壤清洁或受污染后已经完全无害化，靠近清洁的地表水或大片绿地。地形稍向南或东南方倾斜，以获得充足的日照。对冬季寒风和夏季台风，最好能通过地形和绿化布置来减轻其影响。

4．工业用地选择　工业用地应按当地主导风向配置在生活居住用地的下风侧及河流的下游。工业用地与生活居住用地之间应保持适当距离，中间配置符合要求的绿化防护带。

5．预留发展余地　保证在到达规划期时，各功能分区仍有进一步扩展的余地，并保证城市各部分用地协调发展。在卫生上不允许工业区发展到包围生活居住区，或铁路包围城市。

（二）城市各功能分区的卫生学要求

1．居住区（residential district）　是由城市主要道路或自然界线所围合，设有与其居住人口规模相应的、能满足居民物质与文化生活所需的公共服务设施的相对独立的生活聚居地区。居住区应选择日照充足、风景优美、环境宁静和清洁的地段作为居住区用地。居住区必须有足够的面积，使建筑密度和人口密度不致过高，并保证有充足的绿地。城市中一般可设若干个居住区，各个居住区的人口规模可在 5 万左右。可利用地形、河流或干道，将各个居住区隔开。每个居住区内应配置成套的文化、教育、商业等生活服务设施。

2．工业区（industrial district）　是城市中工业企业比较集中的地区，其规划布局直接影响着整个城市的环境质量。根据城市规模、工业企业的数量和性质，城市内可设一个或几个工业区。每个工业区内可相对集中地布置若干个工业企业，使各工业企业之间便于组织生产协作并加强原材料和三废的综合利用。布置工业用地时，必须严格遵守各项安全和卫生上的要求，并执行国家对建设项目环境保护规定的各种制度。工业区与居住区之间，应根据国家有关标准设置卫生防护距离。

卫生防护距离（sanitary protective zone）是指产生有害因素车间的边界至居住区边界的最小距离。卫生防护距离范围内应尽量绿化，也可设置消防站、车库、浴室等非居住性建筑物，但不得修建公园、体育场、学校和住宅建筑。可将危害最大、要求防护距离最远的工厂设在离居住区最远的地段，然后由远及近配置危害由大到小的工厂。

按照工厂对环境的影响程度，可分为：①消耗能源多、污染严重、运输量大的工业，如大型冶炼、石油化工、火力发电、水泥、化工以及有易燃易爆危险品的工厂，应设在远郊；②污染较轻、运输量中等的工业，可布置在城市边缘；③污染轻微或无污染及运输量不大的工业，可设在居住区内的独立地段，用城市道路或绿化与住宅建筑群隔开。

盆地和谷地不宜布置排放有害气体的工业，以免引起大气污染。有河流的城市，工业区必须位于居住区的下游。特别是在城市水源的上游水源保护区内，要严禁设置排放有害废水的工厂。配置工业区时，可考虑集中布置废水性质近似的工厂，以便统一处理。也应考虑工业垃圾综合利用的配套项目。对暂时无法综合利用的垃圾，应考虑合适的堆置场地，并防止废渣飞扬或对水源和土壤造成污染。

旧城市有许多工厂与居民住宅布局混乱，给卫生、消防、交通和城市发展都带来负面影响。应通过技术改造、工艺改革和设备更新等措施，消除工业三废和噪声对周围居民的危害。对环境污染严重，或有引起火灾、爆炸危险的工厂，应尽早迁至远郊，否则应改为无污染、无

危险性的工艺，或转产甚至停产。

3．对外交通运输和仓储区　城市是交通运输的枢纽。在城市总体规划中，应尽量减轻对外交通运输设施对城市环境的影响。铁路不应将城市包围或分割，并尽量不要穿越市区，否则应采取立体交叉道路或地铁的方式。对外过境公路应从城市外围通过，或将环城路作为过境交通干道。长途汽车站可设在市区边缘，与市内交通干道、铁路客运站、客运码头等有便捷的交通联系。

港口的客运和货运码头应分开设置。石油、危险品以及水泥、煤炭、矿石、石灰等散发粉尘的港口作业区应设在城市主导风向下风侧和河流的下游。飞机场应布置在郊区，从机场到市区的距离以乘机动车辆需时 30 分钟左右为宜。

仓储区（warehouse district）应设置在铁路、公路或码头附近。石油、煤炭、危险品、易燃品仓库，应设在城市主导风向下风侧的远郊区，并与居住建筑之间有一定隔离地带。屠宰厂、皮毛加工厂的仓库以及禽畜宰前的圈舍，均需设在下风侧的市郊，并防止对水源的污染。

4．郊区　城市郊区包括市辖郊县、卫星城镇等，其对提高城市环境质量有重要意义。郊区的绿地和卫生防护带，对改善城市小气候和防风有很大的意义，村庄、水系或风景点，则为城市提供旅游休息的场所。城市的给水水源、污水处理厂、垃圾处理厂和填埋场、火葬场、墓地、机场、铁路编组站、仓库等一般均应设在郊区。占地面积大、污染严重的工业，应设在远郊，加上配套的居住区和生活服务设施，形成相对独立的卫星城镇。

以上是城市的基本功能分区。实际工作中，需要在城市规划中按各功能分区的要求和各区之间的关系加以组织，使城市成为健康城市，成为理想的人居环境。

四、居住区规划的健康学要求

当居住区的用地已规划确定以后，应对居住区内部进行规划。规划时应满足居民对环境的需求，创造交通便捷、居住安全、购物方便、清洁美观、与自然和谐的环境。

居住区用地由住宅用地、公共服务设施用地、道路用地、绿化用地组成。居住区可分为三级：①居住区，指被城市干道或自然分界线所围合的居住生活聚居地，人口规模 3 万～5 万；②居住小区，指被居住区级道路或自然分界线所围合的生活居住单元，人口规模 1 万～1.5 万；③居住组团，是居住区的基本居住单位，由若干幢住宅组成，人口规模 1000～3000 人。

（一）居住区环境质量评价指标

评价居住区常用的几个指标：

1．容积率（plot ratio，floor area ratio）　是指居住区总建筑面积与建筑用地面积的比值，比值越小，则居住区容纳的建筑总量越少。

2．居住建筑密度（density of residential building）　是居住用地内，各类建筑的基底总面积与居住区用地面积的比率（公式 9-1）。居住建筑密度过高则院落空地相对减少，影响绿化和居民室外休息场地，房屋的间距、日照、通风也将不能保证。式中基底面积是指建筑物底层的建筑面积。

$$居住建筑密度 = \frac{居住建筑基底面积（m^2）}{居住建筑用地面积（m^2）} \times 100\% \qquad (9\text{-}1)$$

选定居住建筑密度和人均居住面积定额后，可根据式 9-2 计算所需的人均居住建筑用地面积，式中平面系数为居住面积占建筑面积之比。

$$人均居住建筑用地面积（m^2/人）= \frac{人均居住面积定额（m^2/人）}{居住建筑密度（\%）\times 层数 \times 平面系数} \times 100\% \quad (9-2)$$

3. 居住区人口密度 单位居住用地上居住的人口数量，称为人口毛密度（residential density）。单位住宅用地上居住的人口数量，称为人口净密度（net residential density）。从健康的角度出发，城市规划应采用较低的人口净密度。因为人口净密度增高，则人均居住建筑用地面积和居住面积减少，人群密集，容易传播传染病；且室外空地减少，影响住宅的通风和日照。

上述指标主要是从技术角度，结合经济条件和居住水平等因素考虑的。从环境卫生学角度，需要根据居住用地面积、建筑物的日照和通风、绿化、小气候、公共服务设施等方面情况，结合居民健康状况、患病率、死亡率等统计资料，研究制订能保证居住区良好卫生条件的用地定额、建筑密度和人口密度标准。

（二）居住区规划布局与空间环境

居住区规划布局应综合考虑周边环境、路网结构、公共建筑与住宅布局、群体组合、绿地系统及空间环境等的内在联系，构成一个完善的、相对独立的有机整体。

1. 居住区规划的原则 ①自然环境优良，注重自身和周边环境污染影响；②方便居民生活，有与居住人口规模相对应的公共活动中心，且方便使用和提供社会化服务；③合理组织人流、车流，有利安全防卫和物业管理；④留有发展余地，构思新颖，体现特色。

2. 居住区规划的布局 ①集中布置，当城市规模不大，有足够的用地且在用地范围内无自然或人为障碍，可以成片紧凑地组织用地时，居住区采用集中布置可以节约城市市政建设投资，密切城市各区在空间上的联系，便利交通，减少能耗时耗；②分散布置，当城市用地受到地形等自然条件的限制，或因城市的产业分布和道路交通设施的影响，居住区可采取分散布置；③轴向布置，当城市用地以中心地区为核心，沿着多条由中心向外围放射的交通干线发展时，居住区可依托交通干线进行轴向布置。

住宅建筑的规划设计，应综合考用地条件、户型、朝向、间距、绿地、层数与密度、布置方式、群体组合和空间环境等因素。住宅建筑群可充分利用太阳的方位角变化，采用多种布局形式，但要保证各居住单元的主要房间有充足的日照和良好的通风条件。

（三）居住区的公共服务设施

公共服务设施承担着具体的社会服务，其设置数量、设施水平、服务内容决定了居住区的生活环境质量。在居住区规划中，要遵循方便生活、有利管理、美化环境的原则，分门别类地安排好各项公共设施，满足居民多种生活需求。

1. 主要公共服务设施 居住区公共服务设施应包括：教育、医疗卫生、文化体育、商业服务、金融邮电、社区服务、市政公用和行政管理。其配置水平必须与居住人口规模相对应，并根据公共建筑的性质和居民使用频率的关系，通过分级布置让居民能直接、便利地使用。居住区规划还应考虑当前城市人口老龄化的问题，配建相应的老年文化娱乐、卫生服务设施。

2. 公共服务设施服务半径 居住组团级公共建筑只为组团居民服务，服务半径不超过150 m。居住小区级公共建筑是居民日常性使用的，服务半径不超过300 m。居住区级公共建筑应配置比较完整的、经常性使用的公共服务设施，服务半径不宜超过500 m。偶然性使用的公共建筑，如百货商店、专业商店、影剧院、医院、药房等，可相对集中以形成文化娱乐和商业服务中心，服务半径一般为800～1000 m。

3. 合理布置公共服务设施 应根据各种公共建筑的不同性质和功能，作出合理布置。在

利用住宅建筑的底层布置公共建筑时，不宜把产生噪声、烟尘、气味的商店，如菜场、餐馆等设在住宅建筑底层，以免影响楼上居民的卫生条件。中小学宜设在居住小区边缘次要道路，不受城市干道交通噪声干扰的地点，并有足够的运动场地。为全市服务和规模较大的公共建筑，如大型购物中心、大剧院、大型体育馆、博物馆、市级行政经济机构等，应设在专门的地段形成城市中心或几个区中心。全市性或分区性的医疗卫生设施，如各级医院和诊所，宜设在环境卫生优良、交通方便、安静而接近居民区的地段。传染病医院应设在城市郊区。

五、城市绿化的健康学要求

城市绿化（urban afforestation）是在城市中栽种植物和利用自然条件以改善城市生态、保护环境、为居民提供游憩场地和美化城市景观的活动。城市公共绿地主要为公众提供游憩、休闲功能，兼具生态、美化和防灾等作用，因此，城市居民能方便、快捷地利用是公共绿地布局的重要标准。近年来，城市绿地和森林对人群健康的影响也逐渐得到大家的关注。

（一）绿化的卫生学意义

1. 调节和改善小气候 植物能不断吸收热量，使其附近气温下降；树冠能减弱到达地面的太阳辐射，视树冠大小和树叶疏密而异，透过树荫的太阳辐射一般仅5%～40%。植物叶面大量蒸发水分，有调节湿度的作用。成片的树林能减低风速，防止强风侵袭。树林减弱风速的影响范围为树高的10～20倍，甚至40倍。城市绿化冬季挡风、夏季遮荫，分散并减弱城市热岛效应，降低采暖和制冷的能耗。

2. 净化空气，降低噪声 绿色植物能吸收大量二氧化碳，有些植物能吸收空气中的二氧化硫、氟化氢、氯、臭氧等有害气体。绿色植物对空气中的尘埃有阻挡、过滤和吸附作用，可吸附空气中的颗粒物。许多植物的分泌物有杀菌作用，如树脂、香胶等能杀死葡萄球菌。研究表明，树林、灌木、草坪对空气微生物均有明显的净化效果，其中树林的净化效果最好。树木还具有反射和吸收噪声的作用，并可以阻隔放射性物质和辐射的传播，故绿化可阻隔和降低噪声，过滤和吸收辐射及放射性物质。

3. 对人类有良好的生理和心理作用 ①绿化带的小气候对机体热平衡的调节具有良好作用；②绿色环境能调节视神经的紧张度；③绿色植物可增加空气中的负氧离子含量，通过光合作用维持生态系统中的氧平衡；④绿色环境能使人产生满足、安逸、活力、舒适等心理效应；⑤绿化能丰富景观，绿地是人们接近自然的良好休憩场所，可丰富生活，陶冶情操，使人精神焕发，祛除疲劳，创造宜人的城市生活情调。

此外，绿化可减少地表径流，减缓暴雨积水，涵养水源，蓄水防洪。绿化还具有减灾功能，如减轻雪崩、滑坡、泥石流等灾害。绿化有利于水土保持。绿化的上述有益作用具有间接的卫生学意义。

在城市园林绿化的栽培植物选择上，应遵守如下原则：①生物多样性原则，根据城市的气候特点和生态环境特点，选择多种植物种植，保障绿化植物的多样性，避免仅选用单一植物进行栽培。要注重从树种或草本花卉在高低、色彩和生长期上的差异上进行合理搭配，这样一定程度上可以增加生态效益，同时还可以增加植物群落的稳定性，防止病虫害的发生，确保城市园林景观灯的可持续发展。②季节适应性原则，我国幅员辽阔，南北气候差异很大，在植物选择上要据此差异分别对待，结合当地气候环境和不同季节的变化选择适宜的花类植物种植。③注重乡土植物种植原则，加大对乡土植物的种植，一方面减轻了城市园林绿化建设的难度，另一方面还可以打造一种独特的城市园林品牌，避免了单调与雷同。盲目引进其他地区的植物，而不考虑植被引进地与当地的环境差异，不仅在一定程度上打破了园林原有的生态平衡，还造成了严重的资金浪费。④注重不同种类植物搭配原则，将乔木、灌木和草本花卉进行合理配置，绿地是景观布局的背景，乔木是大的骨架，灌木和花卉是景观上的点缀。这三者的立体搭配好处在于可以形成层级分明的园林景观，提升人们的视觉享受，满足不同人群的个性化需求。

（二）绿地系统

城市绿地（urban green belt，urban green space）是指以自然和人工植被为地表主要存在形态的城市用地。城市绿地系统（urban green space system）是城市中各种类型和规模的绿化用地组成的整体。城市绿地系统按主要功能分为五大类。

1．公园绿地 是向公众开放，以游憩为主要功能，兼具生态、美化、防灾等作用的绿地，包括综合公园、社区公园、专类公园（动物园、植物园、游乐公园等）、带状公园、街旁绿地等。

2．生产绿地 为城市绿化提供苗木、花草、种子的苗圃、花圃、草圃等生产园地。

3．防护绿地（green buffer） 城市中具有卫生、隔离和安全防护功能的林带及绿化用地，包括卫生隔离带、道路防护绿地、防风林、城市组团隔离带等。

4．附属绿地 城市建设用地中除公园绿地、生产绿地、防护绿地之外的各类用地中的附属绿化用地，包括居住绿地、公共设施绿地、道路绿地等。居住绿地是城市居住用地内社区公园以外的绿地，包括组团、宅旁绿地、配套公建绿地、小区道路绿地等。

5．其他绿地 对城市生态环境质量、居民休闲生活、城市景观和生物多样性保护有直接影响的绿地，包括风景名胜区、水源保护区、郊野公园、森林公园、野生动植物园、湿地、垃圾填埋场恢复绿地等。

绿地面积的计算：包括各类绿地（公园绿地、生产绿地、防护绿地以及附属绿地）的实际绿化种植覆盖面积（含被绿化种植包围的水面）、屋顶绿化覆盖面积以及零散树木的覆盖面积。我国《城市用地分类与规划建设用地标准（GBJ137-90）》规定，人均绿地面积标准为 $\geq 9.0 \text{ m}^2/$人（其中公共绿地$\geq 7.0 \text{ m}^2/$人）。

另一个反映城市绿化水平的基本指标是绿地率。绿地率（greening rate）指城市一定地区内各类绿化用地总面积占该地区总面积的比例。绿地率新区建设应不低于30%；旧区改建不宜低于25%。

（三）绿地布置

城市绿地系统规划布局的总体目标是保持城市生态系统的平衡，满足城市居民的户外游憩需求，满足卫生和安全防护、防灾、城市景观要求。

1．绿地系统规划布局原则 ①综合布局原则，城市防护绿地有卫生、隔离和安全防护功能，对自然灾害和城市公害起到一定的防护和减弱作用，因此，防护绿地应根据防护对象和污染源的不同进行综合布局；②均匀分布原则，各级公园按各自的有效服务半径均匀分布，不同级别、类型的公园一般不互相代替；③自然原则，重视土地使用现状和地形、历史遗迹等条件，规划尽量结合山脉、河湖、坡地、荒滩、林地及优美景观地带；④地方性原则，乡土树种和古树名木代表了自然选择或社会历史选择的结果，规划中要反映地方植物生长的特性；⑤穿插原则，城市绿地可通过植被的遮阴和蒸腾作用降低地面和空气温度，缓解城市热岛效应。因此，应考虑在城市建筑密集地段等"热岛"程度比较显著的区域布局绿地，使绿地与城市热岛相互穿插，以有效减轻城市的热岛效应。

2．绿地系统的结构和布局 应点、线、面结合，保持绿化空间的连续性。点是指市级、区级各类公园和居住区公园；线是指林荫道、街道绿地、河（湖、海）滨绿地；面是指广泛分布于居住小区内的组团绿地和宅间绿地。同时应发展立体绿化，如在墙面、屋顶、阳台绿化，

不仅可以提高绿地覆盖率，而且可以增加景观和生态效应。

3. 居住区绿地分级 可划分为4级：①居住区公园，可与文化中心结合布置，居民步行到居住区公园的距离宜为800～1000 m；②居住小区公园，是居民休憩和儿童游戏的主要场地，可设简单游乐、休憩和文化设施，服务半径不超过400～500 m；③组团绿地，是宅间绿地的扩大和延伸，绿化要以低矮的灌木、绿篱和花草为主；④宅间绿地，与居民关系最密切、使用最频繁的绿地，其布置应多考虑老人和儿童的室外活动。

六、城市环境噪声和光污染与人群健康

（一）城市环境噪声

环境噪声污染是指环境噪声超过国家规定的环境噪声限定标准并干扰他人正常生活、工作和学习的现象。为减少噪声污染，改善和保护生活环境，保障人民健康，促进社会和经济的发展，我国于1997年3月1日起，正式实施《中华人民共和国环境噪声污染防治法》。为适应时代的发展，2018年12月29日，第十三届全国人民代表大会常务委员会第七次会议通过了对《中华人民共和国环境噪声污染防治法》的修订，并沿用至今。

1. 城市环境噪声的来源

（1）交通噪声：机动车辆、铁路机车、机动船舶及航空运输器等交通运输工具在运行中产生的噪声。交通噪声是城市噪声污染的主要来源，在城市中分布广泛、危害较大。交通噪声随时间而变化，是一种非稳态噪声，其强度与交通工具种类、数量、行驶速度和行驶状况等交通参数有关，也与城市规划布局、路面宽窄和平整度、地物地貌以及绿化等条件有关。

（2）工业噪声：工矿企业在生产过程中机械设备运转产生的噪声。

（3）建筑施工噪声：建筑施工现场各种不同性能的动力机械产生的噪声。其声源多种多样且经常变换，具有突发性、冲击性、不连续性等特点，特别容易引起人们的烦躁。

（4）社会生活噪声：人为活动产生的噪声。包括文化娱乐场所和商业经营活动中使用的设备、设施产生的噪声，建筑物配套的服务设施产生的噪声，街道、广场等公共活动场所产生的噪声以及家庭生活活动产生的噪声等。

2. 城市环境噪声的评价指标

（1）A声级：用A计权网络测得的声压级，用L_A表示，单位为dB（A）。A声级比较接近人听觉器官的感觉，故被用作噪声评价的主要指标。

（2）等效连续A声级：简称为等效声级，指在规定测量时间（T）内A声级的能量平均值，用$L_{Aeq,T}$表示，简写为L_{eq}，单位dB（A）。

根据定义，L_{eq}计算式为：

$$L_{eq} = 10 \lg \left(\frac{1}{T} \int_0^T 10^{0.1 \cdot LA} dt \right) \tag{9-3}$$

式中：L_A为t时刻的瞬时A声级；T为规定的测量时间段。

（3）昼间等效声级、夜间等效声级：在昼间时段内测得的等效连续A声级称为昼间等效声级，用L_d表示，单位dB（A）；在夜间时段内测得的等效连续A声级称为夜间等效声级，用L_n表示，单位dB（A）。

"昼间"是指6:00～22:00的时间段；"夜间"是指22:00～次日6:00的时间段。

我国采用等效声级评价环境噪声，《声环境质量标准（GB3096-2008）》规定了五类声环境功能区在昼间和夜间时段的环境噪声限值（表9-2）。

（4）累计百分声级：指占测量时间段一定比例的累积时间内A声级的最小值，用L_N表

示,单位为 dB(A)。

L_N 是用于评价测量时间段内噪声强度时间统计分布特征的指标,最常用的是 L_{10}、L_{50} 和 L_{90},其含义如下:L_{10} 是在测量时段内有 10% 时间 A 声级超过的值,相当于噪声的平均峰值;L_{50} 是在测量时段内 50% 时间 A 声级超过的值,相当于噪声的平均中值;L_{90} 是在测量时段内 90% 时间 A 声级超过的值,相当于噪声的平均本底值。

(5)最大声级:在规定的测量时间段内或对某一独立噪声事件,测得的 A 声级最大值,用 L_{max} 表示,单位为 dB(A)。L_{max} 用于偶发噪声、非稳态噪声的评价。

表9-2 各类声环境功能区环境噪声限值 [L_{eq},单位:dB(A)]

类别		昼间	夜间	适用区域
0		50	40	康复疗养区等特别需要安静的区域
1		55	45	以居民住宅、医疗卫生、文化教育、科研设计、行政办公为主要功能,需要保持安静的区域
2		60	50	以商业金融、集市贸易为主要功能,或者居住、商业、工业混杂,需要维护住宅安静的区域
3		65	55	以工业生产、仓储物流为主要功能,需要防止工业噪声对周围环境产生严重影响的区域
4	4a	70	55	高速公路、一级公路、二级公路、城市快速路、城市主干路、城市次干路、城市轨道交通(地面段)、内河航道两侧区域
	4b	70	60	为铁路干线两侧区域

3. 城市环境噪声的控制措施

(1)规划措施:合理规划是控制城市噪声的有效措施。城乡规划应考虑国家声环境质量标准要求,各地在编制城乡建设、区域开发、交通发展和其他专项规划时,应将声环境影响评价纳入到规划环境影响评价中,合理安排功能区和建设布局,并采取有利于声环境保护的经济、技术政策和措施,最大限度地减轻环境噪声污染。例如将工业区、交通运输区、居住区的相互位置安排好;按当地主导风向把居住区安排在噪声源的上风侧或最小风向频率的下风侧,并设置绿化防护带;合理规划城市道路交通系统,合理安排地面交通设施与邻近建筑物布局,医院、学校、机关、科研单位、住宅等需要保持安静的噪声敏感建筑物(noise-sensitive building)与地面交通设施之间应间隔一定的距离,避免其受到地面交通噪声的干扰。铁路编组站、机场宜设在远离市区边缘的地点等。

(2)工程技术措施:通过提高车辆、机械的设计及制造水平降低噪声排放;在交通干道、高速公路、高架桥旁边修筑声屏障,对噪声敏感建筑物进行重点保护,也可合理利用地形地貌、绿化带等作为隔声屏障;新建城市轨道交通线路在穿越城市中心区时宜选择地下通行方式,城市在交通干道两侧平行布置高层建筑时,交通噪声可在对峙建筑物之间来回反射,形成"声廊",导致噪声级增高,可采用混合布置的方法来避免声廊的形成。

(3)管理措施:城市环保部门应会同有关部门加强对交通、建筑施工、工业和社会生活等领域噪声污染的监督管理,严格执行有关的噪声排放标准,确保噪声排放达标;为减少交通噪声污染,在噪声敏感建筑物集中区域和敏感时段采取禁鸣、限行、限速等措施,合理控制道路交通参数(车流量、车速、车型等)。采用自动信号管理以减少车辆鸣笛的次数和鸣笛持续时间。路政部门宜对道路进行经常性维护,提高路面平整度,降低道路交通噪声。

(二)城市光污染

人的眼睛具有一定调节作用,可适应一定范围内的光辐射。但当光辐射超过一定量。超过

了人眼的调节能力，就会对人体健康产生不良影响。

过量的光辐射对人体健康和人类生存环境造成的不良影响称为光污染（light pollution）。光污染包括可见光、红外线和紫外线等造成的污染。

1. 光污染来源及其危害

（1）白亮污染：指白天阳光照射强烈时，城市高大建筑物表面的玻璃幕墙、釉面砖墙、磨光大理石和各种涂料等反射光线引起的光污染。白亮污染强烈的反射眩光可使人感到刺眼，引起眼睛酸痛、流泪，降低行人和司机的视觉功能，从而诱发交通事故。夏季，室外高大建筑物的玻璃幕墙将强烈的太阳光反射到居民楼内，使室内温度增高，有些半圆形的玻璃幕墙，反射光汇聚还容易引起火灾。

（2）人工白昼：城市中的夜景照明、霓虹灯、灯箱广告等的强光直刺天空，使城市夜间如同白日，称为人工白昼。这种光污染可影响地面天文台的空间观测；可干扰人体正常的生物节律，使人失眠；影响动物对方向的辨认并对其行为产生误导，从而影响它们觅食、繁殖、迁徙和信息交流等行为习性；还可破坏植物的生物钟节律，对植物的生长造成不同程度的影响。

（3）彩光污染：歌舞厅、夜总会安装的黑光灯、旋转灯、荧光灯以及闪烁的彩色光源构成了彩光污染。黑光灯所产生的紫外线强度高于太阳光中的紫外线，长期照射可诱发流鼻血、脱牙、白内障，甚至导致白血病和其他癌变。彩色光源让人眼花缭乱，对眼睛有害，还可干扰大脑中枢神经，出现头晕目眩、恶心呕吐、失眠、注意力不集中等症状。

（4）其他：室内装修采用的镜面、瓷砖和白粉墙，电脑、雪白的书本纸张等物体表面对光的反射系数特别高，比草地、森林或毛面装饰物高10倍左右，超过了人体所能承受的生理适应范围，对人的角膜和虹膜造成伤害，抑制视网膜感光功能的发挥，引起视疲劳和视力下降，还可使人出现头昏、失眠、食欲下降、情绪低落、乏力等症状。

2. 光污染的防制措施 城市光污染的控制，应采取以防为主、防治结合的措施。在城市规划和建设时应预防光污染的发生：①建筑物外墙尽量不用玻璃、大理石、铝合金等材料，涂料也要选择反射系数低的。对已经产生光污染的玻璃幕墙，可采取一些补救方法，如用新型的亚光外墙建筑材料置换或对受光污染影响的地方增加隔光措施。②在规划设计城市夜景照明时应注意防止光污染，如合理选择光源、灯具和布置方案，少用大功率强光源，尽量使用光束发散角小的灯具，并在灯具上采取加遮光罩或隔片的措施等；加强对灯箱广告和霓虹灯的控制和管理。③绿色植物可以将反射光转变为漫射光，从而达到防治光污染的目的。因此，加强城市绿地景观规划设计，扩大绿地面积，改平面绿化为立体绿化，可以减少城市光污染。④室内装修要合理分布光源，注意色彩的协调、避免眩光、光线照射方向和强弱要合适，避免直射人的眼睛。⑤建立和健全光污染防控监管机制，加强对光污染的管理。制定光污染环境影响评价指标体系，对于新建和改扩建项目、市政工程以及夜景照明工程等有可能引起光污染问题的项目进行光污染环境影响评价，对于不合格的项目，坚决不予审批。

七、城市道路和交通与人群健康

城市道路交通是城市的动脉，是城市发展的重要基础设施。城市道路交通规划布局是否合理，不仅直接关系到城市经济、社会的发展，也将对人们的生产生活环境、生活方式、公共安全及健康产生长远的影响。

（一）城市道路和交通规划的一般原则

城市道路系统（urban road system）是城市中各种道路所组成的交通网络和有关的设施，是城市基础建设的重要组成部分。城市道路可分为主干道、次干道和居住区级道路几类。城市道路系统由车行道、人行道、广场、停车场、隔离带、各种桥梁、地下通道等构筑物及地上、地下的管线、设施等组成。城市道路系统是城市骨架，把城市各个组成部分联结成一个有机的整体，承载着城市的交通运输、公共空间、防灾救灾和引导城市布局的功能。

城市道路系统规划一方面要考虑交通方便、安全、快速的要求，也应考虑城市安全、城市环境及美化城市景观等方面的要求。

1．规划城市道路网时，地面交通线路宜合理避让城市的噪声敏感建筑物区域，以保证居住区的安全和安静。

2．为满足人行交通与车行交通分离、机动车与非机动交通分道的要求，应该为居民提供安全、舒适的步行环境，在商业繁华地区开辟步行街区，在居住区规划独立的步行道系统和自行车专用道。

3．城市道路的走向应有利于城市通风和临街建筑物获得良好的日照。应按照当地气象部门提供的气象资料，科学合理地确定城市骨干道路的走向。南方城市的道路和夏季主导风向平行有利于城市通风，北方城市道路和冬季主导风向成一定的角度可以有效抵御冬季寒风的侵袭。为了满足地面排水和地下管道埋设的需要，城市道路要有适宜的纵坡，道路的最小纵坡一般不小于0.3%~0.5%，考虑到自行车的爬行能力，最大纵坡一般不宜超过3%。道路下面通常敷设给水、排水、供电、供热、通讯、煤气等管线，其埋设应符合有关工程技术要求。

4．为保证夜间交通和行人行走安全，车行道和人行道在夜间应有足够照度，照明器沿街道均衡分布，在道路交叉口、广场和交通频繁路段，应增加灯具和提高照度，路面照度应均匀、避免眩光。

5．城市道路是防灾、救灾的重要通道，也可以作为避难场所。规划避震疏散通道的城市道路，需要考虑道路宽度与道路两侧建筑高度的关系，重要通道应该满足在两侧建筑坍塌后仍有一定宽度的路面可供行使的要求。敷设主干管线的道路不能作为防灾救灾的主要通道，以防在开掘路面进行管线施工或维修时严重影响救灾交通运输。

城市交通（urban transportation）是城市范围内采用各种运输方式运送人和货物的运输活动以及行人的流动，是城市综合功能的重要组成部分。

城市交通作为城市的重要基础设施，其发展和完善是城市社会经济发展的必要条件。城市交通规划是城市规划与建设的重要组成部分，它与城市人口、规模、城市布局、土地使用规划、各种市政公用设施、城市环境等都有着直接的关系。同时，城市交通也影响着城市规划各个方面的功能和发展。

随着我国城市化、机动化进程的加快，城市交通拥堵、环境污染、能源紧缺、交通事故频发等问题日益严峻，交通需求快速增长与资源环境约束矛盾更加突出。作为解决城市交通问题的对策，城市交通规划应遵循可持续发展的原则，在满足社会经济发展对城市交通需求的同时，将资源优化利用、环境保护引入城市交通规划过程，构建"畅通、高效、安全、绿色"的城市交通体系。

(二) 城市绿色交通体系的构建原则

绿色交通是以低碳生态为目标导向的交通发展理念和模式，它致力于减少交通拥堵、降低能源消耗、促进环境友好、节约建设维护费用，进而构建以公共交通为主导的城市绿色交通系统，最终实现城市人群健康和人与环境的和谐统一。

城市交通规划要体现绿色交通的理念。绿色交通体系是适应城市低碳生态发展的理想交通模式，其核心本质是建立以公共交通、慢行交通为主体的城市综合交通系统。绿色交通主要表现为减轻交通拥挤、降低环境污染、以人为本、以较低的成本最大限度地实现人和物的流动，如大力发展公共交通、减少个人机动车辆的使用、提倡步行与自行车交通等绿色出行方式、提倡城市交通使用清洁燃料等。构建城市绿色交通体系，应注意以下原则。

1. 合理划设交通分区 合理划设交通分区是构建绿色交通体系的前提。交通分区的合理划分主要是结合公交、慢行和小汽车等不同出行方式在城市不同功能区域的发展定位,突出绿色交通在城市特定区域内的优先地位,为绿色交通体系提供足够的空间和适宜的环境。

2. 落实公交优先 落实公交优先是构建绿色交通体系的核心。在交通规划中应提高公共交通线网覆盖率,在大城市优先发展城市轨道交通,在部分路段和部分时段规划公交专用车道,保证公交优先通行,以逐步缩小个人机动车辆在城市交通中所占的比重。

3. 营造慢行友好 营造慢行友好环境是构建绿色交通体系不可或缺的重要环节。在城市规划中应倡导以自行车和步行为主体的慢行交通方式,在交通规划中应留出方便居民生活、工作、出行和休闲的步行道、人行过街设施和非机动车绿色通道,创建安全、舒适、宜人的慢行交通环境。

4. 加强停车调控 加强停车调控是构建绿色交通体系的重要助力。引导城市居民家庭用车"合理拥有、理性使用"是低碳生态城市建设的基本要求。在城市规划中,加强停车调控应以促进"绿色交通方式优先"为前提,通过合理的停车分区调控措施,在不同空间区域和不同时间区段内有效平衡城市私家车与公共交通、慢行交通之间的关系,体现绿色交通的优先等级和优先区域及时段。

5. 发展智能交通 发展智能交通是构建绿色交通体系的未来之路(图9-1)。城市规划应对智能交通的发展应在重点解决资源整合、系统协调和规划衔接三方面问题的基础上,以宏观引导为主建立城市智能交通。

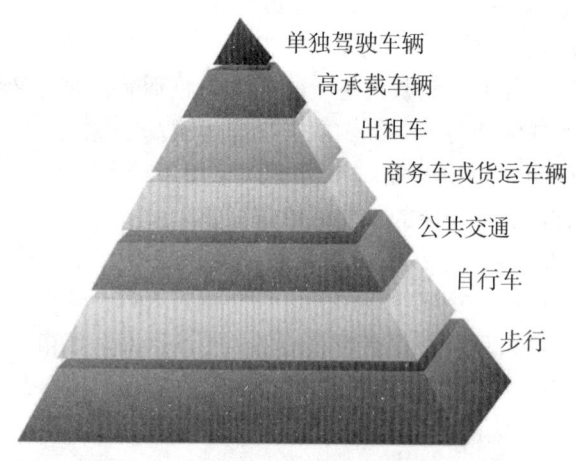

图 9-1 城市绿色交通理念图

八、城市规划的其他健康学问题

(一)城市废水和垃圾处理

城市废水包括生活污水、雨雪水和工业废水等。城市排水系统主要是对城市各类污水、废水和雨水的综合排除和处理。应结合城镇总体规划和当地的自然条件,制定城市排水系统规划,并根据城市工业企业的分布、人口规模来规划污水处理厂,使城镇排水管网建设和污水处理厂同步协调发展。在规划污水处理厂时,可结合污水回收利用的需要建立污水深度处理系统和再生水回用系统,将符合相应水质标准的再生水作为低质给水水源,用作不与人体直接接触的市政用水,如绿化浇灌、消防、车辆和道路冲洗等,以充分利用废水资源,缓解城市供水紧张。中水利用要求水质安全。污泥无害化处置应作为城市污水处理系统的重要组成部分与城市污水处理同步进行,污泥处理以稳定化为主要途径,稳定化的污泥以填埋为主要处置方式，符合相关标准的稳定化污泥，也可进行综合利用。

城市垃圾是城市居民的生活垃圾、商业垃圾、市政维护和管理中产生的垃圾，其处理目标是"无害化、减量化和资源化"。在编制城市规划时，要根据城市规模与垃圾产量建设城市垃圾处理设施。首先要考虑减少垃圾产生量，然后是尽可能回收、综合利用、资源化，暂时不能利用的再进行处理。在规划垃圾处理设施时，应避免垃圾处理过程造成的二次环境污染。

(二) 城市公共安全与防灾减灾

1. 城市公共安全（urban public safety） 是指城市在生态环境、经济、社会、文化、人群健康、资源供给等方面保持的一种动态稳定与协调状态，以及对自然灾害和社会经济异常或突发事件干扰的一种抵御能力。城市公共安全是由政府和社会提供的基础保障，目的是预防和控制各种重大事件、事故和灾害的发生，减少社会和经济损失、维护居民健康。随着我国工业化水平的不断提高和城市规模的不断扩张，城市复杂的生产、生活保障系统，如供水、供气、供电、交通、通讯等生命线工程的相互依赖性越来越强，城市基础设施的承载能力越来越受到挑战，自然灾害与人为灾害的关联性越来越高，灾害连锁反应增强，城市潜在的危险越来越多，由此带来的城市公共安全问题日益突出。近年来，我国重大公共安全事故频发，除直接导致大量的人员伤亡和巨额的财产损失外，还造成严重的环境污染和生态破坏，严重影响和制约了城市可持续发展和社会稳定。为防御和减少各种重大灾害和事故对城市的破坏，保护人民生命财产安全，减少社会危害和经济损失，在制定城市发展规划的同时必须制定城市公共安全与防灾规划。

城市公共安全事件主要分四类：①自然灾害，包括风灾、水灾、火灾、雪灾、地震、泥石流、海啸等；②事故灾难，包括各类生产安全事故，如交通运输事故、公共设施事故、环境污染、核事故等；③公共卫生事件，包括食物中毒、传染病流行事件等；④社会安全事件，包括恐怖袭击、信息安全、金融安全、经济安全、群体性事件等。

2. 城市防灾（urban disaster prevention） 是为抵御和减轻各种自然灾害、人为灾害以及由此引起的次生灾害，对城市工程设施、居民生命安全和财产可能造成的危害和损失所采取的各种预防措施。在编制城市规划时就应纳入防灾思想与措施，规划防灾救灾环境，加强城市防灾能力，尤其是各类重要生命线工程（道路、通讯、电力、供水、煤气等）自身的防灾救灾能力，使城市有一个良好的防灾支持环境，以实现防灾行为的可控性、物流运转的顺达简捷与防灾减灾的技术保障。

第二节 村镇规划与健康

村镇是集镇和村庄的总称。村镇是人与自然最接近的人居环境。

一、村镇规划的原则

村镇规划要根据国民经济发展计划、当地的自然资源条件、区域概况及社会经济资料合理规划村庄发展布局，对住宅、道路、供水、排水、供电、垃圾收集、畜禽养殖场所等农村生产、生活服务设施、公益事业等各项建设的用地布局及建设做出统一规划；对耕地等自然资源和历史文化遗产保护、防灾减灾等做出具体安排。

村镇规划的原则是：全面规划、合理布局、节约用地、统筹安排、有利于可持续发展。

(一) 村镇规划的基础资料

制定村镇规划前需要收集的基础资料，应着重调查农业（包括林、牧、副、渔业）、工

业、贸易、交通运输等经济发展计划，并收集农民对居民点分布和规划的要求。

村镇政府所在镇的人口数可按当地自然增长率并根据各部门发展计划预测拟迁入或迁出的人口数来推算。村庄居民点的人口数可结合居民点分布和并迁规划，按照自然增长率推算。由于城市化的影响，农村人口向城市流动，导致一些村庄人口减少、人口年龄构成改变，村镇规划应注意这一特点。

（二）村镇的规模与用地选择

编制村镇规划首先要确定村镇的性质和发展规模。村镇的性质是指在一定区域内乡村在政治、经济和文化等方面所担负的任务和作用，即村镇的个性、特点、作用和发展方向。村镇规模是指村镇人口规模和用地规模，受乡村性质与经济结构、人口规模、自然地理条件和乡村布局特点等影响。作为全乡政治、经济和文化中心的集镇，其形成和发展往往有历史、交通、资源、商业等方面的原因和条件，规划时一般都利用旧镇进行适当改建和扩建，还应配置公共建筑、道路交通、电讯工程、给水排水、垃圾、粪便处理等卫生设施。

村镇用地的选择受到多种因素的影响，应根据村镇规划布局和各项设施对用地环境的要求，对用地的自然环境条件、建设条件等进行用地适用性的分析与评定，还要对村镇用地所涉及的其他方面，如社会政治关系、文化关系及地域生态等方面的条件进行分析，在用地综合评价的基础上对用地进行选择。村镇用地选择应满足如下要求：①应考虑各类用地的相互关系，为合理布局创造条件。②要节约用地，尽量不占用耕地。③选择村镇发展用地，应尽可能与现状或规划的对外交通相结合，同时应尽可能避免铁路与公路对乡村的穿插分割和干扰。④要符合安全和卫生的要求。例如，村庄用地应避开地方病高发地区和严重的自然疫源地；避开强风、山洪、泥石流、地震断裂带等易受自然灾害影响的地段，远离沼泽、不受洪水淹没和潮汐侵袭；地势较高、地下水位较低（1.5 m 以下）；土壤未受污染，禁止将村庄建在过去的墓地、牲畜掩埋场、用有机垃圾及有毒废弃物填平的地段上；地形背风向阳，最好向南或东南倾斜，地势平坦，略有一定坡度；有水质良好的水源，尽可能选择靠近地表水体的地段，以利于微小气候调节，美化环境；环境优美，便于组织大片绿地和旅游点等。

二、村镇规划的功能分区及健康学要求

乡村用地要按各类建筑物的功能划分合理的功能区；公共建筑应按照各自的功能合理布置；功能接近的建筑要尽量集中，避免功能不同的建筑混杂布置。

1. 居住区 包括各户住宅基地、院落、公共建筑、绿地和各户间通道，应布置在乡村自然条件和卫生条件最好的地段。居住区与产生有害因素的乡镇企业、农副业、饲养业、交通运输、农贸市场及医院等场所之间应设立一定的卫生防护距离，其标准参照《村镇规划卫生规范》（GB18055-2012），在严重污染源的卫生防护距离内应设置防护绿化带。

2. 工业副业区 指各种工厂、农副产品加工和副业生产用地。对环境影响较大、易燃易爆和排放三废的工厂应设在专门的工业区内，并位于当地主导风向的下风侧、河流的下游。对排放的污染物应采取必要的治理措施。为农业服务的农机修配等厂，可设在居民点边缘靠近农田的地点；为农副产品加工的工业，如榨油、碾米、面粉等厂应靠近农产品仓库；为居民生活服务的工业，如食品加工、修配、服装厂等，可分设在居住区内。

3. 饲养区 家禽、家畜和奶牛等饲养场应配置在居民点外围，居住区下风侧和河流下游。禽畜粪便应有综合利用和处理措施，例如堆肥或用于发生沼气等。

4. 农业生产区 各种农用仓库、打谷场、役用牲畜棚、拖拉机站和运输车辆车库等的用地。在兼顾方便农业生产与生活的同时，农业生产区与居住区应该有适当的分隔距离，避免各种农业生产用地及其附属设施对居住区以及学校、医院等区域造成干扰，应避免农业生产过程

造成的环境污染。

三、村镇规划的其他卫生学问题

1. 村镇规划应考虑建设能源利用（太阳能、沼气）、给水排水、粪便垃圾的无害化处理等关系农村生存环境的基础设施。生活饮用水应尽量采用水质符合卫生标准、水量充足、水源易于防护的地下水源，并采用集中式供水通过管道供水到户。以地表水为水源的集中式给水，必须对原水进行净化处理和消毒。应建立和完善适宜的排水设施，工厂和农副业生产场所的污水要进行处理，符合国家有关标准后才能排放；乡镇卫生院的污水必须进行处理和消毒。

2. 要结合当地条件，建造便于清除粪便、防蝇、防臭、防渗漏的厕所，根据当地的用肥习惯，采用沼气池、高温堆肥等多种形式对粪便进行无害化处理。在接近农田的独立地段，合理安排粪便和垃圾处理用地。

3. 居住区内应有一定数量的公共绿地面积和基本卫生设施，绿地布置要均衡分布，把宅旁、路旁的绿地与村旁的果园和田地等连接起来。机动车道应避免穿越住宅区，以保证住宅区交通安全、不受噪声和废气污染。农村住宅的特点是每户有一个院落，以满足农民日常生活和家庭副业的需要，应规划出不同于城市小区的院落特色，并做到人畜分离。

4. 村镇公共建筑设施，要根据居民点的性质和规模，配置行政管理、文化教育、医疗卫生、商业服务、公用事业、污水与垃圾处理等设施，并按照各自的功能合理布置。学校应设于居民点边缘比较安静的地段，并有足够的运动场地。托儿所、幼儿园应靠近居住区，远离河、湖、池塘，应各有分隔的空地并进行绿化，供儿童户外活动之用。卫生院应设在靠近交通道路的独立地段上。

5. 我国乡村防灾基础薄弱，配套设施建设滞后，缺乏可靠的技术支持，一旦发生灾害，会给乡村人民生命和财产带来巨大损失。因此，乡村规划应包含防灾减灾规划。乡村防灾减灾规划应贯彻"预防为主，防、抗、避、救相结合"的方针，根据乡村灾害的特点和防灾减灾需要，以人为本、因地制宜、统筹规划。乡村防灾减灾规划主要包括消防、防洪、抗震规划等。

第三节　城乡规划的卫生监督

一、与城乡规划有关的法律法规

城乡规划制度是国家法规体系的一个重要组成部分，与城乡规划相关的法律法规是城乡规划行为的依据和城乡规划实施的保证。城乡规划法规体系是按照国家立法程序所制定的关于城乡规划编制、审批、实施管理、监督检查、行业管理等的法律、行政法规、地方性法规、部门规章、地方政府规章等的总称。

自2008年1月1日起施行的《中华人民共和国城乡规划法》（以下简称《城乡规划法》）是我国城乡规划法规体系中的基本法，对各级城乡规划法规与规章的制定具有不容违背的规范性和约束力。2015年4月24日第十二届全国人民代表大会常务委员会第十四次会议通过对《城乡规划法》有关行政审批的规定作出修改。我国现行的《城乡规划法》是在总结《中华人民共和国城市规划法》和《村庄和集镇规划建设管理条例》实践的基础上，根据新的形势需要所制定的，其根本目的在于依靠法律的手段，加强城乡规划管理，协调城乡空间布局，改善人居环境，促进城乡经济社会全面协调可持续发展。《城乡规划法》与原《中华人民共和国城市规划法》的最大不同，就是强调城乡统筹，在国家立法的层面上，明确将乡村规划纳入规划体系。作为国家法律，《城乡规划法》规定了我国城乡规划、建设和发展必须遵循的基本方针、原则和程序。为了确保全面准确地贯彻实施《城乡规划法》，要求国家和地方分别制定有关实

施《城乡规划法》配套的行政法规、部门规章和地方性法规、规章以及技术规范、标准等，使《城乡规划法》所规定的基本原则和程序具体化。

与城乡规划相关的法规主要划分为三类。第一类是城乡规划领域的核心法律，即《城乡规划法》，它是各级城乡规划行政主管部门工作的法律依据，也是人们在有关活动中必须遵循的行为准则；第二类是与城乡规划内容的组成要素直接相关的法规，如关于土地、房地产、环境保护、文物保护、风景名胜区以及市政工程、道路交通、园林绿化、防灾等相关的法规；第三类是与城乡规划实施相关的法规，如计划管理、土地管理、工程管理等的法规。凡是与城乡规划行为所涉及的内容相关的法规，都可以归入到此类法规之中。其中，《土地管理法》《环境保护法》《环境噪声污染防治法》与《城乡规划法》有着密切的关系。

城乡规划不仅是一项政策性、社会性的行为，也是一项运用性和实践性很强的行为，其本身包含有极强的技术内容，必须有协调统一的技术规范从具体技术手段上来保证城乡规划的合理性和可操作性。技术规范（technical standard）是对一些基本概念和重复性的事物进行统一规定，以科学、技术和实践经验的综合成果为基础，经有关方面协调一致，由行业主管部门批准，以特定的形式发布，作为共同遵守的准则和依据。技术规范的实际效力相当于技术领域的法规，其本质上是技术或行业主管部门以科学、技术和权威性的语言、正式的记录，事先规定在本技术领域或行业中普遍适用的规则。

二、城乡规划的卫生监督

城乡规划的目的是建造和谐的、健康的人居环境。为此，在对城乡规划进行卫生监督时，卫生部门应会同有关部门通过现场勘查和调查研究，收集当地自然条件和社会经济的资料，了解城市形成历史和乡村聚居区的演化过程以及今后发展目标、人口变迁和分布、现有功能分区和各项基础设施、绿地系统和公共服务设施的资料。卫生部门应重点掌握当地的环境质量和存在问题，以及居民患地方病和其他与环境因素有关的疾病的情况。城乡规划涉及面广、综合性强，卫生技术人员应该熟悉国家有关政策法规、卫生标准和卫生要求。同时，要全面掌握和运用环境卫生学主要内容和知识以及看图法等基本技能。

城乡规划卫生监督包括预防性卫生监督和经常性卫生监督。

（一）预防性卫生监督

城乡规划的预防性卫生监督主要是对规划部门编制的规划文件和图纸进行卫生审查。卫生部门应对城乡总体规划、详细规划和各专项规划从选址、设计到实施进行审查，提出城乡规划的有关卫生标准和卫生要求，并落实到规划方案中。

城乡规划的预防性卫生监督的主要内容如下：

1．规划的用地选址是否符合卫生要求；规划的工业区和居住区用地以及今后发展的备用地能否满足经济、社会的发展和预期人口规模的需要。

2．城市功能分区和各区的相互配置是否考虑当地自然条件和卫生要求；是否充分利用有利自然因素和防止不良自然因素的影响；工业区与居住区之间是否设置卫生防护距离和绿化地带。

3．居住区的规模是否合适；建筑密度、人口密度、绿地面积等是否能保证环境质量；居住区的建筑群布置、绿化、公共服务设施是否合理。

4．饮用水源的选择及其卫生防护，给排水系统的发展规划；生活污水、工业废水、工业废渣、垃圾、粪便的收集、运输和处理设施的规划是否合理。

5．绿地系统规划是否合理。

6．道路交通规划能否满足需求并避免交通噪声对居住区的影响。

7. 城乡防灾减灾规划是否合理。

(二) 经常性卫生监督

卫生部门在城乡建设过程中应进行经常性卫生调查，分析研究城乡规划和建设中存在的卫生问题及其对环境质量和人群健康的影响，积累资料，提出改进意见，供有关部门修订或调整城乡规划时参考。有关城乡规划和建设中的卫生问题以及环境质量与人群健康关系的问题，卫生部门应有责任给予回答和协助解决。

案 例

为了深入落实2013年中央城镇化工作会议精神，国土资源部选取某沿海县城作为试点，采取通过编制国土空间的综合规划来统筹有关的空间要求。这一规划体系是通过总规划加分规划的方式来实现的，所谓总规划，就是国土空间综合规划，加上土地利用、城市建设、综合交通产业发展等分规划。该试点县城就是按照这一逻辑，既有整个地区的综合规划，也有分类单元的管控规划，依据国土规划的统领，形成总规划加分规划的体系。

思考题

根据城乡规划基本原则，试分析上述规划方案的优缺点？

（邓芙蓉）

第十章 物理因素与健康

第一节 概 述

在工作和生活环境中,有一些物理因素与人体健康密切相关,如气象因素(气温、湿度、气流、气压等),电磁辐射(可见光、紫外线、红外线、X线、γ射线等),噪声等。常见的物理因素,除了激光之外,在自然界中均有存在。大部分物理因素在正常范围内不但对人体无害,反而是人体生理活动或从事生产活动所必需的因素,如气温、可见光等。

一、主要物理因素

常见的物理因素包括温度(高温、低温)、气压(高气压、低气压)、噪声、电磁辐射(电离辐射、非电离辐射等)等。

(一)气象因素

环境中的气象因素主要指空气温度、湿度、气压等。这些作用常常互相影响,共同作用于人体。

1. 气温 气温除了取决于大气温度外,还受到太阳辐射、周围热源和人体散热等的影响。有害的气温因素可分为高温和低温。高温一般指气温高于 35 ℃,可出现在夏季的露天环境,炼铁等冶金工业干热环境和造纸工业等湿热环境。低温一般指平均气温低于 5 ℃,主要出现在寒冷冬季室外活动,以及含有冷源装置的工作环境。

2. 湿度 湿度是指空气的干湿程度,通常以相对湿度表示。相对湿度低于 70% 时,人体感觉较为舒适。相对湿度高于 80% 为高气湿,低于 30% 则为低气湿。长时间在湿度较大或较小的地方工作、生活,均可能对人体产生一些不良影响。此外,空气湿度过大或过小时,也有利于一些细菌和病毒的繁殖和传播。

3. 气压 海平面的大气压力通常为 1 个大气压,据此可将气压分为高气压和低气压。高气压环境可以由于不同自然地理环境产生,如副热带高压区和大陆冷高压区,或由人为因素导致,如水下作业、高压氧舱等。低气压环境同样可以由自然地理环境产生,如高纬度地区,或者人为因素导致,如航空航天等。

(二)噪声

噪声一般指令人生理上或心理上感到不适的,影响人正常工作、学习和休息的声音,是常见的一种环境污染。噪声的主要来源包括各种交通工具、工厂、建筑工地等。噪声在空气中传播会逐渐衰减,因此具有一定的影响范围。

（三）电离辐射

电离辐射指波长短、频率高、能量高的射线，其核心特点是可以从原子或分子中通过电离作用产生电子。常见的电离辐射包括 α 射线、β 射线、中子等高能粒子流和 γ 射线、X 线等高能电磁波。电离辐射被广泛应用于多个领域，如医疗领域中的 X 线检查、工程领域的核能发电和军事领域的核武器等。电离辐射对人体的危害较大。

（四）非电离辐射

非电离辐射是指波长较长、频率较低、能量较低的射线或电磁波。其与电离辐射的最大区别在于其无法从原子或分子中电离出电子。常见的非电离辐射包括可见光、红外线、紫外线和无线电波等。非电离辐射在我们的生活中不可或缺，如可见光是光合作用的必备要素，无线电波也在通讯领域广泛应用。虽然非电离辐射的能量较低，但过量的非电离辐射仍然会对人体健康造成影响。

（五）地质灾害

地质灾害主要是指崩塌（含危岩体）、滑坡、泥石流、地面塌陷和地裂缝等。地质灾害的发生与自然地质背景条件、气象水文及植被条件，人类经济工程活动等关系极为密切。若防范不当，地质灾害的发生会带来巨大的财产和生命损失。因此，国家也在地质灾害的预测、防范和应急预案上下了大工夫，争取把地质灾害的危害降到最低。

二、物理因素的作用及危害

物理因素作用于人体时，是否产生损伤及损伤程度与以下影响因素有关。

（一）物理参数

每一种物理因素都有其特定的参数，如温度、振动的频率、电磁辐射的能量或强度等。这些物理因素的参数与其所产生的效应程度之间存在密切的相关性。

（二）产生来源

工作和生活中的各种物理因素一般都有其明确的来源。如果某种有害物理因素的来源处于工作状态，则其产生的因素可能对人体造成健康危害。如果来源停止工作，则相应的有害物理因素便消失，不会造成健康损害。

（三）距离

多数物理因素的强度一般是不均匀的，表现为以源为中心，向四周传播。如果没有阻挡，物理因素的强度常常随距离的增加呈指数关系衰减。

（四）传播形式

某些物理因素，如噪声、微波等，可以有连续波和脉冲波两种传播形式。而不同的传播形式使得这些因素对人体的危害程度有较大的差异。

（五）接触强度

许多情况下，物理因素对人体的危害程度与物理参数之间不是呈直线的相关关系，而是表现为在某一强度范围内对人体无害，高于或低于这一范围才对人体产生不良影响。例如，正常的气温和气压可以维持人体正常的生理功能，但高温可以引起中暑，低温可以引起冻伤；过高

的气压可以引起减压病，过低的气压可以引起高山病等。

常见的物理因素，如噪声、高温等，对人体的影响是多方面的。噪声主要影响人体的听觉系统，引起听力损伤和耳聋。此外，噪声还可以对神经系统、心血管系统和内分泌系统等造成不良影响。高温则会破坏体温调节、水盐代谢和心血管功能等，严重者则会出现中暑。全球气候变暖的大趋势也导致高温的危害范围逐渐增大，危害程度也日趋严重。电磁辐射作为环境中常见的物理因素，其对健康的影响也逐步引起关注。

除了某些放射性物质可以进入人体，产生内照射以外，其他绝大多数物理因素在脱离接触后，便不在体内残留。因此，对物理因素所致损伤或疾病的治疗，无需采用"排出"的方法，而主要是针对受损的组织器官采取相应的治疗措施。另外，机体在面对物理因素（如高温、低温、噪声等）时，会产生一定自我保护的适应现象。但这种自我保护作用也具有一定的范围，不能轻视相关的防护措施。

根据物理因素的特点，在对环境进行检测时应对有关参数进行全面测量。同时，针对物理因素的健康危害所采取的相关防护措施，并不是设法消除这些因素，而是设法将这些因素控制在正常范围内，避免对人体健康构成损害。以下针对主要物理因素的概念、特征、健康影响和卫生防护措施分别进行阐述。因气象因素已在《气候变化与健康》一章单独进行阐述，此处不再赘述。

第二节　噪　声

噪声（noise）通常有多种定义方式。在生活中，凡是干扰人们正常学习、工作和休息的声音可统称为噪声。在物理学上，振幅和频率杂乱或统计学上认定无规律的声振动统称为噪声。噪声的危害程度大小取决于噪声的频率和强度。如果噪声超过人们的接受程度，就会形成噪声污染。在我国，噪声是一种常见的物理性有害因素。

一、噪声的来源

噪声主要有以下四种来源：

（一）生产性噪声

生产性噪声（industrial noise）是指在生产过程中，由于机器转动、气体排放、工件撞击与摩擦等所产生的噪声。生产性噪声是一种固定源噪声。生产性噪声根据噪声源的不同可分为机械性噪声、流体动力性噪声和电磁性噪声三类。

（二）交通噪声

交通噪声（traffic noise）是指交通工具运行时所产生的噪声。交通噪声是一种 60～80 dB (A) 的中等强度噪声，具有声源流动、声级较高、干扰时间长、影响范围广等特点，其噪声危害程度和机动车的种类、数量、速度、鸣笛、道路宽度等多方面因素有关。交通噪声按照噪声来源可分为地面交通噪声、航空噪声、火车噪声和船舶噪声。其中地面交通噪声主要由车辆产生，是城市中最常见，危害最大的噪声类型。

（三）社会生活噪声

社会生活噪声（noise of social activities）是指社会商业、娱乐、体育等活动产生的噪声，同时也包括家用电器、住宅区内修理汽车、装修和燃放烟花爆竹等产生的噪声。社会生活噪声主要产生于城市市区范围之内，和人们的生活联系密切，容易干扰人们的正常生活和休息，引起邻里纠纷。

(四) 建筑施工噪声

建筑施工噪声（construction noise）是指在从事工业建筑、民用建筑或公用设施建设过程中所产生的噪声。建筑施工噪声是一种临时性的噪声污染。一般施工结束后噪声污染也随之消除，但因其声音强度很高，又属于露天作业，会带来严重的噪声污染。

二、噪声对健康的影响

长期接触一定程度的噪声，会对人体健康造成多种形式的影响。早期多为可逆的生理性改变，但长期接触强噪声，可出现不可逆性的病理性损伤。噪声对健康的影响具体包括以下几个方面：

(一) 听觉系统

听觉系统是感受声音的系统，外界声波通过听觉系统的相关器官，经过空气传导或骨传导到达人体神经中枢。噪声可以引起听觉器官的损伤，这种损伤一般经历由生理变化到病理变化的过程，即先出现暂时性阈移，逐渐发展为永久性阈移。

1. 暂时性阈移（temporary threshold shift，TTS） 暂时性阈移是指人或动物接触噪声后引起听阈水平变化，脱离噪声环境一段时间后，听力可以恢复到原来水平。根据变化程度的不同又分为听觉适应和听觉疲劳。

（1）听觉适应（auditory adaptation）：指短时间暴露在强烈噪声环境中，机体听觉器官敏感性下降，听力检查听阈可提高 10～15 dB（A）。脱离噪声接触后对外界声音有"小"或"远"的感觉，1 分钟之内即可恢复。听觉适应是机体的一种生理性保护现象。

（2）听觉疲劳（auditory fatigue）：指较长时间停留在强烈噪声环境中，引起听力明显下降，听力检查听阈提高超过 15～30 dB（A）。脱离噪声接触后，需要数小时甚至数十小时听力才能恢复。通常以脱离接触后 16 h 为限，如果听力无法在此期间恢复，继续接触噪声，听觉疲劳逐渐加重，可能会发展为永久性阈移。

2. 永久性阈移（permanent threshold shift，PTS） 永久性阈移是指由噪声引起的不能恢复到正常水平的听阈升高。内耳出现不可逆的病理性改变，如听毛倒伏、稀疏、缺失，听毛细胞肿胀、变性或消失等。听毛细胞具有感音功能，一旦受损不可再生。永久性听阈位移的大小是评判噪声对听力系统损伤程度的重要依据。根据损伤的程度，永久性听阈位移又分为听力损伤和噪声性耳聋。

（1）听力损伤：指听力曲线在 3000～6000 Hz（多在 4000 Hz）出现"V"字形下陷。此时患者主观无耳聋感觉，能够进行正常的交谈和社交活动。

（2）噪声性耳聋（noise-induced deafness）：指人们在生产和生活中，由于长期接触噪声而发生的一种进行性的感音性听觉损伤。随着损伤程度加重，高频听力下降明显，同时语言频率（500～2000 Hz）的听力也受到影响，语言交谈能力出现障碍。

3. 爆震性聋（explosive deafness） 爆震性聋是指在爆破等特殊条件下，由于防护措施不当，强烈爆炸所产生的冲击波造成听觉系统急性外伤而引起的听力丧失。爆震所产生的脉冲噪声常常伴随压力波，容易造成听觉器官的急性损伤，如鼓膜充血、出血或穿孔，中耳听骨骨折等，从而导致不同程度的听力损伤。严重损伤者可能导致永久性耳聋。

(二) 非听觉系统

1. 神经系统 听觉器官接触噪声后，神经冲动信号经过听神经传入大脑的过程中，在经

过脑干网状结构时发生泛化,投射到大脑皮质的有关部位,并作用于下丘脑自主神经中枢,引起一系列神经系统反应。受噪声影响,人体可出现头痛、头晕、睡眠障碍和全身乏力等症状,有的表现为记忆力减退和情绪不稳定,如易激惹等。客观检查可见脑电波改变,主要为 α 节律减少及慢波增加。此外,可有视觉运动反应时潜伏期延长,闪烁融合频率降低等。自主神经中枢调节功能障碍主要表现为皮肤划痕试验反应迟钝。

2. 心血管系统 在噪声作用下,心率可以表现为加快或减慢,心电图 ST 段或 T 波出现异常。血压变化早期表现为不稳定,长期接触较强的噪声可以引起血压持续性升高。

3. 内分泌及免疫系统 在 70~80 dB(A)的中等强度噪声作用下,机体肾上腺皮质功能增强,而在 100 dB(A)以上的高强度噪声作用下,肾上腺皮质功能减弱。接触强噪声也可导致免疫功能降低,且降低程度随接触时间延长而增强。

4. 消化系统 长期接触噪声可以导致人体出现胃肠功能紊乱、食欲缺乏、胃液分泌减少、胃紧张度降低、蠕动减慢等变化。研究显示噪声还可以引起人体脂代谢障碍,血胆固醇升高。

5. 生殖功能及胚胎发育 国内外大量的流行病学调查表明,长期接触噪声的女性有月经不调现象,表现为月经周期异常、经期延长、经血量增多及痛经等现象。接触高强度噪声,特别是 100 dB(A)以上的女性中,妊娠高血压综合征发病率有增高趋势。除此之外,噪声还可以导致男性精液和精子异常,甚至引起男性不育,女性流产率增加,胎儿畸形。噪声还会影响儿童的智力发展。

三、噪声对日常工作和生活的影响

噪声还会影响人们的日常工作与生活。30~40 dB(A)的声音是比较安静的正常环境。超过 50 dB(A)的噪声就会影响正常休息和睡眠。65 dB(A)以上的噪声可干扰普通谈话;90 dB(A)的噪声中,大声叫喊也不易听清。

噪声可以导致入睡时间延长、睡眠深度变浅、缩短醒觉时间、多梦。受到噪声干扰而无法入睡时,人会变得情绪紧张,呼吸急促,脉搏跳动加剧,大脑兴奋不止。长期下来,会造成精神衰弱。

在工作中,由于噪声的干扰,人会感到烦躁,注意力无法集中,反应迟钝,不仅影响工作效率,而且降低工作质量。在工厂车间等作业环境,噪声可能会掩盖异常的声音信号,导致各种事故,造成人员伤亡与财产损失。

四、噪声的卫生防护措施

由于噪声产生的原理和社会经济等多方面因素,现阶段还无法完全消除噪声。因此,控制噪声危害主要应遵守我国相关法律法规,采取综合性措施,从控制声源、阻断噪声的传播,为噪声暴露人群增加个体防护和健康监测等方面着手。

(一) 立法保障

我国对于不同种类的噪声控制都有明确的相关标准。我国《声环境质量标准》(GB 3096-2008)规定了城市各类功能区的环境噪声限值。而《环境噪声检测技术规范 城市声环境常规检测》(HJ640-2012)也对道路交通噪声进行了等级划分。

(二) 控制噪声源

控制噪声源是从根本上解决噪声危害的一种方法,根据不同的噪声来源可采取以下不同的措施。

1. 控制工业噪声源 在生产过程中,可以改进生产工艺和操作方式,尽量采用无声或低声设备来代替高强度噪声的机械，如用焊接代替铆接可降低噪声 30～40 dB（A）。提高零部件加工的精度和装配质量，减少机械内部部件的撞击和摩擦，减轻噪声。

2．控制道路噪声源 在城市规划阶段就应对道路噪声进行控制，避免交通干线穿越住宅区或对安静程度要求较高的地区，同时合理选择机场、车站的规模和位置。此外，路面可铺设吸声材料，以减少道路和轮胎相互作用产生的噪音。

3．控制建筑噪声源 一般利用新型技术以减轻建筑环境噪声。如建筑物拆除工程中采用液压破碎机而非安装式破碎机；在涉及地下设施安装的工程中，使用顶管法而非明挖法。

4．控制社会生活噪声源 对于可能产生噪声的社区和经营性场所，以加强管理为主。

（三）控制噪声的传播

噪声在传播过程中，遇到障碍物会发生反射、吸收、折射等，如玻璃纤维墙可以吸收声音。根据这些特性，应用隔声、吸声、消声等技术，可以取得较好的效果。

1．隔声 即利用特定的材料和装置将声源或需要安静的场所封闭在一个较小的空间中，与周围环境进行隔绝，如隔声室、隔声罩等。

2．吸声 即采用吸声材料装饰在噪声源所在房间的内表面，或悬挂吸声体，吸收辐射和反射的声能，可以使噪声强度降低。

3．消声 是降低流体动力性噪声的主要措施，常用于风道和排气管，根据消声原理的不同可分为阻性消声器和抗性消声器。

4．隔振和减振 如在建筑施工中将机器或振动体的基础与地板、墙壁连接处设置隔振或减震装置，也可以起到降低噪声的效果。

（四）个体防护

对于经常接触噪声的人群，佩戴个人防护用品是保护听觉器官的一项必要措施。防护用品中最常用的是耳塞，一般由橡胶或软塑料等材料制成，可根据人外耳道形状设计成大小不等的各种型号，隔声效果可达 10～35 dB（A）。此外，还有耳罩、隔音头盔等防护用品，隔声效果可达 30～40 dB（A），但佩戴时不够方便，成本也较高，普遍推广使用存在一定困难。在某些特殊环境下，由于噪声强度很大，需要作业人员将耳塞和耳罩合用，使听觉器官实际接触的噪声低于 85 dB（A），同时也需要尽量减少在噪声中的工作时间，以保护听力。

第三节　电离辐射

辐射是能量通过物质或空间传播的形式，包括不同能量的电磁波和放射性物质因为衰变而放出的高能粒子。生活中辐射无处不在。随着社会的迅速发展，辐射技术不断广泛应用在国防、能源、医学、工业、农业和地质等领域。

一、电离辐射的概念与分类

（一）电离辐射的概念

电离辐射（ionizing radiation）是指波长短、频率高、能量高、能够引起物质电离的射线。电离辐射的电离能力取决于射线所带的能量。根据电磁波谱中不同射线的波长，电离辐射可以分为不同种类的射线，包括 α 射线、β 射线、中子等高能粒子流，γ 射线、X 线等高能电磁波。电离能力随着电磁波的频率增大而增强。常见的几种电离辐射主要特征见表 10-1。

表10-1 不同电离辐射类型的特征

辐射类型	组成	质量(u)	速度	电荷(e)	空气射程(cm)	组织穿透性	常见来源
α	放射性物质释放的α粒子（He^{2+}）流	4	光速的1/10	+2	10	无法穿透表皮	^{210}钋、^{226}镭
β	高速电子流（e^-）	$5.5×10^{-4}$	略低于光速	±1	10^2	可以穿透皮肤	^{14}碳、^{45}钙、^{33}磷
n	自由中子	1	约2 km/s	0	—	穿透力强，取决于能量	^{256}铀裂变、^{252}锎
γ	电磁波	0	光速	0	10^4	穿透力强，取决于能量	镭、^{31}碘、^{60}钴、高能量X线机
X	电磁波	0	光速	0	—	穿透力强，取决于能量	X线机，加速器

注：u是原子质量单位，1u=$1.66×10^{-27}$kg。

在自然界，一些天然元素会发出电离辐射，如镭、钍等元素，而氡气也会产生少量的电离辐射，称为背景辐射。电离辐射被广泛应用于多种领域，如医疗领域中的X线检验、癌症治疗，工程领域中的核能发电、静电消除等。军事领域中也利用核武器产生大量高能量的电离辐射。在工作和生活中接触电离辐射的人群，如果防护措施不当，受到的照射剂量超过了一定限度，将会产生有害作用。

（二）电离辐射的分类

1．根据电离辐射的来源分类

（1）天然放射性辐射：天然放射性辐射主要来自于氡及其衰减产物。全球每年天然放射性辐射强度为 1～10 mSv，中间值约为 2.4 mSv。其中大约一半来源于氡及其子体。除了氡之外，在天然放射性辐射中占比较高的是宇宙射线，即地球以外的宇宙空间中存在的混杂高能辐射。天然放射性辐射还包括陆地源性辐射和内源性辐射。陆地源性辐射主要来自岩石、土壤等各种地理因素。而内源性辐射主要来自食物、饮水以及人体自身的放射性同位素，如食物和饮用水中含有的铀和钍族放射性同位素等。人类每天都暴露于来自空气、地面、建筑材料和宇宙射线的电离辐射之下。

（2）人为放射性辐射：除了暴露在天然放射性辐射外，人类还暴露在人为辐射中，比如医疗领域使用的X线，生活中接触的各种建筑材料、家用电器，工业作业中对放射性微尘和核物质的暴露等。

2．根据不同的电离作用方式分类

（1）直接电离辐射：直接电离辐射是指带电的粒子，如电子、质子、α粒子和β粒子等，与物质作用时直接引起物质的原子或电子发生电离。直接电离辐射照射生物时，可以与机体细胞组织相互作用，破坏机体内某些大分子结构，如使蛋白分子、核糖核酸或脱氧核糖核酸发生断链。

（2）间接电离辐射：间接电离辐射是指不带电的粒子，如光子和中子等与物质作用时无法直接引起物质电离，而使受暴露物质自身释放电离粒子或引起核反应。间接电离辐射作用于人体，可以作用于体液中的水分子，引起水分子的电离与激发，形成不稳定的自由基。这些自由基再作用于生物大分子发生一系列变化。

3. 根据对人体作用方式分类

（1）外照射（external exposure）：在人体外的辐射源对人体产生作用的电离辐射源，主要为体外的γ射线、中子等。作用强度主要取决于机体吸收剂量的大小。γ射线具有较强的穿透能力，能够对深部组织造成损伤；α射线的穿透能力小，在体外难以对人体内部构成威胁；β射线的电离作用和穿透能力处于α射线与γ射线之间。外照射的来源主要包括密封源、射线装置和核设施。

（2）内照射（internal exposure）：进入人体的放射性物质直接在人体内部产生作用，一般主要为释放α和β射线的核素。这些放射性核素进入人体内部，将会引起生物体内高能量的局部吸收，导致内照射，产生特异的生物学效应。内照射的危害程度主要取决于进入体内的放射性核素的吸收和分布情况，以及体内排除的方法和速度。由于内照射的作用会延续至核素排出体外，因此与外照射相比作用时间更长。

二、电离辐射对健康的影响

电离辐射以外照射和内照射两种方式作用于人体。外照射主要为贯穿辐射（X线、γ射线及中子），只要脱离或远离辐射源，辐射作用即减弱或停止。内照射则是由于放射性核素，如 ^{131}I、^{134}Cs等，经过呼吸道、消化道、皮肤或注射途径进入人体后，在机体内部产生作用。内照射的作用会延续至放射性核素排出体外，或经过10个半衰期以上才可消除。

电离辐射对人体机体的损伤，主要受辐射因子和机体两方面因素的影响。辐射因子包括电离辐射的物理特性（电离密度和穿透力）、剂量、照射部位和照射面积。而机体因素则是组织结构对辐射的易感性。不同种类细胞对电离辐射具有不同的敏感性。电离辐射通过直接作用和间接作用引起细胞的损伤，特别是DNA的损伤。如果改变了结构与功能的躯体细胞仍能够保持繁殖能力，则可能在体内形成突变的细胞克隆，最终有可能致癌。

人们时刻处于低剂量的电离辐射中。全球平均的天然本底辐射计量为每人每年 2.4 mSv，我国广东阳江的天然本底辐射达到每人每年 6 mSv。但综合细胞和动物研究与流行病学研究，至今仍未有证据证明居民的患癌、患老年痴呆等疾病的风险有所提高。

除了天然本底辐射之外，日常生活中也有许多接触电离辐射的机会，但大多数剂量都较小。如乘坐10小时飞机接触到的电离辐射剂量约为 0.03 mSv，地铁安检一年的接受剂量低于 0.01 mSv，在医院进行一次肺部X线检查的辐射剂量约为 0.01 mSv。以上这些电离辐射剂量均远低于天然本底辐射剂量，至今也没有证据证明这些辐射会增加人体患癌或其他疾病的风险。

但目前引起国际关注的是CT检查所带来的电离辐射危害。患者进行一次胸部CT检查，会接受约 10 mSv 的电离辐射剂量。《柳叶刀》杂志在2011年发表的一项回顾性队列研究显示，15岁以下的儿童接受2～3次头部CT扫描后，成年发生脑癌的风险是未接受CT扫描者的2.82倍；接受5～10次CT扫描时，成年发生白血病的可能性是未接受CT扫描者的3.18倍。世界卫生组织也随即进行了儿科成像检测中的辐射风险通报，指出要加强儿科成像检测的辐射安全性，要求必须根据辐射的潜在风险权衡对儿童使用成像检测的效用，最终达到利大于弊。2014年10月，德国慕尼黑举办了主题为"CT在无症状人群个人健康评估中的合理应用"的国际会议。会议上世界卫生组织就医疗机构的辐射安全发出全球性倡议，倡导医疗机构在医学领域安全、有效地使用电离辐射，倡议包括辐射风险评估、风险管理和风险沟通等内容，旨在支持国际电离辐射防护和辐射源安全的基本安全标准在医疗机构实施。CT检查对于人体可能的健康危害也在进一步研究中。

一定剂量的电离辐射作用于人体所引起的全身性或局部性放射损伤被统称为放射病（radiation sickness）。临床上分为急性、亚急性和慢性放射病。我国的职业病目录将放射病分

为以下 11 种：

1. 外照射急性放射病 外照射急性放射病是指人体一次或短时间内受到多次全身电离辐射，吸收剂量达到 1 Gy 以上引起的全身性疾病。患者会出现全身乏力、食欲减退、恶心呕吐、白细胞数量下降等症状。吸收剂量为 50 Gy 以上时，会出现脑组织损伤，包括意识障碍、定向力丧失、共济失调、抽搐和震颤等中枢神经系统症状。

2. 外照射亚急性放射病 外照射亚急性放射病是指人体在较长时间内受到电离辐射连续或间断较大剂量外照射，累积剂量大于 1 Gy 所引起的一组全身性疾病，通常不伴无力型神经衰弱综合征。临床上以造血功能再生障碍为主，可见全血细胞减少及与之相关的症状。

3. 外照射慢性放射病 外照射慢性放射病是指人体在较长时间内连续或间断受到的外照射达到一定累积剂量后引起的以造血组织损伤为主，并伴有其他系统症状的全身性疾病。早期临床症状主要表现为无力型神经衰弱综合征，后期可见腱反射、腹壁反射减退等神经反射异常。

4. 内照射放射病 内照射放射病是指大量放射性核素进入体内，在体内作为放射源对机体持续辐射而引起的全身性疾病。内照射放射损伤常为持续作用，可影响骨骼、网状内皮系统、肝肾、甲状腺等组织器官。

5. 放射性皮肤疾病 放射性皮肤疾病是指由于 X 线、β 射线和 γ 射线照射所引起的皮肤损伤，包括急性放射性皮肤损伤、慢性放射性皮肤损伤和放射性皮肤癌。

6. 放射性肿瘤 放射性肿瘤是指接受电离辐射照射后发生的与所受照射具有一定程度病因学联系的原发性恶性肿瘤。

7. 放射性骨损伤 放射性骨损伤是指人体受到短时间内大剂量外照射，或长期多次受到超过剂量限值的外照射所引起的一系列骨组织代谢和临床病理变化，包括骨质疏松、骨髓炎、病理骨折、骨坏死和骨发育障碍等。

8. 放射性甲状腺疾病 放射性甲状腺疾病是指电离辐射通过内照射和外照射作用于甲状腺和机体其他组织所引起的原发或继发性甲状腺功能和器质性改变。

9. 放射性性腺疾病 大剂量事故照射和小剂量照射均可诱发性腺的损伤。电离辐射所引起的性腺疾病包括放射性不孕症及放射性闭经。

10. 放射性复合伤 放射性复合伤是指在战争时期核武器爆炸及平时核事故发生时，人体同时或相继出现以放射损伤为主的复合烧伤、冲击伤等的一类复合伤，具有死亡率高、存活时间短、发病急、感染难以控制、造血组织破坏严重等特点。

11. 其他放射性损伤 其他放射性损伤包括除以上十类以外的其他放射性损伤。

三、电离辐射的卫生防护原则

国际放射防护委员会（International Commission on Radiological Protection，ICRP）提出了三项电离辐射防护的基本原则。

1. 放射实践的正当性 任何涉及辐射照射的实践，所获得的经济、社会、军事和其他效益，必须大于其所付出的代价，包括基本生产代价、辐射防护代价和辐射所致损害的代价等，才是正当的。如果对受照射个体或社会产生的利益不足以抵消它带来的危害，则不予采用。

2. 放射防护的最优化 任何电离辐射的实践应当避免不必要的照射。而任何必要的照射，应当在考虑经济和社会因素后控制在能够降到的最低水平。在谋求最优化时，应以最小的防护代价，获取最佳的防护效果。

3. 个人剂量和危险限值 人体所受照射剂量必须低于剂量限值。在潜在照射情况下，应低于危险度控制值。

上述三条基本原则构成不可分割的电离辐射防护体系，确保个人所受的当量剂量不超过标准所规定的相应限值。根据我国《电离辐射防护与辐射源安全基本标准》(GB 18871-2002)，对于职业工作人员，在限定的连续 5 年内平均有效剂量不得超过 20 mSv，且任何一年的有效剂量不得超过 50 mSv；公众成员受到的年有效剂量不超过 1 mSv。

四、电离辐射的卫生防护措施

电离辐射的卫生防护根据其照射方式的不同而采取不同的措施。

（一）外照射的防护

外照射的暴露主要来自于封闭源，主要由 X 线、β 射线、γ 射线等高能带电离子束引起，常见于企业作业中利用 X 线或 γ 射线的穿透性能对多种材料进行检查和判断，包括射线机械探伤、自动测厚和测量密度等。依据电离辐射射线的特性，主要采取以下基本防护措施：

1．时间防护 受照射累积剂量的大小与受照射时间成正比，时间防护即尽量减少在电离辐射场中逗留的时间，如因抢修设备而接近辐射源工作时，应限制个人操作时间，将可能受到的辐射剂量控制在限值之下。

2．距离防护 电离辐射暴露剂量与辐射源距离成反比，距离防护，即尽可能增加作业人员与辐射源之间的距离，如操作者采用远距离遥控操作；在发生事故，如辐射源脱落，应在屏蔽条件下用远距离器械钳取，不得直接用手操作。但如果需要进行精细操作或远距离操作放射性材料容易发生危险时，尽量不采用该方法。

3．屏蔽防护 在操作人员与辐射源之间应有可靠的防护屏障。一定厚度的防护屏障可以吸收和减弱射线，使人体受辐射剂量降低，甚至完全消除。屏蔽防护是最为有效的一种防护措施。防护屏障的屏蔽材料应该根据辐射源的性质来选择，一般选择原子序数比较高，密度比较大的材料。一般的屏蔽防护设施包括：

（1）固定式防护设施：如各类照射室的防护门、墙、窗。

（2）移动式防护装置：如各种电离辐射源的运输器、储存器等。

（3）个人防护用品：如放射工作人员自身穿戴的防护衣物等。

4．控制辐射源强度 在满足工作需要的前提下，尽量选择低辐射源，即控制辐射源的输出面积、输出条件，减少辐射量，以达到防护目的。

（二）内照射的防护

内照射的暴露主要来自于开放型放射性物质。放射性核素可以经过呼吸道、消化道或皮肤等途径进入体内，沉淀在不同的器官，对机体进行持续性照射。内照射防护主要在于防止核素进入体内，防护原则如下：

1．设施防护为主，个人防护为辅 必须在符合国家标准的固定防护措施的工作场所对开放型放射性物质进行储存、运输和相关操作。操作设备和操作者的个人防护用品应当配置齐全。

2．选择适当的放射性核素 在不影响使用效果的前提下，尽量选择毒性最低的放射性核素，降低可能的内照射的危害。

3．兼顾外照射防护 开放型放射工作场所使用的放射性核素，既能够放出 α、β 粒子，又能够放出 γ 射线，因此在工作场所中也应考虑距离、时间和屏蔽防护等外照射防护措施。

（三）个人防护措施

决定个人防护措施的因素包括工作性质、放射源种类、放射性活度、放射毒性等，因此应根据从事工作的具体情况，兼顾可能出现的外照射和内照射，采取必要的个人防护措施。个人

防护用品主要包括：

1. 基本防护用品 工作服、帽子、口罩、手套、靴鞋等。

2. 附加防护用品 各类薄膜工作服、防护围裙、防护套袖、防护眼镜、防护面罩和气衣等。

（四）辐射监测

辐射监测是指估算公众和相关工作人员所受的辐射剂量而进行的测量。它是辐射防护的重要组成部分，可分为个人剂量监测和放射性场所监测。

1. 个人剂量监测 个人剂量监测是对个人实际所受到辐射剂量大小的监测，包括个人外照射剂量监测、皮肤污染监测和体内污染监测。

2. 放射性工作场所监测 放射性工作场所监测主要关注工作场所的辐射水平，以保证工作人员处于满足防护要求的环境中，及时发现剂量异常的区域，并采取相关防护措施。放射性场所监测一般包括工作场所 X 线、γ 射线和中子外照射水平监测，工作场所表面污染监测，空气中气载放射性核素浓度监测等。

第四节　非电离辐射

一、非电离辐射的概念与分类

（一）非电离辐射的概念

非电离辐射（non-ionizing radiation）是指波长较长、频率和能量较低的射线（粒子或波的双重形式）或电磁波。非电离辐射与电离辐射的区别在于其无法从（绝大多数）原子或分子里面电离（ionize）出电子。常见的非电离辐射包括紫外线、可见光、红外线、射频及来源于可见光的激光等。

（二）非电离辐射的分类

非电离辐射的一般分类如下：

1. 静磁场 静磁场（static magnetic field）指地球磁场、磁铁和稳恒电流等产生的频率为 0 Hz 的磁场。地球表面的天然地磁场幅度在 0.035 ~ 0.07 mT 之间不等，可以被某些动物察觉。静磁场技术在现代化工业中被广泛应用，如磁共振成像等，其产生的静磁场强度可达到 0.2 ~ 3 T，超过地球磁场的 1000 倍。世界卫生组织的国际电磁场计划曾对暴露于强静磁场的健康效应进行过系统分析，建议强静磁场高暴露人群（包括放射科医务工作人员和患者）采取相应防护措施。

2. 极低频电磁场 极低频电磁场（extremely low frequency electromagnetic field）主要是指来源于输电线路、变电站、电气设备等产生的 0 ~ 300 Hz 的电磁场，以 50 ~ 60 Hz 的工频电磁场为主。电场源于电荷，衡量单位为伏特/米（V/m），可通过木头和金属等普通材料屏蔽。磁场源于电荷运动（即电流），磁场难以屏蔽。一般住宅工频磁场平均强度为 0.05 ~ 0.1 μT，电场平均值可高于 10 V/m；高压输电线下工频磁场约为 20 μT，而电场可达 1 kV/m 以上。而在靠近某些电器的区域磁场强度可达 100 μT 以上。

3. 射频电磁场 射频电磁场（radiofrequency electromagnetic field）是指频率在 100 kHz ~ 300 GHz 的电磁辐射，也称为无线电波，包括高频电磁场和微波。高频电磁场常用于高频感应加热，塑料热合，纸张、皮革及木材烘干，橡胶硫化等方面。而微波广泛应用于导航、测距、雷达和卫星通讯等方面。

4．红外辐射 红外辐射（infrared radiation），又称红外线，按照波长可以分为长波红外线、中波红外线及短波红外线。长波红外线波长为 3 μm ～ 1 mm，能够被皮肤吸收，产生热感。中波红外线波长为 1400 nm ～ 3 μm，能够被角膜及皮肤吸收。短波红外线波长为 760 ～ 1400 nm，被组织吸收后可以引起灼伤。凡是温度高于绝对零度（-273 ℃）以上的物体，都能发射红外线。物体温度越高，辐射强度越大，辐射波长也就越短，短波红外线所占成分也越多。如果物体温度达到 2000 ℃，波长短于 1.5 μm 的红外线将增加至 40%。自然界最大的红外线辐射源是太阳。而在生产作业中，熔炉、熔融态金属、烘烤和加热设备等也是主要的红外线辐射源。

5．紫外辐射 紫外辐射（ultraviolet radiation），又称紫外线。太阳是自然界中紫外线的最大辐射源。紫外辐射可分为短波紫外线、中波紫外线和长波紫外线。短波紫外线（UV-C）波长为 100 ～ 290 nm，具有杀菌和微弱的致红斑作用，为灭菌波段。中波紫外线（UV-B）波长为 290 ～ 320 nm，具有明显的致红斑和角膜、结膜炎症效应，为红斑区。近紫外区（UV-A）波长为 320 ～ 400 nm，可以产生光毒性和光敏性效应，为黑线区。波长短于 160 nm 的紫外线可以被空气完全吸收，而长于此波段则可以透过真皮、眼角膜甚至晶状体。当物体温度到达 1200 ℃ 以上时，辐射光谱中即可出现紫外线。随着温度的升高，紫外线的波长变短，强度增大。因此，在冶炼炉、电气焊、探照灯和灭菌灯均会产生紫外线的辐射。

6．激光 激光是一种人造的、特殊类型的非电离辐射，具有单色性好、亮度高、方向性好等优异特性，在工农业、国防、医疗和科学研究中得到广泛应用。

除上述分类之外，非电离辐射还可按照其热效应分类为有热效应非电离辐射（即会产生温度变化的非电离辐射，如可见光、红外线）和无热效应非电离辐射（即不会产生温度变化的非电离辐射，如紫外线、无线电波）。

二、非电离辐射对健康的影响

非电离辐射对健康的影响具有多样性和非特异性。一般而言，当非电离辐射强度大于 10 mW/cm² 时，机体会由于其致热效应出现体温升高。强度在 1 ～ 10 μW/cm² 时，血液系统和免疫系统都会受到一定程度的影响。流行病学研究发现，长期接触非电离辐射的人群容易出现头晕、疲乏、记忆力衰退、食欲减退、烦躁易怒、血压变化、白细胞减少等症状。女性可以发生月经不调，个别男性出现性功能衰退。甚至可导致畸胎及某些脏器癌变。以下对不同种类的非电离辐射的健康危害分别进行阐述。

（一）静磁场

生物体在静磁场中运动可能会产生急性生物学效应，例如个体的运动或身体内部的运动（血液流动和心脏跳动等）。人在强度超过 2 T 的静磁场中运动会产生眩晕和恶心，口腔偶尔有金属异味感等。

（二）极低频电磁场

世界卫生组织对极低频电磁场暴露的健康风险进行评估后认为，目前缺乏其与健康危害有关的充分证据。不过有研究显示，极低频电磁场暴露可能会增加阿尔茨海默病等神经退行性疾病的发病风险，而短时间高强度（> 100 μT）的暴露会刺激神经等组织产生急性生物学效应。

（三）射频电磁场

高频电磁场对人体健康的影响，主要表现为非特异性神经症，如全身无力、易疲劳、头

晕、头痛、胸闷、心悸、睡眠不佳、多梦、记忆力减退、多汗、脱发和肢体酸痛等。长期微波辐射暴露人群一般主诉非特异性神经症，如心悸、心前区疼痛或胸闷感等。严重者可能出现局部器官的不可逆性损伤，如微波辐射会引起晶状体浑浊，甚至可发展为白内障。

（四）红外辐射

红外辐射对人体的健康影响主要在于皮肤和眼。红外辐射照射皮肤时，大部分可以被吸收，只有 1.4% 被反射。较大强度的红外辐射短时间照射可以导致皮肤局部温度升高，血管扩张，出现红斑反应。反复照射，局部可以出现色素沉着。过量照射红外辐射，可能会发生皮肤急性灼伤，甚至透入皮下组织，加热血液及深部组织。长期暴露在低能量红外辐射下，可导致眼部的慢性损伤，常见表现为慢性充血性睑缘炎、角膜虹膜损伤、白内障和视网膜损伤。短波红外线能被角膜吸收产生角膜的热损伤，并能够透过角膜伤及虹膜，导致病人出现视力的逐渐减退。

（五）紫外辐射

与红外辐射相似，紫外辐射对机体的影响主要也是皮肤和眼。太阳光辐射中适量的紫外线可以使人体产生必需的维生素 D_3，对健康有积极的作用。但过强的紫外辐射则对机体有害。强烈的紫外辐射可以引起皮炎，表现为红斑，并伴有水疱和水肿。停止照射后，一般经过 24 h 可以消退，伴有色素沉着。这些反应常常出现在暴露于紫外辐射较多的部位。如长期暴露于紫外辐射中，可以导致结缔组织损害和弹性丧失，皮肤皱缩与老化，甚至诱发皮肤癌。而紫外辐射对眼部的损伤主要表现为电光性眼炎，多见于电焊作业人员。电光性眼炎轻症表现为双眼异物感、轻度畏光不适，重症则有眼部灼烧感或剧痛，伴有高度畏光、流泪和视物模糊。检查可见眼睑皮肤潮红、球结膜充血、水肿，角膜上皮点状脱落，荧光素染色呈阳性，严重时可见角膜上皮呈片状剥脱。在阳光照射下的雪地环境作业，眼部会受到大量反射的紫外辐射，引起急性角膜、结膜损伤，称为雪盲症。

（六）激光

激光主要伤害的人体靶器官也是皮肤和眼。激光对皮肤的损伤主要由于热效应所致，轻度损伤表现为红斑和色素沉着。而随着照射量的增加，可出现水疱、皮肤褪色、焦化等，大功率激光也可以穿透皮肤使深部器官受损。激光对眼部损伤的典型表现为视网膜烧伤，黄斑部损伤，最后导致视力急剧下降。

三、非电离辐射的卫生防护措施

非电离辐射的穿透能力较弱，大多数衣物即可阻断。非电离辐射的防护措施主要包括以下三种：

1. 电磁屏蔽　电磁屏蔽是指在空间某个区域内，用于减弱由辐射源引起的空间场强的措施。在绝大多数情况下，屏蔽体可由铜、铝、钢等金属制成，对于恒定和极低频磁场，也可采用铁氧体等材料作为屏蔽体。

2. 距离防护　被照射物体受到的非电离辐射强度与辐射源间的距离呈反比。因此，合理增加人体和辐射源之间的距离，可以降低非电离辐射所造成的伤害。

3. 个体防护　对于长时间工作在高频非电离辐射下的人员，需要做好相关保护措施，例如应佩戴防护眼镜、防护头盔和防护服等。这类防护器具通常使用金属丝布制成，这种金属丝布采用金属网以及金属膜布制作。

案 例

2005年6月24日,哈尔滨市某家属楼内一13岁女孩徐某感到双手疼痛,且伴随红肿、水疱,同时伴有左前额大面积脱发而入院就医,入院后外周血象明显异常,白细胞最低降至$0.7×10^9$/L,血小板$1×10^9$/L。患者在医院住院病情减轻,但回到家中居住病情就加重,几经反复。同年7月,与其同住的祖母崔某也突然发病。7月8日,徐某与崔某一起被送入当地医院。7月10日,医院给两名患者诊断为骨髓造血受抑症,并下达病危通知书。该病一般只有受到辐射感染才会出现。

黑龙江省辐射环境监督管理部门随即展开调查。经过检测,徐某家中最低照射量率是400 μR,阳台达到了800 μR,阳台外则达到了1200 μR。而徐某每天写完作业喜欢待在阳台向右侧观望,并把双手放在阳台边缘,因此,双手和左侧的头部常暴露在强放射源的照射之下。

7月13日,工作人员在该家属楼一层的锅炉工白某休息室发现放射源。经过查证,该放射源为铱-192 (^{192}Ir,半衰期74 d),主要用于焊接等领域,是一种工业探伤用的放射源。该放射源已接近报废,其放射性活度为$1.85×10^{10}$ Bq。该放射源外部本来包裹有很厚的铅层,重达50多千克。但铅层被人拆除卖掉后,内部的放射金属也被遗弃,于当年5月被锅炉工白某捡回家中。

"7·13"辐射事件发生后,哈尔滨市政府启动了公共卫生突发事件紧急预案,哈市公安局、卫生局、环保局以及省辐射环境监督管理站等部门介入事件的调查和处理。根据辐射规律,确定了该家属楼及周边共114个居民作为暴露人群,进行相关检查。共发现3名患病者,包括徐某及其祖母崔某,白某的8岁儿子。9月,两名小患者转院至北京解放军307医院,确诊为重度极限期骨髓型放射病,并进行相关检查和治疗。10月两名小患者骨髓功能已经恢复,但指甲仍为黑色,并有脱发现象。为防止病情反复,仍留院观察治疗。但崔某于10月20日因重度放射病去世。除3名患者外,114名居民中发现5人出现指标变化。这8个人也在国家的相关部门建立了档案,今后会接受终生随访和不定期的放射病检查。

国家规定严格控制放射源,在从事生产、使用、销售、运输放射性同位素和含放射源的射线装置前,都必须向有关部门登记备案。放射性同位素的贮存场所必须采取有效的防火、防盗、防泄漏的安全防护措施,并指定专人负责保管,进行日常的登记、检查,做到账物相符。事件发生后,相关部门还应按照规定加强对放射源的管理,防范辐射事故。同时对于居民,也应该了解相关基本知识。放射源包装容器种类很多,大多为球形和圆柱形,一般用铅、铸铁、钢、塑料、石蜡等材料制成。非技术人员,应远离现场,既不要接触也不要移动这些物品,更不要因为好奇而打开容器。

思 考 题

1. 日常生活中可能接触到的电离辐射和非电离辐射来源都有哪些?
2. 简要叙述电离辐射对人体健康的危害和防护措施。
3. 面对一个电离辐射事件,如何进行调查?请设计一个调查方案。

(吴少伟)

第十一章 家用化学品与健康

第一节 常见家用化学品与环境健康

一、家用化学品暴露特点与健康危害

家用化学品是一类人们在日常生活中广泛使用的化工产品，这些产品的使用大大方便、丰富、美化了人们的生活及环境。随着科学技术的进步、市场经济的发展和我国加入世界贸易组织（World Trade Organization，WTO），进入家庭日常生活和环境的家用化学品的品种和数量也不断增多。与此同时，家用化学品作为环境因素的一部分通过各种途径与人体接触，这类接触有时比起环境污染更为直接。家用化学品使用的特点包括：①场所众多，实际上除了职业工作场所以外的所有场所都可涉及；②接触的家用化学品种类繁多；③大多数化工产品都是化合物，成分复杂；④暴露途径和时间多样，这些化学品可经口、呼吸道、皮肤等与人接触，而时间上短至瞬间、长达数年。这就使我们不得不正视这些化学品的使用对环境的改变乃至对接触者健康可能产生的影响。从环境健康学的角度，家用化学品已成为人们居住生活环境的重要组成部分，也是必须实施卫生监督和管理的环境因素。

家用化学品的使用增加了生活中非自然化学因素的暴露。一些家用化学品因产品质量低劣而发生毒性作用，如涂料中溶剂含苯过高导致中毒，含萘防虫剂残留于衣服上对接触者产生毒性作用等。近年因家用化学品的卫生质量问题导致的健康损害并不少见。生产厂家为了追求利润采用劣质原料、陈旧的生产工艺、市场的监督管理不到位、相关的法规未完善等是主要原因。目前，我国对家用化学品的卫生监督有待完善，除化妆品外，洗涤剂、涂料、驱（灭）虫剂等家用化学品在监管依据（法规）、卫生标准等方面相对滞后，因而对这类化学品可能产生的危害缺乏强制和有效的监督。

家用化学品的种类很多，几乎涉及人们日常生活的每一个方面，如清洁消毒、服饰、化妆、护肤、驱杀害虫、家庭装饰、文化用品、食品、非处方药品等。根据家用化学品的使用频率、用量和成分等，将常发生健康危害的品种在本章重点叙述，包括：化妆品、洗涤剂、胶黏剂、涂料、家用杀（驱）虫剂等。

家用化学品的生产和销售是产品的价值创造阶段，通常由具一定专业知识的人员进行，而使用是产品的价值实现阶段，这时候涉及的多为非专业人员，这部分人群常只注重使用效果，而对产品本身的不良作用或在不正确使用的情况下可能导致的危害了解不多。这就要求在家用化学品的生产和销售方面有完善的卫生监督管理，对应用的主体有足够的标识、说明和宣传，确保进入生活环境的化学品的有效性和安全性，从而保障公众的健康。

（一）家用化学品的种类

1. 化妆品 2021年1月1日起施行的《化妆品监督管理条例》采用的定义为：化妆品（cosmetic）是指以涂擦、喷洒或其他类似方法，施用于皮肤、毛发、指甲、口唇等人体表面，以清洁、保护、美化、修饰为目的的日用化学工业产品。最容易与化妆品相混淆的是某些具有美容和治疗作用的药品，而两者间的主要区别在于使用目的的不同。化妆品是为了清洁、掩盖缺陷、护肤、增加美感，使用的对象是健康者，使用方法仅限外用，且使用剂量和时间上没有严格的限制，此外在产品执行标准和监督管理方面也是截然不同的。

化妆品成分由基质和辅料组成，基质组成化妆品的主体，是具主要功能的物质。常用的有油脂，如甘油酯；蜡类，如羊毛脂、粉类；烃类，如液状石蜡；脂肪酸类，如饱和脂肪酸。溶剂也属化妆品的基质，如水、苯甲醇、乙醇、丙酮、二甲苯等，甲醇在化妆品中起防腐作用。辅料赋予化妆品成型、稳定、色香和其他特定作用，包括用于乳化的表面活性剂、香料和香精、天然与合成染料、防腐剂、抗氧化剂、生化制品和其他添加剂（保湿剂、收敛剂、特殊功效添加剂等）。

化妆品按形态可分为液态水溶剂、液态醇溶剂、液态油溶剂、乳状剂、软膏剂、锭状剂（片剂）、粉状剂（包括成型）、块状剂和气雾剂等。还可以按使用部位、用途等分类，常见的是按用途分类：

（1）一般用途化妆品

护肤类的化妆品：清洁皮肤用品，如洗面奶、清洁霜、面膜、磨砂膏、浴液等；润肤用品，如雪花膏、冷霜、润肤防裂霜、护肤面膜；营养皮肤（抗老化）用品，如珍珠霜、人参护肤霜、银耳霜、维生素E乳膏等。

益发类化妆品：洗发类化妆品，如洗发香波、洗发露等；护发用品，如发油、发乳、护发素、摩丝等；营养毛发用品，通过防止角质层水分丢失和促进血液循环达到营养毛发作用的，如防脱发、生发剂。

美容修饰类化妆品：香粉、胭脂、口红、粉底霜、唇膏、眼线笔、眉笔、睫毛笔、眼影膏、指甲油等。

芳香类化妆品：是以精制乙醇为基质的液体制剂，主要成分是香精、蒸馏水、醇溶色素、甘油、抗氧化剂等。产品包括香水、花露水、古龙水、化妆水等。

口腔卫生用品：牙膏和牙粉主要含摩擦剂、起泡剂、甜味剂、防腐、防龋等成分；含漱水则含香精、发泡剂、乙醇、杀菌剂、脱臭剂等，此外还有口气清新剂等。

（2）特殊用途化妆品

一般是针对体表某些缺陷设计的化妆品，如染发、脱发、美乳、健美、除臭抑汗、祛斑和防晒等。这类化妆品为发挥其特定的功能，需要加入一些特殊的活性物质或药物，而这类物质往往具有一定的副作用而在化妆品中被限制使用。

2. 洗涤剂 洗涤剂（detergent）是指以去污为目的，由活性组分表面活性剂和辅助组分，如抗沉淀剂、酶、增白剂、填充剂等构成的混合制剂。通常可分为肥皂和合成洗涤剂两大类：肥皂是脂肪酸和碱进行中和反应的产物，又可分为洗衣皂、香皂、功能性香皂等。肥皂作为天然产品经过上百年的应用，实践证明了具有安全性和环保性。常用于家庭的合成洗涤剂包括：纺织品洗涤剂、餐具果蔬洗涤剂、硬表面洗涤剂和卫生清洁剂（洗发、沐浴、洗手）。随着科技和社会的进步，洗涤剂的种类还在不断地增加，如皮革、电器、汽车等的清洁剂已经开始进入人们的生活环境中。

目前，洗涤剂的卫生问题主要集中在合成洗涤剂，这类洗涤剂是由表面活性剂和助剂组成。表面活性剂是降低两个相间界面张力的一类物质，并可在溶液中形成胶团而达到乳化、促

溶、去污的作用。表面活性剂均为两性离子型化合物，其分子含亲水基团而具水溶性，而亲油基团使其具有去污力。表面活性剂的用途广泛，生产和生活的各个方面都可涉及，表11-1列出了常用家用洗涤剂的表面活性剂类型、特性及应用。

表11-1 表面活性剂的分类与常用剂型

表面活性剂的类型	特性	常用于洗涤剂的表面活性剂
阴离子型	亲水基团，带负电	烷基苯磺酸钠：支链（硬性）烷基苯磺酸钠（ABS）不易被生物降解，直链（软性）烷基苯磺酸钠（LAS）可被生物降解。是目前仍大量使用的表面活性剂之一 烷基硫酸盐：由于其分散、乳化和去污力强而广泛用于毛织物、餐具、地板清洁等洗涤剂
阳离子型	亲水基团，带正电	季铵盐、烷基吡啶、溴铵盐类，为一类强杀菌力表面活性剂
两性离子型	具两个亲水基团，同时带正负电荷	氨基丙酸、咪唑啉、甜菜碱、牛磺酸
非离子型	不解离成离子，不带电荷	脂肪醇聚氧乙烯醚，与LAS一样是合成洗涤剂中使用最广泛的活性物质 烷基糖苷具高表面活性，去污和配伍性好，无毒无刺激，具生物降解性，是新型表面活性剂
混合型	两个亲水基团，一个带电一个不带电	醇醚硫酸盐

助剂在洗涤剂中起到软化硬水、调节水酸碱度、乳化、悬浮和分散的作用，在洗涤剂中可提高洗涤剂的去污能力。如三聚磷酸钠，在洗涤剂中可起到螯合金属离子、软化硬水、乳化油脂、碱缓冲等作用，因此应用广泛。尽管这类含磷助剂的使用对水环境构成威胁，但目前从成本和功效考虑还未有理想的替代产品，类似的助剂还有无磷的碳酸盐、硅酸盐等。其他洗涤剂助剂还有：软化硬水的络合剂乙二胺四乙酸（EDTA）、枸橼酸钠等；起漂白作用的过碳酸盐等；荧光增白剂二苯乙烯类、香豆素类、吡唑类等；增加水溶性的甲苯磺酸钠、尿素等；抗垢再沉淀剂羧甲基纤维素钠等；防腐剂尼泊金酯、苯甲酸钠、甲醛等。

用于餐具、果蔬的洗涤剂是对卫生质量要求较高的一类产品，常见的有洗洁精、餐具洗涤剂（dishwashing detergent）、蔬菜清洗剂，产品可以是以烷基苯磺酸钠为表面活性剂的合成洗涤剂，或以葡聚糖苷、葡糖酰胺、天然脂肪醇等为表面活性剂的天然植物油脂洗涤剂等。

3. 涂料 涂料（paint）是一类由成膜物质、溶剂和颜料组成的，用于物体表面保护、美观或防锈绝缘等目的的物质。家用涂料包括：家具涂料、内墙涂料、地板漆、防锈漆等。涂料的成膜物质主要有油脂及其加工品、纤维素衍生物、天然及合成树脂等，如聚氨酯、酚醛树脂；溶剂可保持涂料流动性以便于涂装，常用的有甲苯、二甲苯、乙酸乙酯、香蕉水（醋酸异戊酯）；颜料主要有金属颜料，如铅基颜料红丹、铅白、铬黄等和有机颜料偶氮颜料、油溶橙等。

涂料的分类按成膜物质可分为油性、纤维素、合成树脂和无机涂料。按涂料性状可分为溶剂型涂料、乳胶涂料、水性涂料、粉末涂料等。按功能分为装饰涂料、防水涂料、防锈涂料、防火涂料、绝缘涂料等。按用途分为建筑涂料、家具涂料、地板涂料等。

4. 胶黏剂 黏合是使两种相同或不同材料的表面通过胶黏剂形成的界面力实现结合的过程。是日常生活中的家庭装饰、器皿修补、艺术装潢等经常使用的化学品。胶黏剂（adhesive）的成分包括基料、固化剂、溶剂、增塑增韧剂、稳定剂、防腐剂等。通常将胶黏剂分为无机和有机胶黏剂，有机胶黏剂中又可分为天然和合成高分子胶黏剂。家用胶黏剂多为有机胶黏剂，天然的如淀粉胶、蛋白胶（骨胶、鱼胶）。合成的有热塑（溶）胶，如乙烯树脂、丙烯酸树脂、聚乙烯、聚碳胺脂和聚酰胺；热固性胶黏剂，是通过热或催化剂的作用形成化学键得以胶黏，主要有酚醛树脂、脲醛树脂、三聚氰胺甲醛树脂、环氧树脂、水性聚氨酯、有机硅树脂。此外还有合成橡胶胶黏剂、氯丁二烯胶黏剂等。

5. 消毒剂和杀虫剂

（1）消毒剂（disinfectant）：属日常生活中常用的化学品，按使用目的可分为空气消毒剂、物体表面消毒剂、厨厕消毒剂、洗衣消毒液、皮肤消毒剂、食具蔬果消毒剂等。消毒剂中常用的有效化学成分有含氧型的过氧化物，具代表性的如过氧乙酸对细菌类病原体杀灭效果良好，常用于空气喷雾消毒、污染物等的浸泡消毒和蔬菜、水果、餐具的浸泡消毒。过氧乙酸稀释液的稳定性较差，一般使用时现配，由于其具腐蚀性而不宜用于皮肤、家具和木制地板的消毒。其他含氧型消毒剂还有臭氧、过氧化氢等。次氯酸钠是含氯消毒剂的常用制剂，可以杀灭大多数细菌和部分病毒。主要用于蔬菜、瓜果、餐具的一般性消毒，患者污染物品的消毒，墙壁、地面、厕所、卫生洁具等的消毒。其他含氯的常用剂型有：次氯酸钙粉剂（漂白粉）、氯化磷酸三钠粉剂（TD消毒粉）。二氧化氯（ClO_2）是新一代高效安全的消毒剂，用于饮用水、洗手、衣物、蔬菜、瓜果、餐具、空气和饮水机的消毒。溴氯海因属溴氯协同型高效消毒剂，具有稳定、毒性低、腐蚀性小等特点，是新型消毒剂。其他类型的消毒剂有季铵盐类阳离子表面活性剂、甲醛、戊二醛、环氧乙烷、乙醇等。这些化学物质被广泛应用于各种类型家用消毒用品。

（2）驱（杀）虫剂（insecticide）：是用于杀灭害虫的农药，杀虫剂按化学结构分类可分为：有机氯、有机磷、氨基甲酸酯、拟除虫菊脂、有机氟、羧酸类、酚类、杂环类等。目前家用灭蚊、杀灭昆虫的制剂大多为拟除虫菊脂杀虫剂（轴突毒剂，在低温时击倒作用更明显，同时对周围神经、中枢神经和感觉神经有作用，因此具有驱避、击倒和杀灭作用）。拟除虫菊酯可分为：第一菊酸化合物、二卤代菊酸类、非环丙烷羧酸和非酯类如醚菊酯、亏醚菊酯。常用的家用制剂可分飞虫（蚊）气雾杀虫剂和爬虫（蟑螂）气雾杀虫剂。这些制剂的主要成分包括：杀虫成分，如胺菊酯、二氯苯醚菊酯、氯菊酯、溴氰菊酯等；载体溶剂，如水、有机溶剂脱酯煤油；增效剂，如氧化胡椒丁醚；抛射剂和乳化剂等。杀飞虫与杀爬虫气雾剂的主要区别在于助剂的不同，后者在物体的表面有较长滞留时间。此外，一些驱（灭）蚊香中也可加入拟除虫菊酯通过烟熏达到目的。值得注意的是已被禁止使用的DDV、DDT和六六六在监管不力的情况下仍可在部分地区的家用产品中检出。

6. 其他家用化学品

（1）除臭剂（deodorant）：化学除臭剂可分为通过掩盖发臭的成分而发挥作用的，如加入樟脑、香精或桉油；另一类是通过化学作用，如含铁盐可与硫化氢结合而起到除臭作用，通过氧化还原除臭，如臭氧、过氧化氢、还原剂亚硫酸氢钠；通过灭菌达到除臭的甲醛、苯甲酸等；雾化的家用除臭剂还含有推进剂如氟利昂、二甲醚、丁烷等。

（2）空气清新剂（air refreshing agents）：主要成分有乙醇、香精、去离子水、少量乳化剂和防腐剂，并以低级饱和碳氢化合物（丙烷、丁烷）或醚（二甲醚）作推进剂，辅以一定量的压缩气体如N_2等以增加喷射力，此类空气清新剂主要以散发香气来掩盖异味。这类产品中使用推进剂（喷射剂）使发挥作用的成分气溶胶化，因而又称之为气溶胶制品。使用的推进剂包括氯氟烃（CFC_S）、丙烷、丁烷、二甲醚等。家用化学品中的气溶胶制品属化妆类的如喷发胶、发用摩丝、香体露、剃须膏，其他家用化学品如杀虫剂、空气清新剂、衣领净、硬表面清洗剂、皮革清洁剂等。

（3）防虫剂：衣物防虫剂（卫生球，mothball）常用的驱虫成分是对氯二苯、萘或樟脑加

入赋型成分制成。其毒性大小依次为萘、对氯二苯、樟脑。由于萘的毒性大，现已禁用。国内有用香樟、川楝子、黄荆子、樟脑油等成分，适当加入滑石粉、淀粉等赋型剂制成。主要用于皮制品、棉制品、纸制品、木制品的防虫、驱虫。

此外，在纺织品中越来越多使用的抗菌防臭剂，如与纤维配位的金属类、有机硅季铵盐、季铵盐、双胍、苯酚类、脂肪酸酯类、苯胺类、天然化合物（壳聚糖、桧醇、氨基糖苷）等。尤其是婴幼儿服装在生产过程中衣物的染料和整理助剂中含有的重金属、偶氮染料和甲醛等的残留或缓慢释放出来，婴幼儿贴身穿着时，这类物质与人体皮肤密切接触，有可能引起刺激、过敏甚至呼吸系统炎症。因此，其安全性是需要有关部门给予足够重视的。

（二）家用化学品的暴露特点

家用化学品增加了人们在家居环境接触化学物质的概率，所有家用化学品达到其使用目的的前提是安全。一个不安全产品的使用可以导致一个不健康的环境，了解这些产品的暴露特点对于制订与实施一系列防制对策是必要的。

1. 化妆品 化妆品的作用本身决定了其暴露途径。根据化妆品的定义，在人体表面的任何部位均可能与化妆品接触。因此化妆品施用部位是直接暴露部位，另外一些化妆品如气溶胶制品可经呼吸道进入人体，唇膏、口腔清新剂等可经消化道进入人体。通常化妆品的暴露特点有：以直接接触为主要途径，多为自主暴露或经由美容美发等机构施用，以皮肤及其附属器或感觉器官为对象，使用频率高，接触时间长，涉及面广（群体）等。因此一旦产品存在卫生质量问题，将导致健康危害的出现。

化妆品损伤的部位主要集中在皮肤和附属器，其中皮肤损害中刺激性接触性皮炎占大多数，化妆品种类中护肤类引起损伤报道最多，性别分布上女性患者占80%以上，年龄方面则以20～40岁为主，约占2/3。由于产品质量问题造成大范围人群损伤的事件时有发生，20世纪90年代末发生的护肤霜事件，就是由于消费者使用了存在产品安全问题的化妆品出现面部皮肤损伤，波及人数达数百人，造成极坏的影响甚至引起诉讼。事件从侧面反映了家用化学品的卫生质量与公共卫生安全的密切关系。

2. 洗涤剂 洗涤剂的暴露主要通过皮肤，其中又分为两种：一种是洗涤物品时使用洗涤剂的操作接触，这一类接触部位局限、洗涤剂种类较单一，且随着洗衣机使用的普及，这种人群接触有减少的趋势；另一种是人体清洁时的皮肤接触，可以是局部也可以是全身，有接触频繁和接触面积大的特点。经呼吸道的暴露主要见于职业暴露，如洗衣粉车间。用于橱具、蔬菜水果清洁的洗涤剂则有可能因残留而经消化道进入人体。

洗涤剂致皮肤损伤与洗涤剂种类多、消耗量大有关，随之而来的皮肤损伤就较多。如日本厚生劳动省2000年汇总从被监察医院以家庭用品为主因而造成的皮肤损伤的统计报告，其中皮肤损伤的报告中洗涤剂引起的占32%，并与前几年比较呈持续增加趋势。我国尚缺乏家庭使用洗涤剂皮肤损伤的统计资料。

3. 涂料 涂料中的有机溶剂和含重金属颜料是危害健康的主要物质。常见的健康危害是涂装的施工人员包括家庭成员自行施工。涂料一旦成膜干燥后对消费者的危害就较小，但漆膜中的重金属和缓慢释放的一些致敏物质如二甲酯仍有可能引起慢性危害。这是由涂料的挥发特性决定的，涂料属半成品，经过涂装干燥成膜后发挥其功效，一般将涂料的干燥过程分为两个时期，首先是迅速挥发的"湿膜"期，这一时期半小时至数小时不等；然后是缓慢挥发干燥的"干膜"期，这一时期可持续一周，根据这一特性在涂装后两个时期的早期采取措施是可将涂料的危害减至最低的。

4. 胶黏剂 日常生活中的黏合工作面通常较小，在家庭装饰中则可涉及较大面积的黏合，如墙纸、木地板、家具饰板等。小面积黏合时多引起局部皮肤损伤，而大面积黏合除使用过程会接触到皮肤外，胶黏剂中的溶剂挥发还可通过呼吸道进入机体产生不良反应。

使用胶黏剂过程，胶液溅入眼睛是造成危害的另一途径。此外有将胶黏剂误当眼药水滴眼造成眼部损伤的，如α-氰基丙酸乙酯（502胶），有因其包装似眼药水而误用的例子。

5．消毒剂和杀虫剂　消毒类制剂的消毒原理本身就表明具有对生物蛋白质的损伤能力，因此具有很大的安全隐患。家庭使用时存在以下情况：①对消毒剂危害的了解不多；②正确使用的问题；③存在敏感人群（婴幼儿、老年人）。

过氧乙酸是过氧化物类消毒剂的代表，其他还有过氧化氢（双氧水）。高浓度的过氧乙酸对皮肤有强刺激性，对金属有强腐蚀性，易挥发而经空气吸入对呼吸道和肺组织造成危害。含氯消毒剂中的氯原子是强氧化剂，一方面与水可以形成氯化氢而具强腐蚀性，另一方面可形成新生态氧对组织产生强氧化作用造成生物损伤。二氧化氯是强刺激性的不稳定气体，在空气中含量超过10%时有可能发生爆炸，制成水溶液后则稳定。醛类消毒剂中以甲醛为代表，由于其强烈的腐蚀和刺激性，家庭一般不用。新一代的戊二醛相比之下刺激性小且低毒安全，但应用消毒浓度（2%）的溶液仍对皮肤黏膜有刺激性。

市面上劣质的消毒制剂可给使用者健康带来严重危害，广东2003年开展的某市餐具洗涤剂、消毒剂的专项整治发现无证生产经营相当严重。餐具洗洁精和消毒剂的生产原料有的用工业用漂白水、有加入甲醛或次硫酸氢钠甲醛（俗称吊白块）的，这些劣质消毒剂如残留在餐具将导致甲醛、重金属等有毒有害物质暴露危害消费者健康。

消毒剂的过度使用，如在一些突发性公共卫生事件中需要使用消毒剂时，有可能因使用的量大、范围广、非专业人员使用等因素导致环境负荷增大。尤其是水环境中的消毒剂成分或分解产物明显增加，对水生态和饮用水源造成污染，可能对人群健康产生危害。

6．其他家用化学品

（1）除臭剂和空气清新剂：由于这类产品大多以气溶胶的形式使用，因此要注意其功能和非功能成分的危害。雾化使用的家用化学品大多为液态气溶胶，通常空气动力学直径≤10μm的气溶胶粒子危害性较大，而组成气溶胶的化学成分是关键因素。功能组分中的樟脑、香精、亚硫酸氢钠、甲醛等可诱发变态反应，而含有的推进剂如氟利昂、二甲醚、丁烷等作为挥发性有机物可引起接触的局部组织损伤。呼吸系统是气溶胶污染的靶器官。气溶胶在呼吸道可通过刺激诱发气道炎症、哮喘或增加气道对微生物的易感性。而气溶胶进入肺部则可对肺组织细胞产生毒性作用，如基因损伤诱发突变，原发刺激而导致肺部炎症，抑制非特异性免疫细胞导致对感染因子抵抗力低下，或加剧原有的肺部疾患。

（2）防虫剂：通常的暴露途径可以经呼吸道，如衣柜内放置多量的防虫剂长时间密闭偶尔打开时会有一次高浓度的暴露；而残留在衣物等物体表面的防虫剂也可经皮肤暴露，有报道婴儿因皮肤接触到衣物上残留的防虫剂而诱发变态反应。防虫剂中含有的萘是已知的致癌物；二氯甲苯可致中枢神经抑制和黏膜刺激，并已被证实是动物致癌物；过去被认为安全的樟脑体外实验观察到具有致突变性；对人畜毒性很小的拟除虫菊酯类则属环境内分泌干扰物，实验结果表明可改变生殖器官发育、激素反应基因的表达而导致胚胎发育异常。

二、常用家用化学品的健康危害

人体与家用化学品接触主要是通过皮肤，因此家用化学品对人体健康产生的危害也是以皮肤不良反应为主。此外还可通过各种途径，如呼吸道、消化道、皮肤黏膜吸收等造成机体其他系统和脏器的危害。

（一）化妆品

化妆品的毒性作用主要取决于化妆品品质和个体两方面因素的影响，主要包括：①化妆品

的化学特性；②化妆品中的毒性化学物、杂质和微生物污染；③环境因素如温度、湿度；④个体因素，如皮肤的状态、耐受性、敏感性和过敏体质等；⑤使用的方式方法的正确性，如使用频率等。

化妆品最常见的危害的是化妆品使用的部位发生刺激、变态反应等局部损伤。根据我国现有化妆品皮肤病诊断标准，化妆品产生的局部危害可分为化妆品接触性皮炎、化妆品痤疮、化妆品毛发损伤、化妆品甲损伤、光敏性皮炎和化妆品皮肤色素沉着异常。

化妆品中的微生物污染也是影响其安全性的另一主要因素。化妆品在生产过程中的污染称为一级污染；化妆品在使用过程中受到的污染称为二级污染。一级污染的产生与化妆品产品原料、生产工艺流程中被污染、原材料的理化性质、生产环境和设备卫生状况、生产工人的健康状况等有关。近年来，生物制品中的活性物质在化妆品中的应用广泛，如高保湿、抗衰老、美白、祛斑等均通过添加生化活性物质或天然动植物提取物（胎盘提取液、人参、甘草提取液、羊胎素、表皮细胞生长因子等）而达到功效，某些剂型化妆品富含水分和营养成分。如膏霜类化妆品，多属"营养型"，其中因加入各种氨基酸、蛋白质，更有利于微生物生长繁殖。二级污染是化妆品启封后，使用或存放过程中发生的污染，包括手或物品接触化妆品后将微生物带入或空气中的微生物落入而被污染，一些美容美发店共用化妆品更加大了污染的机会。因此防止化妆品的二级污染对于预防化妆品的不良反应有着重要的意义。受微生物污染的化妆品可出现变色、异味、发霉、酸败、膏体液化分层等。微生物污染除可引起化妆品腐败变质外，还可在其代谢过程中产生毒素或代谢产物，这些异物可作为变应原或刺激原对局部产生致敏或刺激作用。

化妆品中添加的动物提取物，如用于护肤品的牛羊的胎盘提取液，用于护发素、润肤霜、剃须膏的牛血清蛋白，用于抗皱霜的牛脑组织提取物表皮细胞生长因子、羊胎素等，这些成分如从感染了疯牛病的动物体中提取，就可能含有致病的朊病毒，增加克-雅病（Creutzfeldt Jakob Disease，CJD）发生的潜在危险。

化妆品本身的化学组分也可能具有毒性作用，一般用途化妆品的毒性很低，特殊用途化妆品其中有些组分属毒性化合物。如冷烫液中的硫代甘醇酸，染发剂中的对苯二胺、2,4-二氨基苯甲醚等属高毒类化合物。染睫（眉）毛剂含有的聚丙烯酸乳胶是由聚丙烯甲酯溶液或乳液聚合而成，有强腐蚀性，含有的苯胺、甲苯胺和间苯二酚属有毒有害物质。

化妆品的原料和成品可被有毒化学物质污染。化妆品中的溶剂，如乙氧基二醇醚、二甲亚砜、异丙醇在化妆品中的作用主要是保持化妆品的物理性能，如乳化或膏状；保持组分的均匀分布等。通常这类有机溶剂是低毒的，但大面积长期使用，溶剂经皮肤吸收，有可能引起不良反应。对志愿者用乙二醇-甲基醚或二甲替甲酰胺进行人体涂抹实验，观察到受试者转氨酶活性升高。化妆品中的重金属主要源于污染，目前除醋酸铅用于染发剂和苯基汞盐作为防腐剂允许限量使用外，其他金属及其化合物均已禁止在化妆品中使用。化妆品中常见的重金属污染有铅、汞、砷等。一些劣质化妆品的重金属污染是化妆品卫生质量差的主要原因。我国福建、安徽和包头等地对不同类型化妆品中重金属污染的调查均显示化妆品中铅的污染较为突出，而粉类的化妆品重金属污染问题较严重。卫生部20世纪90年代对粉类化妆品的抽查，约4%的样本铅、汞含量超标。2002年广西某市发生9人因使用汞含量超标化妆品导致汞中毒事件，经对市售的50种祛斑类化妆品汞含量的抽检，有32%的产品汞含量超标，有产品超标1700～67000倍。由于金属汞和有机汞的氧化物和盐类可经皮肤完整吸收，在怀疑使用了劣质化妆品而过量接触汞的消费者中，88%尿汞超过参考标准值。因在祛斑类化妆品中加入过量的汞可增强产品的美白、祛斑效果，有的生产企业擅自修改配方，违规在化妆品中加入过量的汞以增加产品的功效。体内重金属蓄积量增加，除具有慢性中毒的潜在危险外，金属毒物还可通过胎盘、乳汁传递而影响下一代健康。

化妆品中含有的变应原（allergen），可诱发变应性体质个体的全身性变态反应，如染发剂中的对苯二胺；另外甲油中的有机溶剂、爽身粉中的滑石粉、发胶中的推进剂等，在使用时也可经呼吸道进入人体而引起全身不良反应。

化妆品组分可含有致癌、致突变和致畸物质或受其污染。美国对 127 种化妆品毒性分析表明，其中有一半产品含过量的致癌物质亚硝基二乙醇胺。染发剂组分中二硝基对苯二胺、4-硝基邻苯二胺能损害动物细胞染色体。动物实验表明，湿润剂丙二醇对动物有致畸胎作用。化妆品组分若被致癌、致突变和致畸物质污染时，其远期效应须给予足够的重视。

化妆品中含有的某些特殊成分，如性激素类物质，可能会引起儿童假性性早熟症状。此外因误服化妆品引起中毒事件偶见报道，尤以婴幼儿多见，如婴儿舔食母亲面部脂粉而引起急性铅吸收，儿童误服香水、剃须后润肤香水而引起乙醇中毒反应。

此外，目前越来越多的化妆品使用中草药或其提取的有效成分，如甘草黄酮、苦参提取物、人参皂苷（营养皮肤）、黄芩苷（杀菌）、植物挥发油（赋香）、有机酸（美白）等。值得注意的是一些中草药同样具有局部刺激、致敏，甚至全身毒性。而目前，还未将这些成分列入相关标准或规范中，因此使用时有可能对人体造成潜在危害。

国家卫生标准《化妆品皮肤病诊断标准及处理原则·总则》（GB17149.1-1997）对化妆品引起的各类型皮肤和附属器的病变作了明确的定义，提出了诊断原则、诊断标准（GB17149.2-1997）和处理原则。目前将化妆品皮肤病（skin diseases induced by cosmetics）定义为：人们日常生活中使用化妆品引起的皮肤及其附属器的病变。该标准对六种常见化妆品皮肤病分别以国家强制性标准的形式，对诊断的具体要求和方法作出规定。需要强调的是由于使用化妆品导致其他皮肤或器官损伤的可能性是存在的，因此符合下列条件的应视为与化妆品存在因果关系的损伤：发生在使用化妆品之后，其发生部位与化妆品的使用有直接关系，停止接触后症状减轻或消失。

（1）化妆品接触性皮炎（contact dermatitis induced by cosmetics）：是化妆品皮肤病中最常见的。根据化妆品接触性皮炎的病因的不同又可分为刺激性和变应性接触性皮炎。刺激性接触性皮炎（irritant contact dermatitis，ICD）是化妆品引起皮肤损伤中最常见的病变。ICD 的发生与化妆品原料含有的原发性刺激性物、pH、产品变质及施用者自身皮肤的敏感性有关。不少化妆品本身的成分就是皮肤刺激原，如染发剂中的苯胺类物质对皮肤具刺激作用，使用时接触到皮肤而发生皮炎。化妆品中含有表面活性剂和有机溶剂可产生脱脂作用，增加皮肤的敏感性。祛斑美白类化妆品因含有刺激性较强的氢醌类物质，易产生皮肤刺激。患有过敏性皮炎、湿疹或神经性皮炎者其皮肤角质层受损，容易因接触化妆品而引起刺激性皮炎。化妆品引起的刺激性接触性皮炎呈急性或亚急性，轻者皮肤黏膜有刺痛或发痒，皮损表现为红斑、丘疹、脱屑，限于接触部位，边界清楚，严重时出现水泡、红肿，皮损溃破后可继发感染。

变应性接触性皮炎（allergic contact dermatitis，ACD）是化妆品中含有变应原物质诱发机体的一系列免疫反应而产生的，为 T 细胞介导的迟发型变态反应性组织损伤。化妆品含有变应原物质或作为半抗原与表皮细胞蛋白结合形成抗原是主要诱发因素。变应性接触性皮炎是常见化妆品皮肤病。ACD 一般在使用一段时间化妆品后出现皮炎，主要表现为瘙痒、出现边界不清的丘疹、红斑、脱屑、局部红肿等，再次接触时症状出现的时间短，且皮损严重。此外非接触部位也可出现上述皮损，严重时有发热、不适等全身症状。

变应性和刺激性皮炎有时不易鉴别，临床上时有同时存在的现象。常引起变应性接触性皮炎的化妆品组分包括：香料、表面活性剂、防腐剂、乳化剂、羊毛脂等含大分子化合物的化妆品。目前化妆品产品应用细胞生长因子、胶原蛋白、透明质酸等生物化学活性物质呈增多的趋势，这一类含变应性原化妆品有可能导致变应性接触性皮炎的增加。过敏体质是接触化妆品后发生变应性接触性皮炎的内在因素，变应性接触性皮炎的发病和严重程度与个体自身因素如

年龄、接触部位、皮肤状态、体质状况、服用药物等有关。化妆品中含有的表面活性剂、酸碱度、刺激原、微生物污染等也是促发因素。

（2）化妆品光感性皮炎（photo sensitive dermatitis induced by cosmetics）：是化妆品中光感物质经过光照而引起的皮肤粘膜的炎症性反应，又分为光毒性皮炎（photo toxic dernatitis）和光变应接触性皮炎（photo allergic contact dermatitis）。两者的主要特征和区别见表11-2。

表11-2 光毒性皮炎和光变应接触性皮炎的区别

区别点	光毒性皮炎	光变应接触性皮炎
病因	化妆品中的化学物质增加皮肤对光的敏感性	化妆品中的光变应原物质光照后诱发过敏反应
病理	单纯炎症反应	T细胞介导的湿疹样反应
部位	多发生在皮肤向光的部位，如手臂伸侧、面部等	施用后在接触日光的部位，可累及非接触部位
发病时间	首次接触光毒性化合物和受光照后出现	起病缓慢、再次接触时反应迅速
发病率	高	低
皮损特征	红斑反应和消退后的色素沉着	湿疹样反应（疱疹、脱屑、结痂）
患者特点	人人均可发生	过敏体质者

（3）化妆品痤疮（acne induced by cosmetics）：是因使用化妆品引起的面部痤疮样皮疹，为常见化妆品皮肤病。其发病机制是由于施用的化妆品堵塞皮脂腺、汗腺、毛囊口，皮脂排出受阻，积聚而形成。内分泌紊乱、皮脂腺分泌旺盛、饮酒和辛辣刺激性食物、皮肤不洁等都可成为促发因素。含凡士林、液状石蜡、矿物油的护肤类化妆品，如面脂、面霜；美容修饰类的粉底、油彩；含粉质较多的增白霜等；是常见致痤疮的化妆品。皮疹表现在接触部位出现与毛孔一致的黑头粉刺、炎性丘疹，合并感染时出现脓疱。亦可是在原有痤疮的基础上施用化妆品后症状明显加重。脸部皮肤蠕形螨虫感染情况下过多施用化妆品，毛囊阻塞导致皮脂排出受阻，蠕虫在皮脂腺内繁殖，产生毒素引起皮肤刺激。面部皮肤出现红斑、丘疹，病变多集中在鼻、颊部，严重时涉及整个面部。

（4）化妆品皮肤色素异常（skin discoloration induced by cosmetics）：是由施用化妆品引起的皮肤色素沉着或色素脱失，其中以色素沉着为多见。化妆品色素异常包括：①化妆品直接染色；②化妆品刺激皮肤色素增生；③继发于化妆品接触性皮炎或光感性皮炎，在皮损过程中黑色素细胞的结构和分布改变引起的。色素异常大多局限于施用化妆品的部位。主要呈不规则斑片状或点状色素加深，尤以眼睑和颧颈部多见。化妆品中香料、颜料、防腐剂、表面活性剂等是致病成分。色素多继发于皮炎发生之后，光照可加重病情，少数色素斑发生前无皮炎发作史。

（5）化妆品毛发损害（hair damage induced by cosmetics）：指使用化妆品后引起的毛发损伤。可引起化妆品毛发损害的化妆品，如洗发护发剂、染发剂、生发水、发胶、描眉笔、眉胶、睫毛油等，是由这些化妆品中的成分，如染料、去污剂、表面活性剂及添加剂引起的。毛发损害的表现包括：毛发脱色、变脆、分叉、断裂、失去光泽和脱落等。一般停止使用后可逐渐恢复。染发（睫毛）剂中含有甲苯胺和硝基类化合物如萘胺、间苯二酚和甲苯胺等，对皮肤有较强的刺激性，经常使用会对发质造成损伤。

（6）化妆品甲损害（nail damage induced by cosmetics）：指使用甲化妆品所致的指（趾）甲本身及甲周围组织的病变。常见引起甲损伤的化妆品有甲油和甲清洁剂，其中的有机溶剂可致甲板脱脂而引起的损害，如甲板粗糙、变形、软化剥离、脆裂、失去光泽、增厚等；甲油和清洁剂中含有的染料或有机溶剂可引起甲周炎，致使指（趾）甲周围皮肤红肿、痛，甚至合并感染。

（7）化妆品使用导致的全身反应：视使用的化妆品所含有毒有害物质的种类和量，化妆品含有的变应原、微生物等致病因子、机体的状态等而表现各异。一般认为使用化妆品导致的任何不良反应均是不可接受的，这一点与药物的使用有明显的区别。换句话说，化妆品的全身反应均被认为是不良反应。

值得注意的是一些长期使用的化妆品经局部吸收后引起的亚临床改变的生物学意义。随着医学的进步，关注化妆品使用潜在的危害、确保化妆品使用的安全仍然是环境健康学的艰巨任务之一。此外化妆品因误服导致全身反应的情况时有发生，尤其是儿童，因此化妆品标签说明的警示是必要的。常见的化妆品全身不良反应包括：全身变态反应、皮肤炎症继发全身感染、体内重金属负荷增加、误服后的毒性反应等。

（二）洗涤剂

洗涤剂主要成分是多种阴离子表面活性剂（如烷基苯磺酸钠、烷基磺酸钠、脂肪醇硫酸钠、脂肪醇聚氧乙烯醚硫酸钠等）以及非离子表面活性剂（如环氧乙烷、环氧丙烷的共聚物）。此外，还含有一些无机盐助剂（三聚磷酸钠）和有机助剂（羧甲基纤维素）。一般表面活性剂毒性很小，大鼠LD_{50}为500～3000 mg/kg；通常与阴离子表面活性剂比较阳离子表面活性剂的毒性相对较大些；非离子型表面活性剂毒性要小些，制成合成洗涤剂后毒性一般降低。表面活性剂皮肤接触对人体无明显的毒作用，经常性反复接触局部可出现脱脂而干裂、红斑疹等，此外眼黏膜接触表面活性剂有一定的刺激性，尤其是较高浓度（>1%）时。洗涤剂中的酶添加剂可引起敏感个体的哮喘和皮肤过敏。长期反复接触表面活性剂经皮肤吸收后可干扰肝细胞的氧化酶，体内黑色素代谢异常而出现脸部色素斑。此外表面活性剂对消化酶、红细胞、生殖腺细胞等有一定毒性。尽管目前还没有确切的实验数据证实表面活性剂的远期效应，长期低剂量接触表面活性剂对一些敏感人群如妊娠期的妇女、胎儿等应保持警惕。

餐具、果蔬洗涤剂产品种类较多，常见的如洗洁精、餐具洗涤剂、蔬菜清洗剂等。主成分中表面活性剂，合成的有烷基苯磺酸钠，天然的有聚葡萄糖苷、葡萄酰胺、天然脂肪醇等，后者多为无毒或低毒物质。皮肤长时间接触高浓度这类洗涤剂可产生刺激作用。主要包括：

（1）皮肤损伤：对直接接触洗涤剂者手部实验表明，随着洗涤剂浓度的增加和接触时间的延长，皮肤的脱脂量增加，手部表皮胆固醇的含量明显低于对照组，说明洗涤剂对皮肤具有脱脂作用。皮脂的含量调节着皮肤屏障功能，因此洗涤剂脱脂是破坏皮肤屏障功能的重要原因。此外洗涤剂表面活性物质的致蛋白变性作用和洗涤剂的碱性同样是皮肤损害的原因。

（2）全身毒性：通常是长期使用，并经皮肤吸收才会引起全身的不良反应，这种情况常发生在经常用手洗衣物的人群如家政服务人员，经常以手直接接触高浓度衣物洗涤剂者，可经皮肤缓慢吸收而损害肝肾功能。此外，误服是洗涤剂中毒常见的原因之一，由于误服引起的消化道症状也是洗涤剂常见的全身毒性反应。

蔬果洗涤剂的大鼠暴露实验观察到反映雄性生殖细胞线粒体内受损的血清乳酸脱氢酶-X（LDHx）活性增加、动物睾丸病理改变和精子畸形率增高等，提示蔬果洗涤剂对人体生殖系统具有潜在危险。

厨厕清洁剂主要成分为酸类、表面活性剂和消毒剂。如烷基苯磺酸、壬基酚聚氧乙烯醚、硫酸氢钠、氨基磺酸、草酸、去离子水等。对眼和皮肤黏膜有腐蚀作用，误服可引起口腔黏膜、消化道、胃黏膜损伤，严重者可造成消化道出血、穿孔。皮肤接触一定时间后出现剧痛，接触部位呈淡黄色。溅入眼睛可致结膜水肿与角膜损伤、疼痛、流泪及畏光。吸入浓烟雾会造成胸部紧迫感和呼吸困难、头痛、眩晕、咳嗽等症状。误服可导致消化道黏膜的严重腐蚀，表现为烧灼疼痛、呕吐咖啡色物,严重时出现消化道出血,甚至休克。

(三)涂料

溶剂性涂料含有多种有机溶剂、有害气体、挥发性有机化合物(volatile organic compound,VOC)和重金属。有机溶剂挥发快,因此急性毒性最大,危害最严重。乳胶漆中主要的有害物质是甲基溶纤剂、乙基溶纤剂和丁基溶纤剂,挥发慢,急性毒性居中,可引起精子毒性和睾丸损伤。水性涂料的急性毒性很低,但具有不可忽视潜在的特殊毒作用。

苯系物(苯、甲苯、二甲苯)是涂料中常用的溶剂。苯的沸点低,常温即可挥发,易沉积于空气的底层,主要经呼吸道进入人体,苯也可经皮肤吸收。进入体内的苯30%~50%以原形从呼气中排出,其余大部分代谢后经肾脏排出。由于其脂溶性而对神经组织有特殊的亲和力,主要对人体神经系统有一定的抑制作用。苯为可疑的潜在致癌物质,准职业接触如家庭装饰业主自行施工时有可能存在相对高浓度的暴露。一些涂料尽管成分中标明没有苯,实际上苯可作为杂质存在,当其比例大于5%时,在通风不良、工作面滞留时间长的情况下仍存在暴露危害的可能。

木器涂料中的生漆(大漆)的成膜物质是漆酚,属多元酚衍生物,对于过敏者极低的浓度即可产生过敏反应。此外,生漆含有的溴乙烷、有机酸、丙烯醛等挥发性有机物亦有一定的致敏作用。

此外,涂料所含的芳香族化合物,如苯系物、卤素族化合物、甲醛等挥发性有机物(VOCs)对健康的危害较大。即使是施工完成后的一段时期内仍可在局部空气中维持一定的浓度,在这种环境下工作和生活,轻者引起眼、鼻、喉黏膜刺激等局部损害,重者经呼吸进入机体,造成头晕、头痛、萎靡不振,甚至出现神经行为异常。涂料毒效应的判断主要根据:①现场环境调查;②暴露空气中有毒物质的监测分析;③临床表现。

急性涂料中毒表现以多系统、多器官损伤为特点,轻度中毒主要表现为呼吸道和眼结膜刺激、头晕、头痛等症状;中度中毒则表现为中枢神经系统兴奋或轻度抑制、皮肤红斑和呼吸困难等;重度中毒表现为心、肝、肾、肺等实质器官功能损害和中枢抑制。中毒表现包括:神经系统,头晕、头痛、意识不清、四肢麻木、神经行为异常等;血液系统,白细胞计数减少、巨幼粒细胞增加、再生障碍性贫血、急性粒细胞性白血病;呼吸系统,咳嗽、呼吸困难、哮喘;消化系统,恶心、呕吐、腹痛、腹泻等;心血管系统,血压异常、心率改变、心律失常、房颤或室颤;泌尿系统,尿蛋白阳性、血尿、急性肾炎等;皮肤黏膜,接触性刺激性皮炎、变应性接触性皮炎、眼结膜充血、水肿等;生殖系统,精子数减少、精子活力下降、精子畸形、月经异常、痛经、性功能下降等。

苯在涂料中主要是以溶剂中杂质的形式存在,是涂料中最常见、危害最大的挥发性有机物之一。苯在体内的代谢产物酚为原浆毒,可抑制造血细胞的核分裂(WBC减少);干扰DNA的合成(与肿瘤形成的关系);使胞质蛋白变性形成自身抗原(变态反应)。苯急性中毒主要是黏膜刺激和中枢神经系统兴奋,慢性中毒则以中枢神经和造血系统危害为主。甲苯和二甲苯的危害则以中枢神经麻痹和自主神经功能紊乱为主,对血液系统的作用常由含有的杂质苯引起。接触效应:头晕、恶心、头痛、情绪改变、失眠、疲乏、注意力和记忆力减退等。经呼吸道大量吸入可致急性中毒,以神经系统症状为主。慢性中毒则以造血系统改变为主,中性粒细胞下降是其特征,并伴有头痛、失眠等神经衰弱症候群,重度的可引起白血病。职业暴露的流行病学调查,苯作业者急性白血病发病率明显高于一般人群。甲苯和二甲苯蒸汽均可由呼吸道进入人体,甲苯主要在肝脏内代谢,二甲苯毒性较苯和甲苯小,吸入高浓度甲苯及二甲苯对神经系统有麻醉作用,施工时皮肤直接接触可对皮肤、黏膜有刺激作用。

据北京市的调查,涂料急性中毒的流行病学特点:最常发生在施工中,其次为办公室的暴露，公共场所的急性中毒率较低；居室内，5 岁及 5 岁以下的婴幼儿发生急性中毒的构成比最高，占 36.8%；其次为 60 岁以上的老年人，占 28.7%；长期在超标的环境中生活可导致皮肤黏膜和感觉器官的刺激，也是造成暴露人群产生不良建筑综合征（sick building syndrome，SBS）的重要因素。

（四）胶黏剂

胶黏剂常见的危害是引起皮肤损伤，包括皮肤脱脂、皮肤刺激和皮肤机械损伤（黏合）。而全身毒效应主要是由于吸入胶黏剂中的有机溶剂所致，在家庭装修过程中这一类中毒并不少见，但与涂料的情况相类似，大多为施工人员。例如常用的聚乙烯醇甲醛缩合物的水溶液，是装修过程中墙体腻子的主要成分，因成本低、操作简便，一直以来使用相当广泛。由于系聚乙烯醇水溶液与甲醛进行缩合反应制成，其中的游离甲醛可缓慢释放到室内环境，在施工后一段时间内可形成较高甲醛浓度的室内环境，人在这样的环境逗留可有较高浓度的暴露。而皮肤反复接触胶黏剂会出现脱脂现象，粗糙、干裂，甚至继发感染。

此外，胶粘剂中的树脂、溶剂、固化剂等均有一定的毒性。树脂中的聚氨酯类胶黏剂含有的异氰酸酯如甲苯二异氰酸酯（toluene diisocyanate，TDI）是聚氨酯树脂生产过程中未参与反应的残留物，TDI 具强刺激性，接触可对皮肤和眼鼻黏膜产生强刺激，致眼红、流泪、喷嚏。游离 TDI 是树脂生产过程中形成的，其反应如下式：

多异氰酸酯 + 活性氢原子化合物 $\longrightarrow$ 聚氨酯树脂 + 游离 TDI

异氰酸基团（R-N-CO）+ 体内蛋白氨基 $\longrightarrow$ 变性抗原蛋白

变性抗原蛋白是致喘因子，低浓度暴露可诱发非典型性哮喘，表现以咳嗽、胸闷、气促为主，吸入高浓度时可能发生肺水肿，须留医观察。酚（脲）醛树脂含有苯酚和甲醛，均属原浆毒物，对皮肤黏膜有强刺激性，皮肤接触后可发生皮炎样改变：红、痒、皮疹；眼刺激表现为流泪，结膜充血；对呼吸道的刺激则表现为咳嗽、胸闷、气促、头晕。胶黏剂中普遍使用的环氧树脂，其中的固化剂乙二胺有一定的毒性，同样对皮肤和眼、鼻黏膜及呼吸道有刺激性。胶黏剂的有机溶剂，如三氯甲烷、二甲基林酰胺、环己酮、丙酮、苯系物等由于其脂溶性而对神经系统有亲和性，长期接触可对中枢和周围神经造成危害。

（五）消毒剂和杀虫剂

随消毒剂在人们日常生活中的广泛应用，尤其是在突发的传染病流行期间消毒剂的使用量和接触人群均会大幅度增加，相应的对接触者健康的危害也显现出来。通常消毒剂对人体的危害表现在三个方面：首先皮肤接触是最常见的，常用的消毒剂如含氯消毒剂、过氧化物、碘制剂等消毒剂均是强氧化剂，对皮肤黏膜有刺激和腐蚀性。使用浓度和方式方法不当可造成皮肤粘膜的强刺激和灼伤。误服是另一常见损伤，消毒剂进入消化道对口咽部、食道、胃黏膜造成局部烧灼感、恶心呕吐、呕血、腹痛、便血等腐蚀性胃肠炎症状。消毒剂导致健康危害更多的是经呼吸道吸入。含氯消毒剂在水中可生成氯化氢，呈强刺激性和强氧化性，而过氧化物类消毒剂可生成新生态氧对组织有强氧化作用，在空气中则属刺激性气体。应用的消毒浓度（0.5%）一般毒性较低，空气暴露时可出现眼涩、咽喉异物感、干咳等眼和呼吸道轻刺激症状。吸入高浓度时可出现咳嗽、胸闷、气促，严重时导致支气管肺炎甚至肺水肿。苯扎溴铵属季铵盐类消毒剂，毒性低，部分人皮肤接触后出现过敏，误服高浓度溶液出现胃肠道刺激症状，如恶心、呕吐，大量时出现烦躁不安、痉挛，甚至呼吸肌麻痹。

家用杀虫剂中拟除虫菊酯类是应用最广泛的。多为喷雾剂，经呼吸道吸入对机体的危害主要表现在两方面：一方面是通过轴突和突触干扰神经传导，使运动神经和交感神经紊乱，出现流涎、乏力、头晕、肢体麻木，严重时抽搐、昏迷。另一方面的危害是拟除虫菊酯类的内分泌

激素样作用，如刺激乳腺癌细胞相关基因（*p52*）的表达和 MCF7 细胞（带雌激素受体的模型细胞）增殖，提示拟除虫菊酯类暴露对环境健康的潜在威胁。

（六）其他家用化学品

除臭剂和空气清新剂的成分复杂，由于是以气溶胶的形式发挥作用，使用者常可经呼吸道吸入。除臭剂中的香料、樟脑、甲醇等以雾化的形式进入肺组织，吸收较完全，尽管量少但危害是存在的。这类气雾剂 90% 是有机溶剂型，而有机溶剂对神经系统的亲和性容易产生神经损害，诱发变态反应也是常见的不良效应。英国调查了上万名孕妇发现经常使用空气清新剂或气雾剂的妇女患头痛和情绪抑郁的比率明显高于不使用者。

防虫剂（卫生球）的主要成分有三种：对二氯苯、萘及樟脑。对二氯苯、萘及樟脑对人的皮肤、黏膜均有刺激作用。对二氯苯在小剂量时毒性很低，主要引起肝损害。误服可致胃肠黏膜刺激、恶心、呕吐、腹痛，严重时肝功能异常。皮肤黏膜接触可呈过敏性皮炎和鼻炎。萘毒性较大，吸收极快，对血细胞和肾脏有较大的毒性，儿童口服一粒以萘为原料的卫生球即可出现溶血，摄入致死剂量约为 2 g。6 岁以下儿童常因误服出现萘中毒，表现为恶心、呕吐、腹泻、溶血、贫血、黄疸、血尿、少尿等，严重者可有惊厥或昏迷。萘制成的卫生球已明令禁止使用，但市面上仍有销售。樟脑的毒性相对较低，小鼠急性吸入实验 LC_{50} 为 80mg/m^3，属低毒。

第二节　家用化学品健康危害的防控

随着家用化学品的品种和数量越来越多，对家用化学品健康危害采取有效的防控措施迫在眉睫。家用化学品健康危害的防控是一项综合性的社会工程，从政府、企业到个人各方的行为均与此相关。我国加入世界贸易组织后，家用化学品的生产经营受到其协议（法规）的约束，我国现行的标准和管理方式也逐渐与国际接轨。

一、化妆品的卫生监督与管理

为了适应化妆品日新月异的发展，2019 年国务院对已制定了 30 年的《化妆品卫生监督条例》进行了修订，并在 2020 年 1 月由国务院审议通过了新的《化妆品监督管理条例》，该条例本着以"安全"作为整个条例的核心问题，能够更好保证化妆品生产的质量安全，为消费者健康提供充分的保障。

该管理条例对化妆品生产企业卫生许可证的审批、化妆品卫生质量安全监督、进口化妆品的审批、化妆品生产经营的经常性卫生监督及化妆品卫生监督机构与职责均做出了具体规定及具体的处罚措施。在此管理条例的规范下，1997 年国家技术监督局发布了《化妆品皮肤病诊断标准及处理原则》（GB17149.1-1997）等系列国家标准；2007 年修订了《化妆品生产企业卫生规范》对化妆品生产企业的卫生监督和管理提供政策依据，也成为化妆品生产企业设计规划和质量控制的依据。2008 年修订并拟于 2019 年再次修订的强制性国家标准《消费品使用说明 - 化妆品通用标签》（GB 5296.3-2008）则规定了化妆品标签的形式、基本原则、标签标注内容等的要求。以及 2015 年，在我国的化妆品技术规范性文件《化妆品卫生规范》的基础上修订形成更为完善的《化妆品安全技术规范》（以下简称《技术规范》）（2015 年版），对我国化妆品生产中的原料与产品提出了具体的卫生技术标准。因此，目前我国已形成一整套化妆品产品质量监控的政策与措施。

2015 版的《化妆品安全技术规范》（以下简称《技术规范》）规定了化妆品的安全技术要求，包括通用要求、禁限用组分要求、准用组分要求以及检验评价方法等。《技术规范》充分借鉴国际化妆品质量安全控制技术和经验，重点加强了对化妆品中安全性风险物质和准用组分的管理，提高了我国检验检测技术方法水平，提升了化妆品科学监管的能力，促进了化妆品行业健康发展。其主要特点在于：

（1）化妆品安全性保障进一步提高。根据科学合理、保障安全的原则，调整了化妆品中的禁限用组分要求，调整了部分准用组分的限量要求和限制条件。同时，根据部分安全性风险物质的风险评估结论，调整了铅、砷的管理限值要求，增加了镉的管理限值要求；根据国家食品药品监督管理总局规范性技术文件的要求，收录了二噁烷和石棉的管理限值要求（见表11-3）。

表11-3　化妆品中有害物质限值

有害物质	限值（mg/kg）
汞	1
铅	10
砷	2
镉	5
甲醇	2000
二噁烷	30
石棉	不得检出

（2）适应性与可操作性进一步提高。对《技术规范》中涉及的名词和术语提供了释义，细化和明确相关概念，重点增加化妆品产品技术要求内容、通用检测方法等与化妆品质量安全密切相关的技术标准与要求。在原有相关检验方法的基础上，收录了国家食品药品监管部门颁布的60个针对有关化妆品中禁限用物质的检验方法，满足化妆品技术研发和安全监管的需要。

二、其他家用化学品的监督与管理

目前我国对化妆品以外的家用化学品的卫生监督与管理根据其生产的归属不同，其监督管理的机构是不同的。不少家用化学品由生产的行政主管部门或行业负责，如洗涤剂和杀（驱）虫剂的一些与健康安全有关的标准限值是在轻工产品质量标准中反映的，而涂料和胶黏剂则在建筑装饰行业的相关标准中有所反映。因此，主要由质量技术监督局通过对产品质量的监督对相关产品的健康危害进行防控。

（一）洗涤剂

目前已形成了大量洗涤剂使用安全相关的国家标准，如《手洗餐具用洗涤剂》（GB 9985-2000）、《餐具洗涤剂》（GB 9985-1988）、《食品安全国家标准 - 洗涤剂》（GB 14930.1-2015）等，用于规范食具、餐具、食品容器和蔬菜、水果表面洗涤剂的卫生要求。此外为预防洗涤剂对水体环境造成污染，各国对洗涤剂（表面活性剂）的生物降解率要求在80%以上；而我国还制定了《合成洗涤剂工业污染物排放标准》（GB 3548-1983）（1996年被《污水综合排放标准》（GB 8978-1996）取代）来规范洗涤剂降解与排放计量。

（二）涂料

目前涂料的安全性主要由两项国家强制标准进行规定与监督：《室内装饰装修材料 - 溶剂型木器涂料中有害物质限量》（GB 18581-2009）及《室内装饰装修材料内墙涂料中有害物质限

量》(GB 18582-2008)。规定的限量物质包括：挥发性有机物、游离甲醛、重金属（可溶性铅、镉、铬、汞）。国内生产涂料、进口内墙涂料和木器涂料产品均须按此标准进行检验。同时，卫生部2001年发布了《室内用涂料卫生规范》，也从安全的角度对涂料中的有害物质，如总挥发性有机物、苯系物、重金属和游离甲醛等的含量进行了限制。

此外，我国制定了一系列用于食品容器内壁涂料的卫生标准《食品安全国家标准 - 食品接触用涂料及涂层，GB 4806.10-2016》及《环境标志产品技术要求 - 水性涂料》(HJ 2537-2014)规定了食品涂层具体的卫生要求和理化指标。

（三）消毒剂

我国2009年颁布并实施了新的《消毒产品生产企业卫生规范》；并通过2017最新修订的《消毒管理办法》与《消毒技术规范》具体规定了对消毒剂产品的毒理学安全性评价的程序、方法和毒性试验判定标准等。此外，为保证消毒效果，国家质检总局还制定了《过氧乙酸溶液》(GB19104-2008)的质量标准。因此，对消毒剂从生产源头到安全使用均进行了监管。

三、家用化学品健康危害的防治原则

家用化学品的健康危害与产品的设计、生产、经营、使用息息相关。我国正积极在家用化学品的生产、销售监督管理上制定公平公正的管理模式、标准和法规，确保家用化学品健康危害得到有效的防控。

（一）产品的设计生产

家用化学品的设计至关重要，既要满足产品自身功能的需要又要求确保产品安全。配方的设计包括产品感官、功效、配伍、原料的选用、成品保质、包装等，每一个环节均与危害的产生密切相关。譬如配方中含有致敏物质、为降低成本而选用了劣质原料或为长期保存添加过量防腐剂等均可对家用化学品的使用者产生危害。

生产过程中，完善的工艺流程、符合卫生条件的生产场所、生产工人的健康状况、包装材料等直接关系到产品的卫生质量，而卫生质量正是确保产品安全的关键。

（二）产品的包装与说明

家用化学品的包装和说明对于绝大部分没有专业知识的使用者来说是很重要的。以化妆品为例：使用者生理或病理上的特点直接关系到不良反应的发生与预后，如皮肤生理因素油性皮肤者容易因使用护肤品引起痤疮；儿童因皮肤角质层薄、血管丰富更容易产生不良反应；过敏体质者和某些影响皮肤完整性和通透性疾病，如肝脏疾病、糖尿病、内分泌紊乱等的患者，是化妆品不良反应的易感人群，必须对化妆品的使用有正确认识或获得专业的指引。大多数情况下，这类的指引，消费者应可通过详尽的产品说明或警示获得。

（三）产品的销售经营

家用化学品的销售和经营同样关系到这些产品的安全性，如化妆品的经营是无须许可的，而一些不法商家在这一环节上加入假冒伪劣商品、无证产品、过期变质产品等均可给消费者造成危害。又如涂料的销售存在类似的问题，一些不合格的产品如苯、甲醛含量超标有可能导致中毒事件的发生。劣质的餐具蔬果洗涤剂除可引起局部皮肤损伤外，残留的还可进入人体造成其他器官的损害。因此如何在产品质量和销售中进行严格的监督和管控非常必要。此外，家用化学品的销售人员有责任在经营活动中就产品向消费者给出正确的适用范围、使用方法、注意事项等必要的警示。

(四) 法规与传媒的作用

在一个法制健全的制度下，在国家强制标准和措施的监督和管控下，不安全产品需承担其带来的安全风险责任，如果由于产品质量引发诉讼，面临的将是巨额的赔偿、声誉乃至市场的丧失。媒体在这一方面具有相当的效力，而公正及时的报道对保护消费者权益，维持公众对家用化学品品牌的了解和信任扮演着相当重要的角色。

(五) 产品不良反应的诊断和报告

化妆品使用者因产品原因或体质原因出现的不良反应，可通过加强化妆品生产和经营的卫生监督加以预防。油性皮肤者、儿童、过敏体质者和某些慢性病，如肝疾病、糖尿病、月经不调等的患者，属于对化妆品不良反应的易感人群，应慎用各类化妆品。对化妆品使用者引起不良反应的预防措施应包括：①建立病例报告制度，对使用化妆品引起不良反应的病例，各医疗单位应当向当地卫生行政部门报告，以便及时发现存在卫生质量问题的化妆品。②强化化妆品使用者的自我保护意识，正确选择和使用化妆品对于预防化妆品引起的不良反应具有重要意义。使用一种新化妆品时，可通过简单的测试评估个体对化妆品的适应性。皮肤斑贴试验（斑试）是目前最普遍使用的方法。③化妆品的广告标签和说明书，应按国务院颁布的《中华人民共和国广告法》及《化妆品监督管理条例》的规定，给出正确的适用范围、使用方法、注意事项、使用期限等，避免误导消费者。

家用化学品健康危害的防治是涉及政府、企业、个人的系统工程，科学技术是不断发展的，新的产品层出不穷，新的问题还会不断出现，因此不断完善家用化学品的生产、经营使用各个环节的有效防制措施和制度，完善家用化学品与健康相关产品的监管，包括家居使用的其他化学物质，如水银体温计破损后汞的释放，煤气泄露，加入纺织品、日用品和文具的抗菌防臭物质等均属于家用化学品的范畴。研究、规范和制定家用化学品的安全标准、危害判定和责任的区分是环境卫生和环境健康研究领域的新课题。

案例

某医院皮肤科近二日接诊数例接触性皮炎患者，发生部位均位于脸部，其共同的特征为起病急、近期有到美容院做脸部皮肤护理、皮疹局限于面部呈散在红斑。因病史中患者所诉为同一美容院，故向当地卫生监督部门报告。经调查该美容院有正规营业执照，从业人员体检合格，使用的是进口品牌系列化妆品。根据化妆品皮肤病的发生，试分析可能的原因，应进一步如何调查取证。

讨论要点：
1. 美容院的合法经营证照、店内宣传。
2. 特殊用途化妆品的标识、使用及其合法性。
3. 面部美容的操作卫生，大包装化妆品共用问题，是否有自制化妆品。
4. 化妆品的储存条件及微生物污染变质问题，使用化妆品的有毒有害物质含量。

思考题

1. 为什么说家用化学品是重要的环境因素？
2. 化妆品安全性评价中动物替代实验有什么意义？

3. 试列举有代表性的化妆品卫生问题。
4. 涂料的使用会带来哪些健康问题?
5. 试检索家用洗涤剂接触的不良反应,并作出简明的综述。

(周 辉)

第十二章 环境质量评价

第一节 环境质量评价的基本内容

一、环境质量评价的基本概念

环境（environment）是由以人为中心的各种环境要素所构成的综合体。环境质量（environmental quality）是以健康为准绳衡量的环境各要素的优劣程度。一般是指在一个具体的环境内，环境总体或环境的某些要素对人群的生存和繁衍以及社会经济发展的适宜程度，是反映人类具体要求而形成的对环境评定的一种概念，其优劣是根据人类的某种要求而定的。

环境质量可分为自然环境质量和社会环境质量。自然环境质量包括物理、化学及生物环境质量；按环境要素也可分为大气、水、土壤、生物等环境质量。社会环境质量包括社会经济、文化和环境美学质量。各地区由于政治、经济、文化发展程度不同，社会环境质量有明显差异。

环境质量评价（environmental quality assessment）是对一定区域范围内的环境质量按照一定评价标准和评价方法加以调查研究和评定，判明环境质量的优劣程度，并在此基础上做出科学、客观和定量的评定和预测。

二、环境质量评价的目的和作用

环境质量评价的核心问题，即以人类生存和发展的适应性为标准，研究环境质量的好坏。

环境质量评价的主要目的是：①全面揭示环境质量状况及其变化趋势；②找出污染治理重点对象；③为制订环境综合防治方案和城市总体规划及环境规划提供依据；④研究环境质量与人群健康的关系；⑤预测和评价拟建的工业或其他建设项目对周围环境可能产生的影响，即环境影响评价。通过对一个地区的环境质量现状做出全面评价，可以揭露存在的环境问题，从而有针对性地制订改善和保护环境的规划和措施。

三、环境质量评价的种类

一个地区的环境质量，可从大气、水、土壤等各单项环境因素的质量来反映，也可通过若干环境因素的综合质量来反映。环境质量评价的类型有许多种，根据环境要素、地域范围、时间等可将环境质量评价分为不同类型。

按评价因素可分为单要素环境质量评价、联合环境质量评价和综合环境质量评价。单要素环境质量评价以大气、水、土壤等各单项环境因素的质量来反映环境质量，对单项环境因素进行的质量评价，可分为大气质量评价、水体质量评价、土壤质量评价、生物圈质量评价以及环境噪声的评价等类型;联合评价是指对两个以上环境要素联合进行的评价,如地面水与地下水、土壤与农作物的联合评价等;综合评价是在单要素评价基础上进行的整体环境质量评价,它可以从整体上全面反映一个地区的环境质量状况。

按区域可分为城市环境质量评价、流域环境质量评价、海域环境质量评价、风景游览区的环境质量评价等类型。

按时间可分为环境质量回顾评价、环境质量现状评价、环境质量影响评价。

四、环境质量评价的内容和方法

环境质量评价的内容取决于评价种类,下面以城市区域环境质量评价为例加以说明。如图12-1所示,城市区域环境质量评价,应包括对污染源、环境质量和环境效应三部分的评价,并在此基础上做出环境质量综合评价,提出环境污染综合防治方案,为环境污染治理、环境规划制订和环境管理提供参考,以期逐步改善环境质量,努力达到环境卫生标准或环境质量标准的要求和实现保障人群健康的目标。

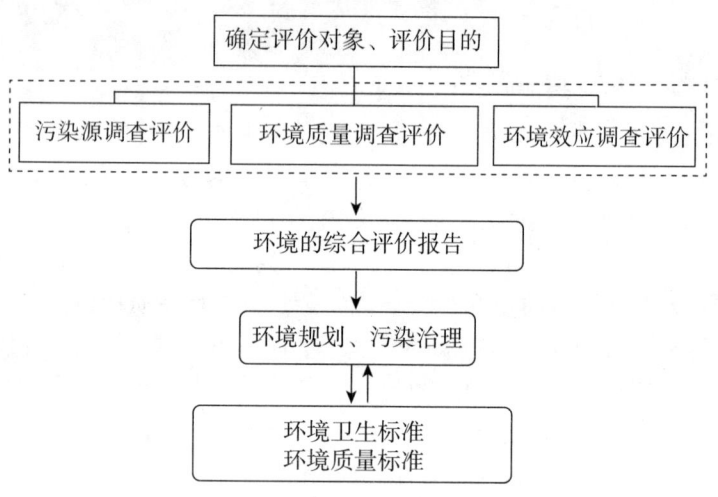

图12-1 环境质量评价的主要内容

首先,对评价区内的污染源进行调查和评价,包括调查和实地监测污染源排放的污染物种类、性质、浓度和绝对数量,在摸清各污染源排放各种污染物的数量后,分析确定主要污染源和主要污染物,以便找出造成区域环境污染的主要根源,为制订环境治理规划提供参考。

其次,对某单项环境因素的质量进行评价时,首先对该区域内较重要的几项环境因素进行调查和监测,取得大量反映环境质量的监测数据后,对其进行整理和分析,对照环境质量标准进行评价。

再次,对环境质量所造成的环境效应进行调查和评价。环境效应评价应包括环境质量对生物群落、人群健康、社会经济等方面的影响,尤其是环境质量对人群健康的影响,这是环境健康学研究的核心问题。环境质量人群健康影响的调查和评价,可采用环境流行病学调查和危险度评价的方法,对人群暴露状况、污染物的健康危害、污染水平与人群效应的相关性等做出评价。

五、环境质量评价的程序

1. 单要素环境质量评价程序 单要素环境质量评价大体上可分为调查准备、环境监测、分析研究与评价、防治对策研究四个阶段。

(1) 调查准备阶段:结合本地条件,明确评价任务,确定评价范围和方法,制订评价工作计划,并充分利用已有的背景和污染监测资料,在污染源调查的基础上,初步拟定主要污染物、主要污染源以及可能发生严重污染的环境条件,据此来安排环境监测工作。

(2)环境监测阶段:合理布设采样点,监测主要污染源和主要污染物,获取必要的数据和资料。

(3)分析研究与评价阶段:根据监测结果进行计算和质量分级,评价不同地区、不同时间的环境质量,并分析造成污染的原因,严重污染现象发生的条件,此污染程度对人群健康、生态环境和社会经济产生的影响及其程度。

(4)防治对策研究阶段:提出改善环境质量的对策和建议。

2. 区域环境质量评价程序 区域环境质量评价是一项较为复杂的系统工程,涉及对大气、地面水、地下水、土壤、生物、噪声等多项环境要素,以及人群对环境质量的反应等医学和社会经济等的评价,需要多学科和多专业共同参与、多部门相互协作完成。因此,要根据评价内容组织由各类有关专业人员组成的相应专题评价组,按照事先制订的详细的工作计划实施评价。

区域环境质量评价的程序(图12-2):通常先进行污染源调查,在明确环境质量评价的环

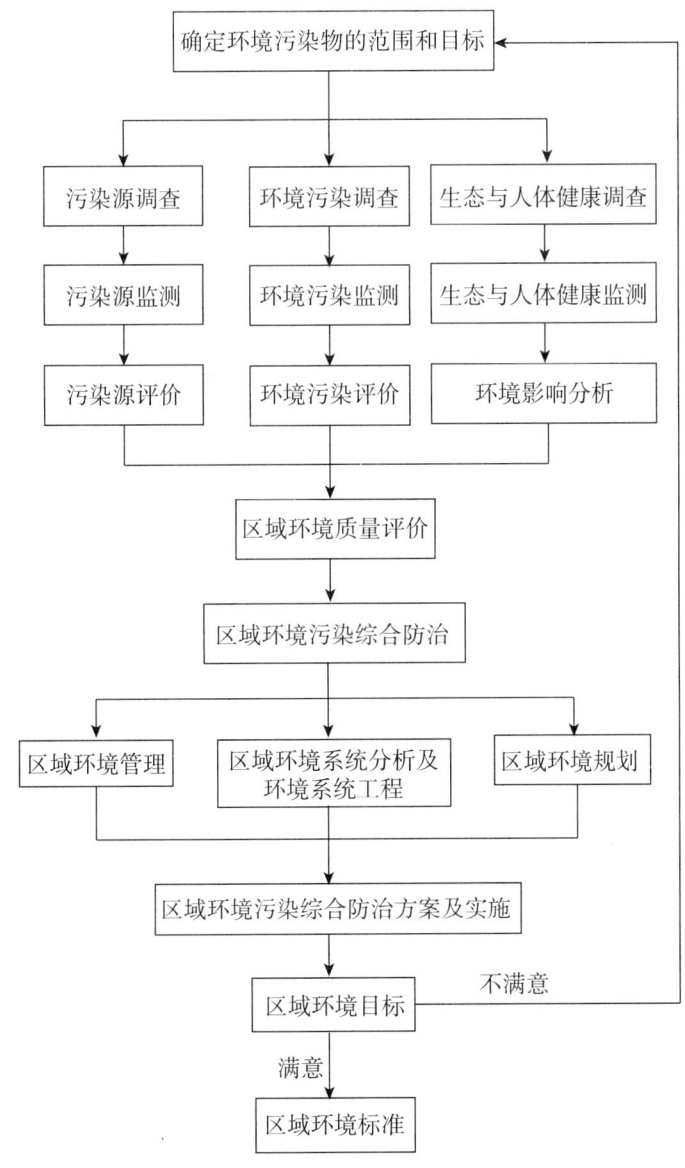

图 12-2 区域环境质量评价基本流程

境因素和污染物参数后,进行系统的布点监测,收集足够的监测数据;在此基础上进行环境质量评价,同时开展以环境质量的人群效应为主的环境效应研究并做出评价。根据上述调查评价结果写出报告并绘制有关图集,最后编制区域环境质量综合评价报告。

第二节 污染源调查与评价

一、污染源和污染物的调查

污染源是指污染物的发生源,通常分为自然污染源和人为污染源两大类。自然污染源包括生物污染源和非生物污染源。鼠、蚊、蝇、病原体等为生物污染源。火山、地震、泥石流、矿泉、特殊成分的矿物质和岩石等属非生物污染源。人为污染源分为生产性和生活性污染源两部分。生产性污染源是指工农业生产、交通运输以及科学研究中能排放污染物的污染源,生活性污染源是指各类住宅、学校、医院及商业等场所能排放污染物的污染源。

根据污染源对不同环境要素的影响,也可分为大气、水体、土壤、生物和噪声污染源。污染物按其在环境中的污染形式可分为空气、水体污染物和固体废弃物等。

污染源调查是污染源评价的基础,通过对污染源的调查,可以弄清评价区域范围内污染源的数量、类型、分布及其排放的污染物种类和排放量。污染物排放数量可通过下列方法调查:①对各污染源进行实地调查和监测,掌握各污染源排放的污染物种类、数量和排放方式;②由生产技术人员根据生产工艺和使用物料,进行物料平衡推算。这两种方法可同时采用,互为补充。在掌握区域内各污染源污染物排放情况基础上,对污染源和污染物做出评价。

二、污染源和污染物的评价

通过污染源评价,确定调查区域内的主要污染源及主要污染物。

由于区域环境污染源和污染物数量大、种类多,一般应使所有污染源及其排放的大多数种类污染物都进入评价。评价标准的选择要与评价目的相符,并尽量使用常用的、统一的评价标准,以使评价结果有可比性。

污染源评价可以是对单一污染物的评价,也可以是综合的评价。

1. 对单一污染物的评价 采用污染物排放的相对含量(排放浓度)、绝对含量(排放体积和质量)、超标率(超过排放标准率)、超标倍数、检出率、标准差等来评价污染物和污染源的强度,其中标准差的计算如下:

$$\delta = \sqrt{\frac{\sum (\rho_i - \rho_{0i})^2}{n-1}} \tag{12-1}$$

式中,δ 为实测值离排放标准的标准差,其值越大,排放越严重;

ρ_i 为污染物排放实测浓度(mg/m³ 或 mg/L);

ρ_{0i} 为污染物排放浓度标准(mg/m³ 或 mg/L);

n 为污染物排放实测浓度的监测次数。

2. 污染源的综合评价 下面介绍两种污染源的综合评价计算方法。

(1)等标污染负荷法:等标污染负荷法一般用于废水、废气排放的评价,评价各污染源和各污染物的相对危害程度。

某污染物的等标污染负荷 P_i,其计算公式为:

$$P_i = \frac{m_i}{C_i} \tag{12-2}$$

式中，P_i 为污染物 i 的等标污染负荷；

m_i 为污染物 i 的排放量（kg/d）；

C_i 为污染物 i 的评价标准，采用国家规定的浓度排放标准（mg/L）。

式（12-2）中等标污染负荷的物理概念是：把污染物 i 的排放量稀释到其相应排放标准时所需的介质量。

若某污染源同时排放数种污染物，则该污染源的等标污染负荷 P 系该污染源所排各污染物等标污染负荷之和，即：

$$P = \sum_{i=1}^{n} P_i \tag{12-3}$$

式中，n 为污染物的种数。

若评价区域内有若干个工厂或污染源，则该区域的总等标污染负荷 P_m 系该区域内所有工厂或污染源等标污染负荷之和，即：

$$P_m = \sum_{n=1}^{j} P_n \tag{12-4}$$

式中，j 为污染源个数。

若评价区域内若干个工厂或污染源都排放某一种污染物，则区域内该污染物的总等标污染负荷 P_{it} 系指该区域内所有污染源中污染物 i 的等标污染负荷之和，即：

$$P_{it} = \sum_{n=1}^{j} P_{in} \tag{12-5}$$

式中，P_{in} 为第 n 个污染源中污染物 i 的等标污染负荷。

某污染物的等标污染负荷占该厂或该区域所有污染物总等标污染负荷的百分率为该污染物在该厂或该区域等标污染负荷的分担率 K_i 或 K_{it}。分担率最高的一种污染物，即最主要的污染物。

$$K_i = \frac{P_i}{P} \times 100\% \tag{12-6}$$

$$K_{it} = \frac{P_{it}}{P_m} \times 100\% \tag{12-7}$$

某工厂或污染源的等标污染负荷占该区域所有工厂或污染源总等标污染负荷的百分率为该工厂或污染源在该区域等标污染负荷的分担率 K_n。分担率最高的工厂，即为该区域最主要的污染源。

$$K_n = \frac{P}{P_m} \times 100\% \tag{12-8}$$

所谓最主要的污染物和污染源，意味着该污染物和该污染源对评价区域环境污染的相对危害程度最大，应列为环境治理的重点对象。按分担率大小顺序排列各污染源和各污染物，即可列出环境污染治理应予考虑的优先顺序。

(2) 排毒系数法：等标污染负荷法易使毒性强、在环境中易积累的污染物不被列为主要污染物，此时可以考虑采用排毒系数法。"排毒系数"是表示污染源排放的各种污染物对人群健康潜在危害程度的一种相对指标，它体现了污染物的排放数量和毒性。

某污染物的排毒系数：

$$F_i = \frac{m_i}{d_i} \tag{12-9}$$

式中，F_i 为污染物 i 的排毒系数；

m_i 为污染物 i 的排放量（kg/d）；

d_i 为污染物 i 的评价标准。

di 是污染物 i 的毒性指标，其值可根据慢性中毒作用阈剂量、急性中毒致死量或半数致死量确定。许多污染物对人体健康的危害可呈现为慢性中毒，故计算排毒系数时可选用对人体产生慢性毒作用的阈剂量（阈浓度）作为评价标准：

对废水，d_i = 污染物 i 的慢性中毒作用阈剂量（mg/kg）× 成人平均体重（55 kg）；

对废气，d_i = 污染物 i 的慢性中毒作用阈剂量（mg/m^3）× 人体每日呼吸空气量（m^3/d）。

根据上述计算式，排毒系数的含义为：假设不考虑污染物排入环境后的转归，且每日排放的污染物 i 数量全部被人们吸入或摄入时，可引起呈现慢性中毒效应的人数。

若某工厂或污染源同时排放 n 种污染物时，则该工厂或污染源排毒系数 F 为该工厂或污染源所排污染物的排毒系数之和，即

$$F = \sum_{i=1}^{n} F_i \tag{12-10}$$

式中，n 为污染物的种数。

若评价区域内共有 j 个工厂或污染源，则该区域排毒系数 F_m 为该区域内所有工厂或污染源排毒系数之和，即

$$F_m = \sum_{n=1}^{i} F_n \tag{12-11}$$

式中，j 为污染源个数。

工厂或污染源 j 的排毒系数占该区域所有工厂或污染源总排毒系数的百分率为该工厂或污染源排毒系数的分担率。

$$K_j = \frac{F}{F_m} \times 100\% \tag{12-12}$$

所有工厂中分担率最高的工厂，即为该区域最主要的污染源。同理，可计算各工厂所排放的同一种污染物的排毒系数占全区域污染物的总排毒系数的分担率（%）。分担率最高的一种污染物，即为最主要的污染物。所谓最主要的污染物，意味着该污染物和该污染源对评价区域环境污染的相对危害程度最大，应列为环境治理的重点对象。按分担率大小顺序排列各污染源和各污染物，即可列出环境污染治理应予考虑的优先顺序。

第三节　环境质量评价

对一定区域内人类近期的和当前的活动导致环境质量变化，以及由此变化引起人类与环境

质量之间的价值关系的改变进行评价，称为环境质量（现状）评价。

环境质量的现状反映了人类已进行或当前正在进行的活动对环境质量的影响。由于人类对环境质量的要求，除了要求维持生存繁衍的基本条件外，还要求能满足人类对自然资源、生态、社会、经济和生活等多方面环境质量的需要，因而对这种影响的评价应根据一定区域内人类对环境质量的取向来进行评价。

一、环境质量评价因子的选择

进行环境质量评价的首要工作是选择环境质量评价因子，环境质量评价因子又称环境质量评价参数，所谓评价参数即是指能反映评价对象环境要素（或区域环境）性状特征的一些污染因子和特征值，用于定量描述环境质量的优劣。不同的环境要素，因其污染来源与类型不同，所应选择的评价因子也不相同。至于究竟应该怎样选择评价参数，即选择何种参数、选择多少个参数等问题，除了要视评价目的和监测条件来决定外，还常取决于评价介质的污染性质、污染类型及环境条件等因素。所以，还必须特别考虑被选择参数的针对性和监测资料的代表性。只有选择对评价目的针对性强、代表性好的评价参数，才有助于做出较客观、正确的评价。一般可选择排放量大、浓度高、毒性强、难于自净、对人体健康和生态环境危害大的污染物以及反映环境要素基本性质的其他因子作为评价因子。评价时应根据评价目的、环境污染状况和监测水平等实际情况进行选择。常用评价因子如表 12-1 所示。

表12-1 常用环境质量评价因子

评价类型	评价因子	备注
大气质量评价	(1) 颗粒物，包括总悬浮颗粒（TSP）、可吸入性颗粒（IP）、PM_{10}、$PM_{2.5}$等 (2) 有害气体，包括 SO_2、氮氧化物、CO、O_3 等 (3) 有害元素，如氟、铅、汞、砷等 (4) 有机物，如多环芳烃、碳氢化合物等	常见城市空气评价参数一般选用 PM_{10}、$PM_{2.5}$、SO_2、NO_2、CO、O_3 等；特殊评价对象视具体情况选定
水环境质量评价	(1) 感官性状因子，如嗅、味、颜色、pH 值、透明度、浑浊度、悬浮物、总固体等 (2) 氧平衡因子，如溶解氧、化学耗氧量、生化需氧量、总有机碳、总耗氧量等 (3) 营养盐类因子，如硝酸盐、氨盐、磷酸盐等 (4) 毒物因子，如酚、氰化物、砷、汞、铬、铅、镉、有机氯等 (5) 微生物因子，如大肠菌群等	综合规划一般选取：pH 值、溶解氧、CODMn、五日生化需氧量、氨氮、氟化物、挥发酚、氰化物、砷、汞、铜、铅、锌、镉、六价铬、总磷、石油类、水温、总硬度等19项
土壤环境质量评价	(1) 重金属及其他无机毒物，如汞、镉、铅、锌、铜、铬、镍、砷、氟、氰化物等 (2) 有机毒物，如酚、石油、多环芳烃、多聚联苯、农药等 (3) 酸碱度、总氮、总磷等	

二、环境质量评价方法

环境质量（现状）评价是环境质量评价的核心问题，随着环境质量评价方法学的发展，出现了许多环境质量现状评价方法，包括有：数理统计法、环境质量指数法、模糊综合评判法、灰色聚类法等。其中最为经典且常用的是数理统计法和环境质量指数法。

1. 环境质量评价的基本要素

(1) 监测数据：任何一种环境质量评价方法都要求具备准确、足够而有代表性的监测数据，这是环境质量评价的基础资料。为此，进行环境质量评价前，必须建立周密设计的监测网布点和监测计划，使用统一的采样仪器和标准检测方法，并采取监测质量保证措施。

(2) 评价参数（评价因子）：指监测指标。通常一个综合环境质量评价中所考虑的参数越多，反映环境要素的质量越全面，但使监测工作量相应增大。因此实际工作中可选最常见、有代表性、常规监测的污染物作为评价因子。此外，针对评价区域的污染源和污染物排放的实际情况，增加某些污染物项目作为环境质量的评价参数。如果作为全国范围城市环境综合整治定量考核就需要建立一整套综合指标评价体系，反映城市环境综合质量，并保证各地及不同时间环境质量的可比性。

(3) 评价标准：评价标准是评判环境质量优劣的依据，也是评价环境质量对健康和生活环境影响的依据。通常采用环境卫生标准或环境质量标准作为评价标准。

(4) 评价权重：由于各评价参数或评价的环境要素对健康影响程度、对环境破坏程度以及对社会产生的反应均不相同，因此在评价中需要对各评价参数或环境要素给予不同的权重以体现其在环境质量中的重要性。可以采用评价标准的倒数、权重系数、公众意见、专家建议等加权方法。

(5) 环境质量的分级：环境质量的评价采用数学方法得到定量的数值，为了明确这些数值所反映的健康效应或生态效应，需要通过分级来阐明，即根据环境质量的数值及其对应的效应作质量等级划分，以此赋予其优劣含义。

2. 数理统计法 通过系统连续的、自动的环境监测，我们会获得海量的各环境因素的物理、化学和生物学质量指标的监测数据。例如，2012年，环境保护部共计已在全国338个地级以上城市设置空气质量监测点位1436个（其中含135个清洁对照点），其中还有部分城市采取了"24小时"连续采样分析的方法，因此全国每年可获得海量的空气质量监测数据。通过对这些数据进行统计分析来确定其环境质量。

通过数理统计方法可对这些环境监测数据进行统计分析，求出有代表性的统计值，然后对照卫生标准，做出环境质量评价。此外，即使采用环境质量指数法，也需对监测数据先进行统计整理，求出有代表性的统计值。因此，数理统计方法是环境质量评价的基础方法，其得出的统计值可作为其他评价方法的基础数据资料，数理统计方法得出的统计值可以反映各污染物的平均水平及其离散程度、超标倍数和频率、浓度变化等。

平均值表示监测数据的平均水平，是常用的统计值之一。当监测数据呈正态分布时，采用算术均数较合理。如监测数据呈对数正态分布，则宜用几何均数表示。如监测数据呈偏态分布，则宜用中位数。此外，还应计算算术标准差或几何标准差、各百分位数，以及监测浓度超过卫生标准的频率（超标样品百分率）等统计指标。监测数据经统计整理后可绘制监测浓度频数分布直方图，各季、各月或每日中各小时浓度变化曲线，各城市（或各监测点）各时期（年、季、月、日）的监测数据统计值的比较图等。

3. 环境质量指数法 环境质量指数（environmental quality index）的概念是将大量监测数据经统计处理后求得其代表值，以环境卫生标准（或环境质量标准）作为评价标准，把它们代入专门设计的计算式，换算成定量和客观评价环境质量的无量纲数值，这种数量指标就叫"环境质量指数"，也称"环境污染指数"。环境质量指数也可分为单要素的环境质量指数和总环境质量指数。单要素的环境质量指数常见的有大气质量指数（air quality index）、水质指数（water quality index）、土壤质量指数（soil quality index）等，它们或是由若干个用单独某一个污染物或参数反映环境质量的"分指数"，或是用该要素若干污染物或参数按一定原理合并构成反映几个污染物共同存在下的"综合质量指数"。环境质量指数是一个有代表性的数，是环境质量好坏的表征,既可以表示单因子,也可以表示多因子的环境质量状况;可以表示单个环境要素的,也可以表示多环境要素的综合环境质量状况。

环境质量指数法的特点是能适应综合评价某个环境因素乃至几个环境因素的总环境质量的需要。此外,大量监测数据经过综合计算成几个环境质量指数后,可简单概括的表达环境质量,并清晰明了。环境质量指数可用于评价某地环境质量各年(或月、日)的变化情况,或比较环境治理前后环境质量的改变,即考核治理效果,以及比较同时期各城市(或各监测点)的环境质量。它也适用于向管理部门和公众提供关于环境质量状况的信息,比如现在常用的空气质量指数(air quality index,AQI)。

在建立综合环境质量指数时,要按照各污染物对人体健康或环境的危害性对各参数加权。最简单和常用的加权方法是将污染物 i 的平均监测浓度 C 除以污染物 i 的评价标准(即环境卫生标准)S_i,这样把 S_i 的倒数看作权重系数;这种无量纲的 C_i/S_i 值,可称为污染物 i 的分指数,它是多种环境质量指数计算式的基本构成单元。各参数的权重系数,还需通过专家判断、征询较多学者和群众意见,或用更复杂的数学计算来确定。

环境质量指数的计算,有比值法和评分法两种。比值法是以 C_i/S_i 的形式作为各污染物的分指数。几个分指数可以构成一个综合质量指数,常用的方法有简单叠加、算术均值和加权平均等。评分法是将各污染物参数按其监测值大小定出评分,应用时根据污染物实测的数据就可求得其评分。下文将重点以大气质量评价为例阐述指数法在环境质量评价中的应用。

三、环境质量评价方法的应用

1. 大气质量评价

(1)比值简单叠加型环境质量指数:此类指数一般将各污染物的 C_i/S_i 值相加。它计算式最简单,但计算结果会受选用参数个数的影响。其基本的计算式是:

$$P_{大气} = \sum_{i=1}^{n} P_i = \sum_{i=1}^{n} \frac{C_i}{S_i} \tag{12-13}$$

式中,P_i 为污染物 i 的分指数;

C_i 为污染物 i 的监测浓度(mg/m^3);

S_i 为污染物 i 的大气卫生标准或大气质量标准(mg/m^3);

$P_{大气}$ 为综合污染指数。

例如,美国曾经使用过的"大气污染综合指数(PINDEX)"即属于此型,它以总悬浮颗粒、硫氧化物、氮氧化物、一氧化碳和臭氧为 5 项参数,计算式如下:

$$PINDEX = \sum_{i=1}^{5} \frac{C_i}{S_i} \tag{12-14}$$

式中,C_i/S_i 为各污染物监测浓度与其评价标准之比。

这类环境质量指数计算式最简单,但计算结果显然受选用参数个数的影响。

(2)兼顾最高分指数和平均分指数的环境质量指数:当大气中某种污染物出现高浓度时,就可能对环境和健康造成某方面的较大危害;而在计算大气综合质量指数时,不仅要考虑平均分指数,而且要适当兼顾最高分指数。计算式为:

$$I_1 = \sqrt{\left(\max\left|\frac{C_1}{S_1} \frac{C_2}{S_2} \cdots \frac{C_n}{S_n}\right|\right)\left(\frac{1}{n}\sum_{i=1}^{n}\frac{C_i}{S_i}\right)} \tag{12-15}$$

或
$$I_1 = \sqrt{X \cdot Y} \tag{12-16}$$

式中，I_1 为大气质量指数；

X 为最高分指数即各个 C_i/S_i 值中的最高值；

Y 为平均分指数即各个 C_i/S_i 比值中的平均值。

这种大气质量指数综合的因素较多，而且形式简单，计算起来也很方便；除了简单、便于计算外，它适当兼顾了最高分指数的影响，强调了高浓度污染物的健康危害。这种方法是上海复旦大学姚志麒教授首先提出的，并用于上海空气质量评估，因此也有人称其为"上海型大气质量指数"。

(3) 污染超标指数：污染超标指数由若干个超标分指数综合而成。其超标分指数反映历次超标浓度总和的数量。

在数理统计方法中，只能以每种污染物单独计算实测浓度超过卫生标准的次数占监测总次数的百分率、最高实测浓度的超标倍数等指标来进行评价，污染超标指数克服了这些缺点。

污染超标指数中最有代表性的是大气污染超标指数（I_2）。当大气中某个污染物出现超过大气卫生标准的高浓度，即使时间很短也可能对人群健康产生危害。可用于综合评价某监测点一年内几种污染物先后或同时且屡次出现超标高浓度的总状况，计算式如下：

$$I_2 = \sqrt{E_1^2 + E_2^2 + \cdots + E_n^2} = \sqrt{\sum_{i=1}^{n} E_i^2} \tag{12-17}$$

式中，I_2 为污染超标指数；

E 为污染物 i 的超标分指数。

假设某市大气监测项目包括 SO_2、NO_2、$PM_{2.5}$ 和铅四种污染物，则大气污染超标指数为：

$$I_2 = \sqrt{E_S^2 + E_N^2 + E_P^2 + E_L^2} \tag{12-18}$$

式中，E_S、E_N、E_P、E_L、分别代表 SO_2、NO_2、$PM_{2.5}$、Pb 四个超标分指数，超标分指数含义为：

$$E_i = \alpha \frac{A_i}{S_i} \tag{12-19}$$

式中，A_i 为污染物 i 全年监测数据中超过或等于相应卫生标准 S_i（日平均或一次最高容许浓度）的历次高浓度的累计总和；

S 为污染物 i 的卫生标准（日平均或一次最高容许浓度）；

α 为修正系数，是由于某些原因全年实际取得的有效实测数据有可能不满足原定监测计划规定的次数要求，故引入修正系数 α：

$$\alpha_1 = \frac{N_1}{N_1'} \tag{12-20}$$

$$\alpha_1 = \frac{N_2}{N_2'} \tag{12-21}$$

式中，N_1、N_2 分别为按监测计划规定全年应有的日平均和一次实测数据的个数；N_1'、N_2' 分别为全年实际取得的日平均和一次实测有效数据的个数（$N_1' \leq N_1$，$N_2' \leq N_2$）。

根据我国对这 4 种污染物规定的卫生标准，I_2 计算式换算成：

$$I_2 = \left[\left(a_{S1}\frac{A_{S1}}{S_{S1}}\right)^2 + \left(a_{S2}\frac{A_{S2}}{S_{S2}}\right)^2 + \left(a_{N1}\frac{A_{N1}}{S_{N1}}\right)^2 + \left(a_{P1}\frac{A_{P1}}{S_{P1}}\right)^2 + \left(a_{L1}\frac{A_{L1}}{S_{L1}}\right)^2\right]^{\frac{1}{2}} \quad (12-22)$$

上式中：下角字母 S、N、P、L 分别代表 SO_2、NO_2、$PM_{2.5}$、铅，各项分子 A_1 代表某污染物全年的日平均实测数据中超过或等于该污染物日平均最高容许浓度 S_1 的历次高浓度累计总和；各项分子 A_2 代表某污染物全年各次实测数据中超过或等于该污染物一次最高容许浓度 S_2 的历次高浓度累计总和。

如每季或每月均有足够的监测数据，也可计算每季或每月的 I_2。全市设若干监测点时，可先计算各点的超标指数，再计算各区或全市的平均超标指数。根据历年或各季各月的超标指数，可比较评价高浓度大气污染的变化趋势。城市中设有若干个监测点时，可用地图表示出各监测点的位置，并可采用"大气质量玫瑰图"（图12-3），将每个监测点的大气质量指数（I_1）和大气污染超标指数（I_2）及它们的各分指数用作图方法标在全市各监测点位置上，使人一目了然地看出全市大气质量的分布和各点差异状况。（说明：圆的直径表示大气质量指数 I_1；圆内数字表示大气污染超标指数 I_2；a，b，c，d，e 长度依次代表 SO_2（一次浓度）、SO_2（日均浓度）、NO_2（一次浓度）、铅（日均浓度）、$PM_{2.5}$（日均浓数）的超标分指数；p，q，r，s 长度依次代表 SO_2、NO_2、铅、$PM_{2.5}$ 的 I_1 分指数。）

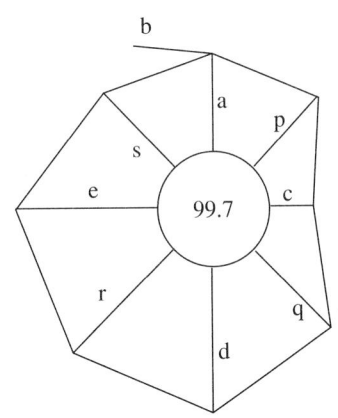

图 12-3　大气质量玫瑰图

（4）分段线性函数型大气质量指数：美国联邦环保局 1976 年公布的"污染物标准指数（pollutant standards index，PSI）"属于此种类型，空气质量指数（AQI）也由此发展而来。这类指数的各分指数与其实测浓度呈分段线性函数关系，指数的表示也以各分指数分别表示或选择最高的表示，并赋予其健康效应含义和应采取的措施。美国自 1979 年起将 PSI 作为评价大气质量的统一方法。

PSI 指数包含 SO_2、NO_2、CO、O_3、颗粒物，以及颗粒物与 SO_2 的乘积共 6 项参数。颗粒物与 SO_2 的乘积作为一个独立参数，是由于美国空气中的 SO_2 和颗粒物形成的二次颗粒气溶胶会带来显著健康威胁。各分指数 PSI 值与其实测浓度呈分段线性函数关系，以及显著危害等不同大气污染水平规定的各相应值作为分段线性函数的几个折点。各污染物实测浓度相当于其大气质量标准时，它的 PSI 分数值为 100；随着实测浓度的增高而其分指数也随之升高。各级 PSI 值 100、200、300、400、500 相对应的各污染物浓度、大气质量分级、对健康的影响见表 12-2。根据表 12-2 的数据，可绘制各污染物浓度与其 PSI 分段线性关系图，并建立分段的线性函数。图 12-4 表示颗粒物浓度与 PSI 的关系，其余 5 项也均可绘制类似的分段线性函数关系图和建立分段线性函数。反之，也可根据各污染物的实测浓度，通过计算或查图可求得

其 PSI 值。由 6 项污染物参数求得 6 个 PSI 值后不再综合，选择其中最高一个 PSI 作为该日的 PSI 指数向公众发布。由于各地的 PSI 值所选用的参数是一致的，因此可以用 PSI 比较各地的大气污染状况。

表 12-2　美国污染物标准指数（PSI）与各污染物浓度的关系及 PSI 的分级

PSI	大气污染浓度水平	污染物浓度						大气质量分级	对健康的一般影响	要求采取的措施
		颗粒物（24小时）$\mu g/m^3$	SO_2（24小时）$\mu g/m^3$	CO（8小时）$\mu g/m^3$	O_3（1小时）$\mu g/m^3$	NO_2（1小时）$\mu g/m^3$	$SO_2 \times$ 颗粒物 $\mu g/m^3$			
500	显著危害水平	1000	2620	57.5	1200	3750	490 000	危险	患者和老年人提前死亡，健康人出现不良症状。影响正常活动	全体人群应停留在室内，关闭门窗。所有的人均应减少体力消耗，避免交通堵塞
400	紧急水平	875	2100	46.0	1000	3000	393 000		健康人除明显加剧症状，降低运动耐受力外，提前出现某些疾病	老年人和患者应停留在室内，避免体力消耗，一般人群应避免户外活动
300	警报水平	625	1600	34.0	800	2260	261 000	很不健康	症状显著加剧，运动耐受力降低，健康人群普遍出现症状	老年人和心脏病、肺病患者应停留在室内，并减少体力消耗
200	警戒水平	375	800	17.0	400	1130①	65 000①	不健康	易感的人症状有轻度加剧，健康人群出现刺激症状	心脏病和呼吸系统疾病患者应减少体力消耗和户外活动
100	大气质量标准	260	365	10.0	160			中等		
50	大气质量标准 50%	75②	80②	5.0	80			良好		
0		0	0	0	0					

注：①浓度低于警戒水平，不报告此分指数；②一级标准年平均浓度

（5）空气质量指数（AQI）：我国目前使用的空气质量指数（AQI）也是按照 PSI 原理建立的。根据我国的空气质量状况，该指数所选用的污染物为 PM_{10}、$PM_{2.5}$、SO_2、NO_2、CO、O_3。日报时间周期为 24 小时，时段为当日零点前 24 小时；指标包括 PM_{10}、$PM_{2.5}$、SO_2、NO_2 和 CO 的 24 小时平均及 O_3 的日最大 1 小时平均以及 O_3 的日最大 8 小时滑动平均共 7 个指标。而实时报时间周期为 1 小时；指标包括 PM_{10}、$PM_{2.5}$、SO_2、NO_2、CO 和 O_3 的 1 小时平均，还包括 O_3 的。

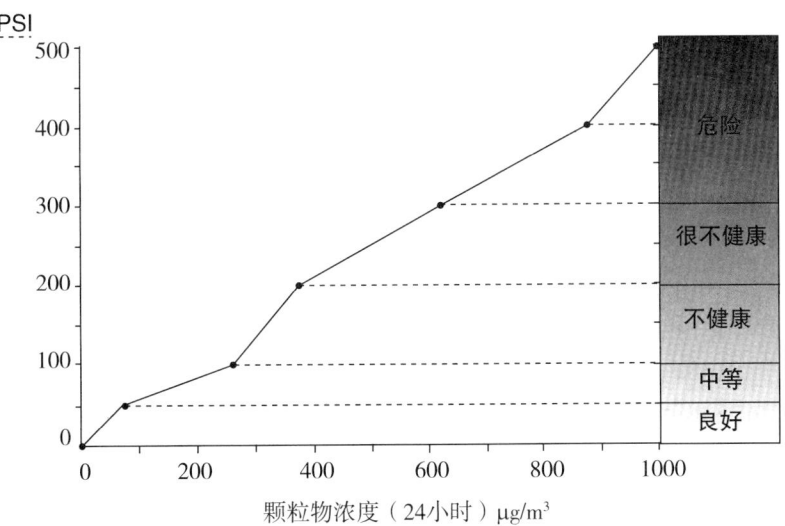

图 12-4　颗粒物浓度（24 小时）与 PSI 关系图

8 小时滑动平均以及 PM$_{10}$、PM$_{2.5}$ 的 24 小时滑动平均共 9 个指标。通过对每个单项污染物的空气质量指数（IAQI）进行计算得到数值最大的 IAQI 作为该区域的 AQI 向公众播报，该项 IAQI 最大的污染物也即为该区域或城市空气中的首要污染物。如表 12-3 所示，我国的 AQI 技术规定与《环境空气质量标准》（GB 3095-2012）同步实施，每个 AQI 指数阶段对应的污染物浓度值均参照空气质量标准设定。值得注意的是，每个国家的空气质量标准会有所差异，所以按照各自标准计算的 AQI 也会有差别。

表12-3　空气质量分指数及对应的污染物项目浓度限值

空气质量分指数 (IAQI)	二氧化硫 (SO_2) 24小时平均/ ($\mu g/m^3$)	二氧化硫 (SO_2) 1小时平均/ ($\mu g/m^3$)①	二氧化氮 (NO_2) 1小时平均/ ($\mu g/m^3$)	二氧化氮 (NO_2) 24小时平均/ ($\mu g/m^3$)	颗粒物（粒径小于等于10 μm）24小时平均/ ($\mu g/m^3$)	一氧化碳 (CO) 24小时平均/ (mg/m^3)	一氧化碳 (CO) 1小时平均/ (mg/m^3)①	臭氧 (O_3) 1小时平均/ ($\mu g/m^3$)	臭氧 (O_3) 8小时滑动平均/ ($\mu g/m^3$)	颗粒物（粒径小于等于2.5 μm）24小时平均/ ($\mu g/m^3$)
0	0	0	0	0	0	0	0	0	0	0
50	50	150	40	100	50	2	5	160	100	35
100	150	500	80	200	150	4	10	200	160	75
150	475	650	180	700	250	14	35	300	215	115
200	800	800	280	1200	350	24	60	400	265	150
300	1600	②	565	2340	420	36	90	800	800	250
400	2100	②	750	3090	500	48	120	1000	③	350
500	2620	②	940	3840	600	60	150	1200	③	500

说明：① 二氧化硫（SO_2）、二氧化氮（NO_2）和一氧化碳（CO）的 1 小时平均浓度限值仅用于实时报，在日报中需使用相应污染物的 24 小时平均浓度限值。
② 二氧化硫（SO_2）1 小时平均浓度值高于 800 $\mu g/m^3$ 的，不再进行其空气质量分指数计算，二氧化硫（SO_2）空气质量分指数按 24 小时平均浓度计算的分指数报告。
③ 臭氧（O_3）8 小时平均浓度值高于 800 $\mu g/m^3$ 的，不再进行其空气质量分指数计算，臭氧（O_3）空气质量分指数按 1 小时平均浓度计算的分指数报告。

来源：环境空气质量指数（AQI）技术规定（HJ 633—2012）

和之前的 PSI 一样，AQI 拟定的分段线性函数可以在对应的污染物浓度下计算得到 IAQI，公式如下：

$$IAQI_P = \frac{IAQI_{Hi} - IAQI_{Lo}}{BP_{Hi} - BP_{Lo}}(C_P - BP_{Lo}) + IAQI_{Lo} \tag{12-23}$$

式中：$IAQI_P$ ——污染物项目 P 的空气质量分指数；

C_P ——污染物项目 P 的质量浓度值；

BP_{Hi} ——与 C_P 相近的污染物浓度限值的高位值；

BP_{Lo} ——与 C_P 相近的污染物浓度限值的低位值；

$IAQI_{Hi}$ ——图 12-4 中与 BP_{Hi} 对应的空气质量分指数；

$IAQI_{Lo}$ ——图 12-4 中与 BP_{Lo} 对应的空气质量分指数。

2. 水环境质量评价 水环境质量评价中，"比值简单叠加型水质指数"与大气质量评价中计算方法基本相似，同时，"比值加权型水质指数"也曾被世界各国采用过，主要是对单一参数的比值进行加权来突出重要参数，而这个权重系数是由专业人员讨论得到的。比如 Brown 指数采用德尔菲（Delphi）决策技术，在参数选定、评分尺度和权重确定方面，都通过书面调查反复向 142 名水质专家征询意见，避免了由少数学者评定的主观性，因此这种指数较为客观。评分范围为 0 ~ 100，以 0 分代表最差水质，100 分代表最佳水质。然后，收集所有专家的评分曲线加以统计，整理成平均的评分曲线。例如，溶解氧通常是钟形曲线，而粪大肠菌是下坡型曲线等。且所有的专家一致认为，当水中存在的任何一种毒物浓度超过饮水标准时，Brown 水质指数就等于 0；此外，当水中各种农药浓度超过 0.1 mg/L 时，此水质指数也等于 0。因此，通过加权，比值加权型水质指数会更加客观地反映出水质状况。水质评价的计算方法还有综合指数法、水质标准级别法、模糊数学评价法等。下面我们简单介绍一下比较常用的 Nemerow 水质指数法。

Nemerow 水质指数的优点是该指数区分了水体的 3 种基本用途：人体直接接触的用途、人体间接接触的用途（钓鱼、食品工业、农业应用等）和人体不接触（工业冷却、观瞻、旅游、航行等）用途；同时兼顾了单项水质指数的平均值与最大值。因此，先按水体 3 种用途分别计算 3 个水质污染指数，计算公式为：

$$PI_j = \sqrt{\frac{\left(\frac{C_i}{L_{ij}}\right)^2_{max} + \left(\frac{C_i}{L_{ij}}\right)^2_{av}}{2}} \tag{12-24}$$

式中，PI_j 为按 j 种用途计算的水质污染指数（$j = 1, 2, 3$）；

C_i 为污染物 i 的实测浓度；

L_{ij} 为污染物 ij 用途时的水质评价标准（人直接接触、间接接触或不接触）。

$\left(\frac{C_i}{L_{ij}}\right)_{max}$ 为各参数 $\frac{C_i}{L_{ij}}$ 比值中的最高分指数；

$\left(\frac{C_i}{L_{ij}}\right)_{av}$ 为各参数 $\frac{C_i}{L_{ij}}$ 比值的算术均数，即平均分指数。

对某一水体进行评价时，先按三种用途分别计算 PI_j，然后按下式求各种用途的总指数 PI：

$$PI = \sum_{j=1}^{3} W_j \cdot PI_j \tag{12-25}$$

式中，W_j 为不同用途的水体的权重系数（$\sum W_j = 1.0$）。

3．土壤环境质量评价　土壤环境质量评价方法主要有生物法、毒理法、指数法，以及土壤和作物中污染物积累的相关数量计算污染指数；目前多采用土壤污染指数或土壤质量指数。土壤质量指数一般可采用比值简单叠加和 Nemerow 水质指数等相似的计算原理，这里不再赘述。

对于土壤评价因子的选择：一是根据土壤污染物类型，二是根据评价目的和要求。一般选择：①重金属及其他有毒物质，如汞、镉等；②有机毒物，如六六六等；③酸度、全氮、全磷。

评价标准的选择：一般选用如下标准①以区域土壤背景值为评价标准；②以区域土壤自然含量为评价标准；③以土壤对照点含量为评价标准；④以土壤和作物中污染物质积累的相关数量作为评价标准。

4．环境噪声评价　城区环境噪声评价可采用等效声级（L_{eq}）或交通噪声指数（TNI）等指标。也可采用噪声污染指数法：

$$Q_{噪声} = \frac{C_N}{S_N} \tag{12-26}$$

式中，C_N 为白天室外实测噪声 [dB（A）]；S_N 为噪声级评价标准 [我国的噪音采用 50 dB（A）]。

四、环境质量健康效应评价

环境质量的健康效应评价是环境质量评价的核心内容，对阐明环境质量对人群健康的影响至关重要。目前，国内外广泛采用环境流行病学调查方法，研究环境质量对人群健康的影响；其中环境危险度评价的方法可对环境污染物的健康影响做定性/定量评价，可见第 13 章的具体内容。此外，健康影响评价中的健康经济损失评价也常用来评估环境污染物对人群健康的总体影响，比如人力资本法（human capital，HC）或支付意愿法（willingness to pay，WTP），这部分可以参考第四节中环境健康影响评价相关内容。

第四节　环境影响评价

一、环境影响评价的目的和作用

影响评价（environmental impact assessment，EIA）是在一项工程动工兴建之前，对它的选址、设计以及在建设施工过程中和建成投产后对环境可能造成的影响进行预测和评估。其目的是为了防止或减轻拟建项目对环境及人类健康带来的直接或间接影响。随着环境影响评价理论、方法体系的逐渐完善和发展，其可发展到对政策、计划或规划等的环境影响进行系统的评价，即所谓战略环境影响评价。

我国自 2003 年起实施的经多次修订的，目前施行的 2018 年修正版《中华人民共和国环境影响评价法》已经将环境影响评价从单纯的建设项目扩展到各类发展规划，对从决策源头防止环境污染和生态破坏提供了法律保障，同时，该法更加突出公众在环境保护中的作用，并通过环境影响跟踪评价和后评价制度，将环境影响评价落实到规划执行和建设项目运行的整个过程。该法明确规定，国务院有关部门、市级以上人民政府及其有关部门组织编制的规划必须进行环境影响评价。其中，宏观的、预测性的、指导性的规划，包括土地利用，区域、流域、海域的建设开发利用规划及专项规划的指导性规划，应当在规划的过程中进行环境影响评价，作为规划草案的组成部分一并报送规划审批机关；工业、农业、畜牧业、林业、能源、水利、交

通、城市建设、旅游、自然资源开发的有关专项规划，应在上报审批前进行环境影响评价。该法特别规定，对可能造成不良影响的规划或建设项目，必须进行论证会、听证会或采取其他形式，征求有关单位、专家和公众对环境影响评价报告书的意见。该法最重要的创新之一是把"公众参与"作为环境影响评价中的一项重要原则和程序加以规定。国家鼓励有关单位、专家和公众以适当方式参与环境影响评价，老百姓有权利对建设项目的环境问题发言，从而保证了公众的环保知情权和参与权。

二、环境影响评价的内容

我国环境影响评价内容包括以下几个方面：

（1）建设项目的环境影响分析。根据建设项目的地理位置、性质和规模，确定其对环境可能产生的影响及其范围、程度和延续时间。

（2）建设项目所在区域环境现状的叙述及评价。了解建设项目周围的自然、社会环境概况，研究与建设项目有关的环境过程和变化规律，并进行环境质量现状评价。

（3）受建设项目影响的环境要素变化预测。自然环境要素变化预测包括大气、水、土壤和生物污染等方面；社会环境要素变化预测包括人群健康的变化、人口与社会经济状况的变化以及名胜古迹遭受影响的情况。

（4）建设项目的环境影响评价。按一定评价方法对未来的环境影响进行定性、半定量评价。

（5）根据评价结果，提出减缓对环境影响的具体措施，完成分组报告，各分组于预定时间内编写出研究成果总结，提出评价结论。

（6）编写环境影响综合评价报告。围绕建设项目可能带来的主要环境问题，综合分析建设项目的环境影响，对其影响的性质和程度进行评价，从环境保护角度出发对工程建设项目提出结论性意见，根据需要最终提出工程代替性方案或应该采取的补救措施。

（7）将环境影响报告书提交环境保护部门审批。在我国环境影响评价程序中，凡进行可行性研究的项目，环境影响评价与可行性研究应同时进行。

环境影响评价可根据评价对象和要求只作单一污染物的环境影响评价或对大气、水、土壤、生物环境要素分别或综合进行环境影响评价。有的建设项目还影响当地生态环境或需要移民安置，从而给人群健康带来新的问题。

环境影响评价包括初步评价（简称初评）和详细评价（简称详评），初评主要根据项目建议书，搜集分析现有资料，进行现场踏勘和必要的试验，并进行评价。一般不进行长期观测和试验，也不作深入的专题研究。详评在初评的基础上进行，重点论证初评不能说明的环境影响及对策，一般需进行长期观测和试验。

一切工程建设项目都必须进行初评。初评报告书经环保部门审查，凡项目对环境的影响已叙述清楚，可以对项目选址是否合理、污染与破坏程度轻重、环境经济效益优劣等得出明确结论者，环境保护部门可以确定不进行详评。未达到要求或大型骨干项目和特殊项目都必须进行详评。

三、环境影响评价的应用

本节以地表水环境影响评价为例阐述环境影响评价主要内容，主要是分析研究污染物在天然水体中的自净规律，从保护地表水环境的角度控制污染物的排放量，确定拟建项目实施的可行性。凡可进行建设的项目，还应提出保护水环境的对策与措施。地表水环境影响评价的程序如图12-5。首先需要对环境现状进行必要的了解，就是对污染物在地表水中的排放净化过程进行数学模型拟合的过程。

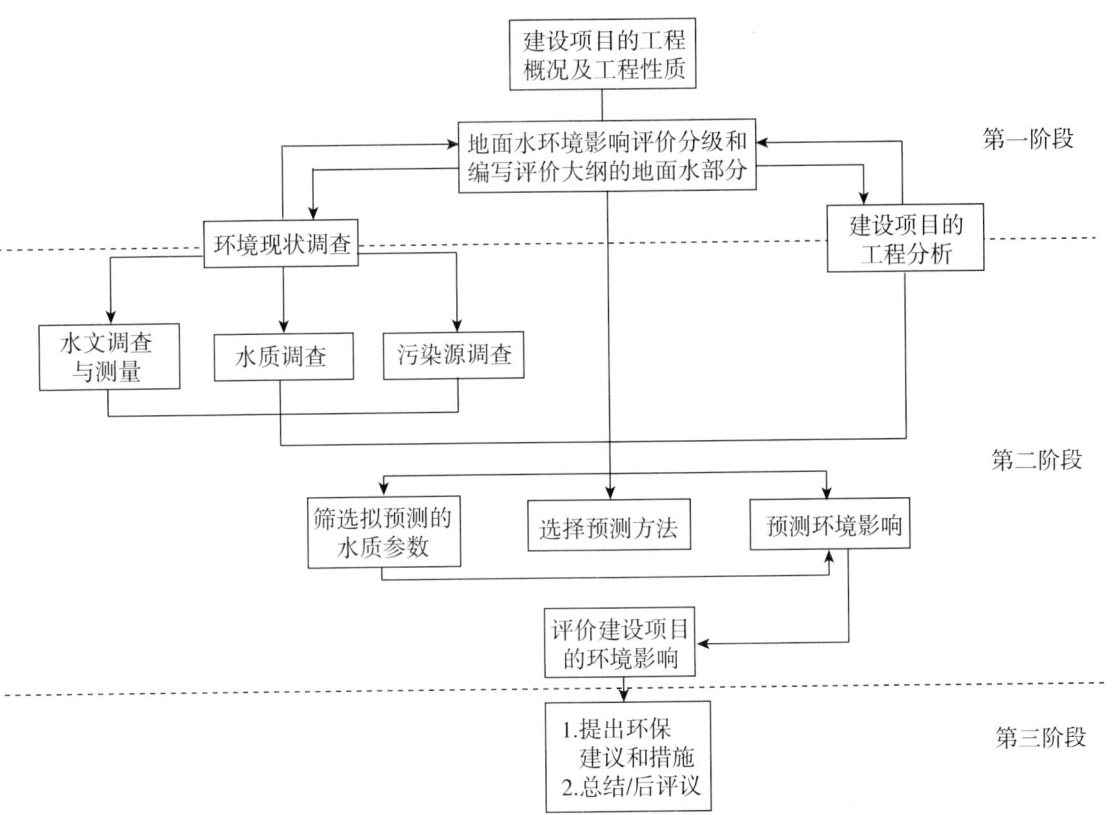

图 12-5 地表水环境影响评价工作流程

1．污染物在水体中的扩散、稀释模型　难降解有机污染物、可溶性盐类和悬浮固体在水体中的自净主要属物理过程，只考虑其扩散、稀释作用。

（1）污染物在水体中的扩散与稀释：废水排入水体后，立即在水体中扩散，为水体所稀释。其稀释程度取决于两者的总量及混合程度，也就是要考虑"稀释比"与"混合系数"的概念。

所谓稀释比，即参与稀释、混合的水体总水量与排入的废水总量之比。如果水体为河水，可用河水流量 Q 与排入的废水流量 q 之比来表示：

$$n = Q/q \tag{12-27}$$

但上式给出的稀释比是可能获得的最大稀释程度。实际上，废水排入天然水体后，需要一定时间或经过一段距离才能达到充分的混合。在一个流动的水体中，废水从排入到完全混合，必然是在下游的某一断面。可以想象，在完全混合的界面到废水排放口之间的任何断面，稀释比均小于式 12-27 给出的数值。令 m 为从废水排放口到完全混合的界面之间任一断面的稀释比，显然，

$$m = \alpha \frac{Q}{q} \tag{12-28}$$

α 定义为混合系数，它是参与稀释的河水流量与总流量之比值。

影响混合系数 α 的因素很多，如河水与废水的流量比、废水排放的位置和形式、河流的水文条件、废水特性、从排放口到计算断面的距离等。混合系数的数值可通过实测求得，也可据经验公式近似计算。

(2) 水体最大容许负荷量及最大容许排放浓度：负荷量是指在一定自然条件下，按水质标准要求，水体能够承受污染物的最大数量。它随供水目的、水质要求、水体水量和自净能力而变化。最大容许负荷量 E_s（g/s）的计算公式为：

$$E_s = QC_s \tag{12-29}$$

式中，C_s 为水质标准规定的污染物浓度（mg/L）；
Q 为水体水量（m³/s）。

根据 E_s 和污染物最大容许排放量的等量关系，并考虑到混合系数的影响，可得最大容许排放浓度 $C_{i,\max}$ 的计算公式：

$$C_{i,\max} = \left(\alpha \frac{Q_0}{q} + 1\right) C_s \tag{12-30}$$

式中，Q_0 为废水排放口上断面河水流量（m³/s）；
q 为废水排放量（m³/s）。

如果考虑污染物在水体中的本底值，式（12-30）应修正为：

$$C_{i,\max} = \left(\alpha \frac{Q_0}{q} + 1\right) C_s - \frac{Q_0}{q} C_0 \tag{12-31}$$

式中，C_0 为废水排放口上断面污染物浓度（mg/L）。

(3) 完全混合河段水质模型：假定污染物在下游某一断面完全均匀混合，此时混合系数 a 为 1，可得下断面水质预测模型：

$$C = \frac{Q_0 C_0 + qC_i}{Q_0 + q} \tag{12-32}$$

式中，C_0、C 为上、下断面污染物浓度（mg/L）；C_i 为废水中污染物浓度（mg/L）。

(4) 考虑分散作用容许负荷量的计算：估算水源保护区的容许负荷量，若考虑分散作用，则公式：

$$C = C_0 \exp\left(\frac{-ux}{\overline{E_x}}\right) \tag{12-33}$$

式中，x 为上、下断面间的距离（m，km）；u 为平均流速（m/s）；$\overline{E_x}$ 为纵向分散系数（m²/s，km²/d），可由河流数据推导。

$$\overline{E_x} = 0.011 \frac{u^2 B^2}{H\sqrt{gHI}} \tag{12-34}$$

式中，B 为计算河段平均水面宽（m）；I 为河床比降；g 为重力加速度（9.81m/s²）；H 为断面平均水深（m）；其余符号意义同前。

2. 河流的生物自净模型 在自然界中，清洁的河水可被溶解氧饱和或接近饱和。废水排入河水后，因微生物分解净化其中的有机污染物，溶解氧不断被消耗；同时，由于河水流动，接触大气的河水表面不断曝气，加上藻类等绿色植物进行光合作用时也放出氧气，使水体再充氧或复氧。废水排入水体后，受纳水体中的变化就是这两种作用的综合结果，图 12-6 为从废水排放口起至下游溶解氧曲线，或称为溶解氧下垂曲线。当废水从排放口排入受纳水体时，生化需氧量（biochemical oxygen demand，BOD）突然增加。随着时间的推移，有机物逐渐被降解，BOD 从排放口向下游逐渐降低，最终达到排放口上游水体的指标值，其变化过程如图中的氧化曲线。自然曝气使水体不断获得氧，其过程如图中的复氧曲线。溶解氧曲线即为氧化曲线与复氧曲线叠加的结果。

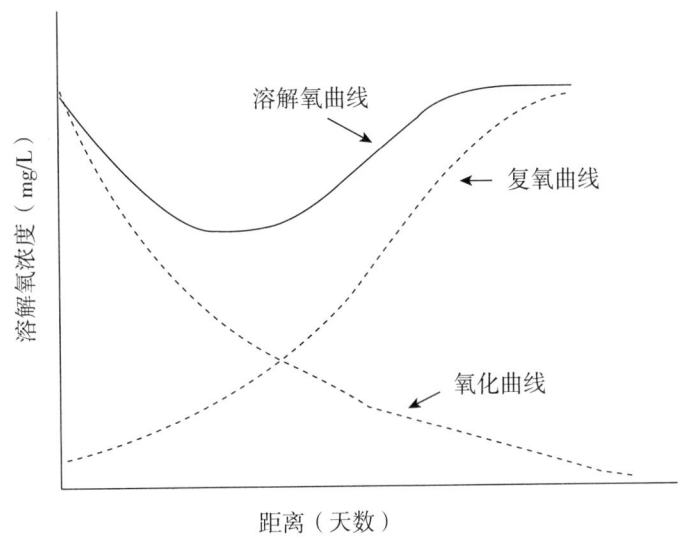

图 12-6　溶解氧下垂曲线

溶解氧曲线表明，从废水排放口到下游某处，由于耗氧速度大于复氧速度，水中的溶解氧不断降低，曲线下降，并在某处降到最低点，此时耗氧速度正好与复氧速度相同。超过最低点，复氧速度高于耗氧速度，溶解氧曲线逐步上升，最后达到稳定，即恢复到排放口上游的水平，水体重新处于正常状态。

由以上定性分析可知，溶解氧含量是反映河水污染程度的重要指标，溶解氧含量小，则氧亏量大，说明水体污染严重。为了定量计算水体的污染程度，下面用数学模型来描述这些过程。

（1）生化需氧量自净方程：BOD 降解速率与水体中有机污染物的浓度成正比，即：

$$C_t = C_0 e^{-k_1 \frac{x}{u}} \tag{12-35}$$

（2）复氧速度方程：在其他条件一定时，复氧速度取决于氧亏，即：

$$D_t = D_0 e^{-k_2 \frac{x}{u}} \tag{12-36}$$

（3）溶解氧下垂方程：耗氧与复氧作用共同决定着水中氧的实际含量，即河流中氧亏的变化速率是耗氧速度与复氧速度的代数和。下面即是以氧亏或溶解氧表示的溶解氧下垂方程：

$$D_t = \frac{K_1 C_0}{K_2 - K_1} \left(e^{-k_1 \frac{x}{u}} - e^{-k_2 \frac{x}{u}} \right) + D_0 e^{-k_2 \frac{x}{u}} \tag{12-37}$$

$$O_2^t = O_2^0 e^{-k_2 \frac{x}{u}} + O_2^s \left(1 - e^{-k_2 \frac{x}{u}} \right) - \frac{K_1 C_0}{K_2 - K_1} \left(e^{-k_1 \frac{x}{u}} - e^{-k_2 \frac{x}{u}} \right) \tag{12-38}$$

C_0、D_0、O_2^0 为上断面起始时实测 BOD、氧亏和溶解氧的浓度（mg/L）；

C_t、D_t、O_2^t 为下断面 t 时的 BOD、氧亏和溶解氧浓度（mg/L）；

O_2^S 为饱和溶解氧（mg/L）；K_1、K_2 为耗氧系数与复氧系数（d^{-1}）；U 为断面平均流速（m/s）；X 为上、下断面间的距离（m，km）。

（4）氧亏临界值和临界时间的计算：在研究河流生物自净规律时，最大容许氧亏及其出现的时间或位置，即图 12-6 溶解氧曲线最低点的计算是很重要的。此时，

$$D_c = \frac{K_1}{K_2} C_0 e^{-k_1 \frac{x}{u}} \tag{12-39}$$

$$x_c = u t_c \tag{12-40}$$

$$t_c = \frac{1}{K_2 - K_1} \ln\left\{\frac{K_2}{K_1}\left[1 - \frac{D_0}{K_1 C_0}\right]\right\} \tag{12-41}$$

D_c、x_c、t_c 分别为最大容许氧亏或氧亏临界值（mg/L）、临界距离（m，km）和临界时间（d）。

（5）耗氧系数 K_1 估算：耗氧系数 K_1 的估算有实测资料反推法、实验室测定法和河流水力学特征估算法，前两者方法简单，但误差较大，故介绍河流水力学特征估算法：K_1 与河水流量、水温、河道湿润周边以及 BOD 等相关，可用双曲线表示：

$$K_1 = 1.796 Q^{-0.49} \tag{12-42}$$

式中，Q 为河水流量（m³/s）。

（6）复氧系数 K_2 估算：在低流速和各向同性时，利用差分公式：

$$K_2 = K_1 \frac{\overline{C}}{\overline{D}} = -\frac{\Delta D}{2.3 \Delta t \overline{D}} \tag{12-43}$$

式中，ΔD 为上下断面氧亏之差（mg/L）；

Δt 为流经上下断面的时间（d）；

$\overline{C}$、$\overline{D}$ 为上、下断面 BOD 与氧亏的平均值。

在高流速和各向异性时，用 O'connor 等提出的经验公式：

$$K_2 = \frac{(D_1 u)^{\frac{1}{2}}}{H^{\frac{3}{2}}} \tag{12-44}$$

$$K_2 = \frac{3.11 \times 480 \times D_1^{0.5} i^{0.25}}{H^{1.25}} \tag{12-45}$$

式中，D_1 为水中氧的扩散系数，20 ℃时为 $2.039 \times 10^9 \text{m}^2/\text{s}$；$H$ 为断面平均水深（m）；U 为断面平均流速（m/s）；i 为河床底坡坡度。

（7）K_1 与 K_2 的温度修正：耗氧与复氧系数均随温度升高而增加，通常用以下公式修正：

$$K_1(T) = K_1(20) \theta^{(T-20)} \tag{12-46}$$

$$K_2(T) = K_2(20) \theta^{(T-20)} \tag{12-47}$$

式中，θ 取值为 1.047 ~ 1.140，温度较低时取较高的 θ 值，但一般都取 1.047；

T 为水体实际温度（℃）；$K_1(20)$、$K_2(20)$、$K_1(T)$、$K_2(T)$ 分别为 20 ℃与 T ℃下的

耗氧与复氧系数。

因此，这样我们就可以了解污染物排放后地表水质的变化情况，就可以较好地评价可能的排污产生的环境后果。

四、环境健康影响评价

保护环境的最终目的是保护人类生存和繁衍的条件。人类社会经济活动所造成的环境因素变化，势必影响人类的生活和工作环境，直接或间接地涉及人群健康。环境健康影响评价（environmental health impact assessment，EHIA）是环境影响评价的重要内容，虽然并非所有工业建设项目都需进行环境健康影响评价，但对大、中型工业建设和水利工程等开发建设项目来讲，必须进行健康影响评价。环境健康影响评价的含义是：预测和评价由发展政策和拟建项目可能产生的大气、地面水、土壤等环境因素的质量变化而带来的人群健康影响及其安全性。

1. 环境健康影响评价的方法与内容　我国的环境健康影响评价起步比较晚，但随着公共健康的日益发展，城市规划更多的需要和人群健康领域交叉共赢，未来 EHIA 在我国的应用将具有非常广阔的前景。

环境健康影响评价的基本方法有专家预测法、趋势外推法和类比法等流行病学方法及毒理学实验研究。虽然在方法学上还有很多不足，有时对环境与某些疾病的因果关系难以确认，但根据环境影响评价预测的环境质量，参考环境和健康关系的大量资料，仍可对拟建项目的健康影响做出一定有价值的评价。图 12-7 描述了环境健康影响评价中常用的 10 步模型评估法，可比较系统的进行环境健康影响的评估。

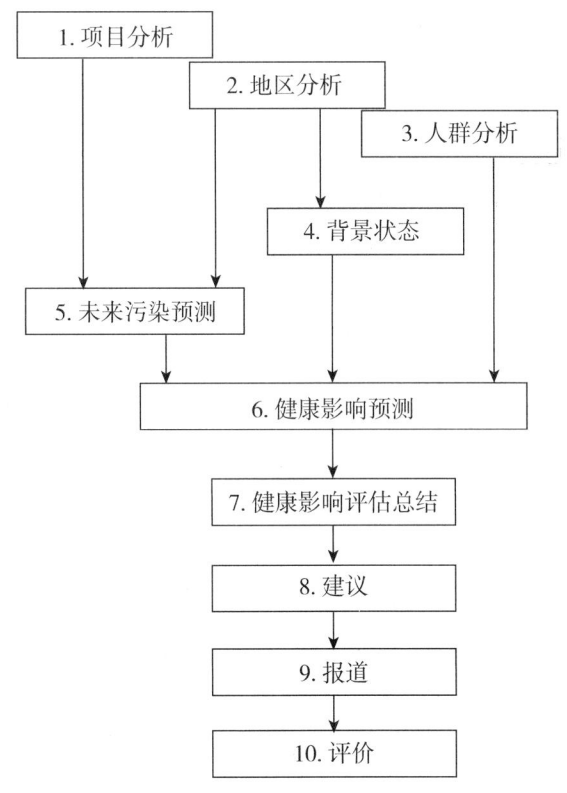

图 12-7　环境健康影响 10 步模型评估法

环境健康影响评价的内容大致包括：

（1）评价项目的筛选：环境健康影响评价项目选择的重点为：①有害污染，产生噪声且有一定规模的建设项目；②小项目中产生毒物、废水或废气等亦应进行环境健康影响评价；

③对于有疑点的项目进行健康影响评价,以加快评价进程,直接进入到减缓措施的专门评价。

(2) 影响范围的确定:至少包括①识别可能产生健康影响的工艺和污染物,在了解拟建工业的生产工艺时,应注意其原材料、半成品、成品中的有毒有害物品,包括耗用量、贮存、运输和流失情况。②要查明拟建工业将排放的污染物种类和数量,包括正常生产期间连续和间歇排放、无组织排放及生产事故中排放的污染物。③对上述物料和污染物,应尽量查明其理化性质(包括易燃性、易爆性、腐蚀性、放射性)以及急慢性中毒、致癌、致畸、致突变等毒理学资料。

除此之外,有些项目评价应考虑到空间范围与时间范围的确定。

1) 空间范围:有些项目的影响远远超出了项目的评价区,如经济机遇吸引了远方社会群体的正式和非正式劳动者,可能造成的传染病输入;媒介昆虫的繁殖向下方扩展;废水流入溪流又流向远方;废气可以扩散到数公里之外;有毒物质聚集于食物链影响到这些食物出口地区社会成员的健康等。

2) 时间范围:建设项目健康影响评价应考虑到项目的四个阶段,即项目建设之前、项目建设中、早期运行及晚期运行(10年之后)。因为在许多情况下建设项目效益是以牺牲公众健康为代价换取的,不少项目可以引起实质性健康危险,甚至自始至终与健康危险紧密相连。有些项目的健康危险会立即显现出来(如事故、中毒),有的健康危险直到项目的后期才显现出来(如大气污染引起肺癌),这些具有较长潜伏期的危险通常在发展计划中不被重视,然而他们或许才应该是健康影响评价的重点所在。

(3) 健康影响现状评价主要包括:

1) 基准资料的收集:包括环境监测资料、居民经济文化状况、卫生饮食习惯、人口及年龄分布、性别构成、期望寿命、传染病、地方病、常见病及其他有关资料。

2) 死亡回顾调查:按"国际疾病分类标准"(international classification of diseases, ICD)进行死因排序及恶性肿瘤排序。死亡率统计中应对那些诊断证据不足者予以分析,以确定可信程度。

3) 健康状况调查:①有关疾病的现状体检:有关疾病的现状体检是新建项目人群健康状况的基准资料,也是扩建项目评价对居民健康影响的检查,它关系到项目建设与其周围居民终生健康影响。体检对象的选择应考虑到无职业性接触有毒有害物质及不吸烟、不饮酒等,故通常以居住5年以上的中小学生为主要选择对象,调查前要做仔细、周密的统计学设计,要有足够的样品量及选择足够容量的合适的对照组,应利用已有知识,在设计中尽可能排除干扰因素。体检项目的重点应与评价项目紧密结合,如大气污染应以呼吸系统疾病与五官科疾病为主。体检前应制定有关标准并进行人员培训,以达到标准与方法的统一。②儿童生长发育及生理功能检查。③出生缺陷调查:可查阅产院资料或进行居民区逐户调查,也可将两者结合起来,后者统计分析时必须认真剔除重复部分。④生物材料检测:根据项目污染物状况,可选择人体负荷检测(如铅、砷、镉等化学污染物为主)、生物剂量计检测(如染色体、微核、HPRT等)及免疫功能检测。

(4) 健康影响估计:健康影响估计的主要目标是危害的确认、健康危险的解释及危险管理。尽管在深度上应集中于少数重要的健康危害,但在调查中应对各项目阶段的各种健康危害做出评价,它涉及与项目联系的暴露改变:确认将要暴露的社会群体及暴露实质、暴露量及暴露的可能性,包括已存在的部门的职能——健康服务、监测、信息、安全管理及减缓健康危害等。可行性研究应提供项目计划或保证健康运行的有关资料。

1) 在取得基准健康资料的基础上,结合环境评价中预测的拟建工业项目,在正常生产和发生事故的情况下,周围地区的环境质量变化,对该项目引起的健康影响做出估计。例如,已知人群对某污染物的预测暴露水平和单位暴露水平的健康影响时,可判断该人群暴露于污染物预测浓度下的健康影响。

2）世界卫生组织陆续出版的《环境卫生基准》丛书，污染物专册详尽报道了各国对各种污染物的毒理学实验、流行病学调查和危险评价结果，这些资料对环境健康影响评价具有重要参考价值。国内外制定的地面水和大气污染物卫生标准的基准资料，是估计暴露水平下的健康影响的依据。

3）国内外积累的有关环境污染与人群健康关系的调查资料，对环境影响的估计有重要参考价值。如，其他地区同类工业已经建成，且在投产后曾在周围进行过周密设计并获得可靠结论的环境流行病学调查，则获得的该地人群某些健康指标与当地环境质量之间的相关分析结果，对该项目健康影响的估计将起到重要作用。

4）在拟建项目未建前如做过附近地区人群健康状况的基线调查，在项目投产后若干年再做人群健康影响调查，通过前后对比（假如在这段时期内没有其他重大项目投产）并在充分考虑了所用统计检验的灵敏程度后，可适当用于统计该建设项目对人群健康带来的影响。

5）对于偶尔发生的各种突发性生产事故的估计，应选择已建成的同类工业进行调查，研究其事故的性质和原因、发生频率、持续时间、污染物泄漏数量，以及对周围地区的污染范围和程度。健康评价中应结合拟建项目的具体条件，根据出现生产事故时不同污染程度的地区内的人口数、暴露水平和持续时间，估计产生事故对人群造成的健康影响。

(5) 预防措施的建议：在环境健康影响评价中，应对建设项目提出减轻健康影响的建议，包括改变选址或修改工艺设计，选用无毒无害的原材料，改进有毒有害物料的运输和贮存，削减污染物排放量，杜绝跑、冒、滴、漏和减少无组织排放，强化生产管理及防护部门的职能，防止生产事故、职业中毒与职业病的发生，建立卫生防护带并加以绿化，制订环境监测计划和生产事故的应急救援方案等。在项目建成投产后，应对周围环境质量进行监督，对健康影响较大的项目，亦应对周围人群进行定期医学调查，如发现问题，应对生产单位提出进一步做好环境保护和减轻健康影响的建议。环境影响评价应当设法确定当项目完成时与项目相联系的健康危险是否减少或保持不变。

2．健康危害的经济损失估算 定量计算有害因素对人群健康造成的危害，并将其转变为货币的形式，即经济损失估算，对开发建设活动的正确决策是非常重要的。

健康危害的经济损失具体指的是由于有害因素使某些疾病发病率和死亡率增加而造成的个人和社会的经济损失，包括劳动生产力损失和医疗费用的增加，通常分为直接费用和间接费用两大类。

直接费用代表用于预防、诊断、治疗以及患者恢复的所有人力和物力的价值。根据我国现实情况，主要部分是直接用于医疗的费用，其计算方法为：

$$S_1 = P_1 \cdot R_1 \cdot AR_1\% \cdot Y_1 \tag{12-48}$$

式中，S_1 为直接费用；P_1 为有害因素影响范围内人口数；R_1 为有害因素影响区域的患病率；$AR_1\%$ 为归因于某一因素以致患病率或死亡率增加的百分数；Y_1 为人均医疗费用。

间接费用代表了永远失去的生产力的价值。它不仅包括由于早死而导致的损失，也包括因病劳动力丧失所造成的损失。间接损失的计算方法较多，一般将其分为慢性病造成的损失、急性病患者因病缺勤造成的损失、急性病患者因需陪医造成的损失、因寿命缩短造成的损失等。

关于经济损失的通用计算公式，也可按修正的人力资本法给出：

$$S = \left[P \sum_{i=1}^{n} T_i (L_i - L_{0i}) + \sum_{i=1}^{n} Y_i (L_i - L_{0i}) + P \sum_{i=1}^{n} (L_i - L_{0i}) \cdot H_i \right] \cdot M \tag{12-49}$$

式中，S 为有害因素对人群健康造成的损失费用（万元）；P 为人力资本（区人均净产值）[元/

(年·人)]；M 为有害因素影响范围内人数（万人）；T_i 为 i 种疾病患者人均丧失劳动时间（年）；H_i 为 i 种疾病患者陪床人员的平均误工（年）；Y_i 为 i 种疾病患者平均医疗护理费用（元/人）；L_i、L_{0i} 分别为污染和清洁区 i 种疾病的发病率（1/10 万）。

需要指出的是，将健康损害转变成货币的计算所涉及的变量较多，其取值方法与结果也有很大的差异。

五、环境影响评价中的全球性环境问题

人类的社会和经济活动对环境造成的损害日益加剧，其影响扩展到全球范围。在地球上，许多地区有越来越多人为损害迹象，使空气、水和土壤及生物污染达到危险的程度；生态平衡受到严重破坏或陷于枯竭；在人们生活和工作环境里存在着有害于人类身体、精神健康和社会发展的严重缺陷。这些已引起世人的极大关注。

环境评价应当搜集或参考其有关的资料。在环境评价中，应该考虑的问题非常多，一些问题在不同时期显示出不同的重要性，老问题没有解决而新的问题又不断产生。其中，主要有五类在环境评价中应予以关注的全球问题。

（1）全球公共卫生事件：随着新冠病毒在全球的流行，"国际关注的突发公共卫生事件"（public health emergency of international concern，PHEIC）成为全球关注的焦点，生物安全也上升到国家安全的层面。生物污染已成为需要国际共同应对的问题。因此，在面对环境中存在传染病健康风险的时候，需要更多地以全球视角去审视生物污染的传播、存在、扩散、流行和爆发等问题，并及时提供解决措施和方案，必要时需及早的通报、介导公共卫生职能部门对其进行控制、预防、干预及治疗。

（2）全球变暖：人类的生产活动产生大量二氧化碳、甲烷等气体，大气中的这类温室气体浓度的增加，导致了全球气候的变化，全球平均气温升高，海平面上升，灾害性气候异常事件的发生频率增加，对社会和经济发展造成严重的影响。

全球气候变暖是环境评价中极难处理的一类特殊问题。首先，除了被评价的活动是可以缓解全球变暖的外，只有少量的活动释放出的温室气体对环境有重要影响。在环境评价中，对拟议项目筛选时，应对气候变暖的贡献进行鉴别，确定这些贡献的意义。尽管通常难以估计对全球变化的绝对程度，但对贡献的相对大小应予以评价；另外，也应考虑全球变暖对拟评项目的潜在影响，如海平面升高和水灾的增加将对项目产生的影响。

世界银行一般并不要求在特定项目评价时对全球问题进行单独分析。因此对于全球变暖应在适当的范围予以讨论，不要夸大，也不要减小。还要特别注意各国的不同国情，注意发展中国家与发达国家在责任与义务方面的区别。

（3）大气污染物越界传输和酸雨问题：工业生产和热电的发展使大气污染物的排放量增加，造成大气污染日益加重，许多工业化国家采取各种措施防治大气污染，其中一个重要措施是加高烟囱的高度。这一措施有效地改善了排放地区的环境质量，但却产生了大气污染物的远距离输送，跨过地区、跨越国界进入邻区、邻国。矿物燃料燃烧产生的大量二氧化硫进入大气后经传输、转化和沉降，形成酸雨。酸雨是另一项复杂的问题，如果一种活动被证实减少了酸雨，它就应在相应的范围内来讨论；如果一种活动的最终目标是减少酸雨，那么它应在国家和国际的范围内来讨论。在环境评价中，不要忽视酸雨的影响，但也不要超越范围详细论述，也许它和实际活动并无密切关系。酸雨问题应包括在影响评价和减缓措施之中。

（4）濒危物种：环境评价中，涉及濒危物种时最重要的是在项目规划阶段列出物种表，项目实施对物种及其栖息地的可能影响必须记录，并且必须和野生动物保护组织等进行商榷，他们所提供的意见应成为环境影响报告书的一部分。

不提供物种表和栖息地记录将给环境评价造成致命的缺陷。常常由于未提供物种表而造成

无法评价的状况，在现存信息不完备的情况下，早期的调查将是非常必要的。

（5）生物多样性：自然环境和其中的各种各样的生物，构成了自然生态环境。人类社会经济和文明的发展，离不开野生动植物，它们为人类提供生存所必需的物质基础，许多种生物是人类的食品和医药、工业生产的原料。由于人类的开发活动，生物的栖息地遭到破坏，生物物种被滥用，从而导致生物多样性的迅速减少。生物物种灭绝后就永远消失，意味着生态系统的破坏。有些破坏短期内还看不出其影响，但其长远的影响却可以预料。

生物多样性是一个可能有争议的问题，如何编写到环境影响报告书中，还有待研究。对于开发活动的影响，只有经十多年的研究，才能明确回答生物多样性问题。因而不论什么时候栖息地遭到破坏，对生物多样性的影响都会成为一个悬而未决的问题，同时，当濒临灭绝危险物种的破坏被卷入后，更成为一个复杂问题。在环境评价中，当主要进行陆地开发活动时，必须考虑生物多样性问题，尽管很困难，没有人证明一个单独的行动曾导致生物多样性不可接受的丧失，但每个行动都将成为累积效应的一部分。

案 例

某地拟建某垃圾焚烧发电厂和综合处理厂，垃圾焚烧量 1000 t/d，综合处理 600 t/d，由垃圾分选、综合处理、垃圾焚烧发电、生活设施管理区等部分组成。配套有余热锅炉、烟气净化装置、汽轮发电机组，年发电能力 1 亿 kWh。烟囱高度为 90 m。垃圾综合处理：生活垃圾进厂后，依次进行大件预分选、粉碎磁选、机械分选、人工精选后，筛上物送焚烧厂焚烧，筛下物送初级堆肥，分选出的橡胶、塑料等可再生利用资源送入再生资源厂房，砖、石、瓦、砾等送填埋场。项目所在地环境敏感点主要分布在东南方向 1.5 km 处，有居住区，主导风向为北风。

思 考 题

1. 垃圾焚烧炉烟气执行什么排放标准？二噁英充分分解的条件是什么？
2. 大气环境质量现状监测应包括哪些项目？
3. 对环境敏感点的影响如何判断？
4. 垃圾焚烧污染物控制应注意哪些问题？
5. 环境风险评价重点是什么？

（周　辉）

第十三章 环境健康风险评价

第一节 环境健康风险概述

一、风险的概念

要了解环境健康风险,首先要了解什么是风险(risk)。一般来说,风险就是预期可能发生的某种不良事件,风险评价就是要估计这种不良事件发生的可能性。风险应包含以下四个基本内涵:

1. 可能性(probability) 指确认某个不良事件有发生的可能。从概率的意义上理解,即该事件发生的概率是 0~1 之间。

2. 结局(consequences) 指事件发生的不良结局是明确的,可以预期的,尽管其发生的可能性非常小。例如,人类知道核电站发生事故核泄漏的可能性非常小,但一旦发生后对环境和人类健康会造成什么不良后果是清楚的。

3. 危害(hazard) 指该事件的发生对人群健康是有危害的,不良的事件,即可能对环境和人群健康有益的事件一般不称为"风险"。

4. 暴露(exposure) 指发生风险的因素与危害的目标之间一定有明确的接触(暴露)机会。

因此,综合上述的基本特征,风险的概念也可以用一句话来概括:风险就是暴露于某种会导致不良结局的危害因素的可能性。

二、风险的类型

生活中我们会遇到各种类型的风险,比如:

1. 安全/工程风险(关注安全) 此类风险主要指人类生产活动中的生命安全问题(风险),一般发生的可能性很小但暴露水平较高(即与之相关人员接触的机会比较大);如地下采矿或隧道挖掘工人,发生矿井或隧道塌方时对其生命的威胁,此类结局的危害程度很大,急性效应明显。

2. 健康风险(关注健康) 此类风险一般指人们日常生活中的健康状态及发生疾病的风险,此类风险发生的可能性很大(人一生中很难避免从来不生病!)而暴露水平低,结局的危害相对较小,但持续时间长,潜伏期长,慢性和滞后效应明显。

3. 生态环境风险(关注自然和生态环境) 主要指对人类居住的自然环境和生态系统的破坏风险。可能性很大,结局可有多种变化,因素间存在复杂的交互作用,长潜伏期,因果关系不确定性大。

4. 公共福利风险（关注公共福利） 主要指人类活动对社会组织、公共财产、资源利用限制等的认知程度的风险。

5. 金融风险（关注经济和金融领域） 主要指人们从事商业、投资、保险等商业和金融活动时发生的风险。

本节我们主要关注的健康风险，是由一系列不同的健康结局和结局的不同严重程度而呈现的非常复杂的情况，是近年来发展起来的一门跨学科的方法学。

三、风险的认知

风险的认知（risk perception）是风险评估的前提，然而对各种风险的危害程度、发生的可能性等的认识程度（认知）在不同文化背景、不同生活环境和类型的人群中有时可能会有很大的差别。表13-1列出了对于一些常见的健康风险的认知，可以看出一般民众、学生、专业人士和专家在风险认定排名上存在显著差异。比如，一些公众认为是有很大潜在风险的事件，如核能，在专家看来则是很小的风险事件；而专家认为有一定风险的事件，如外科手术，对普通公众甚至专业人士都常常忽略其危险性。因此，对健康危害进行科学的认知和评估非常重要。

表13-1 各种特殊事件导致死亡的风险排名

潜在风险	公众排名			专家排名
	一般公众	学生	专业人士	
核能	1	1	7	10
机动车	2	5	3	1
手枪	3	2	1	4
吸烟	4	3	4	2
摩托车	5	6	2	6
饮酒	6	7	5	3
普通航空	7	10	9	8
警察	8	8	6	9
杀虫剂	9	4	10	7
外科手术	10	9	8	5

根据前述有关风险（risk）的概念，风险是一种概率，即其发生的可能性永远应该是0~1，即风险不会等于零，也不应该是1，因为当某个事件发生概率为1时，就意味着该事件的发生已经从可能性转变为事实，从概率论的角度，也就不是可能性了；而人的健康风险不会等于零（risk $\neq$ 0），因为那就意味着不会发生。从人类群体角度说，人类的健康风险在其一生中是不可避免的。因此，国际公认 10^{-6}（百万分之一）是最低的健康风险的量化指标，也被称为"可接受的健康风险"；当然，对不同的健康结局或不同的敏感人群，该量化指标可以有个合理的上下浮动空间。这也是国际学术界的共识。

四、环境健康风险评价

环境健康风险评价指在某个特定时期内，因为暴露于某种环境有害因素而导致人、人群或动植物群落以及某区域的生态环境出现不良后果和结局的可能性。

环境健康风险评价就是对环境污染引起的人体健康和生态危害的种类及程度的描述过程，是建立环境污染与人体健康的相关关系，对有害环境因素造成人体健康和生态危害的可能性做

出定量描述的过程，也是收集、整理、分析和解释各种环境健康相关资料的过程，其目的在于估计人群在某种环境危害因素的暴露剂量下，发生不良健康影响（事件）的可能性（概率），以评价和预测人体健康所受到损害的可能性及其程度的大小。

总之，环境健康风险评价是根据已确定的公认程序，描述和评估外环境中的化学物质对暴露人群机体带来不利健康结局的可能性的一个有序的过程。其包括四个基本步骤（程序）：风险识别、剂量反应关系评估、暴露评估和风险特征描述。

第二节　环境健康风险评价基本方法

健康风险评价（health risk assessment，HRA）是近几十年建立与发展起来的一种新技术方法，旨在收集、整理和分析各种健康相关资料的基础上，对某种健康危害因素与人群健康的关系进行综合、定量的描述过程。这些资料包括毒理学资料、人群流行病学资料、环境和暴露因素等。评价的目的在于估计特定剂量的化学或物理因素对人体、动植物或生态系统造成的损害的可能性及其程度大小。

1983年，美国科学院（National Academy of Sciences United States，NAS）对健康风险评价给出了定义，即"风险评价是描述人类暴露于环境危害因素之后，出现不良健康效应的特征"。它包括若干个要素：以毒理学、流行病学、环境监测和临床资料为基础，决定潜在的不良健康效应的性质；在特定暴露条件下，对不良健康效应的类型和严重程度做出估计和外推；对不同暴露强度和时间条件下受影响的人群数量和特征给出判断，在整个评价过程中每一步都存在着一定的不确定性。2005年美国环保局（U.S. Environmental Protection Agency，EPA）颁布了最新的"致癌物的风险评价导则"，该导则明确了健康风险评价的方法及步骤，它通过估算有害因素对人体产生不良影响的概率，评价接触该因素的个体健康受到影响的风险。

20世纪90年代初，由北京医科大学（现北京大学医学部）公共卫生学院环境卫生教研室王黎华、卢国埋教授等在国内率先引进美国EPA应用多年的健康风险的理念和方法，为在国内开展环境污染健康影响的综合、定量评价开拓了一个新领域。1991年，北京医科大学在国内首次举办了健康危险度（风险）评估方法学习班，在国内的卫生系统及相关的高校宣传和推广环境健康风险评价方法，使健康风险评估的基本概念和方法在中国环境与健康领域逐步被认识和接受。2001年，卫生部以部颁文件的形式印发了《环境污染健康影响评价（试行）》，作为规范和统一环境污染健康危害事件（或事故）评价工作的程序和工作指南；初步建立了我国环境污染健康风险评价的方法学基础和相关工作的雏形；同年11月，卫生部等18个部委联合发布《国家环境与健康行动计划（2007—2015年）》，明确将在国内开展环境污染健康危害评价技术研究。

一、环境健康风险评价方法的基本构成

1. 环境健康风险评价需要或者能够回答什么性质的问题　一般认为应该有如下几点：
- 环境因素（如化合物、辐射等）能够造成哪类人类健康问题（危害）？
- 暴露于不同水平的环境因素对健康危害的可能性有多大？
- 对某些环境因素而言，是否存在对健康没有影响的安全水平（阈值）？
- 目前人群都暴露于哪些环境危害因素？是什么暴露水平？多长时间？
- 某些人群是否因年龄、遗传、基础健康状况、种族或性别等而对环境危害因素更易感？
- 某些人群是否因工作环境、娱乐或饮食习惯等而更容易暴露于环境危害因素？

2. 环境健康风险评价方法的基本组成（四步法则）　在明确风险评价的范围和目标前提下，环境健康风险评价分为4个基本步骤：

步骤 1 — 危害鉴定（识别）（hazard identification）
步骤 2 — 剂量-反应关系评价（dose-response assessment）
步骤 3 — 暴露评价（exposure assessment）
步骤 4 — 风险表征（risk characterization）

其关系如图 13-1 所示。

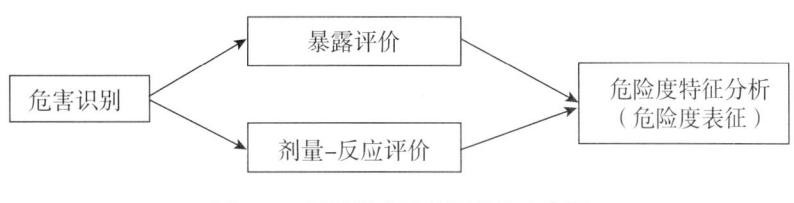

图 13-1　环境健康风险评价基本步骤

二、环境健康风险评价方法基本内容

（一）危害鉴定

危害鉴定（hazard identification）即审核某种环境因素造成人群健康危害的能力和程度。一般利用包括动物实验（毒理学）和人群研究（流行病学）的方法来评价其效应。本质上是对化学物质毒性的剂量-效应关系的评价，从而确定对该物质进行健康风险评价的必要性。

环境污染物对健康的可能危害包括：

（1）化学性危害：重金属（铅、汞、镉等），农药（如有机氯类-DDT），有机溶剂（如 PCBs），燃烧产物如气体（CO、CO_2）和颗粒物（$PM_{2.5}$、石棉等），自然毒素（蓝藻）等。

（2）生物危害：微生物（细菌、病毒及真菌），动植物类和其他（如尘螨、蟑螂等）。

（3）物理性危害：电离辐射、非电离辐射、噪声、振动、热浪等。

因此，实际上危害鉴定是对环境危险因素对人群健康的定性评价，从而确定对该物质进行健康风险评价的必要性。危害鉴定的主要依据包括流行病学资料、动物实验资料、体外实验资料、化学结构的比较、主要理化性状分析等，因此，危害鉴定应在广泛收集资料的基础上进行，按照鉴定的要求挑选合适的资料是危害鉴定的关键之一。

进行危害鉴定时关注的几个要素：①关注和掌握待评化学物质的毒效应机制和过程，即毒效动力学（toxicodynamics）过程；②关注和掌握化学物质在机体特别是人体内的吸收、分布、代谢和排泄的规律和特点，即毒代动力学（toxicokinetics）过程；③评价化合物的致癌性时，关注其致癌的机制及相关的影响因素，注意发病机制和恶化机制可能不止一种，不同部位的肿瘤机制可能也不一样；④作用机制的分析应基于对环境因素影响肿瘤发生的物理、化学和生物学信息的解释。

危害鉴定的关键点是对化合物潜在健康危害的毒理学和流行病学证据效力的评价。一般证据效力意味着评价的标准，如影响的阈值水平、统计学可信限等。毒理学效力一般意味着实验设计的合理性、实验动物的级别、评价指标的准确性等；人群流行病学效力则一般意味着研究人群的代表性、样本量、研究设计类型（病例对照或队列等）等。证据效力越高，危害鉴定的针对性和准确性就越高。

（二）剂量-反应关系评价

1. 剂量-反应关系评价（dose-response assessment）基本内容　剂量-反应关系评价用以确定待评化学物质的剂量（实际常为暴露浓度）与人或动物群体中有不良效应的反应率之间的

定量关系，是定量风险评价的关键之一，可评估人群暴露和健康效应之间的定量关系。

剂量-反应关系是用来描述在一定程度的剂量和环境下暴露于某种已知剂量的有害物质对人群健康造成的不利效应（反应）的可能性和严重性。相同原则也常用于暴露于某种空气传播性毒物的吸入暴露研究，此时也被称为"浓度-反应关系"。

当某种环境因素的暴露剂量增加时，一般可测量的健康效应也会增加。但在低剂量情况下可能不出现任何的机体不良效应，只有在暴露剂量达到某个水平以上时，暴露人群的小部分研究对象才会出现特定的不良健康效应，此时的暴露剂量水平一般被视为该环境因素的阈值。研究对象开始出现效应时的剂量（阈值）以及当剂量增加时健康效应增加的发生率，对于不同污染物或不同个体以及不同暴露途径下也都是不同和可变的。因此，剂量-反应关系的建立（统计学函数曲线的形状）取决于环境毒物的毒性特征、不同的健康效应终点以及不同的研究对象。

剂量-反应关系的研究中，一般在所有研究中选择在最低剂量下出现的特定反应（不良效应），或者测量某些在最低剂量下会引起特定不良效应的反应（可称为前驱效应）作为该化学物质风险评估的关键效应。这其中的潜在假设是如果我们可以防止关键效应的发生，那么就不会发生我们担心的其他不良效应。在风险识别方面，以人作为主体的可用的剂量-反应关系数据通常比较少，且很不完整和精确。即便数据可用，也常常仅覆盖了剂量-反应关系的一部分，所以在这种情况下，我们就有必要采用实验室研究（动物实验或细胞及分子生物学实验）的相对准确的结果，利用外推模型法来推断比我们从这些现有研究数据中获得的剂量范围更低的剂量。

以动物作为实验对象的研究允许研究人员采用特定的实验设计控制实验对象的数量以及构成（年龄、性别、品种），所检测药物剂量的水平以及特定反应的测量方法。采用特定实验设计一般会得到更精确的统计结果，而在进行不可控的观察性研究时，偏倚对结果造成的影响会很大。但是，动物研究中观察到的剂量-反应关系一般高于人类所暴露的剂量，所以需要采用外推法并考虑动物种属差异来估计这些导致的剂量反应关系的不确定性。

2. 剂量-反应关系评价中的基本术语

（1）参考剂量（reference dose，RfD），或参考浓度（reference concentration），是一种日平均估计值。指人群终身暴露于该水平时，预期一生中不会发生明显的非致癌有害效应（不确定性可能跨越一个数量级）。RfD来自于NOAEL、LOAEL或基准剂量数据，一般以mg/m^3或$mg/(kg \cdot d)$表示。一般用于非癌症的健康风险评估。

（2）未观察到有害效应的剂量（no-observed-adverse-effect level，NOAEL），以$mg/(kg \cdot d)$表示。指化学物质染毒（暴露）但未观察到机体出现有害效应的最大剂量。

（3）观察到有害效应的最低剂量（lowest-observed-adverse-effect level，LOAEL），以$mg/(kg \cdot d)$表示。指化学物质染毒（暴露）使机体出现有害效应的最小剂量。

（4）不确定性系数（uncertainty factor，UF）亦即安全系数（safety factor，SF），是在定量外推过程中，以数字表达外推结果中由于不确定性可能带来的误差，也是对这些误差的一种校正。目的在保证不致低估化学物对人类健康的危害。

（5）关键效应（critical effect）指毒理学或流行病学研究文献中被认为是最适用于确定某化学物质参考剂量的有害效应。一般选择具有最低NOAEL的有害效应作为推导该物质参考剂量的基础。

（6）关键研究（critical study）指可得出关键效应及其NOAEL值，可作为前述参考剂量依据的相应毒理学或流行病学研究，即关键研究。

3. 剂量-反应关系评价中的基本思路

（1）对从实验和人群研究中收集到的可用数据和信息进行评估分析，初步确定暴露和效应之间是否存在可定量的暴露反应关系。但是，多数情况下，这些观测报告可能并不包含足够有效的信息来确定一个没有在人群中观测到不良效应的剂量。

（2）综合使用统计学及外推法去估计低于观测数据下限时所产生的风险（不良效应），以便推测暴露水平开始在人群中产生不良效应时的临界值（阈值）区域。非线性剂量反应评估来自于阈值假设，毒性阈值即不良效应（或前驱效应）开始在暴露人群出现时的值。在环境健康风险评价中通常更关注高危险人群的反应，包括高敏感和高暴露人群。

（3）如果毒物的"作用方式"信息（之前讨论过）提示这个毒物有一个阈值，即低于此剂量时不会发生任何不良效应，则此类型属于一个有阈值的、"非线性"的剂量-反应关系。可采用统计学模型方法，综合评估和合并多个关键效应水平（即评价更多研究数据而不仅是一个 NOAEL 或 LOAEL）的数据。

（4）建立暴露-反应关系。目前国际上在健康风险评价的暴露反应关系评价中比较多采用基准剂量法来建立剂量反应关系，基准剂量法是在 1984 年由美国 Stanford 大学的 Crump 教授首先提出，最早用于发育毒性风险的评价。此外，参考剂量法（NOAEL 法）也常用于剂量-反应关系建立，以此推导参考计量 RfD 等。而对于被认为无阈值的致癌物质，致癌强度系数法常被用于毒性物质致癌毒性的描述。

4. 剂量-反应关系评价基本方法

（1）参考剂量法（NOAEL 法）：通过收集到的剂量与相应的不良反应建立剂量-反应关系曲线，见图 13-2，因此可以得到实验数据中没有反应的最高剂量值 NOAEL 或有反应的最低剂量值 LOAEL。从而进一步推导出人群不产生任何不良反应的阈值剂量，即"参考剂量"。其中不确定性因子（uncertainty factor，UF）考虑到了实验动物和人类之间差异的多样性及不确定性（一般为 10 倍，即 10×）以及人群内部的多样性（一般再 ×10）UFs 相乘得到 10 × 10 = 100，当采用 LOAEL 时，也将纳入另一个不确定性因子，一般为 10×。当缺少关键毒性资料时（持续时间及关键效应），将额外再纳入一个不确定性因子。有时也使用特定的 UF 值而不是默认值 10×，这个 UF 可能会大于或小于默认值。

因此，RfD 取决于以下方程：

$$RfD = NOAEL 或 LOAEL/(UF \cdot MF)$$

其中的不确定性因子 UF 和修饰因子 MF 可参考表 13-2 中描述。

表13-2　参考剂量换算中不确定系数和修饰系数

人个体间差异	使用正常健康人作为实验对象时，其合理结果的外推通常采用不确定系数 10
实验动物到人的差异	这个系数用以解决动物资料向人外推时的不确定性。对参考计量来说，从实验动物结果外推到人需采用 10 倍的不确定系数。对呼吸暴露参考浓度，当人相对浓度 NOAEL 组为估计的基础时，这个系数降到 3，因为在计算人相对浓度的时候已考虑了药代动力学的差异
亚慢性到慢性的推断	当从亚慢性动物或人实验推导时，主要基于 NOAEL 推断的不确定性，通常采用 10 倍的安全系数
LOAEL 到 NOAEL 的外推	通常适应 LOAEL（而不是 NOAEL）外推参考剂量时，考虑从 LOAEL 到 NOAEL 外推的不确定性，采用 10 倍的不确定系数
数据库的完整性	当资料不完整时，从有限的动物实验结果外推时，考虑有限实验结果不能充分阐述各种可能的不良效应，通常采用 10 倍的不确定系数
修饰系数	使用专业判断已决定额外的不确定系数，也是修饰系数（modifying factor，MF）。MF 一般大于 0，小于或等于 10 MF 的大小通过对实验和数据库科学上不确定的专业分析确定，而这种不确定性在上述外推中未明确解决。默认的 MF 一般为 1

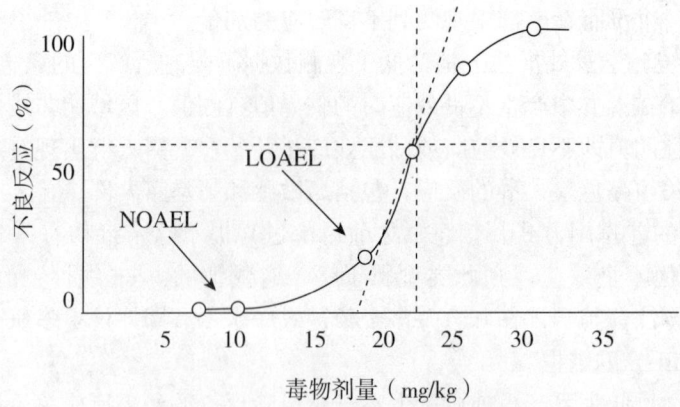

图 13-2 参考剂量法剂量 - 反应关系图

（2）基线（准）剂量法（BMD 法）：基线剂量法主要是通过设定基准剂量（benchmark dose，BMD）来确定参考剂量的。一般的 BMD 推导过程如下：首先，通过对原始研究的数据进行统计学建模，在可观察的数据范围内做出剂量 - 反应函数曲线；其次，计算出剂量 - 反应曲线的统计学置信区间；最后，在剂量 - 反应曲线的置信区间的上限，选择相对于不良效应 1%~10%（根据评价目的选择，一般选择 10%）超额反应率的对应点；该点在函数曲线上，相对于其超额风险的剂量，即为引起该超额百分比的基线剂量 BMD，如图 13-3 中所示，每个拟合模型都会产生 BMD 的置信区间。通常我们也可以使用基准剂量的置信区间的下限在拟合曲线上的点（BMDL）来推算参考计量值。

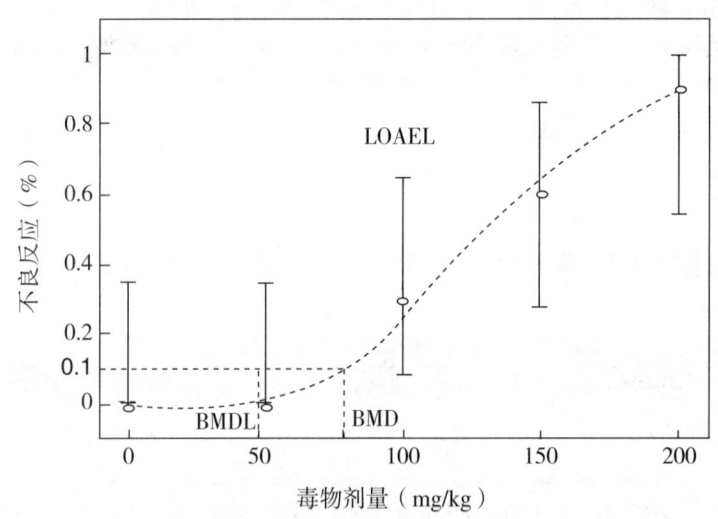

图 13-3 基线剂量法剂量 - 反应关系图

因此，RfD 的方程为：

$$RfD = BMD \text{ 或 } BMDL/(UFs \cdot MF)$$

BMD 方法由于综合了多个相关研究的结果和数据，可用于产生替代 NOAEL 的参考剂量值，并据此建立统计学函数模型，获得基准剂量下限值（BMDL）。由于有更可靠的统计学基础，因此目前学术界普遍认为 BMDL 值比 NOAEL 或 LOAE 值更为科学合理。当使用非线性研究时，LOAEL、NOAEL 以及 BMDL 均可则作为获得更低浓度的出发点。

BMD 法能够迅速发展，就在于它克服了 NOAEL 法的局限，具有更多的优越性和稳定性，主要表现在以下几个方面：①首先，BMD 是依据大量实验和现场人群研究数据，通过统计学处理而得到的函数曲线，对传统实验设计时剂量组和剂量间距选择的依赖性小，消除了实验设计时的随意性或盲目性的影响；② BMD 法概括了各个实验组的资料，根据统计学原则选用最合适的函数模型，如 Weibull、Logistic 等，这样就考虑到了剂量-反应曲线的斜率及形状；③ BMD 法可以通过可信区间的宽窄调整因样本量小而带来的不确定性；④ BMD 所对应的风险水平是已知的和一定的，这对于参考剂量的确定和管理对策的制定是十分重要的。

根据一项含有 246 个发育毒性研究的大型数据库（含有 1825 个终点）的分析，98% 的连续型变量终点的 BMD 值与 NOAEL 值的差别在一个数量级之内，说明两者具有较高一致性。

(3) 致癌强度系数法：如果数据信息显示毒性效应并没有阈值，则这种类型的评估在健康风险评价中称作"线性"或无阈的剂量-反应评估。目前对致癌物的健康风险评价属于此类。

在无阈的剂量-反应评估中，理论上任何水平的暴露都会产生致癌反应发生的概率。这种评价在外推阶段不使用 UFs；而是一条以观测数据为起点（一般是 BMDL）画到原点（零剂量零反应）的直线。这条直线的斜率叫作斜率因子或致癌强度系数（carcinogenic potency factor，CPF），用于估计沿线的暴露水平所产生的风险。当用线性剂量-反应评估来分析癌症风险时，EPA 考虑了个体暴露于某污染物的水平并计算了暴露于某污染物后导致的终生超额癌症风险（个体一生中患癌症的概率），相当于斜率因子，也就是致癌强度系数（CPF），表示了实验动物或人群终生持续暴露于一个单位浓度 [1 mg/(kg·d)] 环境致癌物时，终生超额致癌（或死于癌）的概率（危险度）。

因此癌症风险取决于以下方程：

$$癌症风险 = 暴露评估 \times 致癌强度系数（CPF）$$

完整的癌症风险计算应当将每种污染物各个暴露途径下（吸入、摄入以及皮肤吸收）的个人癌症风险相加得到，并将各种暴露途经下的风险求和。

在实际的环境健康风险评价中，剂量（暴露）反应关系目前基本都可以利用美国环保局的 IRIS 数据库，从中选择适合的相应暴露反应关系系数及相关毒性参数进行评价。

IRIS 数据库是美国环保局综合风险信息系统（integrated risk information system，IRIS）的简称。

该系统通过识别和描述环境中化学物质的健康危害支持这个任务。每个 IRIS 的评估可以涵盖一种化合物、一组相关的化学物质，或一个复杂的化学混合物系列。IRIS 数据库是美国 EPA 使用的化合物毒性首选信息源；是美国各州和地方卫生机构、其他联邦机构以及世界卫生组织等使用的化学物质毒性的重要信息来源。

IRIS 数据库为健康影响评估提供暴露于化学物质造成的慢性效应的如下毒性数据：①经口参考剂量（RfD）；②吸入参考剂量（RfC）；③致癌分级（cancer descriptors）：五级致癌性分级。

其中有两个重要的参数：

1) 经口斜率因子（oral slope factor，OSF）：经口暴露每单位 [1 mg/(kg·d)] 而终生增加的患癌风险；OSF 乘以估计的终生暴露 [mg/(kg·d)] 即一生中罹患癌症的风险。

2) 吸入单位风险（inhalation unit risk，IUR）：是吸入暴露浓度 1 mg/m³ 而终生增加癌症风险估计。IUR 乘以估计的终身暴露（mg/m³）可以估计一生中罹患癌症的风险。

(三) 暴露评价

暴露评价的目的是要为健康风险评价提供准确合理的特定人群对待评化学物质的暴露水

平。只有获得了准确可靠的人群暴露水平，才能根据暴露-反应关系，定量计算和评价准确的人群健康风险。可见，暴露评价在健康风险评价中起着至关重要的作用。如何准确、灵敏和客观地定量测定和评价人群对环境污染物的实际暴露特征及水平，对准确评估暴露-反应关系，确认病因推断并定量评价人群的健康风险具有重要意义，是环境健康风险评价实践中非常重要的环节。一般可以从如下三个方面具体描述：

（1）环境浓度：指污染物在某种环境介质（大气、水、土壤等）中的存在形态和数量，例如大气中二氧化硫的浓度，水体中汞的浓度等。这些也是一般环境监测工作的主要内容，可以通过仪器和采样分析技术获得。

（2）暴露水平：指上述环境介质中的污染物与人体表面（如皮肤、消化道或呼吸道上皮）接触（包括接触方式、接触量及影响因素）的程度，例如人体每日呼吸进入体内的空气中可吸入颗粒物的水平。这类数据常常需要附加上问卷、现场观察及时间-活动模式的调查等手段才能准确获得。

（3）体内剂量：则是指通过多种途径进入人体内的大气污染物含量。一般指进入人体血液循环的污染物的水平或其代谢产物的含量，例如人体的血铅含量，尿中黏康酸的水平或血中 HbCO 的含量等。

环境浓度、暴露水平和体内剂量这三个方面相互联系、密不可分，实际上反映了人群对环境污染物暴露的不同阶段和暴露评价的不同层次。构成暴露评价的主要内容和全过程。

1. 人群暴露的测量方法 近年来对人群暴露的定量测量和时空分析评估正在成为健康风险评价研究的中心环节。一般可以分为两大方面：一是直接测量，即对暴露接触点上污染物浓度的测量和人体暴露生物标志的采样和测量；二是间接评价，指通过对污染物浓度时空水平定量监测、人群暴露模型推算和问卷调查分析等方法来估计人群暴露量。常用的有三种基本测量方法：①接触点（the point of contact）测量，即直接采样测定大气环境介质与人体接触点上的污染物浓度和接触时间；②情景评估（scenario evaluation），即通过模型假设估计人群在不同情景下的暴露浓度和接触时间，进行模拟推算；③暴露重建测量（exposure reconstruction），指通过测量人体暴露生物标志来评估已经进入人体的污染物剂量。

（1）接触点测量：主要指个体暴露量测量。个体暴露量测量是对环境介质贴近人体接触面的采样和测定，同时考虑接触时间的因素，显著减少采样测定的不确定性，可获得较为准确的人体暴露数据。这种方法测量的是人群正在发生的环境暴露的现况。例如，交通警察携带个体采样器可以分别连续采样测定其在道路值勤时和其他时间对 NO_x 和 CO（汽车尾气污染物）的不同暴露水平，结合时间-活动模式问卷，就可较准确地评价其当时对 NO_x 和 CO 的实际暴露情况。

这种测量方法的优点是直接测量人体接触点的污染物水平并可以准确给出一定时间内仪器测量的定量数据。但另一方面，接触点测量的仪器和人工成本常常较高，较短的采样时间和样本量的局限能否反映真实的人群暴露（尤其是长期暴露），以及从测量结果难以判断污染来源等，均为该方法的局限。

（2）情景评估方法（scenario evaluation method）：是指研究者预先对个体或人群在特定时间、特定污染物浓度下，设定污染的不同暴露情景并进行估算或预测的方法。可简化为：时间-活动模式+实际监测/模型估算。这是对人群将来或今后预计要发生的环境暴露的测量。在实际应用时，又分为几种情况：①根据预设的人群暴露时间和活动"情景"，结合"情景"地点的实际监测数据评价；②根据实际调查的人群暴露时间-活动模式，结合预设或模型估计的某种污染物浓度水平和分布"情景"进行评价；③前两种方法相结合，即时间-活动模式和污染物浓度都预设为"情景"进行评价。情景评估方法测量的是人群预期或将来可能发生的暴露，也是目前环境流行病学领域应用日益广泛的方法学之一。

时间-活动模式（time-activity pattern），是指某一特定人群每天日常活动的内容、方式、类型和时间分布规律的问卷调查数据或人为设定的某种"时间-活动情景"。在以往的大气污染暴露评价中，通常是直接使用环境大气监测点的数据，或通过各种统计学模型估算出的污染物数据作为人群对污染物的实际暴露，不考虑污染物与人体的实际接触点，也不考虑暴露人群的日常生活方式、饮食习惯、职业特征、社交及业余爱好等因素对其实际的接触水平的影响。这实际上混淆了人群暴露与环境浓度这两个不同的概念。近年的国内外暴露评价研究普遍认为，在适当的质量保证下通过问卷、日记、访视、观察和某些技术手段获得的时间-活动模式资料，对于建立准确人群暴露模型和合理的暴露-反应关系等具有非常重要的意义。

时间-活动模式资料包括三个方面：①各种日常活动的时间分布资料，又称为时间分配参数。时间分配参数包括进行一项活动需要花费的时间量（每年、每周或每天接触的时间量）和预期个体或人群从事该项活动的频率。对时间-活动模式的空间分布类型，则要根据污染物、传播介质、位置和排放源的不同特征来描述。②影响日常活动及活动场所污染程度的相关因素的资料，称为微环境参数。③进行各项活动的暴露接触强度资料，可称为强度参数。

时间-活动模式资料的优势：①在个体暴露监测（个体采样）研究时可有助于筛选影响个体暴露水平的主要因素。②对于某些个体采样监测在技术和实际应用上难以进行时，利用"时间-活动"模式资料可以对个体或人群组的实际暴露进行模拟分析，建立暴露模型，实现对人群暴露水平的客观和定量评价。③弥补某些环境监测数据的缺陷和不足，例如交通路口处的CO含量监测数据，只有结合交通警察的上岗时间和活动规律数据，才可能对其实际CO暴露水平进行客观测量和评价。④充分收集和分析影响暴露测量水平的混杂和干扰因素，⑤环境暴露与人群不良健康结局的研究中，可分析不同影响因素之间的交互作用，⑥可用于对不同人群组的行为和社会学特征的分析和研究，进而掌握这些活动场所对人群暴露量的影响。

"时间-活动模式"资料的局限性：首先，由于时间-活动模式调查设计本身要求受调查者能够稳定的按照设计方案接受访视、填写问卷或记日记，必然要排除一些在规定时间不在家（如要出外旅游、探视子女等）的对象，造成研究对象的选择偏性。其次，准确性和可靠性，由于时间-活动模式调查常需要受调查者自己回忆、填写问卷，对问卷项目要求理解的一致性、填写的认真程度等都会对问卷的准确性和可靠性产生很大影响。最后，个体差异，由于不同特征人群、不同个体在每天的日常活动的地点、方式、程度和时间上均可能有很大差异，反映在其数据中可出现很大的个体差异，对数据统计分析提出很大挑战。

(3) 暴露重建（exposure reconstruction）：即暴露生物标志的测量。要准确评价人群对污染物的实际暴露水平，暴露生物标志的应用具有特殊的意义。暴露生物标志（biomarker of exposure）一般指机体生物材料中外源性化合物（环境污染物）和（或）其代谢产物与体内生物大分子相互作用产物的含量，又可分为内剂量（internal dose）和生物有效剂量（biologically effective dose）。

由于生物标志直接反映了人体对环境污染物的实际暴露和体内吸收。同时，生物有效剂量标志则可进一步提供对靶器官（细胞）暴露剂量的估计值。从而对环境暴露与特异性的健康效应之间定量暴露-反应关系的确定提供了科学基础。另一方面，由于人体生物标志测定的实际是人群暴露污染物后进入体内的剂量，反映的实际是人群既往已经发生过的暴露，所以该方法测量的是既往暴露，在暴露科学上也称之为暴露重建。

因此，"接触点测量"是对正在发生的暴露的测量；"模拟情景测量"是对将来预计发生的暴露的测量；而"暴露重建"是对既往已经发生的暴露的测量。三种测量方法反映了不同的人群暴露状态。

2. 暴露剂量的推算 通过上述人群暴露水平的测量和计算，在进行健康风险评价时还要推算出暴露人群终生长期的暴露量。一般可根据如下的公式进行推算：

$$日均暴露剂量（ADD）= \frac{C \cdot IR \cdot ED}{BW \cdot AT}$$

$$终身日均暴露剂量（LADD）= \frac{C \cdot IR \cdot ED}{BW \cdot LT}$$

C：环境介质中物质浓度（mg/L、mg/m³、mg/kg）
IR：环境介质摄入量（L/d、m³/d、kg/d）
ED：暴露持续时间（d）
BW：平均体重（kg）
AT：剂量平均跨越的时间（d）
LT：终身暴露，以平均预期寿命表示（d）

（四）危险度（风险）特征分析

风险特征分析是环境健康风险评价的最后一步，它是联系风险评价及其在风险管理中应用的重要纽带。此阶段，重要的是对前面三个阶段进行综合分析，说明每一步的可信性及局限性，对重要假设和不确定性进行适当的分析，以免发生错误的理解和解释；结合暴露评价进行风险分析，说明危险人群发生有害效应的可能性，及化学物质可能引起的公众健康问题，最终形成风险管理人员方便利用和易懂的文件，为管理机构的决策提供科学的依据。

在风险特征分析报告中应对前三个阶段的重要发现和结论进行说明，包括每一步对风险估计影响较大的优缺点，估计的不确定性，关键的假设对风险估计的影响，进行风险的描述，例如可能的暴露范围、个体高暴露的定义、特殊的危险群组，指出重要的敏感亚群等。风险管理者据此形成全面认识，并作出决策，同时能有效地使公众理解风险管理的决策。此外，报告中还应讨论风险特征的性质，简单描述可能对风险评价有支持作用的研究。

因此，需要对前三部分的评估进行综合分析及总结：

1. 判断的综合分析　在前述的三个阶段，对有关数据和方法是否相关或合适，风险评价者进行了许多判断。在对这些判断进行综合评价时，应确定这些判断是否与其他阶段有关，各阶段是否协调一致，有无矛盾之处。

2. 主要假设和不确定性的总结和讨论　应总结和讨论在计算 NOAEL、LOAEL、RfD 或 BMD 值时的假设及其这些值的保守性，计算暴露剂量估计值中的假设。此外，除对各个阶段的不确定性进行评价外，还应评价总的不确定性、其来源及其对最终结果的定量影响；评价不确定性来源可能比较困难；用决策分析法，通过对各种研究结果（如物种、性别、剂量、毒作用部位和暴露因素）在构成不确定性来源的重要性方面给以不同的权重，可有助于区别不确定性的主次。

3. 风险评价中总质量和可信度的评价　风险评价的可信度是各个阶段评价结果可信度的函数，因此，应尽可能说明危害性识别和剂量 - 反应关系评定的可信水平，其中包括评定健康数据库的完整性。此外，危险人群暴露评价结果的质量，对总评价结果的可信度也十分重要。

4. 可用资料局限性的说明　对所采用的数据，调查所用到的资料的局限性及适用范围进行细致的说明，以此来表征结论的可靠性与可拓展性。在描述有关资料和数据时，应当说明评价的哪些方面是有充分依据的，哪些方面由于可利用的资料有限或对毒性机制了解不够而存在不足之处。还应当说明评价者在评价的重要方面意见是否一致。如果有两种以上的意见而难以选择时，应将两种意见都表达出来；如果只选择一种，则应说明理由。

5. 危险度（风险）特征可根据相关公式计算
（1）非致癌物质健康风险相关公式：

1）以健康风险表示，人群终生超额危险度 R，表示终生暴露在某种毒物下发生超额健康损失的概率（mg/kg·d）$^{-1}$。

$$R = \frac{LADD}{RfD} \cdot 10^{-6}$$

$LADD$：终身日均暴露剂量，mg/(kg·d)
RfD：待评物质的参考剂量，mg/(kg·d)
10^{-6}：与 RfD 相对应的可接受年危险度

2）以 RfD 为参照的危险系数（风险商数，hazard quotient，HQ），表示环境暴露是否超出健康暴露的范围，$HQ < 1$ 则表示没有健康危险。

$$HQ = LADD/RfD$$

$LADD$：终身日均暴露剂量，mg/(kg·d)
RfD：待评物质的参考剂量，mg/(kg·d)

3）以暴露界限值（margin of exposure，MOE）描述健康风险。如 $MOE \geq$ 总不确定系数，说明接触人群出现健康危害的可能性很小；反之，则危害的可能性较大，应采取措施。

$$MOE = \frac{NOAEL（或 LOAEL）}{LADD}$$

$LADD$：终身日均暴露剂量，mg/(kg·d)
$NOAEL/LOAEL$：待评物质未观察到有害效应的剂量/待评物质观测到有害效应的最低剂量，mg/(kg·d)。

（2）致癌物质健康风险相关公式：

1）人群终生超额致癌风险 R，表示终生暴露于该物质浓度导致的癌症风险。

$$R(D) = q^*_{1(人)} \cdot D \quad 或 \quad R(D) = Q \cdot D$$

$q^*_{1(人)}/Q$：致癌强度系数，(mg/kg-d)$^{-1}$
D：暴露于该物质的浓度

2）人均年超额风险，在预计寿命 70 岁的前提下，每年的癌症风险。

$$R(py) = R/70$$

3）以健康风险表示，终身暴露于待评物质的健康危险度（风险）。

$$R = \frac{LADD}{RfD} \cdot 10^{-6}$$

R：发生某种健康危害的年风险（概率），[mg/(kg·d)]$^{-1}$
$LADD$：终身日均暴露剂量，mg/(kg·d)
RfD：待评物质的参考剂量，mg/(kg·d)
10^{-6}：与 RfD 相对应的可接受年风险，[mg/(kg·d)]$^{-1}$

6．合理性分析 评价者在完成风险特征分析之后，应对环境健康危险评价全过程各环节可能存在的不确定性进行具体分析，权衡它们在评价结果中的影响程度。不确定性分析对风险管理人员可提供重要的信息，有助于管理决策。另外，要进行比较评价，将研究结果与同类型研究比较；与对照人群比较；动物实验与流行病学研究比较；与历史资料比较；与治理资料比较等。当多种研究结果有较好的一致性、符合性及生物学合理性时,则说明评价结果的可信性较高。最后,风险评价的全过程以书面报告总结。

总之,一个好的风险特征分析将重申评估的范围,清晰的表达结果,阐明主要假设和不确定性,确定合理的结果解释,从政策的角度提出独立的科学结论。美国环保局的风险评价政策要求风险特征分析应符合以下原则:

(1) 透明(transparency)——特征描述应充分和明确披露风险的评估方法、默认的假设、逻辑、基本原理、推断、评估每一步的不确定性及总体的实力(权威性)。

(2) 清晰(clarity)——风险评估的结果应该容易被风险评估过程内部和外部的读者理解。文件术语应该简洁、灵活,使用可以理解的表格,图表和方程式。

(3) 一致(consistency)——进行风险评估的方式应该符合国家环保政策,并与其他类似规模的风险特征分析项目结果存在一致性。

(4) 合理(reasonableness)——风险评估应基于正确的判断,符合当前尖端科学方法和假设并传达出完整、平衡和充足的信息。

这四个原则即英文缩写 TCCR。为了实现风险特征的 TCCR,同样的原则需要被应用在之前所有的风险评估步骤直至风险特征分析。

案例

1. **背景** 洒水降尘是我国城市地区控制扬尘、提高空气质量的举措之一。随着我国可用水资源的污染长期持续,水源的缺乏和短缺问题日益严重,国内很多城市逐步开始使用城市污水处理后的再生水进行道路降尘作业。由于城市污水来源广泛、成分复杂,且再生水用于道路降尘过程中,工作人员和公众将与再生水发生密切接触,经污水处理厂和再生水厂处理后的再生水用于道路降尘能否造成暴露人群的健康危害,一直是人们关注的焦点。某城市为开发城市污水及再生水利用工程用于道路降尘的作业,需要对城市再生水道路降尘化学污染物的健康风险进行定量评价。

2. **待评有害化学物的选择与危害鉴定** 城市再生水中的有害化学物复杂众多,为确定主要的待评有害化学物,首先采用 GC-MS 对水样中有机物进行了定性分析,根据定性分析的结果,并结合再生水来源分析出 54 种挥发性有机物,对目前常见的 11 种有机氯、有机磷农药、水质标准中经常控制的 10 种重金属进行了定量分析。根据多次定量分析结果,选择再生水中检出率较高,浓度较大,对健康危害较大(致癌、环境激素类污染物、国际禁用),可能经皮肤接触渗入或经空气吸入的污染物确定为再生水的主要有害化学污染物。

思考题

1. 道路降尘过程中,再生水中的有害化学物主要通过哪些途径与职业人群或一般公众接触(暴露评价)?暴露评价的公式如何选择?
2. 从何处可以获得待评化合物的剂量反应关系参数?
3. 风险特征分析中要用到哪两类健康风险的计算公式?

(潘小川)

中英文专业词汇索引

B

爆震性聋（explosive deafness） 181
苯并（a）芘［benzo（a）pyrene；BaP］ 52
必需微量元素（essential trace elements） 8
标准（standard） 60
病例交叉研究（case-crossover study） 14

C

仓储区（warehouse district） 164
超细颗粒物（ultrafine particle；ultrafine particulate matter，$PM_{0.1}$） 39
城市道路系统（urban road system） 170
城市防灾（urban disaster prevention） 173
城市公共安全（urban public safety） 173
城市功能分区（city functional districts） 162
城市交通（urban transportation） 171
城市绿地（urban green belt，urban green space） 167
城市绿地系统（urban green space system） 167
城市绿化（urban afforestation） 166
城市生态系统（urban ecosystem） 159
持久性有机污染物（persistent organic pollutants，POPs） 10，115
臭氧（ozone，O_3） 55
臭氧层耗竭（ozone depletion） 48
臭氧空洞（ozone hole） 48
次生环境（secondary environment） 5

D

大气颗粒物（atmospheric particulate matter） 39
大气湍流（atmospheric turbulence） 41
大气稳定度（atmospheric stability） 42
大气污染（ambient air pollution） 37
大气污染物（atmospheric air pollutant） 38
地方病（endemic disease） 9
电离辐射（ionizing radiation） 183
定组研究（panel study） 14

毒代动力学（toxicokinetics） 237
毒效动力学（toxicodynamics） 237
对流层（troposphere） 34
多环芳烃（polycyclic aromatic hydrocarbon，PAH） 52

E

二次污染（secondary pollution） 6
二次污染物（secondary pollutants） 39
二次污染物或次生污染物（secondary pollutant） 5
二氧化氮（nitrogen dioxide，NO_2） 54
二氧化硫（sulfur dioxide；SO_2） 53

F

发育毒性（developmental toxicity） 17
防护绿地（green buffer） 167
放射病（radiation sickness） 185
非必需微量元素（non-essential trace elements） 8
非电离辐射（non-ionizing radiation） 188
分析流行病学（analytic epidemiology） 14
粉尘（dust） 35
风向频率图（又称风玫瑰图，wind rose） 40
腐殖质（humus） 105

G

公害（public nuisance） 10
光化学型烟雾（photochemical smog） 44
光化学氧化剂（photochemical oxidants） 44
光污染（light pollution） 170
国际癌症研究所（International Agency for Research on Cancer，IARC） 51
过滤（filtration） 93
过氧酰基硝酸酯（peroxyacyl nitrates，PANs） 39

H

红外辐射（infrared radiation） 189

红外线（infrared radiation） 36
环境（environment） 2
环境健康学（environmental health science） 2
环境科学（environmental science） 2
环境内分泌干扰物（environmental endocrine disruptors，EEDs） 10
环境卫生学（environmental hygiene） 1
环境污染（environmental pollution） 9
挥发性有机物（volatile organic compounds，VOCs） 44
混凝沉淀（coagulation precipitation） 93

J

基因多态性（genetic polymorphism） 7
基准（criterion） 60
极低频电磁场（extremely low frequency electromagnetic field） 188
急性毒性（acute toxicity） 16
技术规范（technical standard） 176
剂量反应关系（dose response relationship） 7
剂量效应关系（dose effect relationship） 7
静磁场（static magnetic field） 188
居住建筑密度（density of residential building） 164

K

颗粒物（particulate matter，PM） 49
可见光（visible light） 36
可吸入颗粒物（inhalable particulate matter，IP；PM_{10}） 39
空气离子（air ion） 36
空气质量健康指数（air quality health index，AQHI） 65
空气质量指数（air quality index，AQI） 65
空气质量准则（air quality guideline，AQG） 61

L

绿地率（greening rate） 167
氯氟烃（氟利昂，chlorofluorocarbons，CFCs） 48

M

霾（haze） 35
慢性毒性（chronic toxicity） 16
煤烟型烟雾（coal smog） 43
描述流行病学（descriptive epidemiology） 13
描述性研究（descriptive study） 13
敏感人群或易感人群（susceptible population） 7

N

内照射（internal exposure） 185
逆温（temperature inversion） 41
农药（pesticide） 114
浓雾（fog） 35

P

飘尘（suspended dusts） 39
平流层（stratosphere） 34

Q

气候（climate） 8
气溶胶（aerosol） 35
轻离子（light ions） 36
轻雾（mist） 35
全球环境问题（global environment issues） 11

R

热岛（heat island） 42
热岛效应（heat island effect） 160
人口净密度（net residential density） 165
人口毛密度（residential density） 165
人为污染（anthropogenic pollution） 37
容积率（plot ratio，floor area ratio） 164

S

射频电磁场（radiofrequency electromagnetic field） 188
生态比较研究（ecological comparison study） 13
生态平衡（ecological balance） 5
生态趋势研究（ecological trend study） 13
生态系统（ecosystem） 5
生态学谬误（ecological fallacy） 13
生态学研究（ecological study） 13
生物地球化学性疾病（biogeochemical disease） 9
生物放大（biomagnification） 6
生殖毒性（reproductive toxicity） 17
时间序列分析（time series analysis） 13
食物链（food chain） 5
食物网（food web） 5
酸雨（acid precipitation，acid rain） 48

T

太阳辐射（solar radiation） 36
碳氧血红蛋白（carboxyhaemoglobin，COHb） 55
天气（weather） 8
天然污染（natural pollution） 37
听觉疲劳（auditory fatigue） 181
听觉适应（auditory adaptation） 181
痛痛病（itai-itai disease） 111
土壤背景值（soil background level） 105

土壤环境容量（soil environmental capacity） 105
土壤颗粒（soil particle） 103
土壤孔隙度（soil porosity） 104
土壤污染（soil pollution） 107
土壤有机质（soil organic matter） 103
土壤自净（soil self-purification） 109

W

外照射（external exposure） 185
微量元素（trace elements） 8
卫生防护距离（sanitary protective zone） 163
卫生学（hygiene） 2
未观察到有害效应的剂量水平（no observed adverse effect level，NOAEL） 16
温室气体（greenhouse gas） 48
温室效应（greenhouse effect） 48

X

细颗粒物（fine particle；fine particulate matter，$PM_{2.5}$） 39
相关性研究（correlational study） 13

Y

亚慢性毒性（subchronic toxicity） 16

烟（smoke） 35
烟气（fume） 35
烟雾（smog） 35
一次污染物（primary pollutants） 39
一氧化碳（carbon monoxide，CO） 54
遗传毒性致癌物（genotoxic carcinogen） 17
永久性阈移（permanent threshold shift，PTS） 181
有效排出高度（effective height of emission） 40
原生环境（primary environment） 5

Z

暂时性阈移（temporary threshold shift，TTS） 181
噪声（noise） 180
噪声性耳聋（noise-induced deafness） 181
知情同意（informed consent） 15
中暑（heat stroke） 8
重离子（heavy ions） 36
准实验流行病学方法（methods of quasi-experimental epidemiology） 14
紫外辐射（ultraviolet radiation） 189
紫外线（ultraviolet radiation，UV） 36
自净作用（self-purification） 6
总悬浮颗粒物（total suspended particulate matter，TSP） 39

主要参考文献

[1] 郭新彪. 环境健康学. 北京：北京大学医学出版社，2006.
[2] 郭新彪，杨旭. 空气污染与健康. 武汉：湖北科学技术出版社，2015.
[3] 郭新彪. 国际公共卫生：疾病、计划、系统与政策. 北京：化学工业出版社，2009.
[4] 国家环保总局监督管理司. 中国环境影响评价. 北京：化学工业出版社，1999.
[5] 金腊华. 环境评价方法与实践. 北京：化学工业出版社，2005.
[6] 陆雍森. 环境评价. 2版. 上海：同济大学出版社，2005.
[7] 牛静萍，唐焕文. 环境卫生学（案例版）. 北京：科学出版社，2016.
[8] 秦钰慧. 化妆品安全性及管理法规. 北京：化学工业出版社，2013.
[9] 邬堂春. 职业卫生与职业医学. 8版. 北京：人民卫生出版社，2017.
[10] 杨克敌. 环境卫生学. 8版. 北京：人民卫生出版社，2017.
[11] 杨克敌，鲁文清. 现代环境卫生学. 3版. 北京：人民卫生出版社，2019.
[12] 尹力，王陇德. 公共卫生与预防医学. 北京：人民卫生出版社，2012.
[13] 张从. 环境评价教程. 北京：中国环境科学出版社，2002.
[14] 中国城市科学研究会. 中国城市规划发展报告 2017—2018. 北京：中国建筑工业出版社，2018.
[15] 中国环境监测总站，国家环境保护局. 中国土壤元素背景值. 北京：中国环境科学出版社，1990.
[16] 周宜开. 中国环境保护部自然生态保护司. 土壤污染与人体健康. 北京：中国环境科学出版社，2013.